Gerd Kolb, Heinz-Ulrich Spengler

Wirtschafts- und Sozialkunde

Medizinische, Zahnmedizinische, Tiermedizinische Fachangestellte

5. Auflage

Bestellnummer 93031

Bildungsverlag EINS
westermann

Die in diesem Produkt gemachten Angaben zu Unternehmen (Namen, Internet- und E-Mail-Adressen, Handelsregistereintragungen, Bankverbindungen, Steuer-, Telefon- und Faxnummern und alle weiteren Angaben) sind i. d. R. fiktiv, d. h., sie stehen in keinem Zusammenhang mit einem real existierenden Unternehmen in der dargestellten oder einer ähnlichen Form. Dies gilt auch für alle Kunden, Lieferanten und sonstigen Geschäftspartner der Unternehmen wie z. B. Kreditinstitute, Versicherungsunternehmen und andere Dienstleistungsunternehmen. Ausschließlich zum Zwecke der Authentizität werden die Namen real existierender Unternehmen und z. B. im Fall von Kreditinstituten auch deren IBANs und BICs verwendet.

Die in diesem Werk aufgeführten Internetadressen sind auf dem Stand zum Zeitpunkt der Drucklegung. Die ständige Aktualität der Adressen kann vonseiten des Verlages nicht gewährleistet werden. Darüber hinaus übernimmt der Verlag keine Verantwortung für die Inhalte dieser Seiten.

service@bv-1.de
www.bildungsverlag1.de

Bildungsverlag EINS GmbH
Ettore-Bugatti-Straße 6-14, 51149 Köln

ISBN 978-3-427-**93031**-0

westermann GRUPPE

VORWORT

Dieses Lern- und Lehrbuch für Wirtschafts- und Sozialkunde ist für Auszubildende in den Gesundheitsberufen Medizinische, Zahnmedizinische und Tiermedizinische Fachangestellte konzipiert. Seit August 2006 gelten auch für die Medizinische und Tiermedizinische Fachangestellte die lernfeldorientierten Rahmenlehrpläne.

Das vorliegende Lehrbuch deckt die kaufmännischen Inhalte der einzelnen Lernfelder der Rahmenlehrpläne aller drei Gesundheitsberufe vollständig ab. So vermittelt dieses Buch den Schülerinnen und Schülern in allen drei Ausbildungsberufen das wirtschaftliche Grundwissen in systematischer Darstellung und bildet damit die Grundlage für einen handlungsorientierten Unterricht.

Zur besseren Orientierung ist im Inhaltsverzeichnis jedem Kapitel eine Übersicht vorangestellt, aus der ersichtlich wird, in welchem Lernfeld die dargestellten Lerninhalte bei den einzelnen Ausbildungsberufen zu finden sind.

Grafische Darstellungen, Schaubilder und Karikaturen sowie vielfältige Beispiele im Textteil erleichtern die Bearbeitung der Lerninhalte. Darüber hinaus können sie als Grundlage für weitergehende Fragestellungen und Diskussionen dienen. Zahlreiche Exkurse ermöglichen einen Einblick in verwandte Themenbereiche. Zur Unterstützung des Eigenstudiums, wie es in den Rahmenlehrplänen von den Auszubildenden erwartet wird, sind etliche Verweise auf Internetadressen enthalten. Ein umfangreiches Inhalts- und Sachwortverzeichnis erleichtert den Umgang mit diesem Buch.

Gelegenheit zur Überprüfung, Anwendung und ersten Vertiefung des Gelernten bieten die kurzen Fragen am Ende einer Themeneinheit. Der Teil „Fit für die Prüfung" stellt weiter- und tiefergehende Fragen, die auch zur Vorbereitung auf Klassenarbeiten und Prüfungen eingesetzt werden können.

Dieses Buch ist so aufgebaut, dass
- ein selbstständiges Erarbeiten des Lernstoffes möglich ist,
- die Aufgaben am Ende jedes Abschnittes mithilfe der Informationen im vorangegangenen Text gelöst werden können und
- detaillierte Kenntnisse in den Bereichen vermittelt werden, die für die Abschlussprüfungen in den einzelnen Berufen besonders wichtig sind.

Unterstützt wird das Lern- und Lehrbuch durch ein handlungsorientiertes Arbeitsheft, das umfassende Übungen zu den Lernfeldern beinhaltet und nicht zuletzt auf den in den Prüfungsordnungen stark aufgewerteten praktischen Teil der Abschlussprüfung vorbereitet.

Wir wünschen Ihnen ein erfolgreiches Arbeiten mit diesem Buch und hoffen, dass Sie es gerne und oft verwenden. Über Anregungen, aber auch kritische Anmerkungen freuen wir uns.

Die Verfasser Gerd Kolb, Heinz-Ulrich Spengler

INHALTSVERZEICHNIS

4 Praxisabläufe organisieren

Medizinische Fachangestellte:	Lernfeld 7	Lernfeld 11	Lernfeld 12
Zahnmedizinische Fachangestellte:	Lernfeld 6	Lernfeld 13	
Tiermedizinische Fachangestellte:	Lernfeld 1	Lernfeld 8	Lernfeld 12

5 Berufliche Perspektiven entwickeln

Medizinische Fachangestellte:	Lernfeld 12	
Zahnmedizinische Fachangestellte:	Lernfeld 1	Lernfeld 13
Tiermedizinische Fachangestellte:	Lernfeld 1	Lernfeld 12

1 SICH IN BERUF UND GESUNDHEITSWESEN ORIENTIEREN

Gesundheitspflege

liegt in der Verantwortung jedes Einzelnen,
z. B. durch
- gesunde Ernährung,
- ausreichende Bewegung,
- maßvollen Konsum von Genussmitteln.

Gesundheitsschutz

liegt in der Verantwortung des Staates,
z. B. durch
- Arbeitsschutzgesetze,
- Umweltschutzgesetze,
- Seuchenschutzgesetze.

Kurative Medizin

liegt in der Verantwortung der Mediziner,
z. B. durch
- Diagnose,
- Therapie,
- Rehabilitation.

1. Gesundheit in Deutschland

1.1 GESUNDHEITSWESEN

1.1.1 Was ist Gesundheit?

Im Leben der Menschen nimmt das Thema Gesundheit eine zentrale Stelle ein. Dies belegen unter anderem Aussprüche wie:
- Gesundheit ist nicht alles – aber ohne Gesundheit ist alles nichts.
- Gesundheit ist das höchste Gut auf Erden.
- Lieber arm und gesund als reich und krank.
- Alles Gute – vor allem Gesundheit und ein langes Leben.
- Junge oder Mädchen? – Hauptsache gesund!

Aus diesen Formulierungen geht aber lediglich hervor, dass Gesundheit eine herausragende Stellung einnimmt. Was genau aber unter Gesundheit zu verstehen ist, wird daraus nicht deutlich. Die Weltgesundheitsorganisation **WHO** (World Health Organization) hat den Begriff „Gesundheit“ wie folgt definiert: **„Gesundheit ist der Zustand vollkommenen körperlichen, seelischen und sozialen Wohlbefindens.“**

Diese Definition umfasst demnach **drei Aspekte** des menschlichen Seins:
- Die **körperliche** Situation: Sie stellt auf das physische (organische) Wohlbefinden des Menschen ab.
- Die **seelische** Situation: Sie stellt auf das psychische Wohlbefinden des Menschen ab.
- Die **soziale** Situation: Sie stellt auf die Beziehungen des Menschen zu seiner Umwelt ab.

Bemerkenswert an dieser Definition ist zunächst, dass sie streng **subjektiv** ist: Sie bezieht den Begriff „Gesundheit“ ausschließlich auf das **persönliche Wohlbefinden** jedes Menschen und nicht auf irgendwelche objektiv messbaren Werte. Genauso interessant ist aber, dass sie auch die **soziale Situation** mit einbezieht. Sie berücksichtigt, dass jeder in bestimmte gesellschaftliche Rahmenbedingungen eingebunden ist, die sich auf seine Gesundheit auswirken.

Für das Gesundheitssystem eines jeden Landes ergibt sich daraus, dass es nicht ausreicht, lediglich schon aufgetretene Erkrankungen zu diagnostizieren und zu heilen. Genauso wichtig ist es auch, der Entstehung von Krankheiten bestmöglich vorzubeugen (Prophylaxe).

Das **Gesundheitswesen** eines Staates wird definiert als die „Gesamtheit aller Einrichtungen zur Durchführung der medizinischen Betreuung auf den Gebieten der Prävention, Diagnostik, Therapie und Rehabilitation".

Das Gebiet der Prävention erstreckt sich auf die Bereiche **Gesundheitspflege** und **Gesundheitsschutz,** während die Gebiete Diagnostik, Therapie und Rehabilitation dem Bereich der **kurativen Medizin** zuzuordnen sind. Was der einzelne Mensch zum Erhalt seiner Gesundheit tun kann, bezeichnet man als **Gesundheitspflege.** Sie liegt somit weitgehend in seiner Verantwortung und umfasst die Bereiche Körperhygiene, gesunde Ernährung, körperliche Betätigung und soziale Kontakte zu anderen Menschen. Für den Bereich **Gesundheitsschutz** ist weitestgehend der Staat zuständig. In Artikel 2, Absatz 2 des Grundgesetzes heißt es: „Jeder hat das Recht auf Leben und körperliche Unversehrtheit."

Daraus ergibt sich für den Staat die Pflicht, durch entsprechende Gesetze den Schutz der Gesundheit seiner Bürger bestmöglich zu garantieren. Dieser Verpflichtung kommt er u. a. durch zahlreiche Arbeitsschutzgesetze nach. Besonders zu nennen wären hier das Jugendarbeitsschutzgesetz, das Mutterschutzgesetz und die Röntgenverordnung. Aber auch viele andere Gesetze bzw. Verordnungen sollen dem Gesundheitsschutz dienen, wie z. B. Umweltschutzgesetze, die Trinkwasserverordnung oder die Straßenverkehrsordnung. Der gesamte Bereich der **kurativen Medizin** fällt in die Zuständigkeit von Medizinern. Der Begriff „kurativ" stammt von dem lateinischen Verb „curare" ab, was so viel wie „Sorge tragen" oder „pflegen" heißt. „Medizin" leitet sich aus dem lateinischen „ars medica" ab, was „die Kunst des Heilens" bedeutet. Bis etwa Mitte des 19. Jahrhunderts war der Beruf des Arztes noch im wahrsten Sinne des Wortes eine Kunst. Der Heilerfolg hing noch ganz unmittelbar von der Person des Arztes ab. Bei Diagnose und Therapie musste er sich fast ausschließlich auf seine Erfahrung und Intuition verlassen. Dies hat sich inzwischen entscheidend geändert: Mittlerweile kann der Arzt zunehmend auf die Unterstützung seiner Arbeit durch technische Diagnose- und Therapiemöglichkeiten zurückgreifen.

2. Gesundheitsschutz

„Rehabilitation" bedeutet im medizinischen Bereich die weitestgehende Wiederherstellung der Gesundheit eines Menschen. Sie fällt nicht nur in die Zuständigkeit von Ärzten, sondern u. a. auch in die von Physiotherapeuten, Masseuren und medizinischen Bademeistern.

Exkurs

Gesundheitsschutz in der Praxis

Tätigkeit	Schutzvorschrift
Generell für alle Tätigkeiten	Vorschriften der Berufsgenossenschaft
Röntgen	Röntgenverordnung • Röntgenkurs • Dosimeter • Schutzkleidung
Laborarbeiten	Hygieneplan • Handschuhe • Desinfektionsmittel • Einmalhandtücher
Auszubildende	Jugendarbeitsschutz-/ Berufsbildungsgesetz • Nachuntersuchung • Es sind nur Tätigkeiten erlaubt, die den körperlichen Kräften angemessen sind.

1. *Diskutieren Sie die Definition des Begriffs „Gesundheit" durch die WHO.*
2. *Auf welche drei Aspekte des menschlichen Lebens bezieht die WHO die Definition von Gesundheit?*
3. *Was kann jeder Einzelne zum Erhalt seiner Gesundheit beitragen?*
4. *Durch welche Maßnahmen schützt der Staat die Gesundheit seiner Bürger?*
5. *Welche Bereiche gehören zur kurativen Medizin?*

1.1.2 Aufbau des Gesundheitswesens

Situation:

Die Medizinische Fachangestellte Melanie, die Zahnmedizinische Fachangestellte Tülin und die Veterinärmedizinische Fachangestellte Andrea, alle drei im ersten Ausbildungsjahr, unterhalten sich über ihre Ausbildung.

Melanie:	Also, ich komme überhaupt noch nicht klar, obwohl ich schon drei Wochen in der Praxis bin. Mit der Ärztekammer, die meinen Ausbildungsvertrag absegnen muss, das ist ja noch o.k., aber heute erzählt mir meine Kollegin, dass wir nach dem Infektionsschutzgesetz eine Geschlechtskrankheit, die wir bei einem Patienten feststellen, dem örtlichen Gesundheitsamt melden müssen; allerdings anonym.
Tülin:	Ach, da geht's mir nicht viel anders. Die eine Kollegin erzählt mir, dass unser Röntgengerät vom Amt für Arbeitsschutz kontrolliert wird, mein Chef erklärt mir, dass unser Röntgengerät ganz harmlos sei, weil die Strahlenbelastung aller Mitarbeiterinnen weit unter dem vom Bundesamt für Strahlenschutz empfohlenen jährlichen Grenzwert liege.
Andrea:	Selbst bei Tieren herrscht ein genauso großer Wirrwar. Für die Zulassung von Tierarzneimitteln ist das Bundesamt für Verbraucherschutz und Lebensmittelsicherheit (BVL) zuständig und nicht wie bei Medikamenten für Menschen das Bundesinstitut für Arzneimittel und Medizinprodukte (BfArM), aber für Impfstoffe wiederum ist sowohl für Tiere als auch für Menschen das Bundesinstitut für Impfstoffe und biomedizinische Arzneimittel (Paul-Ehrlich-Institut) zuständig.
Tülin:	Und dann sind da ja noch die ganzen Aufklärungskampagnen, wie z. B. „Gib AIDS keine Chance". Die macht doch auch jemand! Ich glaube, da steht so 'ne komische Abkürzung, „BzgA", drunter.
Melanie:	Stichwort Aufklärung! Wir haben unsere Klassenlehrerin nach den Prüfungen gefragt, aber die hat nur gemeint, das Sozialministerium müsste die neue Prüfungsordnung erst noch genehmigen. Ich frag mich, was die damit zu tun haben.
Andrea:	Ja, aber ich wollte gerade noch erzählen, dass die bei uns den Handel mit gestohlenen Hunden aufgedeckt haben. Da haben sich welche als Tierschutzverein ausgegeben und gestohlene Hunde verkauft. Das hat unser Veterinäramt aufgedeckt. Die haben aber bestimmt, noch anderes zu tun.
Tülin:	Jedenfalls sollen wir unseren Patienten sagen, dass das Bundesinstitut für Risikobewertung (BfR) fluoridhaltige Zahnpasta empfiehlt, weil in unserem Trinkwasser zu wenig Fluor enthalten ist. Aber ich glaube, wir müssen das mit den ganzen Ministerien, Ämtern und Instituten mal systematisch angehen.

Andrea, Melanie und Tülin haben ihre Probleme mit den Zuständigkeiten im öffentlichen Gesundheitswesen. Neben dem öffentlichen Gesundheitswesen gibt es noch die Bereiche des ambulanten, in dem sie alle drei ihre Ausbildung absolvieren, und die des stationären Gesundheitswesens (vgl. Abb. 3, Seite 10).

Öffentliches Gesundheitswesen

Entsprechend dem föderalistischen Aufbau unseres Staates gliedert sich auch das öffentliche Gesundheitswesen in drei Ebenen:

- Bundesebene (Bundesrepublik Deutschland)
- Länderebene (Bundesländer)
- Kommunale Ebene (Kreisfreie Städte, Landkreise) (vgl. Seite 11)

Die oberste Ebene ist die Bundesebene. Hier sind zwei Ministerien zuständig:

- Ministerium für Gesundheit
- Ministerium für Arbeit und Soziales (z. B. Bau und Ausstattung der Krankenhäuser)

Ihnen unterstellt sind u. a. Bundesämter und Bundesinstitute:

- Robert-Koch-Institut (z. B. Erkennung und Verhütung übertragbarer Krankheiten)

- Paul-Ehrlich-Institut/Bundesinstitut für Impfstoffe und biomedizinische Arzneimittel (z. B. Prüfung und Zulassung von Impfstoffen)
- Bundesinstitut für Arzneimittel und Medizinprodukte (BfArM) (z. B. Zulassung von Fertigarzneimitteln)
- Bundesamt für Strahlenschutz (BfS) (z. B. Strahlenschutzregister)
- Bundesinstitut für Risikobewertung (BfR) (z. B. Analyse von gesundheitlichen Risiken für die Bevölkerung)
- Bundesamt für Verbraucherschutz und Lebensmittelsicherheit (BVL) (z. B. Datenmanagement und Koordinierung von Überwachungsprogrammen bei bundesweiten Lebensmittelkrisen)
- Friedrich-Löffler-Institut – Bundesforschungsinstitut für Tiergesundheit (z. B. zuständig für Tierkrankheiten)
- Bundeszentrale für gesundheitliche Aufklärung (BzgA) (z. B. Infokampagnen und Wanderausstellungen zu sexuell übertragbaren Krankheiten)

Als mittlere Ebene fungieren die einzelnen Bundesländer. Oberste Behörden sind hier die jeweils zuständigen Landesministerien:

- Sozialministerium in Hessen (u. a. Aufsicht über die Landesärzte-, Landeszahnärzte- und Landestierärztekammer/Organisation des Rettungsdienstes)
- Ministerium für Arbeit, Gesundheit und Soziales in NRW
- Senatsbeauftragte für Gesundheit, Soziales und Verbraucherschutz im Stadtstaat Berlin
- Medizinaluntersuchungsämter (z. B. Erkennung und Bekämpfung von Masseninfektionen)

Auf unterster Ebene existieren:

- Stadt- bzw. Kreisgesundheitsämter (z. B. Aufsicht über die im Gesundheitswesen beschäftigten Personen/Einschulungsuntersuchung)
- Ämter für Arbeitssicherheit (Bezeichnung je nach Bundesland unterschiedlich) (z. B. Überwachung der Betriebe hinsichtlich der Einhaltung der Unfallschutzvorschriften)
- Kreis-/Bezirksveterinärämter (z. B. Überwachung des Verkehrs mit Lebens- und Genussmitteln)

Ambulante und stationäre Krankenversorgung

Bei der ambulanten Krankenversorgung verlässt der Patient die Praxis normalerweise noch am selben Tag bzw. spätestens einen Tag später. Bei der stationären Krankenversorgung verbleibt der Patient im Normalfall mehrere Tage in der Einrichtung (vgl. Abb. 3).

Zahnärzte stellen die zahlenmäßig zweitstärkste Personengruppe im Bereich der ambulanten Krankenversorgung dar. Auch bei ihnen ist, wenn auch bei Weitem nicht so breit gefächert wie bei den Ärzten, eine zunehmende Spezialisierung festzustellen.

Apotheken sind für die Versorgung der Bevölkerung mit Medikamenten zuständig. Ihre Hauptaufgabe besteht in der Ausgabe von verschreibungspflichtigen Medikamenten, die sie nur gegen Vorlage eines ärztlichen Rezepts ausgeben dürfen. Der Verkauf von nicht verschreibungspflichtigen Medikamenten, wie z. B. Hustenbonbons, Kosmetika oder Hygieneartikel, nimmt allerdings einen zunehmend breiteren Raum ein.

Heilpraktiker sind keine Mediziner, aber sie tragen zur ambulanten Krankenversorgung einen nennenswerten Teil bei. Insbesondere Menschen, die der traditionellen klinischen Medizin grundsätzlich kritisch gegenüberstehen, und Menschen, die von Ärzten nicht geheilt werden konnten, suchen bei ihnen Hilfe.

Öffentliches Gesundheitswesen	• Bundesebene • Länderebene • Stadt-/Kreisebene
Ambulante Krankenversorgung (s. Exkurs, Seite 12)	• Einzelpraxis • Praxisgemeinschaft • Apparategemeinschaft • Berufsausübungsgemeinschaft (früher: Gemeinschaftspraxis) • Medizinisches Versorgungszentrum • Praxisklinik
Stationäre Krankenversorgung	• Akutkrankenhäuser • Fachkrankenhäuser • Sonderkrankenhäuser
Stationäre Krankenversorgung im zahnmedizinischen Bereich	• Fachkliniken, z. B. für: – Mund-, Kiefer- und Gesichtschirurgie – Parodontologie – Kieferorthopädie – Zahnärztliche Prothetik

3. Aufbau des Gesundheitswesens

Ministerium für Gesundheit/Ministerium für Arbeit und Soziales

Bundesebene

Robert-Koch-Institut
- Erkennung, Verhütung und Bekämpfung von Krankheiten
- Epidemiologische Untersuchungen
- Forschung über HIV-Infektionen
- Risikoerfassung und Bewertung von gentechnisch veränderten Organismen und Produkten

Paul-Ehrlich-Institut
- Prüfung und Zulassung von Impfstoffen
- Forschung auf den Gebieten der Impfstoffe

Bundesinstitut für Arzneimittel und Medizinprodukte (BfArM)
- Zulassung von Fertigarzeimitteln für Menschen
- Registrierung von homöopathischen Arzneimitteln für Menschen

Bundesamt für Strahlenschutz
- Strahlenschutzregister für Berufstätige
- Untersuchung von sonstigen Strahlenbelastungen, z. B. Handys

Bernhard-Nocht-Institut für Tropenmedizin
- Diagnostik und Beratung für Ärzte
- Reiseberatung

Bundesinstitut für Risikobewertung (BfR)
- Analyse gesundheitlicher Risiken
- Wissenschaftliche Beratung der Bundesregierung

Bundesamt für Verbraucherschutz und Lebensmittelsicherheit (BVL)
- Risikomanagement bei gefährlichen Lebensmitteln
- Europäisches Schnellwarnsystem vor gefährlichen Lebens- und Futtermitteln

Friedrich-Loeffler-Institut (FLI)
- Erforschung und Bekämpfung von Virusinfektionen bei landwirtschaftlichen Nutztieren
- Forschung im Bereich Immonulogie, Epidemiologie und bakterielle Infektionen und Zoonosen sowie molekulare Pathogenese

Bundeszentrale für gesundheitliche Aufklärung (BzgA)
- Gesundheitserziehung und -aufklärung der Bevölkerung

Landesebene

Zuständige Landesministerien (z. B. Sozialministerium) einschließlich der Medizinaluntersuchungsämter
Ihre Hauptaufgaben sind:

Aufsicht über das öffentliche Gesundheitswesen und die jeweiligen Kammern

Organisation des Rettungsdienstes

Ausarbeitung des Kurortgesetzes

Stadt-/Kreisebene

Großstädte haben eigene Stadtgesundheitsämter, wohingegen Landkreise ein Kreisgesundheitsamt haben. Ihre Zuständigkeit wird in hoheitliche und fürsorgliche Aufgaben unterteilt. In keinem Fall dürfen sie Patienten ambulant oder stationär behandeln.

Hoheitliche Aufgaben
- Aufsicht über alle in ihrem Bereich im Gesundheitswesen tätigen Personen
- Seuchenbekämpfung (hierzu müssen alle nach dem Bundesinfektionsschutzgesetz meldepflichtigen Krankheiten dem Gesundheitsamt gemeldet werden)

Fürsorgliche Aufgaben
- Kinder- und jugendärztlicher und zahnärztlicher Dienst (Mütterberatung, Einschulungsuntersuchungen und Impfungen der Schulkinder)
- Erwachsenenfürsorge (u. a. Beratung und Betreuung von Suchtkrankheiten, Überwachung der registrierten Prostituierten)
- Gesundheitserziehung der Bevölkerung

Amt für Arbeitsschutz
Seine Zuständigkeit ist u. a. in folgenden Fällen gegeben:
- Beratung bei Fragen des Arbeits- und Unfallschutzes
- Überwachung der Betriebe hinsichtlich der Einhaltung von Unfallverhütungs- und Hygienevorschriften sowie von Arbeits- und Umweltschutzgesetzen

Die staatlichen Veterinärämter
Sie sind u. a. zuständig für:
- Überwachung des Verkehrs mit Lebens- und Genussmitteln und allen sonstigen Bedarfsgegenständen hinsichtlich ihrer Gefahren für die Bevölkerung

Tierärzte sind für die medizinische Behandlung erkrankter Tiere zuständig. Eine Spezialisierung findet bei ihnen hauptsächlich in der Ausrichtung auf Klein- oder Großtierpraxen statt.

Eine **stationäre Behandlung** findet in Krankenhäusern statt. Sie ist immer dann erforderlich, wenn die Möglichkeiten der ambulanten Krankenversorgung erschöpft sind. Krankenhäuser werden nach zwei Merkmalen unterschieden (vgl. Abb. 4, Seite 13).

Hinsichtlich der **Art der behandlungsbedürftigen Erkrankung** unterscheidet man zwischen Akut-, Fach- und Sonderkrankenhäusern.

- **Akutkrankenhäuser** sind das, was man landläufig als Krankenhaus bezeichnet. In ihnen wird eine breite Palette von Erkrankungen diagnostiziert und behandelt, die voraussichtlich innerhalb einer absehbaren Zeit geheilt bzw. gelindert werden können.
- **Fachkrankenhäuser** sind für Patienten zuständig, deren Erkrankungen die Behandlung durch Spezialisten erfordern, wie z. B. in Herzzentren oder HNO-Kliniken.

Exkurs

Organisationsformen der Arztpraxen

Einzelpraxis	• Ein Arzt, eine Praxis
Praxisgemeinschaft	• Mehrere Ärzte in einer Praxis • Jeder Arzt hat „seine" Patienten. • Getrennte Abrechnung
Apparategemeinschaft	• Jeder Arzt hat seine eigene Praxis. • Mehrere Ärzte nutzen Geräte gemeinsam.
Berufsausübungsgemeinschaft	• Mehrere Ärzte in einer Praxis • Jeder Arzt kann jeden Patienten behandeln. • Gemeinsame Abrechnung
Praxisklinik	• Patienten verbleiben nach ambulanter Operation noch in der Praxis, ggf. auch über Nacht.
Medizinisches Versorgungszentrum (MVZ)	• Vertragsärzte und angestellte Ärzte verschiedener Fachrichtungen arbeiten in einem MVZ unter einem Dach. • Gemeinsame Abrechnung

- **Sonderkrankenhäuser** nehmen Patienten stationär auf, deren Erkrankung häufig eine längere Behandlung bzw. Pflege erfordert. Die wichtigsten sind hierbei:
  - **Kurkliniken:** Sie dienen sowohl Menschen zur Erholung nach einer schweren Erkrankung bzw. Operation als auch zur Vorbeugung einer drohenden Krankheit.
  - **Rehabilitationskliniken:** Sie versorgen vor allem Menschen, die infolge eines Unfalls oder einer schweren Erkrankung in ihrer körperlichen Funktionstüchtigkeit beeinträchtigt sind. Ziel ist es, diese weitgehend wiederherzustellen und eine Wiedereingliederung in ihren Beruf und ihr bisheriges Leben zu erreichen.
  - **Psychiatrische Krankenhäuser:** In ihnen werden Menschen behandelt, die aufgrund einer psychischen Erkrankung der Behandlung bzw. Betreuung bedürfen. Es ist hier besonders schwierig zu entscheiden, ab wann ein Mensch lediglich der Betreuung bedarf, die auch ambulant stattfinden kann, und ab wann er stationär behandelt werden muss.

Als **Trägers des Krankenhauses** wird derjenige bezeichnet, dem das Krankenhaus „gehört". Er ist für die Leitung, Organisation und Finanzierung „seines" Krankenhauses verantwortlich. Man unterscheidet zwischen öffentlichen, gemeinnützigen und privaten Krankenhäusern.

- **Öffentliche Krankenhäuser.** Hier ist der Staat der Träger. Dabei kann eine Stadt, ein Landkreis, ein Bundesland oder die Bundesrepublik Deutschland Träger sein.

Beispiel: *Städtisches Krankenhaus Dresden-Neustadt*

- **Gemeinnützige Krankenhäuser:** Träger sind Organisationen, die dem Allgemeinwohl dienen. Sie sind überwiegend von Menschen gegründet worden, die eine gemeinsame weltanschauliche oder religiöse Richtung vertreten. Sie wollen ihre Krankenhäuser so weit wie möglich unabhängig von staatlichen Einflüssen betreiben. Ihr wichtigstes Anliegen ist daher nicht eine Gewinnerzielung, sondern vordringlich eine Krankenversorgung unter eigener Regie.

Beispiel: *Rot-Kreuz-Krankenhaus*

- **Privatkliniken** werden von privaten Krankenhausträgern getragen, z. B. von Privatpersonen oder gewerblichen Unternehmen mit einer Konzession nach der Gewerbeordnung oder von Krankenhausketten. Neben der Krankenversorgung spielt auch die Gewinnerzielung eine Rolle.

Beispiel *Privatklinik Dr. Dr. med. Costa Viela, Asklepioskliniken, Rhön-Klinikum-AG*

Von der Bettenzahl halten die öffentlichen Krankenhäuser gegenwärtig ca. 45 %, die gemeinnützigen 35 % und die privaten 20% der Betten bereit.

1. *Welche Berufsgruppen sind für die ambulante Krankenversorgung zuständig?*
2. *Welche Spezialisierungen gibt es bei den Tierärzten?*
3. *Welche Besonderheit gibt es bei den Apotheken hinsichtlich der Abgabe von Medikamenten?*
4. *Wodurch unterscheiden sich Akut-, Fach- und Sonderkrankenhäuser?*
5. *Welche drei verschiedene Träger von Krankenhäusern gibt es?*

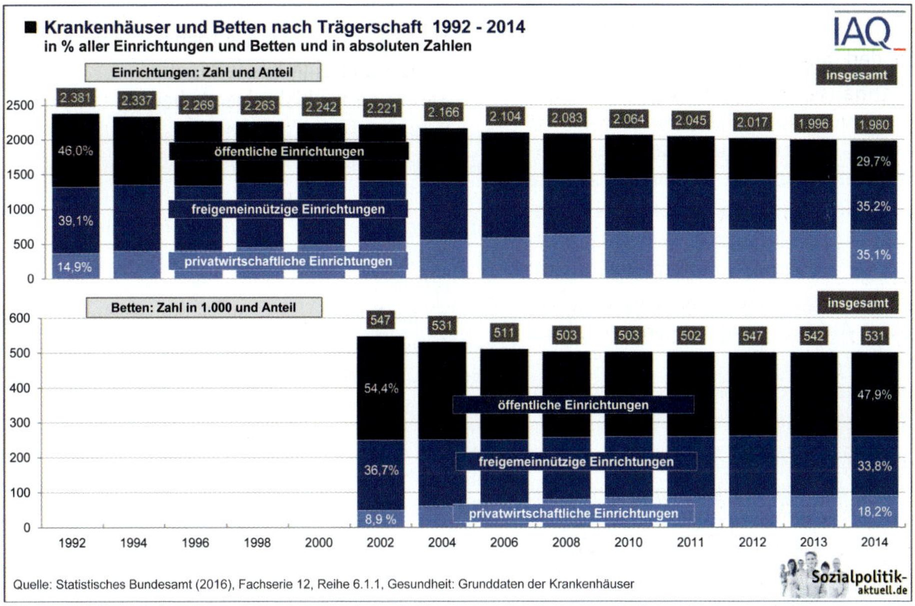

4. Unterscheidungsmerkmale der Krankenhäuser

1.1.3 Berufe des Gesundheitswesens

Arzt

Die Ausbildung zum Arzt umfasst ein 6-jähriges Studium an einer Universität oder gleichgestellten Hochschule. Das letzte Jahr wird in Form einer zusammenhängenden praktischen Ausbildung (Praktisches Jahr) in Krankenanstalten absolviert. Danach kann der Arzt einen Antrag auf Erteilung der **Approbation** (lat.: approbare = anerkennen) stellen. Durch diese Approbation erhält der Arzt die Genehmigung zur Ausübung des ärztlichen Berufs. Nach erlangter Approbation kann der Arzt z. B. eine Tätigkeit im Krankenhaus, im öffentlichen Gesundheitsdienst, in der Forschung oder in betriebsärztlichen Diensten ausüben. Er kann sich aber auch niederlassen, also eine eigene Praxis eröffnen. Allerdings darf er dann nur als Privatarzt tätig sein. Daher wird meist vor der Niederlassung eine ärztliche Weiter-

5. So kann man sich irren!

bildung absolviert. Sie bildet neben einem weiteren Einführungslehrgang die Grundlage für den Antrag auf **Zulassung als Vertragsarzt** (früher: Kassenarzt). Nach Erhalt der Zulassung ist der Arzt berechtigt, Mitglieder der gesetzlichen Krankenkassen zu behandeln und die entsprechenden Leistungen über die Kassenärztliche Vereinigung abzurechnen.

Allerdings wird eine Zulassung als Vertragsarzt nur noch dann erteilt, wenn im Zulassungsgebiet nicht bereits eine Überversorgung mit Ärzten der jeweiligen Fachrichtung besteht.

Die Aufgabe des Arztes beschreibt die Bundesärzteordnung mit dem Satz: „Der Arzt dient der Gesundheit des einzelnen Menschen und des gesamten Volkes." Die Erhaltung oder Wiederherstellung der Gesundheit des Patienten ist also oberstes Ziel. In den Berufsordnungen der Landesärztekammern werden die einzelnen Berufspflichten genau beschrieben. Aufklärungspflicht, Schweigepflicht oder die Verpflichtung zur Führung ärztlicher Aufzeichnungen gehören dazu. Auch darf der Arzt keine Werbung für seine Praxis betreiben und muss regelmäßig an Fortbildungen teilnehmen.

Die Tätigkeit des Arztes (auch des Zahn- oder Tierarztes) ist den **freien Berufen** zuzuordnen. Dies bedeutet, dass er seine Arbeit eigenverantwortlich und selbstständig erbringt. Er ist dabei allerdings an die ärztlichen Berufspflichten gebunden. Diagnose und Therapiemaßnahmen müssen von ihm selbst erstellt werden. Bei der Ausführung können Aufgaben nur in bestimmtem Umfang übertragen werden.

Für die **Promotion** (lat.: promotio = befördern) muss eine umfangreiche Doktorarbeit über ein medizinisches Thema geschrieben werden, die bei

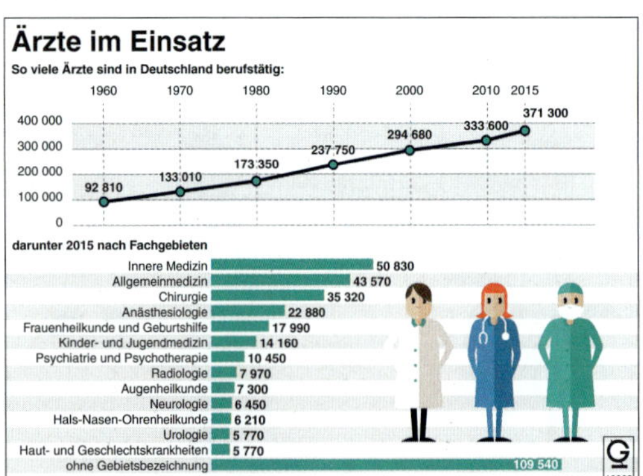

6. Ärzte in Deutschland

einer Universität eingereicht wird. Nach erfolgreicher Ablegung einer zusätzlichen mündlichen Prüfung verleiht die Universität dann den akademischen Titel „Dr. med." (Doktor der Medizin). Zahnärzten wird der Titel „Dr. med. dent." und Tierärzten „Dr. med. vet." verliehen.

Medizinische Fachangestellte (MFA)

Sie unterstützt den Arzt unmittelbar bei allen in der Praxis anfallenden Tätigkeiten. Zu ihren Arbeitsbereichen gehört darüber hinaus noch das Praxismanagement. Sie ist über die Terminvergabe, den Empfang und die Verabschiedung für die Patienten die erste und letzte Kontaktperson in der Praxis. „Medizinische Fachangestellte üben ihre Arbeit im Team aus und haben unmittelbaren Kontakt zum Patienten. Sie begreifen den Menschen als psychische und physische Einheit und stellen ihr eigenes Handeln darauf ab. Für ihre Tätigkeit in der Behandlungsassistenz sowie der Betriebsorganisation und -verwaltung benötigen sie daher neben medizinischen und ökonomischen Fachkenntnissen eine hohe Sozial-, Personal-, Team- und Kommunikationskompetenz." (Rahmenlehrplan, berufsbezogene Vorbemerkungen)

Entsprechend dem breit gefächerten Tätigkeitsfeld gibt es für die MFA viele berufliche Weiterbildungsmöglichkeiten.

Zahnarzt

Rund 50 000 niedergelassene Zahnärzte wirken in Deutschland bei der zahnmedizinischen Versorgung der Bevölkerung mit. Ihre Aufgabe ist die Vor-

Nicht jeder Arzt ist ein Doktor – und nicht jeder Doktor ist ein Arzt!

Um als Arzt zu arbeiten, wird lediglich die Approbation benötigt

Der Volksmund hat nicht immer recht: Die einfache Formel „Arzt = Doktor" trifft nur dann zu, wenn der Arzt nach seiner Approbation eine Dissertation (Doktorarbeit) geschrieben hat. Dies ist aber nicht nötig, um als Arzt tätig zu sein. Wer keine Dissertation geschrieben hat, darf sich allerdings lediglich „Arzt für … " nennen, nicht aber „Dr. …".
Entgegen früherer Praxis, als fast alle Ärzte durch eine Dissertation auch den Titel „Dr." erlangten, verzichten heute viele Ärzte auf eine Dissertation. Als Gründe werden oft die damit verbundenen Kosten bzw. Einnahmeausfälle während der Arbeit an der Dissertation sowie Zeitmangel und fehlende Themen für eine Doktorarbeit genannt.
Andererseits können auch andere Akademiker – z. B. Juristen – eine Dissertation schreiben und sich dann „Dr." nennen. Wer seine Doktorarbeit in einem medizinischen Gebiet geschrieben hat, darf sich „Dr. med.", wer in einem zahnmedizinischen bzw. veterinärmedizinischen Gebiet promoviert hat, „Dr. med. dent." bzw. „Dr. med. vet." nennen.

beugung, Erkennung und Behandlung von Zahn-, Mund- und Kieferkrankheiten. Eingeschlossen sind chirurgische Maßnahmen, der Ersatz fehlender Gebissteile (Prothetik) und die Behandlung von Gebissfehlentwicklungen (Kieferorthopädie).

Das Studium der Zahnmedizin erfolgt wie bei den Ärzten an einer wissenschaftlichen Hochschule und dauert mindestens fünf Jahre. Es besteht aus einer theoretischen und einer praktischen Ausbildung in der Zahnheilkunde und weiteren medizinischen Fächern. Nach Abschluss der zahnärztlichen Prüfung wird die **Approbation** als Zahnarzt erteilt. Danach ist die Niederlassung in einer freien Praxis möglich. Zur Behandlung von Kassenpatienten benötigt der Zahnarzt jedoch die Zulassung als **Vertragszahnarzt,** die von der Kassenzahnärztlichen Vereinigung (KZV) nach einer zweijährigen Vorbereitungszeit erteilt werden kann.

Weiterbildungsmöglichkeiten bestehen in bestimmten Fachgebieten der Zahnheilkunde. Nach einer Zusatzausbildung können **Gebietsbezeichnungen** für Kieferorthopädie, Oralchirurgie oder öffentliches Gesundheitswesen erworben werden.

Zahnmedizinische Fachangestellte (ZFA)

Für die ZFA gilt das Gleiche wie für die MFA, nur dass die sie in einer zahnärztlichen Praxis tätig ist. „Für ihre Tätigkeit in der Behandlungsassistenz und der Prophylaxe einerseits sowie der Praxisorganisation und -verwaltung andererseits benötigen sie daher neben medizinischen und ökonomischen Fachkenntnissen eine hohe Sozialkompetenz, die sie befähigt, einfühlsam mit den Patienten umzugehen, um zum Aufbau eines dauerhaften Vertrauensverhältnisses beizutragen." (Rahmenlehrplan, berufsbezogene Vorbemerkungen)

Bundesweit einheitlich gibt es vier berufliche Weiterbildungsangebote, die einen beruflichen Aufstieg, verbunden mit einem höheren Gehalt, gewährleisten.

Gebietsbezeichnungen für Zahnärzte

Facharzt für:

- Kieferorthopädie
- Oralchirurgie
- Öffentliches Gesundheitswesen
- Paradontologie
- Kinderstomatologie

7. Fachzahnarztbezeichnungen

- Zahnmedizinische Prophylaxeassistentin (ZMP)
- Zahnmedizinische Fachassistentin (ZMF)
- Zahnmedizinische Verwaltungsassistentin (ZMV)
- Dentalhygienikerin (DH)

Eine aktuelle Übersicht ist unter der Internetadresse: www.praxisfit.de/fort-z.html zu finden.

Tierarzt

§ 1 Berufsordnung beschreibt die Aufgaben des Tierarztes: „(§ 1) Der Tierarzt ist berufen, Leiden und Krankheiten der Tiere zu verhüten, zu lindern und zu heilen, zur Erhaltung und Entwicklung eines leistungsfähigen Tierbestandes beizutragen, den Menschen vor Gefahren und Schädigungen durch Tierkrankheiten sowie durch Lebensmittel und Erzeugnisse tierischer Herkunft zu schützen und auf eine Steigerung der Güte von Lebensmitteln tierischer Herkunft hinzuwirken; damit dient er zugleich der menschlichen Gesundheit. Der Tierarzt ist der berufene Beschützer der Tiere."

Die Approbation als Tierarzt wird nach mindestens fünfeinhalbjährigem Studium der Tiermedizin (Veterinärmedizin) erteilt. Etwa 20 000 Tierärzte sind in verschiedenen Berufsbereichen tätig: in der eigenen Praxis, als Praxisassistent, in der Industrie oder Forschung und im öffentlichen Veterinärwesen.

Nach entsprechender Weiterbildungszeit können verschiedene Fachtierarztbezeichnungen erlangt werden, so z. B. Fachtierarzt für Kleintiere, Pferde, Chirurgie oder für Zoo-, Gehege- und Wildtiere.

Exkurs

Dispensierrecht

Grundsätzlich dürfen Medikamente nur von Apothekern hergestellt, gelagert oder abgegeben werden. Hiervon gibt es jedoch zwei Ausnahmen:

1. Ärzte dürfen sogenannte Medikamentenmuster, die sie von der Pharmaindustrie erhalten, an Patienten weitergeben.
2. Tierärzte sind ebenfalls berechtigt, Medikamente herzustellen, zu lagern oder an Patientenbesitzer abzugeben. Dabei hat der Tierarzt eine Aufklärungspflicht gegenüber dem Patientenbesitzer hinsichtlich der Anwendungsweise (Dosis und Dauer der Verabreichung sowie die Erläuterung eventueller Nebenwirkungen).
   Auch darf er Teilmengen von Medikamenten abgeben, die aber so gekennzeichnet sein müssen, dass der Name des Medikaments, der Hersteller und möglichst auch die Anwendungsweise enthalten sind.

Tiermedizinische Fachangestellte (TFA)

Sie ist ebenfalls für die Praxisorganisation, Terminplanung und -vergabe zuständig sowie für alle in der Praxis anfallenden Arbeiten. Neben dem unmittelbaren Kontakt zum Tierarzt kommuniziert sie auch mit den Tierbesitzern (Klienten). Darüber hinaus muss sie sich auch auf die besondere Situation der zu behandelnden Tiere einstellen.

Die TFA hat ebenfalls viele Möglichkeiten der beruflichen Weiterbildung. Weitere Informationen finden Sie auf den Homepages der Landestierärztekammern.

Beispiel

Eine gute Tiermedizinische Fachangestellte ist freundlich, aber bestimmt und weiß sowohl auf das Tier als auch auf den Halter einzugehen. Sie kann mit manchmal wehrhaften Tieren umgehen, scheut sich nicht vor Reinigungsarbeiten und weiß auch, dass Tiere manchmal eingeschläfert werden müssen und Tierbesitzer getröstet.
(Berufsbild der Tiermedizinischen Fachangestellten)

Fortbildungsmöglichkeiten für ZFA

- Zahnmedizinische Fachassistentin (ZMF)
- Zahnmedizinische Prophylaxeassistentin (ZMP)
- Zahnmedizinische Verwaltungsassistentin (ZMV)
- Dentalhygienikerin (DH)

8. Fortbildungsmöglichkeiten ZFA

Fortbildungsmöglichkeiten für MFA

Zwei Arten der Fortbildung:
1. Aufstiegsfortbildung:
- Fachwirt/-in zur ambulanten und medizinischen Versorgung
- Betriebswirt/-in für Management im Gesundheitswesen

2. Erweiterung des Fachwissens

Andere Kurse werden in verschiedenen Modulen und Formen angeboten, je nach Ärztekammer. Möglich sind z. B.:
- Strahlenschutzkurse
- Fachzertifikat Impfberatung
- Fachzertifikat Ernährungsberatung
- Fachzertifikat Praxismanagement
- Ambulantes Operieren
- Diabetesberatung
- Onkologie
- Notfallmedizin

9. Fortbildungsmöglichkeiten MFA

1.1.4 Leistungsangebot der Praxen

Sowohl Arzt-, Zahnarzt- als auch Tierarztpraxen müssen ihr Leistungsangebot auf die Erwartungen ihrer Patienten bzw. Klienten abstimmen, um wirtschaftlich überleben zu können. Nur ein zufriedener Patient bzw. Klient wird die Praxis erneut aufsuchen. Einen einmal „verlorenen" Patienten/Klienten wieder zurückzugewinnen, ist sehr schwer. Folglich muss sich jeder Leistungsanbieter zunächst einen Überblick darüber verschaffen, welche Erwartungen seine Patienten/Klienten an ihn, seine Mitarbeiter/-innen und die Praxis haben.

Erwartungen der Patienten/Klienten

Menschen, die eine Arzt-, Zahnarzt- oder Tierarztpraxis aufsuchen, tun dies in aller Regel aus folgender Motivation:

- Sie (oder ihr Tier) leiden an einer Krankheit oder an Schmerzen.

Nicht ärztliche Berufe im Gesundheitswesen

- Heilpraktiker/-in
- Physiotherapeut/-in
- Logopäde/Logopädin
- Masseur/-in
- Altenpfleger/-in
- Medizinisch-technische Assistentin (MTA)
- Veterinärmedizinische Assistentin (VMA)
- Diätassistent/-in
- Hebamme/Entbindungspfleger

10. Nicht ärztliche Berufe im Gesundheitswesen

Fortbildungsmöglichkeiten für TFA

Zwei Arten der Fortbildung:
1. Aufstiegsfortbildung:
- Betriebswirt/-in für Management im Gesundheitswesen
- Hundefachwirt/-in

2. Erweiterung des Fachwissens:
- Vornehmen von Injektionen
- Röntgenkurse
- Parasitologie
- Praxismanagement und Verwaltung
- OP-Assistenz, Narkoseüberwachung und Intensiv-Tierpflege
- Praxis- und Käfighygiene
- Notfallkurse
- Zahnbehandlungen beim Tier
- Anästhesie und Monitoring
- Fortbildungen zur Behandlung von speziellen Tiergruppen (z. B. Reptilien, Vögel etc.)

11. Fortbildungsmöglichkeiten TFA

- Sie kommen zu Vorsorge- bzw. Kontrolluntersuchungen.
- Sie kommen zu Impfungen.

Daraus ergeben sich folgende **Erwartungen:**

- Heilung bzw. Linderung ihrer Krankheit bzw. ihrer Schmerzen. Tierbesitzer haben diese Erwartungen in Bezug auf ihre Tiere.
- Präsentation der Praxis im Internet, um den Patienten erste Informationen anzubieten
- Genügend Zeit für die Probleme des Patienten
- Bestmögliche Beratung und Behandlung
- Freundlichkeit des Arztes und seiner Mitarbeiter/-innen
- Sachkompetenz und Motivation des gesamten Praxisteams
- Gepflegtes äußeres Erscheinungsbild der Praxisräume sowie des Praxisteams
- Eindeutig geregelte Zuständigkeiten und Verantwortungsbereiche
- Angemessene Wartezeiten

Wie können Praxen diesen Erwartungen gerecht werden?

Zunächst einmal gilt es, den Patienten auf sich aufmerksam zu machen. Neben der Mund-zu-Mund-Propaganda geschieht dies zunehmend über das Internet. Eine Präsentation im Internet auf einer eigenen **Homepage** verstößt ausdrücklich nicht gegen das berufsrechtliche Werbeverbot.

Nach dem Teledienstgesetz (TDG) müssen Ärzte, Zahnärzte und Tierärzte allerdings gewisse Mindestanforderungen erfüllen:

- Die Identität des Anbieters der Homepage muss erkennbar sein.
- Eine Kontaktaufnahme muss möglich sein (Telefon, Fax oder E-Mail).
- Die zuständige Kammer muss angegeben sein.
- Die genaue Berufsbezeichnung muss angegeben sein.
- Die Berufsordnung muss einsehbar sein (z. B. über einen Link).
- Es muss ein Impressum vorhanden sein.

Zusätzlich zu diesen gesetzlichen Mindestanforderungen nutzen Ärzte, Zahnärzte und Tierärzte ihre Homepages für weitere Informationen, z. B.:

- Allgemeine Informationen über die Praxis
- Vorstellung des Praxisteams
- Leistungsangebot der Praxis
- Lage- und Anfahrtsplan
- Links

Hierbei müssen sie neben dem ärztlichen Standesrecht in Form der Musterberufsordnung für deutsche Ärzte insbesondere das Heilmittelwerbegesetz

Weiterbildungsmöglichkeiten in ausgewählten Gebieten zum Facharzt (FA)	Leistungsspektrum Arzt (Gynäkologe)	Leistungsspektrum Zahnarzt
• Gebiet Chirurgie, FA für: – Allgemeine Chirurgie – Gefäßchirurgie – Herzchirurgie – Kinderchirurgie – Orthopädie- und Unfallchirurgie – Plastische und Ästhetische Chirurgie – Thoraxchirurgie – Viszeralchirurgie • Gebiet Innere Medizin, FA für: – Angiologie – Endokrinologie und Diabetologie – Gastroenterologie – Hämatologie und Onkologie – Kardiologie – Rheumatologie	**Startseite** **Praxisteam** **Lage- und Anfahrtsplan** **Leistungsspektrum** • Empfängnisverhütung • Schwangerenbetreuung • Krebsvorsorge • Dysplasie-Beratung • Onkologie-/Tumornachsorge • Wechseljahre • Sterilitätssprechstunde • Teenager-Sprechstunde • Impfungen **Ambulantes Operieren** **Individuelle Gesundheitsleistungen (IGel)** **Kontakt** **Links** **Impressum**	**Home** **Praxis** **Leistungsspektrum** • Ästhetik • Parodontologie • Zahnerhaltung • Zahnersatz • Schmerzfreie Behandlung • Funktionsstörungen **Anfahrt** **Links** **Kontakt** **Impressum**

12. Ausgewählte Facharztbezeichnungen und Leistungsspektren

(HWG, letzte Änderung 2012) und das Gesetz gegen den unlauteren Wettbewerb (UWG) beachten.

Unter anderem dürfen Ärzte mit Dankes- und Empfehlungsschreiben auf Arztbewertungsportalen hinweisen. Beispiele für mögliche Internetpräsentationen von Praxen finden Sie auf der Seite 17 unten (vgl. Abb. 12).

Doch letztlich entscheidend ist der erste direkte Kontakt von Praxis und Patient/Klient. „Für den ersten Eindruck gibt es keine zweite Chance!", lautet ein Sprichwort. Dementsprechend ist die Erscheinung der Praxis ganz entscheidend für die weitere Einschätzung des Patienten/Klienten. Positiv wirkende Aspekte sind:

Erscheinungsbild der Praxis

Äußeres Erscheinungsbild der Praxis

- Gepflegter Eingangsbereich
- Aufgeräumter, ordentlicher Empfangsbereich
- Großzügiges Wartezimmer
- Gepflegtes Inventar
- Helle, freundliche Farben
- Wasserspender
- Aktuelle Zeitschriften

Erscheinungsbild des Praxisteams

- Einheitliche Kleidung
- Gepflegtes Äußeres
- Namensschilder (ggf. mit Status)

Weiterhin sind für Patienten/Klienten noch die Aspekte wichtig, die unter dem Oberbegriff „Praxismanagement" zusammengefasst werden. Dazu gehören insbesondere:

1. Aufgabenverteilung/Stellenbeschreibung

- Was ist zu erledigen?
- Wer ist wofür zuständig?
- Wer trägt die Verantwortung?

2. Personaleinsatz

- Ist jede Mitarbeiterin entsprechend ihren Qualifikationen eingesetzt, sodass weder Über- noch Unterforderungen entstehen?
- Ist ausreichend Personal vorhanden?
- Wie können Notfälle berücksichtigt werden?
- Wie ist die Vertretung bei Krankheit bzw. Urlaub geregelt?

3. Personalführung

- Wann und in welchen Zeitabständen finden Teambesprechungen statt?
- Wie werden Konflikte gelöst?
- Finden Mitarbeitergespräche zwischen Chef und dem einzelnen Angestellten statt? Wird die Mitarbeiterin darin über die Leistungsbeurteilung durch ihren Chef informiert?

4. Fort- und Weiterbildung

- Wird in der Praxis auf Fortbildungsveranstaltungen hingewiesen?
- Welche Fortbildungsangebote nehmen die Praxismitarbeiter wahr?
- Welche Weiterbildungen hat der Arzt, Zahnarzt, Tierarzt wahrgenommen?
- Welche Weiterbildungen haben die Mitarbeiterinnen erfolgreich besucht?

1. *Vergleichen Sie das Leistungsangebot Ihrer Ausbildungspraxis mit dem der Ausbildungspraxen Ihrer Mitschülerinnen.*
2. *Welche Entwicklungsmöglichkeiten sehen Sie für Ihre Ausbildungspraxis?*
3. *Erarbeiten Sie Inhalte für eine Homepage, die Sie für die Präsentation Ihrer Ausbildungspraxis im Internet für sinnvoll halten.*
4. *Vergleichen Sie Ihre Ausbildungspraxis mit denen Ihrer Mitschülerinnen hinsichtlich des Umgangs mit Problemen, die im Arbeitsalltag auftauchen.*

1.1.5 Berufsorganisationen

1.1.5.1 Interessenvertretung der Ärzte

Die Ärzteschaft hat ebenso wie die Angestellten in den Gesundheitsberufen (vgl. Abb. 13) ihre eigene Interessenvertretung. Dabei unterscheidet man die verschiedenen Organisationen nach ihren jeweiligen Zielen (vgl. Abb. 15, Seite 19).

Der **Hartmannbund,** in dem Vertreter aller ärztlichen Richtungen Mitglieder sind, stellt die älteste ärztliche Interessenvertretung dar. Sie wurde nach ihrem Gründer benannt. Ihre Aufgabe bestand zur Gründungszeit darin, die wirtschaftlichen Interessen der Ärzte gegenüber den neu entstandenen Krankenversicherungen (1883) zu vertreten. Bis 1931 nahm der Hartmannbund die Aufgaben der kassenärztlichen Vereinigung wahr. Heute vertritt der Hartmannbund vor allem die Interessen der niedergelassenen Ärzte gegenüber der Kassenärztlichen Vereinigung und der Öffentlichkeit.

Der **Marburger Bund** dagegen nimmt vorrangig die Interessen der angestellten und beamteten Ärzte wahr. Dabei tritt er auch als Tarifvertragspartei gegenüber den Arbeitgebern auf.

Allen berufspolitischen Verbänden ist gemeinsam, dass die wirtschaftliche Sicherung des Arztberufs im Vordergrund ihrer Tätigkeit steht.

Bei den **fachspezifischen Verbänden** steht sowohl das wirtschaftliche Interesse der speziellen Gruppe als auch die inhaltliche Auseinandersetzung und Weiterbildung im jeweiligen Fachbereich im Vordergrund. Sie fördern daneben auch den Erfahrungsaustausch und die wissenschaftliche Auseinandersetzung über die verschiedenen Behandlungsmethoden und -erfolge.

Die **wissenschaftlichen Fachgesellschaften** sehen in erster Linie ihre Aufgabe in der Veröffentlichung neuer Erkenntnisse und der wissenschaftlichen Auseinandersetzung über neue Behandlungsmethoden oder -erfolge. Um eine intensive Diskussion zu ermöglichen, veranstalten sie Kongresse mit meist internationaler Beteiligung.

Die verschiedenen Interessenverbände sind nicht allein auf die Humanmedizin beschränkt. Ähnliche Vereinigungen gibt es bei den Zahn- und Tierärzten. Allerdings ist der Bekanntheitsgrad dieser Vereinigungen in der Bevölkerung nicht so hoch.

Allen Berufsgruppen gemeinsam ist, dass sie die Sicherung und Interessenvertretung der jeweiligen Berufsgruppe als Hauptaufgabe sehen.

Wirtschaftliche/berufspolitische Verbände

- Hartmannbund
- Deutscher Hausärzteverband e.V.
- Marburger Bund
- Verein demokratischer Ärztinnen und Ärzte
- Verband deutscher Zahnärzte
- Bundesverband der praktizierenden Tierärzte e.V.

Fachspezifische Verbände

- Berufsverband der Chirurgen
- Berufsverband der Internisten
- Berufsverband der praktischen Ärzte und Ärzte für Allgemeinmedizin

Wissenschaftliche Fachgesellschaften

- Deutsche Gesellschaft für Chirurgie
- Deutsche Gesellschaft für Innere Medizin
- Deutsche Gesellschaft für Thorax-, Herz- und Gefäßchirurgie

13. Interessenvertretungen der Ärzteschaft

Deutscher Hausärzteverband: Hausärztliche Leistungen müssen in GOÄ endlich angemessen abgebildet werden

Berlin / Köln, 29.02.2016 – Vor dem Hintergrund der aktuell laufenden Verhandlungen zur Novellierung der Gebührenordnung für Ärzte (GOÄ) bekräftigt der Deutsche Hausärzteverband seine Forderung, spezifische hausärztliche Leistungen in der GOÄ adäquat abzubilden.

„Es muss unbedingt sichergestellt werden, dass die komplexen Leistungen, die Hausärzte beispielsweise bei der Behandlung von multimorbiden Patienten erbringen, in der GOÄ endlich angemessen dargestellt werden", sagte Ulrich Weigeldt, Bundesvorsitzender des Deutschen Hausärzteverbandes. Dies sei nicht ausschließlich über Gesprächsziffern möglich.

(Vgl. Pressemitteilung des Deutschen Hausärzteverbandes e.V. Köln, vom 29.02.2016, Auszug)

14. Interessenwahrnehmung durch den Deutschen Hausärzteverband e.V.

Antibiotika-Diskussion:

- Dringend mehr Sachverstand nötig „Das Thema Resistenzentwicklung rein emotional anzugehen, bringt weder eine Lösung für die Veterinärmedizin noch für den Humanbereich", sagte Dr. Rainer Schneichel, Vizepräsident der Landestierärztekammer Rheinland-Pfalz und Vizepräsident des Bundesverbandes Praktizierender Tierärzte (bpt), anlässlich der Podiumsdiskussion zum Thema „Wie viel ist genug? Antibiotika in der Tierproduktion". (...)
- Der Tierarzt wehrte sich gegen den Vorwurf des BUND, dass man in der Tierhaltung Antibiotika systematisch einsetze. (...)

(Interessenwahrnehmung durch den Bundesverband praktizierender Tierärzte e.V. vom 05.10.2015, Auszug)

15. bpt Bundesverband praktizierender Tierärzte e.V.

1. *Unterscheiden Sie die verschiedenen Interessenvertretungen der Ärzte.*

2. *Welche Aufgaben haben sie?*

1.1.5.2 Gewerkschaften und Berufsverbände

Die Interessen der Fachangestellten und der Auszubildenden werden von den verschiedenen Gewerkschaften und Berufsverbänden vertreten.

Die Arbeit der verschiedenen Organisationen unterteilt sich in **allgemeine Aufgaben** und **mitgliederbezogene Aufgaben.**

Allgemeine Aufgaben

Hierunter fallen:

- Mitwirkung bei Tarifverhandlungen, d. h., Gewerkschaften/Berufsverbände handeln mit den Arbeitgebervertretern den Mantel- und Gehaltstarifvertrag aus.
- Ideelle Förderung des Berufs, d. h., sie fördern das Ansehen des Berufs in der Öffentlichkeit.
- Anhörung bei Gesetzen und Verordnungen, d. h., sie arbeiten bei der Erstellung oder Änderung von Gesetzen (z. B. Berufsbildungsgesetz) oder Verordnungen (z. B. Prüfungsordnung) mit.
- Mitarbeit in Berufsbildungs- und Prüfungsausschüssen, d. h., sie sind als Arbeitnehmervertreter in diesen Ausschüssen tätig.

Mitgliederbezogene Aufgaben

Hierunter versteht man die Leistungen der Gewerkschaft oder des Berufsverbandes, die das einzelne Mitglied erhalten kann:

- Kostenlose Rechtsberatung bei allen Fragen des Arbeits- und Sozialrechts, d. h., sie beraten ihre Mitglieder bei Auseinandersetzungen mit dem Arbeitgeber oder den Sozialversicherungen.
- Kostenloser Rechtsschutz bei Arbeitsgerichtsverhandlungen, d. h., sie stellen für das Mitglied einen Rechtsanwalt bei Prozessen vor dem Arbeitsgericht.
- Kostenlose Schulungs- und Weiterbildungsangebote, d. h., sie veranstalten Seminare und Schulungsveranstaltungen im jeweiligen Beruf.
- Finanzielle Unterstützung bei Streiks und Aussperrungen, d. h., die Gewerkschaft zahlt im Falle eines Streiks einen Teil des ausgefallenen Gehalts an ihre Mitglieder. Der Betrag richtet sich dabei nach der Höhe des Beitrags.

Welche Möglichkeiten zur Durchsetzung der Interessen der Arbeitnehmer eine Gewerkschaft oder ein Berufsverband hat, ist von der Mitgliederzahl und den in der jeweiligen Berufsgruppe vertretenen Gewerkschaftsmitgliedern abhängig. So ist der Organisationsgrad (Anteil der Gewerkschaftsmitglieder an der Gesamtzahl der Fachangestellten) in den Gesundheitsberufen sehr gering (weniger als 5 %). Dies führt u. a. dazu, dass Verbesserungen bei Arbeitsbedingungen (z. B. günstige Arbeitszeiten) schwerer durchsetzbar sind als in Bereichen mit hohem Organisationsgrad.

Fallbeispiel

Klara hat bei Dr. Kaiser einen Ausbildungsvertrag als Zahnmedizinische Fachangestellte abgeschlossen. Bereits in den ersten Monaten der Ausbildung stellt Dr. Kaiser fest, dass sich Klara bei der Terminvergabe und den sonstigen Verwaltungsarbeiten sehr geschickt anstellt und eine schnelle Auffassungsgabe hat. Bei der Assistenz am Behandlungsstuhl dagegen hat sie größere Schwierigkeiten und ihr unterlaufen auch kleinere Fehler. Deshalb setzt Dr. Kaiser sie nur im Verwaltungsbereich ein. Klara ist jedoch der Meinung, dass zu einer ordnungsgemäßen Ausbildung auch der zahnmedizinische Teil zählt. Deshalb bittet sie Dr. Kaiser, wieder vermehrt bei der Assistenz eingesetzt zu werden. Dr. Kaiser lehnt die Bitte mit der Begründung ab, dass sie inzwischen an der Anmeldung unentbehrlich geworden sei.

Klara überlegt, bei wem sie Rat und Unterstützung finden könnte.

1. *Welche allgemeinen Aufgaben haben Gewerkschaften und Berufsverbände?*
2. *Welche ihrer Aufgaben sind mitgliederbezogen?*

Drei Gewerkschaften oder Organisationen (geordnet nach den Mitgliederzahlen)

Gewerkschaft Ver.di
Potsdamer Platz 10
10117 Berlin
www.verdi.de

Verband medizinischer Fachberufe e. V.
Bissenkamp 12–16
44135 Dortmund
www.vmf-online.de

16. Gewerkschaften und Berufsverbände

1.1.5.3 Kammern und KV/KZV

Die Kammern

Die **Landeskammern** sind **Körperschaften des öffentlichen Rechts,** d. h., der Staat hat ihnen bestimmte Aufgaben übertragen. Damit sie diese bewältigen können, gibt es, abhängig von der Größe des Kammerbereichs, die Bezirkskammern bzw. **Bezirksstellen/-verbände** als Untergliederungen. Die **Bundeskammern** stellen nur Arbeitsgemeinschaften der Landeskammern dar (vgl. Abb. 16). Bei den Tierärzten übernimmt die Bundestierärztekammer e. V., ein Zusammenschluss aller Landestierärztekammern und der tierärztlichen Berufsverbände, die berufspolitische Vertretung und Fortbildung der Tierärzte auf Bundesebene.

Mit der Approbation werden Ärzte, Zahnärzte und Tierärzte **Pflichtmitglieder** in der für ihr Niederlassungsgebiet zuständigen Landeskammer.

Zu den Tätigkeiten der Landeskammer zählen u. a. folgende Einzelaufgaben:

- Erstellung der **Berufsordnung.** Sie regelt die Rechte und Pflichten des Arztes gegenüber den Patienten und Berufsangehörigen.
- Überwachung der **Einhaltung der Berufspflichten.** Hierzu zählt die Bearbeitung von Beschwerden über Ärzte durch Patienten ebenso wie die Kontrolle des Werbeverbots für Mediziner.
- Durch die Erstellung der **Weiterbildungsordnung** regelt die Kammer Art, Umfang und Dauer der Weiterbildung (Gebietsärzte, Schwerpunkte und Zusatzbezeichnungen).
- Bei der **beruflichen Fortbildung** legt die Kammer die Art und den Umfang der Fortbildung ihrer Mitglieder fest. Sie kann dadurch auch die Ärzte zu einer Fortbildung verpflichten.
- Die **Schlichtung von Streitigkeiten** zwischen den Kammerangehörigen oder zwischen Patienten und Ärzten gehört ebenfalls zu den Aufgaben. Auch soll die Kammer bei Unstimmigkeiten während der Ausbildung zwischen Arzt und Auszubildenden vermitteln.
- Die **Überwachung der Ausbildung** erfolgt ebenfalls durch die Kammer. Dabei wird besonderer Wert auf die Einhaltung der Vorschriften zum Berufsbildungs- und Jugendarbeitsschutzgesetz, der Röntgenverordnung und der Arbeitszeitordnung gelegt.
- Die Organisation und Durchführung der **Abschluss- und Zwischenprüfungen.**

Eine Vertretung der Ärzte, Zahn- oder Tierärzte vor Gericht gehört nicht zu den Aufgaben der Kammer.

Die Kassenärztliche und Kassenzahnärztliche Vereinigung (KV bzw. KZV)

Die Abrechnung der ärztlichen, zahnärztlichen und tierärztlichen Leistung kann direkt mit den Patienten bzw. Patientenbesitzern erfolgen. Dann werden häufig private Verrechnungsstellen eingeschaltet. Der größere Teil der Patienten gehört jedoch den gesetzlichen Krankenversicherungen an. Hier erfolgt die Abrechnung der Honorare nicht direkt über den Patienten, sondern durch die **KV** bzw. **KZV.**

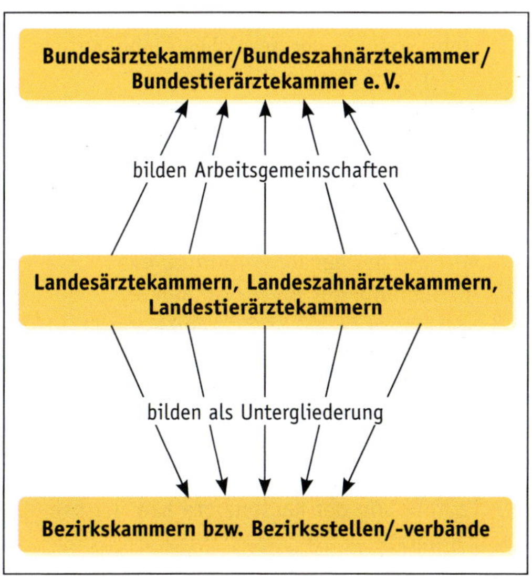

17. Aufbau der Kammernorganisation

1. Erlass der Berufsordnung
2. Überwachung der Einhaltung der Berufspflichten
3. Überwachung der beruflichen Fortbildung
4. Förderung der Fortbildung
5. Schlichtung von Streitigkeiten zwischen Berufsangehörigen
6. Gutachtertätigkeit bei Streitigkeiten
7. Förderung des Berufsstandes
8. Mitarbeit bei Gesetzen und Verordnungen
9. Unterstützung des öffentlichen Gesundheitswesens
10. Überwachung der Ausbildung
11. Durchführung von Prüfungen
12. Errichtung von Fürsorge- und Versorgungseinrichtungen für Kammerangehörige

18. Aufgaben der Kammern

Sie sind ebenfalls **Körperschaften des öffentlichen Rechts.** Jeder Kassenarzt bzw. Kassenzahnarzt ist hier **Pflichtmitglied.** Da Tierärzte ausschließlich direkt mit den Tierbesitzern in Form einer Privatliquidation abrechnen, gibt es bei ihnen keine KV. Im Einzelnen lassen sich die Aufgaben der KV bzw. KZV wie folgt darstellen:

- Sie müssen die ärztliche/zahnärztliche Versorgung sicherstellen. Folglich müssen sie darauf achten, dass in jeder Region Deutschlands genügend Ärzte, Fachärzte und Zahnärzte vorhanden sind. Um dies zu erreichen, können sie bei Überversorgung einer Region einen vorübergehenden Zulassungsstopp verhängen.

Beispiel

In der Stadt Frankfurt am Main betreiben zu viele Internisten eine Praxis. Die KV kann einen Zulassungsstopp verfügen, sodass Internisten, die eine neue Praxis eröffnen wollen, dann ins Umland abwandern müssten, bis wieder ein Gleichgewicht hergestellt ist.

- Sie organisieren den ärztlichen/zahnärztlichen Notdienst. Dies bedeutet, dass nachts und am Wochenende immer ein Arzt/Zahnarzt zur Notfallversorgung vorhanden ist.
- Die KV bzw. KZV handelt die Honorare der Ärzte/Zahnärzte mit den Krankenkassen aus. Dabei wird für jede erbrachte und abrechnungsfähige Leistung ein bestimmter Punktwert festgelegt, der dann einem bestimmten EUR-Betrag entspricht (Gebührenordnung).
- Die Abrechnung der erbrachten Leistungen der Ärzte und Zahnärzte mit den Krankenkassen erfolgt über die KV bzw. KZV.
- Sie errechnen den EUR-Wert pro Punkt und **verteilen** die Honorare an die Ärzte/Zahnärzte.
- Sie überwachen die **Wirtschaftlichkeit** der Praxen, d. h., sie können bei überdurchschnittlicher Abrechnung bestimmter Leistungen den Arzt/Zahnarzt zu einem Gespräch vorladen. Gegebenenfalls kann die Abrechnung gekürzt oder die Rückzahlung zu viel gezahlter Honorare verlangt werden (Regressforderung gegen den Arzt).
- Die KV bzw. die KZV veranstalten im Rahmen ihrer Tätigkeit Fortbildungsveranstaltungen. Sie können ihre Mitglieder zur Teilnahme verpflichten. Die geschieht vor allem bei Änderungen oder Neueinführungen von Abrechnungsvorschriften oder -verfahren.

1. *Was versteht man unter einer Körperschaft des öffentlichen Rechts?*
2. *Wer ist Mitglied der jeweiligen Landeskammer?*
3. *Welche Aufgaben haben die Kammern?*
4. *Darf die Kammer Ärzte vor Gerichten vertreten?*
5. *Wer ist Mitglied der KV bzw. KZV?*
6. *Welche Aufgaben haben KV/KZV?*
7. *Welche Folgen hat eine überhöhte Abrechnung von Leistungen für den Arzt?*
8. *Wie rechnen Tierärzte ab?*

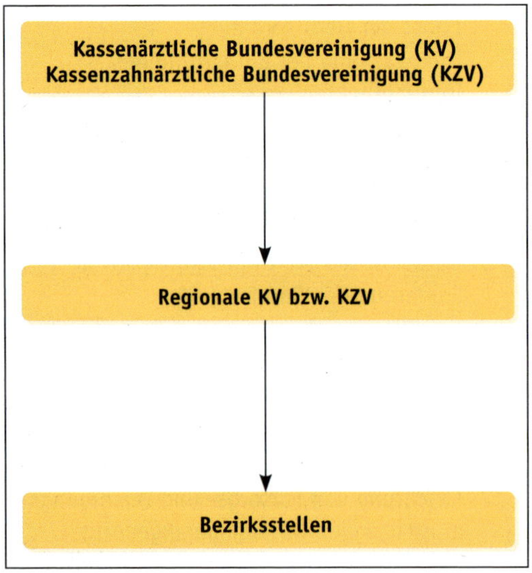

19. Aufbau der KV und KZV

1. Sicherstellung der ärztlichen/zahnärztlichen Versorgung der Bevölkerung
2. Organisation des Notfalldienstes innerhalb des jeweiligen Bezirks
3. Interessenvertretung der Kassenärzte gegenüber den Krankenkassen
4. Mithilfe bei der Durchführung der Abrechnung der Ärzte/Zahnärzte
5. Verteilung der Honorare der Krankenkasse an die Ärzte bzw. Zahnärzte
6. Überwachung der Wirtschaftlichkeit bei der Erbringung von ärztlichen/zahnärztlichen Leistungen
7. Fortbildung der Kassenärzte bzw. Kassenzahnärzte

20. Die wichtigsten Aufgaben der KV und KZV

Fit für die Prüfung!

1. Mit welchen Maßnahmen können die im Gesundheitswesen tätigen

a) Ärzte,

b) Zahnärzte,

c) Medizinischen Fachangestellten,

d) Zahnmedizinischen Fachangestellten

ihre Patienten zu einer möglichst optimalen Pflege ihrer Gesundheit anhalten?

2. Wie sollten Ihrer Meinung nach die Politiker darauf hinwirken, dass

a) die Bürger zu einer verantwortungsvollen Pflege ihrer Gesundheit angehalten werden,

b) den Bürgern ein möglichst weitgehender Schutz ihrer Gesundheit gewährt wird?

3. Welche der folgenden Maßnahmen fallen unter den Bereich

a) Gesundheitspflege,

b) Gesundheitsschutz,

c) kurative Medizin?

1. Eine Ärztin stellt ein Rezept aus.
2. Nina putzt sich regelmäßig die Zähne.
3. Die Stadt Frankfurt führt in allen Wohngebieten Tempo 30 ein.
4. Frau Müller unterzieht sich nach einem Schlaganfall einer Behandlung in einem Rehabilitationszentrum.
5. Der Landkreis Groß-Gerau weist ein neues Trinkwasserschutzgebiet aus.
6. Frau Steig benutzt für ihren Weg zu ihrer Arbeitsstätte im sechsten Stock nicht den Aufzug, sondern die Treppe.

4. Erkundigen Sie sich in Ihrer Ausbildungspraxis, welche konkreten Auswirkungen auf den alltäglichen Praxisablauf die folgenden Vorschriften bzw. Gesetze haben:

a) Vorschriften der Berufsgenossenschaft für Gesundheitsberufe und Wohlfahrtspflege

b) Jugendarbeitsschutzgesetz

c) Berufsbildungsgesetz

d) ggf. Röntgenverordnung

e) ggf. Sicherheitshinweise bei Laborarbeiten

5. Aus welchen Gründen schreibt der Staat vor, dass bestimmte Krankheiten, wie z. B. Hepatitis B und C, den Gesundheitsämtern gemeldet werden müssen?

6. a) Welche Stelle des öffentlichen Gesundheitsdienstes ist in folgenden Fällen zuständig?

b) In welcher Weise wird sie tätig?

1. Eine Ärztin diagnostiziert, dass die Lehrerin Frau Penth an Tuberkulose erkrankt ist.
2. Die Medizinische Fachangestellte Veronika röntgt ohne Bleischürze und Dosimeter.
3. In der Grundschule soll eine schulzahnärztliche Reihenuntersuchung durchgeführt werden.
4. Im SL-Supermarkt werden verdorbene Fischkonserven entdeckt.
5. Der Ort Eschaum beantragt die Bezeichnung als Kurort „Bad Eschaum".
6. Die Hessische Ärztekammer beantragt eine Änderung der Prüfungsordnung.
7. Es soll eine Broschüre „Gesunde Ernährung – heute und morgen" erstellt und bundesweit verteilt werden.
8. Die Firma Purotex beantragt die Zulassung eines Impfstoffes gegen AIDS.
9. Die Firma Femimed beantragt die Zulassung einer Verhütungspille für den Mann.
10. Eine Selbsthilfegruppe von Allergikern beantragt ein Gutachten über die Risiken durch gentechnisch veränderte Lebensmittel.

7. Um welche Art von Praxis handelt es sich?

a) Dr. med. Koch und Dr. med. Buch betreiben gemeinsam eine Arztpraxis. Jeder behandelt „seine" Patienten und rechnet für sich ab.

b) Die Zahnärztinnen Dr. med. dent. Baumann und Dr. med. dent. Brücke betreiben gemeinsam die Zahnarztpraxis „Zahnwehlos". Jede bezahlt die Hälfte der Kosten. Am Ende jedes Quartals teilen sie sich den Gewinn je zur Hälfte.

c) Die Ärzte Dr. med. Bruch, Dr. med. Lunge und die Zahnärztin Dr. med. dent. Kuhn betreiben jeweils eigene Praxen in einem Ärztehaus. Nur den Röntgenraum benutzen sie gemeinsam.

d) Die Ärztin Dr. med. Lange führt in ihrer Praxis ambulante Operationen durch, die zum Teil unter Vollnarkose stattfinden. Die Patienten können daher für ein bis zwei Tage einschließlich der nötigen Übernachtungen in der Praxis verweilen.

e) Der Orthopäde Dr. med. Rück, die Sportmedizinerin Dr. Fit, der Allgemeinmediziner Dr. med. Alles und die Ärztin für Innere Medizin Dr. med. Leber arbeiten in einem Ärztezentrum.

8. Herr H. muss sich einer äußerst komplizierten und sehr selten vorkommenden Operation am Gehirn unterziehen. In welcher Art von Krankenhaus wird diese stattfinden?

9. Stellen Sie sich vor, Sie wären Auszubildende in einer Praxis für Allgemeinmedizin. In der Praxis arbeiten neben dem Arzt Dr. med. Alles-Gut noch die Medizinische Fachangestellte Seliger-Guth und zwei Auszubildende, Nora Neu im ersten Ausbildungsjahr (montagvormittags und donnerstagvormittags Berufsschulunterricht) und Tanja Wiss im dritten Ausbildungsjahr (dienstagvormittags und mittwochnachmittags Berufsschulunterricht).

Erstellen Sie

a) eine Aufgabenverteilung/Stellenbeschreibung und

b) einen Personaleinsatzplan.

10. Beschreiben Sie den Ausbildungsweg von Frau Dr. Klein:

> Praxis
>
> **Dr. med. Karla Klein**
>
> Ärztin für Kinderheilkunde
> Kinderkardiologie

11. Das Bundesinstitut für Berufsbildung stellt in einem Bericht Folgendes fest: Die Mehrzahl der Fachangestellten ist mit ihrer Arbeitssituation sehr zufrieden. Als weniger günstig werden jedoch die Aufstiegs- und Karrieremöglichkeiten beurteilt. Ein Vergleich zu den Berufswechslern zeigt, dass von diesen gerade die zuletzt genannten Aspekte bezüglich ihrer neuen Arbeitssituation sehr viel positiver beurteilt werden. Durch welche Maßnahmen und Verbesserungen könnten Ihrer Meinung nach die Aufstiegs- und Karrieremöglichkeiten in Ihrem Berufsbereich vergrößert werden?

12. Wählen Sie in Ihrer Klasse mindestens drei nicht ärztliche Berufe aus und besorgen Sie dann hierzu entsprechendes Informationsmaterial, z. B. bei der nächstgelegenen Agentur für Arbeit. Beschreiben Sie danach die entsprechenden Ausbildungswege.

13. Wählen Sie eine Fortbildungsmöglichkeit in Ihrem Berufsfeld aus und besorgen Sie sich Informationsmaterial, z. B. bei der zuständigen Kammer. Stellen Sie daraus eine Übersicht zusammen, die folgende Fragen beantwortet:

a) Wer bietet die Fortbildung an?

b) Welche Zulassungsvoraussetzungen müssen erfüllt sein?

c) Gibt es eine Aufnahmeprüfung?

d) Welche Lehrinhalte werden vermittelt?

e) Wo und wie findet der Unterricht statt (z. B. ganztägige/-wöchige Kurse, theoretische und praktische Kurse)?

f) Wie lange dauert die Fortbildung?

g) Gibt es eine Abschlussprüfung?

h) Welche Kosten entstehen und wer übernimmt sie?

i) Welche Gehaltsvorteile ergeben sich nach erfolgreichem Abschluss der Fortbildung?

14. Entscheiden Sie, ob in den folgenden Fällen die Landesärzte-, Landeszahnärzte-, Landestierärztekammer, die Kassenärztliche oder die Kassenzahnärztliche Vereinigung zuständig ist:

a) Bei dem Arzt Dr. med. Kreis besteht der dringende Verdacht, dass er seinen Berufspflichten nur noch sehr eingeschränkt nachkommt.

b) Die Organisation des ärztlichen und zahnärztlichen Notdienstes.

c) Die Zahnärztin Dr. Penunze liegt mit ihren Abrechnungskosten weit über dem Durchschnitt ihrer Kollegen und Kolleginnen.

d) Die Vertretung der Zahnärzte gegenüber den Krankenkassen.

e) Marion, eine Auszubildende Tiermedizinischen Fachangestellten, wird von ihrem Ausbilder zum Notdienst eingeteilt.

f) Die Auszubildende zur Zahnmedizinischen Fachangestellten ist der Meinung, dass sie nicht richtig ausgebildet wird.

g) Eine Fortbildung im Rahmen der Änderung des Abrechnungswesens wird angesetzt.

h) Dr. Gruber ruft einen befreundeten Kollegen an, der seine Helferin für eine Woche krankgeschrieben hat. Er verlangt, dass die Arbeitsunfähigkeit widerrufen bzw. nicht verlängert werden soll.

i) Zwei befreundete Kinderärzte vereinbaren einen abwechselnden Notdienst am Wochenende. Ist dies möglich und wer muss teilnehmen?

15. Erstellen Sie eine Checkliste zur Gestaltung eines möglichst positiven

a) äußeren Erscheinungsbildes der Praxis (Flur, Rezeption, Wartezimmer) und

b) Erscheinungsbildes des Praxisteams.

16. Diskutieren Sie, warum der Organisationsgrad der Fachangestellten bei Gesundheitsberufen so gering ist.

1.2 Ausbildungsvertrag

1.2.1 Duales System der Berufsausbildung

Jahr für Jahr bietet die Berufsausbildung im dualen System für über 550 000 Schulabgänger – etwa zwei Drittel eines Altersjahrgangs – die Möglichkeit, einen Ausbildungsberuf zu erlernen und damit einen direkten Einstieg ins Berufsleben zu erreichen. Etwa 30 000 Auszubildende entscheiden sich für eine Ausbildung als Fachangestellte im medizinischen Bereich, davon ca. 15 000 als Medizinische Fachangestellte und 12 000 als Zahnmedizinische Fachangestellte. 2 100 wählen als Ausbildungsberuf die Tiermedizinische Fachangestellte.

Die Berufsausbildung erfolgt nach dem **Prinzip der dualen Ausbildung (duales System)**. Mit einer umfassenden Ausbildung im Betrieb und parallel dazu in der Berufsschule soll eine optimale Lernsituation gewährleistet werden. Die Einbindung in die Praxis mit der unmittelbaren Vermittlung der berufsspezifischen Fertigkeiten und Kenntnisse und die begleitende Schulausbildung in der Berufsschule, die das theoretische Praxiswissen und zusätzlich allgemeinbildende Inhalte vermittelt, tragen in hohem Maße dazu bei, berufliche Handlungsfähigkeit zu erlangen und damit das angestrebte Berufsziel zu erreichen.

Die schulischen Inhalte der Berufsausbildung richten sich nach den jeweiligen **Rahmenlehrplänen** der einzelnen Bundesländer, die auf einem bundeseinheitlichen Rahmenlehrplan basieren. Schulischer Rahmenlehrplan und die jeweilige berufsbezogene Ausbildungsordnung für die betriebliche Ausbildung sind aufeinander abgestimmt. Der Berufsschulunterricht wird nach dem Lernfeld-Konzept durchgeführt. Lernfelder beschreiben zusammengehörende Einheiten zu Themengebieten, denen berufliche Handlungsabläufe zugrunde liegen, wie sie die Auszubildenden während ihrer Ausbildungszeit kennenlernen. Durch ein hohes Maß an Handlungsorientierung soll der Auszubildende zur selbstständigen Planung, Durchführung und Beurteilung praxisbezogener Arbeitsaufgaben befähigt werden.

1.2.2 Ausbildungsordnung

Der praxisbezogene Teil der Berufsausbildung wird durch die jeweilige **Ausbildungsordnung** festgelegt. Diese bundeseinheitliche Rechtsverordnung mit Gesetzeswirkung legt fest, dass sowohl eine breite berufliche Grundbildung als auch die notwendigen Fertigkeiten und Kenntnisse zur Ausübung einer qualifizierten Berufstätigkeit durch Berufserfahrung vermittelt werden müssen. Durch die bundesweite Gültigkeit wird erreicht, dass eine Ausbildung, z. B. in Nordrhein-Westfalen, nach den gleichen Grundlagen wie etwa in Hessen oder Sachsen abläuft.

Die Ausbildungsordnung enthält
- die Bezeichnung des Ausbildungsberufs,
- die Ausbildungsdauer (in der Regel drei Jahre),
- das Ausbildungsberufsbild, in dem die notwendigen Fertigkeiten und Kenntnisse verzeichnet sind,

Das duale Ausbildungssystem im Vergleich	
Vorteile	**Nachteile**
• Reale Praxiserfahrung, keine Simulation anhand von Modellen • Motivationsförderung durch hohen Realitätsbezug • Unmittelbarer Kontakt zu Patienten/Klienten • Förderung der Kommunikationsfähigkeit durch vielfältige Personenkontakte • Verbesserte Arbeitsmarktchancen durch positive Fremdbeurteilung Dritter (Zeugnisse) • Erstausbildung als gute Grundlage für Aufstiegsfortbildungen	• Unterschiedliche Qualität der Ausbildung durch Abhängigkeit von Betriebsgröße, Ausstattung, Spezialisierung der Praxis • Abhängigkeit von den sachlichen und pädagogischen Fähigkeiten der Ausbildenden • Abstimmungsprobleme zwischen schulischer und betrieblicher Ausbildung • Wechselnde Ausbildungsorte (Praxis/Schule) • Zahl der Ausbildungsplätze abhängig vom Ausbildungswillen und der Ausbildungsfähigkeit der Praxen und nicht von der Zahl der Ausbildungsplatzsuchenden

21. Duales Ausbildungssystem – Vor- und Nachteile

- den Ausbildungsrahmenplan mit einer sachlichen und zeitlichen Gliederung der Berufsausbildung,
- die Prüfungsanforderungen.

Die im Ausbildungsberufsbild nur stichwortartig festgelegten Ausbildungsschwerpunkte werden im **Ausbildungsrahmenplan** durch die Formulierung einzelner Lernziele inhaltlich genauer und ausführlicher beschrieben sowie durch zeitliche Rahmenrichtwerte gegliedert. Diese Festlegungen im Ausbildungsrahmenplan sind für die ausbildende Praxis verbindlich.

Zur Umsetzung der im Ausbildungsrahmenplan genannten Ziele ist es Aufgabe der jeweiligen Ausbildungspraxis, die sachlichen und zeitlichen Vorgaben durch die Erstellung eines individuellen praxisbezogenen **Ausbildungsplans** umzusetzen. Zu Beginn der Ausbildung ist dabei zu überlegen, wie und zu welchem Zeitpunkt die Inhalte vermittelt werden sollen, wobei eine Aufteilung für die Zeit bis zur Zwischenprüfung und danach erfolgen kann. Aufgrund dieser Planungen wird dann unter Abstimmung auf die konkrete organisatorische und personelle Praxissituation ein schriftlicher Ausbildungsplan für die einzelne Auszubildende erstellt. Dabei sollen auch die persönlichen Voraussetzungen der Auszubildenden, wie z. B. Vorbildung oder individuelle Lernfähigkeit, Berücksichtigung finden. Der Ausbildungsplan bildet so die Grundlage für eine Überprüfung, ob die Auszubildende die zu einem bestimmten Zeitpunkt geplanten Lernziele bereits erreicht hat.

Begleitend zum Ausbildungsablauf schreibt die Ausbildungsverordnung die Erstellung schriftlicher **Ausbildungsnachweise** (früher „Berichtsheft") durch die Auszubildende vor. Ihnen muss zu entnehmen sein, was sie konkret in der Praxis gelernt hat und ob die Ausbildungsziele erreicht worden sind. Die vermittelten Kenntnisse und Fertigkeiten sind zeitlich gegliedert, schriftlich zu erfassen. Hierzu ist es der Auszubildenden zu ermöglichen, die Nachweise während der Ausbildungszeit zu erstellen. Sie müssen dem Ausbildenden vorgelegt und von diesem unterschrieben werden. Die Ausbildungsnachweise werden später bei der Anmeldung zur Abschlussprüfung der Kammer eingereicht. Sie können auch als Beweismittel für einen ordnungsgemäßen Ausbildungsablauf herangezogen werden, wenn es zu Streitigkeiten wegen unzureichender Ausbildung kommt.

Vor dem Ende des zweiten Ausbildungsjahres, etwa eineinhalb Jahre nach Ausbildungsbeginn, ist zur Ermittlung des Ausbildungsstandes eine **Zwischenprüfung** durchzuführen. Sie wird von der zuständigen Kammer organisiert und dauert maximal zwei Stunden. Ihr Ergebnis soll Hinweise darauf geben, ob ein ausreichender Ausbildungsstand vorliegt oder ob Defizite in der Ausbildung zu erkennen sind, die bis zur Abschlussprüfung behoben werden müssen. Außerdem ist die Teilnahme an der Zwischenprüfung eine weitere Zulassungsvoraussetzung zur Abschlussprüfung. Die Ergebnisse der Zwischenprüfung gehen jedoch nicht in die Abschlussprüfung ein.

Ausbildungsvertrag vor ca. 100 Jahren (Auszüge)

- **Die Lehrzeit beträgt vier Jahre. Für die Ausbildung ist ein Lehrgeld zu zahlen. Wenn du vor der Zeit abgehst, aus welchem Grund auch immer, dann ist mindestens die Hälfte dieses Lehrgeldes verfallen.**
- **Fluchen und der Gebrauch unsittlicher Worte sind verboten, der private Umgang darf nicht zwielichtig sein. Kirchengehen ist nicht zu versäumen.**
- **Gehorsamkeit und Ehrerbietung gegen den Lehrherrn, dessen Gattin und Kindern sowie gegenüber Vorgesetzten und anderen Mitarbeitern sind selbstverständlich, ebenso Bescheidenheit und Ehrlichkeit.**
- **Einfache, saubere Kleidung ist vorgeschrieben. In der Winterszeit wird gewünscht, dass täglich Brennmaterial für die Raumheizung mitgebracht wird.**
- **Privates Reden während der Bürostunden ist verboten. Gegessen werden darf von 12:30 Uhr bis 13:00 Uhr, die Arbeit ist jedoch dabei nicht einzustellen.**
- **Die Arbeitszeit beginnt um 7:00 Uhr und endet um 18:30 Uhr. Liegt noch Arbeit an, so sind unaufgefordert unentgeltliche Überstunden zu leisten.**
- **Bei Krankheit wird kein Lohn gezahlt. Ferien gibt es nur in dringenden Fällen.**
- **Mitgliedschaft in einer Gewerkschaft oder einer politischen Partei ist verboten und wird mit sofortiger Entlassung bestraft. Der Lehrling hat seinem Lehrherrn alle abfälligen Äußerungen anderer Personen über ihn umgehend mitzuteilen.**
- **Denke daran, dass du deinem Lehrherrn Dank für die Ausbildung schuldest, und verhalte dich entsprechend.**

Die **Abschlussprüfung** selbst steht am Ende der Ausbildung. In einer speziellen Prüfungsordnung wird der Ablauf und Inhalt der Prüfung für jeden Ausbildungsberuf festgelegt. Grundsätzlich erstreckt sich die Prüfung auf die im Ausbildungsrahmenplan aufgeführten Fertigkeiten und Kenntnisse sowie den in der Berufsschule vermittelten Lehrstoff. Die Prüfung besteht aus einem schriftlichen Teil, der in mehrere Bereiche gegliedert ist, und einem praktischen Teil, in dem der Prüfling eine komplexe Prüfungsaufgabe bearbeitet und seine Ergebnisse anschließend entsprechend präsentiert. Mangelhafte schriftliche Leistungen können durch eine mündliche Ergänzungsprüfung verbessert werden, wenn dadurch die Prüfung bestanden werden kann. Bei mehr als zwei mangelhaften schriftlichen Bereichen oder einem ebensolchen praktischen Ergebnis ist die Prüfung jedoch nicht bestanden. Dies gilt auch bei einer als ungenügend bewerteten Leistung in einem Prüfungsbereich.

1.2.3 Berufsbildungsgesetz

Die betriebliche Berufsausbildung in der Bundesrepublik Deutschland wird durch das **Berufsbildungsgesetz** (BBiG) geregelt. Es schafft die Bedingungen dafür, dass Auszubildende in einem staatlich anerkannten Ausbildungsberuf eine qualifizierte Ausbildung auf einheitlicher Grundlage erhalten. Das BBiG regelt den Inhalt der Ausbildungsverhältnisse und legt deren Beginn und Ende fest. Es bestimmt, wer ausbilden darf, wer die Ausbildung überwacht und wie das Prüfungswesen zu organisieren ist. Weitere Paragrafen regeln die Besonderheiten einzelner Wirtschafts- und Berufszweige. Umfassend kann man sich durch die Broschüre „Ausbildung und Beruf" informieren, die beim Bundesministerium für Bildung und Forschung über www.bmbf.de angefordert oder heruntergeladen werden kann.

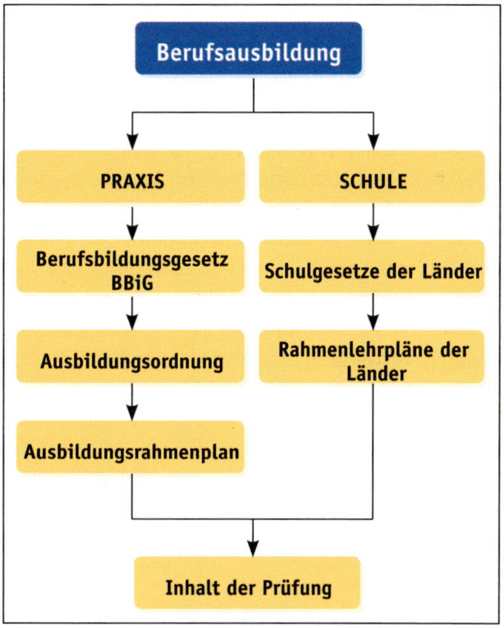

23. Rechtliche Grundlagen der Berufsausbildung

	Zwischenprüfung	Abschlussprüfung
Grund	Ermittlung des Ausbildungsstandes nach ca. 18 Monaten Ausbildungszeit	Feststellung der fachlichen Fertigkeiten, Kenntnisse und Fähigkeiten am Ende der Ausbildungszeit
Ablauf und Inhalt	Schriftliche Bearbeitung praxisbezogener Aufgaben, meist in programmierter Form, u.a. aus den Bereichen - Arbeits- und Praxishygiene - Schutz vor Infektionskrankheiten - Untersuchungen und Behandlungen vorbereiten - Verwaltungsarbeiten/ EDV	2 Prüfungsabschnitte → schriftliche Prüfung (programmierte/ offene Fragen) – Medizin/Behandlungsassistenz – Betriebsorganisation und Verwaltung – Wirtschafts- und Sozialkunde → Praktische Prüfung Komplexe, fallbezogene Prüfungsaufgabe, die aus Planung und Durchführung einer Präsentation mit Fachgespräch besteht
Ergebnis	Bescheinigung über Teilnahme und Darstellung der Ergebnisse, Auskunft über den Leistungsstand. Kein ‚Durchfallen' möglich.	Prüfungsergebnis mit Benotungen. Bei Nichtbestehen zweimalige Wiederholung möglich.

22. Prüfungen im Rahmen der Berufsausbildung

1.2.4 Abschluss und Inhalt des Ausbildungsvertrags

Zur Durchführung einer Berufsausbildung muss ein spezieller **Ausbildungsvertrag** abgeschlossen werden. Durch den Abschluss eines solchen Vertrags übernehmen die Vertragsparteien – auf der einen Seite der Ausbildende, also Arzt, Zahnarzt oder Tierarzt, auf der anderen Seite die oder der Auszubildende – vielfältige gesetzliche Verpflichtungen. Ausbilden darf nur, wer persönlich und fachlich dazu geeignet ist und wessen Praxis nach Art und Einrichtung für die Berufsausbildung infrage kommt.

Der Ausbildungsvertrag wird zunächst formlos durch eine Einigung zwischen den Vertragsparteien abgeschlossen. Die wesentlichen Inhalte müssen danach jedoch unverzüglich, auf jeden Fall aber vor dem tatsächlichen Ausbildungsbeginn, einzeln schriftlich niedergelegt werden. Meist wird hierzu ein Vordruck der jeweils zuständigen Kammer verwendet. Ist die/der Auszubildende minderjährig (unter 18 Jahre), müssen die gesetzlichen Vertreter, in der Regel die Eltern als Erziehungsberechtigte, den Vertrag mit unterschreiben. Werden Inhalte in den Vertrag aufgenommen, die nicht den gesetzlichen Grundlagen entsprechen, so sind diese ungültig.

Nach Unterzeichnung des Ausbildungsvertrags wird dieser an die zuständige Kammer übersandt, die die Einhaltung der gesetzlichen Vorschriften kontrolliert und den Vertrag unter einer laufenden Nummer in das Verzeichnis der Berufsausbildungsverhältnisse einträgt. Nach Rücksendung erhalten Ausbildender und Auszubildende/-r jeweils eine Vertragsausfertigung.

Beispiel

Carolin hat lange nach einer Ausbildungsstelle gesucht. Dr. Kuhl bietet ihr einen Ausbildungsplatz an, will aber keine Ausbildungsvergütung zahlen. Carolin sieht keine andere Chance und unterschreibt eine entsprechende Zusatzvereinbarung. Bald nach Beginn der Ausbildung erfährt sie davon, dass nach dem Berufsbildungsgesetz eine angemessene Vergütung zu zahlen ist. Sie fordert daraufhin von Dr. Kuhl eine Nachzahlung der bisherigen Ausbildungsvergütung.

Die **Mindestinhalte eines Ausbildungsvertrags** sind in § 11 des BBiG festgelegt. Weitere Vertragsinhalte können jedoch hinzugefügt werden, sofern sie die Auszubildende nicht benachteiligen und die gesetzlichen Bestimmungen nicht umgehen. So sind

24. Abschluss des Berufsausbildungsvertrags

durch eine zusätzliche schriftliche Vereinbarung abweichende Regelungen z. B. bei der täglichen Arbeitszeit oder der Arbeit am Samstag möglich (§ 21a Jugendarbeitsschutzgesetz).

- Zunächst muss der **Ausbildungsberuf** (Medizinische, Zahnmedizinische, Tiermedizinische Fachangestellte) ausdrücklich genannt werden. Die jeweilige Ausbildungsordnung gibt einen Überblick über den Ablauf der Ausbildung und wird Grundlage des Vertrags.

  Beginn und Dauer der Berufsausbildung sind genau anzugeben. Verkürzungen der grundsätzlichen Ausbildungsdauer sind in besonderen Fällen möglich. Insbesondere bei entsprechender schulischer Vorbildung (z. B. Abitur) oder bei vorheriger Berufserfahrung im Ausbildungsbereich können Auszubildende und Ausbildender im Einvernehmen mit der Kammer eine Verkürzung vereinbaren.

- Sind Maßnahmen außerhalb der Ausbildungspraxis vorgesehen, z. B. überbetriebliche Ausbildungsabschnitte, so sind diese aufzuführen.

- Die regelmäßige tägliche **Arbeitszeit** entspricht meist den tarifvertraglich vereinbarten Regelungen des jeweiligen Manteltarifvertrags, sie kann sich aber auch nach dem Jugendarbeitsschutzgesetz oder dem Arbeitszeitgesetz richten.

- Die **Probezeit** beträgt mindestens einen und höchstens vier Monate. Zweck der Probezeit ist es, dass sowohl Ausbildender als auch Auszubildende in dieser Zeit Gelegenheit haben, die Eignung für den Beruf festzustellen. Während der Probezeit ist daher eine **Auflösung des Ausbildungsvertrages** von beiden Vertragsparteien durch tägliche, **fristlose Kündung** ohne Angabe von Gründen möglich. Die Kündigung muss schriftlich erfolgen (vgl. Seite 30 f.).

- Auch die Zahlung und Höhe der **Ausbildungsvergütung** richtet sich in der Regel nach dem Tarifvertrag. Sie muss jährlich ansteigen.

- Die Dauer des **Urlaubs** muss bei Minderjährigen mindestens den im Jugendarbeitsschutzgesetz genannten Urlaubstagen entsprechen. Ansonsten regeln auch hier die Tarifverträge bzw. das Bundesurlaubsgesetz die Urlaubsansprüche. Bei kurzer Beschäftigungsdauer (z. B. im Einstellungsjahr) ist der Urlaub anteilig für jeden Beschäftigungsmonat zu gewähren.

- Die Voraussetzungen zur **Kündigung** des Ausbildungsverhältnisses und ein Hinweis auf Tarifverträge oder sonstige auf das Ausbildungsverhältnis anzuwendende Regelungen schließen die Vertragsbestimmungen ab.

1. *Am Ende des Vorstellungsgespräches sagt der Arzt zur Bewerberin: „Sie können am 1. August bei mir Ihre Ausbildung beginnen. Einen schriftlichen Vertrag brauchen wir nicht zu schließen, da wir ja jetzt bereits alle Einzelheiten geklärt haben."*

a) Ist durch die Zusage ein Ausbildungsvertrag zustande gekommen?

b) Ersetzt diese Zusage den schriftlichen Ausbildungsvertrag?

2. *In einem Vertrag werden als Ausbildungsdauer dreieinhalb Jahre angesetzt. Weiterhin wird festgehalten, dass die Auszubildende Tina nur den Fachkunde- und Laborkundeunterricht zu besuchen hat und die Ausbildungsinhalte sich nur an der Praxis orientieren.*

Prüfen Sie, ob diese Regelungen gültig sind.

1.2.5 Rechte und Pflichten während der Berufsausbildung

Im Berufsbildungsgesetz (BBiG) sind die wesentlichen Grundlagen der Berufsbildung festgeschrieben. Hierzu gehört auch die Beschreibung der Rechte und Pflichten von Auszubildenden und Ausbildenden; aus den Rechten des Auszubildenden ergeben sich die Pflichten des Ausbilders und umgekehrt.

Pflichten des Auszubildenden

- **Lern- und Dienstleistungspflicht:** Die Auszubildenden müssen sich bemühen, die für die Ausbildung notwendigen praktischen und theoretischen Kenntnisse und Fertigkeiten zu erwerben.
- **Befolgung von Weisungen:** Weisungen, die der Ausbildung dienen, sind zu befolgen.
- **Beachtung der Ordnung der Ausbildungsstelle:** Hierzu gehören u. a. die Einhaltung von Unfallverhütungsvorschriften, Hygienemaßnahmen und die Beachtung der Praxisordnung.
- **Sorgfaltspflicht:** Die übertragenen Aufgaben müssen sorgfältig ausgeführt werden und das Praxisinventar ist pfleglich zu behandeln.
- **Schweigepflicht:** Es dürfen keine Informationen über Praxisvorgänge und Patienten an Außenstehende weitergegeben werden (vgl. Seite 103 f.).

- **Teilnahmepflicht an Ausbildungsmaßnahmen:** Hierzu zählt der regelmäßige Berufsschulbesuch, aber auch die Teilnahme an praxisinternen und überbetrieblichen Ausbildungsangeboten.

Pflichten des Ausbilders

- **Ausbildungspflicht:** Der Ausbildende hat selbst auszubilden oder einen Ausbilder ausdrücklich damit zu beauftragen. Er hat dafür zu sorgen, dass dem Auszubildenden alle Kenntnisse und Fähigkeiten vermittelt werden, die er zum Erreichen des Ausbildungsziels braucht.
- **Bereitstellung der Ausbildungsmittel:** Arbeitsmittel, wie z. B. Kittel und Schutzhandschuhe, sind vom Ausbildenden kostenlos zur Verfügung zu stellen.
- **Freistellung:** Der Auszubildende muss zum Besuch der Berufsschule und für Prüfungen freigestellt werden.
- **Übertragung ausbildungsbezogener Arbeiten:** Tätigkeiten, die nicht der Ausbildung dienen, wie regelmäßige Praxisreinigung, Schneebeseitigung oder Babysitting, sind nicht zulässig.
- **Schriftliche Ausbildungsnachweise:** Der Ausbildende muss den Auszubildenden zur regelmäßigen Führung der Ausbildungsnachweise anhalten, die notwendige Zeit für die Eintragungen gewähren sowie die Nachweise regelmäßig durchsehen und unterschreiben.
- **Fürsorgepflicht:** Die Arbeitsbedingungen müssen den körperlichen Kräften der Auszubildenden angemessen sein und eine gesundheitliche Gefährdung ausschließen.
- **Vergütungspflicht:** Er ist eine vertraglich vereinbarte Ausbildungsvergütung zu zahlen.
- **Ausstellung eines Zeugnisses:** Bei Beendigung des Ausbildungsverhältnisses ist ein Ausbildungszeugnis auszustellen.

1.2.6 Beendigung des Ausbildungsverhältnisses

Nach der Probezeit (vgl. Seite 29) ist eine Kündigung nur noch unter bestimmten Voraussetzungen wirksam:

- Ausbildender und Auszubildende schließen einen **Aufhebungsvertrag,** in dem eine Löschung des Ausbildungsverhältnisses in beiderseitigem Einvernehmen vereinbart wird.
- Die Auszubildende möchte in eine fachlich andere Berufsausbildung wechseln oder aber die Berufsausbildung ganz aufgeben. In diesem Fall muss eine **Kündigungsfrist von vier Wochen** eingehalten werden.

§ 13
Verhalten während der Berufsausbildung

Auszubildende haben sich zu bemühen, die berufliche Handlungsfähigkeit zu erwerben, die zum Erreichen des Ausbildungsziels erforderlich ist. Sie sind insbesondere verpflichtet,

1. die ihnen im Rahmen ihrer Berufsausbildung aufgetragenen Aufgaben sorgfältig auszuführen,
2. an Ausbildungsmaßnahmen teilzunehmen, für die sie nach § 15 freigestellt werden,
3. den Weisungen zu folgen, die ihnen im Rahmen der Berufsausbildung von Ausbildenden, von Ausbildern oder Ausbilderinnen oder von anderen weisungsberechtigten Personen erteilt werden,
4. die für die Ausbildungsstätte geltende Ordnung zu beachten,
5. Werkzeug, Maschinen und sonstige Einrichtungen pfleglich zu behandeln,
6. über Betriebs- und Geschäftsgeheimnisse Stillschweigen zu wahren.

§ 14
Berufsausbildung

(1) Ausbildende haben

1. dafür zu sorgen, dass den Auszubildenden die berufliche Handlungsfähigkeit vermittelt wird, die zum Erreichen des Ausbildungsziels erforderlich ist, und die Berufsausbildung in einer durch ihren Zweck gebotenen Form planmäßig, zeitlich und sachlich gegliedert so durchzuführen, dass das Ausbildungsziel in der vorgesehenen Ausbildungszeit erreicht werden kann,
2. selbst auszubilden oder einen Ausbilder oder eine Ausbilderin ausdrücklich damit zu beauftragen,
3. Auszubildenden kostenlos die Ausbildungsmittel, insbesondere Werkzeuge und Werkstoffe zur Verfügung zu stellen, die zur Berufsausbildung und zum Ablegen von Zwischen- und Abschlussprüfungen, auch soweit solche nach Beendigung des Berufsausbildungsverhältnisses stattfinden, erforderlich sind,
4. Auszubildende zum Besuch der Berufsschule sowie zum Führen von schriftlichen Ausbildungsnachweisen anzuhalten, soweit solche im Rahmen der Berufsausbildung verlangt werden, und diese durchzusehen,
5. dafür zu sorgen, dass Auszubildende charakterlich gefördert sowie sittlich und körperlich nicht gefährdet werden.

(2) Auszubildenden dürfen nur Aufgaben übertragen werden, die dem Ausbildungszweck dienen und ihren körperlichen Kräften angemessen sind.

25. Auszüge aus dem Berufsbildungsgesetz

Beispiel

Franziska hat eine Ausbildung zur Medizinischen Fachangestellten begonnen. Überraschend ergibt sich die Gelegenheit, ihrem ursprünglichen Berufswunsch entsprechend eine Ausbildung zur Kauffrau im Gesundheitswesen zu beginnen.
Marlene möchte anstatt einer Ausbildung nun eine Fachoberschule besuchen und hat im Nachrückverfahren einen Platz bekommen.

- Aus **wichtigem Grund** kann eine Ausbildung sofort, also ohne Einhaltung einer Kündigungsfrist, aufgelöst werden. Dies ist immer dann möglich, wenn es entweder dem Ausbildenden oder der Auszubildenden nicht mehr weiter zuzumuten ist, die Ausbildung fortzusetzen. Diebstahl, Körperverletzung, sexuelle Belästigung, Verweigerung der Ausbildungsvergütung oder Bruch der Schweigepflicht können z. B. Gründe für eine fristlose Kündigung sein. Der Kündigungsgrund darf aber nicht länger als 14 Tage zurückliegen.
  Auch weniger schwerwiegende Verstöße können im Wiederholungsfalle Gründe für eine vorzeitige Auflösung sein, wenn zuvor **Abmahnungen** erfolgt sind (z. B. bei Verspätungen, Arbeitsverweigerungen). Darin muss das Vergehen beschrieben und Besserung gefordert werden sowie der Hinweis folgen, dass im Wiederholungsfall die Kündigung ausgesprochen wird (vgl. Abb. 26).

Bei einer vorzeitigen Beendigung des Ausbildungsverhältnisses aus wichtigem Grund besteht die Möglichkeit, Schadenersatz von demjenigen zu verlangen, der die fristlose Kündigung verursacht hat.

Eine Kündigung muss immer **schriftlich** und mit der entsprechenden Begründung erfolgen. Bei Minderjährigen ist die Kenntnisnahme und Zustimmung der Erziehungsberechtigten erforderlich. Da eine Kündigung dem Empfänger zugegangen sein muss, ist auf einen entsprechenden Nachweis zu achten. Eine Übergabe unter Zeugen oder eine postalische Zustellung mit Empfangsbestätigung ist deshalb empfehlenswert.

Das Ende der Ausbildung tritt automatisch ein, wenn die vereinbarte Ausbildungszeit abgelaufen ist oder die Ausbildung durch eine bestandene Abschlussprüfung vorher abgeschlossen wird. Besteht ein Auszubildender die Abschlussprüfung nicht, so kann das Ausbildungsverhältnis auf dessen Wunsch hin bis zum nächsten möglichen Prüfungstermin verlängert werden, höchstens aber um ein Jahr.

1. *Die Auszubildende Elke M. ist eine ausgezeichnete Bürokraft. Deshalb assistiert sie Dr. Marks nur selten bei der Zahnbehandlung. Damit ist Elke auch einverstanden. Wie beurteilen Sie die Situation?*

2. *Die Auszubildende Klara Z. muss regelmäßig fünf Überstunden machen. Sie kündigt deswegen fristlos. Beurteilen Sie, ob die Kündigung wirksam ist.*

3. *Nennen Sie jeweils drei Pflichten der Auszubildenden und der Ausbildenden.*

4. *Nach Bestehen der Abschlussprüfung fängt Jana in einer anderen Praxis an, obwohl ihr bisheriger Chef der Meinung ist, sie hätte zunächst bei ihm kündigen müssen. Wie ist die Rechtslage?*

Beendigung des Ausbildungsverhältnisses

→ **Fristlose Kündigung (durch Auszubildende oder Ausbildungspraxis)**
- Während der Probezeit (1.–4. Ausbildungsmonat)
- Aus wichtigem Grund (bei schwerwiegenden Verstößen)

→ **Kündigung mit 4-Wochen-Kündigungsfrist (durch Auszubildende)**
- Wechsel in eine andere Berufsausbildung
- Aufgabe der Berufsausbildung (z. B. wegen Schulbesuchs/Aufnahme eines Studiums)

→ **Beendigung in beiderseitigem Einvernehmen**
- Aufhebungsvertrag

→ **Auflösung der Ausbildungspraxis** (bei Übernahme Weiterführung des Ausbildungsverhältnisses)

26. Auflösung Ausbildungsverhältnis

Abmahnung

Sehr geehrte Frau Kaiser,

wie mir Ihre Klassenlehrerin Frau Hofer heute mitgeteilt hat, haben Sie erneut drei Berufsschultage unentschuldigt gefehlt, obwohl Sie bei den letzten Fehlzeiten Besserung angekündigt hatten.

Ich fordere Sie heute auf, die Pflicht zum regelmäßigen Besuch der Berufsschule einzuhalten. Sollten erneut unentschuldigte Fehlzeiten auftreten, werde ich das Ausbildungsverhältnis mit Ihnen fristlos beenden.

Hochachtungsvoll	Zur Kenntnis genommen
Dr. Heribert Lupus	Alice Kaiser
Dr. Heribert Lupus	Alice Kaiser

27. Beispiel für eine Abmahnung

1.3 BESONDERE ARBEITSSCHUTZBESTIMMUNGEN (SCHUTZGESETZE)

Durch vielfältige gesetzliche Vorschriften hat der Staat Regelungen geschaffen, die in die Gestaltung und den Ablauf eines Ausbildungs- oder Arbeitsverhältnisses eingreifen. Das Arbeitsrecht ist allerdings nicht in einem einheitlichen Arbeitsgesetzbuch zusammengefasst, stattdessen regeln zahlreiche besondere Gesetze und Verordnungen die Rechtsbeziehungen zwischen Arbeitnehmer und Arbeitgeber. Das **Arbeitnehmerschutzrecht** fasst als Teil des Arbeitsrechts Gesetzesvorschriften zusammen, die Arbeitnehmer betreffen, die aufgrund ihres Alters oder ihrer augenblicklichen bzw. bleibenden körperlichen oder geistigen Verfassung besonders vor Überforderung geschützt werden sollen. Jugendarbeitsschutzgesetz, Mutterschutzgesetz oder auch das Schwerbehindertengesetz sind hier insbesondere zu nennen. Die Überwachung der Einhaltung dieser Vorschriften erfolgt in der Regel durch die Gewerbeaufsichtsämter/Ämter für Arbeitsschutz und Sicherheitstechnik. Bei Verstößen sind Bußgelder vorgesehen, in besonders schweren Fällen können auch hohe Geld- oder Haftstrafen angeordnet werden.

1.3.1 Jugendarbeitsschutzgesetz

Noch vor ca. 200 Jahren war Kinderarbeit in Deutschland nichts Besonderes. Selbst für Fünf- oder Sechsjährige betrug die tägliche Arbeitszeit bis zu elf Stunden, meist unter heute unvorstellbaren Arbeitsbedingungen. Erst 1839 wurde eine Beschäftigung von Kindern unter neun Jahren in Fabriken oder Bergwerken verboten – nicht jedoch allein aus humanitären Gründen, sondern weil das Militär auf den schlimmen Gesundheitszustand der Soldaten hingewiesen hatte. Mit Beginn des 20. Jahrhunderts wurde der Jugendarbeitsschutz durch umfangreiche gesetzliche Regelungen fest verankert. Seit 1976 wird mit dem **Jugendarbeitsschutzgesetz (JArbSchG)** der zentrale Gedanke umgesetzt, dass eine vor gesundheitlichen Schäden und Unfallgefahren geschützte Kindheit und Jugend die Voraussetzung einer gesunden körperlichen und geistig-seelischen Entwicklung ist.

Für **Jugendliche zwischen 15 und 18 Jahren** gilt das Jugendarbeitsschutzgesetz. Wer noch nicht 15 Jahre alt ist, zählt vor dem Gesetz als Kind und darf in Deutschland nicht als ständiger Arbeitnehmer beschäftigt werden. Da das Jugendarbeitsschutzgesetz einen Schutz vor Überforderung bieten soll, darf die wöchentliche Arbeitszeit **40 Stunden** nicht überschreiten. Die tägliche Arbeitszeit beträgt acht Stunden, kann aber in bestimmten Ausnahmefällen auf achteinhalb oder neun Stunden erhöht werden (z. B. durch tarifvertragliche Regelungen, vgl. Abb. 28, Seite 33). Darüber hinausgehende Überstunden sind nicht zulässig.

Als **Arbeitszeit** gilt die tägliche Beschäftigung vom Arbeitsbeginn bis zum -ende ohne die Pausen. **Schichtzeit** dagegen ist die tägliche Arbeitszeit unter Einbeziehung der Ruhepausen. Zehn Stunden dürfen dabei nicht überschritten werden.

Beispiel

Mandy beginnt in der Praxis um 08:00 Uhr. Nach einer 20-minütigen Frühstückspause um 10:00 Uhr arbeitet sie weiter bis 12:30 Uhr. Mittagspause bis 14:30 Uhr. Anschließend mit einer Kaffeepause von 20 Minuten geht es bis zur Praxisschließung um 18:30 Uhr. Obwohl Mandy ihre zulässige tägliche Arbeitszeit nicht überschreitet, ist für sie bereits um 18:00 Uhr Arbeitsende, denn die zulässige Schichtzeit von zehn Stunden ist erreicht (08:00–18:00 Uhr).

Auszubildende sind zum Besuch der **Berufsschule** freizustellen. Die Berufsschulzeit wird auf die Arbeitszeit angerechnet, an einem von zwei Schultagen mit mehr als fünf Unterrichtsstunden als ganzer Arbeitstag (acht Zeitstunden), ansonsten mit der tatsächlichen Schulzeit. Freistellung muss auch für die Wegezeit von Betrieb zur Schule und zurück erfolgen und für verbindliche Schulveranstaltungen, z. B. berufsbezogene Studienfahrten. Beginnt der Unterricht **vor 09:00 Uhr,** so ist eine vorherige Beschäftigung in der Praxis nicht gestattet.

Dieses Beschäftigungsverbot vor der Berufsschule ist ausnahmsweise auch für über 18 Jahre alte Personen anzuwenden, wenn sie berufsschulpflichtig sind.

Als **Ruhepause** gilt nur eine Arbeitsunterbrechung von mindestens 15 Minuten. Bei einer Arbeitszeit von viereinhalb bis sechs Stunden muss die Pause 30 Minuten, bei mehr als sechs Stunden 60 Minuten betragen. Zwischen Arbeitsende und Arbeitsbeginn müssen mindestens 12 Stunden Freizeit liegen.

Das **Wochenende** soll grundsätzlich arbeitsfrei bleiben. Zulässig ist eine Beschäftigung der Jugendlichen am Wochenende nur, wenn es sich um den **ärztlichen Notfalldienst** handelt. Dabei sollen jedoch zwei Samstage und mindestens zwei Sonntage im Monat frei bleiben. Bei Wochenendarbeit steht Jugendlichen die Freistellung an einem anderen Wochenarbeitstag als Ausgleich zu. Es muss jeweils ein ganzer Arbeitstag freigegeben werden, egal, wie lange Jugendliche am Wochenendtag tatsächlich gearbeitet haben.

Der **Urlaub** soll in den Berufsschulferien genommen werden. Ist dies ausnahmsweise nicht möglich, muss für jeden Tag des Berufsschulbesuchs ein zusätzlicher Urlaubstag gewährt werden.

Beispiel

Die 17-jährige Elma hat außerhalb der Schulferien eine Woche Urlaub. Dafür will die Praxis ihr fünf Urlaubstage abziehen. Da sie aber in dieser Woche zweimal die Berufsschule besucht hat, dürfen ihr tatsächlich nur drei Urlaubstage angerechnet werden.

Nach dem JArbSchG beträgt der Urlaub nach Alter gestaffelt zwischen 25 und 30 Werktagen, wobei als Werktag auch der Samstag zu rechnen ist. Günstigere Regelungen mit mehr Urlaubstagen, so z. B. teilweise in den Tarifverträgen vorgesehen, haben je nach Vereinbarung im Ausbildungsvertrag Vorrang.

Zur **Teilnahme an der Prüfung** oder an überbetrieblichen Ausbildungsmaßnahmen sowie am Arbeitstag vor der schriftlichen Prüfung sind die Jugendlichen freizustellen.

Bevor Jugendliche eine Berufsausbildung beginnen können, muss eine **ärztliche Untersuchung** erfolgen. Die Bescheinigung hierüber ist dem Ausbildenden vorzulegen. Innerhalb eines Jahres hat eine Nachuntersuchung zu erfolgen. Wenn der Nachweis darüber nicht innerhalb von 14 Monaten vorliegt, darf der Auszubildende nicht weiter beschäftigt werden.

Zeit	Stunden
Wochenarbeitszeit	40 Stunden
– Berufsschultage • Montag (langer Berufsschultag) 08:00 – 13:00 Uhr • Mittwoch 13:15 – 17:15 Uhr	 8 Stunden 4 Stunden
= verbleibende Praxisarbeitszeit	28 Stunden
Die verbleibenden 28 Arbeitsstunden können jetzt auf die Tage Dienstag, Mittwochvormittag, Donnerstag und Freitag verteilt werden.	

28. Beispiel einer Arbeitszeitberechnung nach JArbschG

1.3.2 Mutterschutzgesetz

Die besonderen Schutzvorschriften bei Schwangerschaft und nach der Geburt des Kindes haben einen hohen Stellenwert im Rahmen der Arbeitsschutzbestimmungen. Bereits im Grundgesetz ist festgeschrieben: „... jede Mutter hat Anspruch auf den Schutz und die Fürsorge der Gemeinschaft ...“ (Art. 6 Abs. 4 GG). Durch die Einzelregelungen des **Mutterschutzgesetzes (MuSchG)** soll sichergestellt werden, dass die Gesundheit der Schwangeren und später von Mutter und Kind im Rahmen der beruflichen Tätigkeit geschützt und Benachteiligungen vermieden werden. Das Mutterschutzgesetz gilt für alle Frauen, die in einem Arbeits- oder Ausbildungsverhältnis stehen, auch während der Probezeit. Es gilt demnach nicht für Schülerinnen, Studentinnen oder Hausfrauen.

Sobald Gewissheit über eine Schwangerschaft und den voraussichtlichen Entbindungstermin besteht, sollte der Arbeitgeber hierüber **unterrichtet** werden. Denn alle Schutzvorschriften gelten erst ab dem Zeitpunkt der Mitteilung. Auf Verlangen und Kosten des Arbeitgebers ist ein ärztliches Attest als Nachweis der Schwangerschaft vorzulegen. Der Praxisinhaber ist verpflichtet, umgehend das zuständige Amt für Arbeitsschutz und Sicherheitstechnik/Gewerbeaufsichtsamt über die Schwangerschaft zu informie-

Abweichende Regelungen für die Beschäftigung Jugendlicher aufgrund eines Tarifvertrags oder einer schriftlichen Zusatzvereinbarung zwischen dem Arbeitgeber und dem Jugendlichen (§ 21a JArbSchG)

- Die Arbeitszeit kann bis neun Stunden täglich, 44 Wochenstunden und fünfeinhalb Wochentage verlängert werden, wenn ein Ausgleich innerhalb von zwei Monaten erfolgt.
- Die Schichtzeit (Arbeitszeit einschließlich der Pausen) darf auf täglich elf Stunden verlängert werden.
- Jugendliche dürfen auch samstags beschäftigt werden, wenn stattdessen eine Freistellung an einem anderen Werktag derselben Woche erfolgt.
- Bei einer Beschäftigung am Wochenende, die vier Stunden nicht übersteigt, muss als Ausgleich kein ganzer Arbeitstag gewährt werden. Es genügt ein freier Vor- oder Nachmittag an einem anderen Arbeitstag derselben oder der folgenden Woche.

29. Abweichende Regelung im JArbSchG

ren. Dieses überwacht die Einhaltung der Mutterschutzvorschriften und ist beratend tätig.

Während der Schwangerschaft und bis zu vier Monate nach der Entbindung ist eine **Kündigung** durch den Arbeitgeber unzulässig, wenn ihm die Schwangerschaft bekannt war. Eine Kündigung wird auch **rückwirkend** noch unwirksam, wenn innerhalb von 14 Tagen nach Kündigungszugang eine Schwangerschaft festgestellt und dem Arbeitgeber unverzüglich mitgeteilt wird, z. B. weil bei der Beschäftigten erst in dieser Zeit die Schwangerschaft diagnostiziert wurde. Kein Kündigungsschutz besteht allerdings bei Arbeitsverhältnissen, die von vornherein befristet abgeschlossen wurden. Hier endet die Beschäftigungsverpflichtung mit dem Auslaufen des Vertrags.

Das Ausbildungsende der schwangeren Michaela ist im Ausbildungsvertrag auf den 31.07. festgelegt. Ihr voraussichtlicher Entbindungstermin ist der 04.10. Michaela hat keinen Rechtsanspruch auf Weiterbeschäftigung über den 31.07. hinaus.

Während der Schwangerschaft besteht ein erhöhter **Gesundheitsschutz.** Der Arbeitgeber hat die Verpflichtung, den Arbeitsplatz so zu gestalten und einzurichten, dass die Schwangere keiner Gefährdung unterliegt. So muss bei ständig stehenden oder sitzenden Tätigkeiten die Möglichkeit zu kurzen Arbeitsunterbrechungen vorhanden sein. Darüber hinaus gelten weitere **Beschäftigungsbeschränkungen bzw. -verbote:**

- Verboten sind Sonn- und Feiertagsarbeit, Nachtarbeit zwischen 20:00 Uhr und 6:00 Uhr und Mehrarbeit, d. h. mehr als achteinhalb Stunden pro Tag bzw. 90 Stunden pro Doppelwoche (bei Frauen unter 18 Jahren mehr als acht Stunden täglich/80 Stunden pro Doppelwoche).
- Verboten sind schwere körperliche Arbeiten, bei denen regelmäßige Lasten über 5 kg bzw. gelegentlich mehr als 10 kg Gewicht bewegt werden müssen (z. B. Hochheben auf den Behandlungstisch).
- Nicht erlaubt sind Tätigkeiten in Bereichen, bei denen eine erhöhte Unfall-, Verletzungs- oder Infektionsgefahr besteht (z. B. Abräumen oder Reinigung gebrauchter ärztlicher oder zahnärztlicher Instrumente, Festhalten von Tieren).
- Jeder Kontakt mit möglicherweise infektiösem Material wie z. B. Blut und sonstigen Sekreten, kontaminierten Instrumenten oder Abfällen muss unterbleiben.
- Verboten sind Tätigkeiten, von denen gesundheitsschädliche Einwirkungen ausgehen können. Röntgentätigkeit bzw. Umgang mit Gefahrenstoffen (z. B. Narkosegase, Desinfektionsmittel) sind deshalb verboten bzw. stark eingeschränkt. Außerdem muss die Gefahr, an einer Berufskrankheit zu erkranken, ausgeschlossen sein.

Diese Beschäftigungsverbote können dazu führen, dass die Schwangere nicht mehr an ihrem bisherigen Arbeitsplatz eingesetzt werden kann. Medizinische und Zahnmedizinische Fachangestellte dürfen z. B. nicht mehr beschäftigt werden im Rahmen einer „Stuhlassistenz", bei Wundversorgungen oder Operationen, Laboruntersuchungen von infektiösem Material oder beim Röntgen. Für die Tiermedizinische Fachangestellte ist insbesondere ein direkter Umgang mit kranken Tieren und der Aufenthalt an Orten mit einer Gefährdung durch tierische Abwehrreaktionen (Beißen, Treten) verboten. Der Arbeitgeber ist in diesen Fällen berechtigt, der Fachangestellten einen anderen, ungefährlichen Arbeitsplatz zuzuweisen. Dies ist – insbesondere in kleineren Praxen – in vielen Fällen jedoch keine realistische Alternative, denn oft werden es die räumlichen oder personellen Möglichkeiten nicht zulassen, einen Arbeitsplatz entsprechend dieser Verbote und Einschränkungen einzurichten. Fehlt ein solch ungefährlicher Arbeitsplatz, dann muss die Schwangere oder Stillende unter Fortzahlung ihres bisherigen Arbeitsentgelts von der Arbeit **freigestellt** werden. Auszubildende oder Fachangestellte dürfen dann also nicht mehr in der Praxis arbeiten und erhalten weiterhin ihre bisherige Vergütung. Dem Arbeitgeber werden diese Aufwendungen allerdings von der Krankenkasse in Form einer Ausgleichszahlung zurückerstattet, wenn er weniger als 20 Arbeitnehmer in der Praxis beschäftigt. **Sechs Wochen vor** dem voraussichtlichen Geburtstermin und **acht Wochen nach** der Geburt besteht eine **Mutterschutzfrist,** in der die Schwangere bzw. Mutter von der Arbeit freigestellt ist. Auf deren ausdrücklichen Wunsch ist jedoch eine Beschäftigung bis zum Geburtstermin zulässig. Bei einer Mehrlings- oder ärztlich bestätigten **Frühgeburt** (z. B. Geburt vor der 37. Schwangerschaftswoche oder bei einem Geburtsgewicht des Kindes unter 2 500 Gramm) beträgt die Schutzfrist nach der Geburt zwölf Wochen. Bei einer Geburt vor dem errechneten Termin wird die nicht genutzte Schutzfrist vor der Geburt an die Mutterschutzfrist nach der Geburt angehängt.

Als Geburtstermin war der 15. Oktober errechnet worden. Das Kind kommt jedoch bereits am 4. Oktober zur Welt, also elf Tage vor dem vorausberechneten Termin. Die Schutzfrist nach der Geburt beträgt jetzt die regulären acht Wochen bis zum 29. November und verlängert sich zusätzlich um elf Tage bis zum 10. Dezember.

Eine Beschäftigung während der Schutzfrist **nach** der Geburt ist generell untersagt. Lediglich bei einer Fehl- oder Totgeburt können Frauen auf ihren ausdrücklichen Wunsch hin und nach entsprechender ärztlicher Genehmigung wieder zur Arbeit gehen. Stillende Mütter haben während der Arbeitszeit Anspruch auf bezahlte Stillpausen.

Berechnung des Mutterschaftsgeldes
1. Netto-Ausbildungsvergütung z. B. April 600,00 EUR davon zahlt die Krankenkasse pro Kalendertag 13,00 EUR Mutterschaftsgeld: 30 Tage · 13,00 EUR = 390,00 EUR Der Arbeitgeber zahlt den Differenzbetrag zwischen Krankenkassenbetrag und Nettovergütung 600,00 EUR – 390,00 EUR = 210,00 EUR
2. Angestellten-Nettogehalt 1 200,00 EUR davon zahlt die Krankenkasse 30 Tage · 13,00 EUR = 390,00 EUR der Arbeitgeber zahlt 810,00 EUR
Aufgrund eines gesetzlich geregelten Ausgleichsverfahrens (U2 Umlage) erhält ein Arbeitgeber seine Zahlungen im Rahmen des Mutterschutzes von der zuständigen Krankenkasse erstattet.

30. Beispiel für Mutterschaftsgeldzahlung

Während der Mutterschutzzeit erhalten gesetzlich krankenversicherte Frauen ihren durchschnittlichen monatlichen Nettolohn als steuerfreies **Mutterschaftsgeld** weiter. Die Krankenkasse zahlt davon zunächst nur einen Betrag von höchstens 13,00 EUR je Kalendertag, den Rest übernimmt der Arbeitgeber, wobei eine spätere Kostenübernahme durch die Krankenkasse möglich ist (vgl. Abb. 29).

1.3.3 Elternzeit und Elterngeld

Elternzeit

Nach der Geburt des Kindes gibt es die Möglichkeit, über die gesetzlich vorgeschriebene Mutterschutzfrist hinaus einen Antrag auf Freistellung von der Beschäftigung zu stellen. Anspruch auf diese **Elternzeit** haben erwerbstätige Mütter und auch Väter für eine Zeit bis zu drei Jahren, in der Regel also bis zum dritten Geburtstag des Kindes. Ein Teil der Elternzeit (maximal 24 Monate) kann aber auch auf die Zeit zwischen dem dritten und achten Geburtstag des Kindes übertragen werden.

Die Elternzeit muss spätestens sieben Wochen vor ihrem Beginn schriftlich beim Arbeitgeber beantragt werden. Dabei ist auch verbindlich festzulegen, für welche Zeitabschnitte innerhalb der kommenden zwei Jahre die Elternzeit genommen werden soll. Über das letzte – dritte – Elternzeitjahr kann später entschieden werden.

Gesetzlicher Mutterschutz (MuSchG)

Gefahrenschutz	Arbeitsplatzschutz	Finanzielle Absicherung	Sonstige Leistungen
• Schwangerengerechte Gestaltung des Arbeitsplatzes • Arbeitszeitbeschränkungen • Keine Arbeiten, die die Gesundheit von Mutter und Kind beeinträchtigen • Freistellung von der Beschäftigung bei Gefährdung am Arbeitsplatz • Schutzfrist vor und nach der Geburt	• Besonderer Kündigungsschutz während der Schwangerschaft und bis zu vier Monaten nach der Entbindung • Kündigung nur bei besonders schwerwiegenden Verstößen möglich • Kündigung in Ausnahmefällen nur mit Zustimmung der staatlichen Aufsichtsstelle	• Weiterzahlung des Arbeitsentgelts bei einem Beschäftigungsverbot • Mutterschaftsgeld während der Schutzfrist vor und nach der Geburt	• Ärztliche Betreuung und Versorgung • Hebammenhilfe • Stationäre Entbindung • Häusliche Pflege nach der Geburt

31. Mutterschutzvorschriften

Sind beide Eltern erwerbstätig, steht ihnen frei, zu entscheiden, wer die Beurlaubung beansprucht. Mutter oder Vater können die Elternzeit jeweils allein in Anspruch nehmen, sie können sich die drei Jahre untereinander aufteilen oder sogar Teile bzw. die gesamte Elternzeit gemeinsam nutzen. Eine wechselnde Aufteilung auf jeweils zwei Zeitabschnitte ist dabei möglich, eine weitere Aufteilung allerdings nur mit Zustimmung des Arbeitgebers.

Beispiel

Wechselnde Inanspruchnahme der Elternzeit

Mutter und Vater beginnen nach der Geburt gemeinsam mit der Elternzeit für ein Jahr, anschließend übernimmt die Mutter für 18 Monate allein die Betreuung und im letzten halben Jahr beansprucht dann der Vater alleine nochmals Elternzeit.

Während der Elternzeit muss die **Erwerbstätigkeit** nicht vollständig aufgegeben werden. Es kann unter bestimmten Bedingungen eine **Teilzeitbeschäftigung**, in der Regel beim bisherigen Arbeitgeber, von bis zu 30 Wochenstunden vereinbart werden. Eine Kündigung durch den Arbeitgeber innerhalb der Elternzeit ist grundsätzlich nicht zulässig, danach gelten aber wieder die allgemeinen Kündigungsvorschriften. Beim beruflichen Wiedereinstieg besteht der Anspruch, zu den gleichen Bedingungen wie vorher an einen gleichwertigen Arbeitsplatz zurückzukehren. Wird während der laufenden Elternzeit ein weiteres Kind geboren, so kann auch für dieses Elternzeit beantragt werden. Je nach Zeitpunkt der Geburt überschneiden sich allerdings die beiden Elternzeiten, weil diese nicht nahtlos aneinandergehängt werden, sondern sich überlappen. Auch bei einer Mehrlingsgeburt bleibt es bei der dreijährigen Elternzeit.

Elterngeld

Elterngeld soll durch finanzielle Leistungen die Bereitschaft unterstützen, nach der Geburt mehr Zeit für das Kind zu verwenden. Eltern, die z. B. ihre Erwerbstätigkeit verringern oder ruhen lassen, um sich mehr dem Kind widmen zu können, erhalten hierfür einen finanziellen Ausgleich. Dieses **Basiselterngeld** wird aus dem Bruttogehalt der letzten 12 Monate vor der Geburt unter Abzug von Pauschalsätzen für Steuern und Abgaben errechnet. Vom errechneten Monatseinkommen werden ab der Geburt monatlich 67 %, ab 1 240,00 EUR Einkommen 65 % gezahlt. Der Höchstbetrag liegt bei 1 800,00 EUR, mindestens aber werden 300,00 EUR pro Monat gezahlt. Bei Mehrlingsgeburten erhöht sich das Elterngeld für das zweite und jedes weitere Kind um pauschal 300,00 EUR je Kind.

Beispiel

Für das Jahr vor der Geburt ihrer Zwillinge wurde für Gaby Schrader ein durchschnittlicher Nettoverdienst von 1 800,00 EUR monatlich errechnet. Frau Schrader erhält ab der Entbindung ein Elterngeld von 1 170,00 EUR (= 65% von 1 800,00 EUR) zuzüglich 300,00 EUR für das zweite Kind, zusammen also 1 470,00 EUR monatlich.

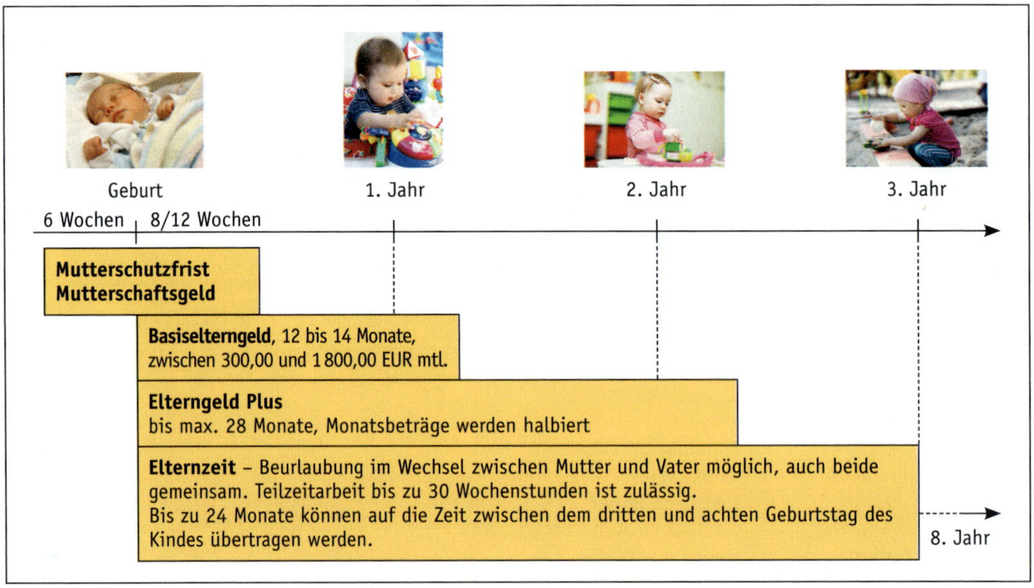

32. Regelungen bei der Geburt eines Kindes

Allerdings wird auf die Zahlung des Elterngeldes das während der achtwöchigen Mutterschutzfrist gezahlte Mutterschaftsgeld (vgl. Abb. 29, Seite 35) angerechnet. Wer vor der „Kinderpause" weniger als 1 000,00 EUR monatlich netto verdient hatte, bekommt je nach der vorherigen Höhe einen prozentualen Zuschlag. Der **Mindestbetrag** von 300,00 EUR wird aber immer gezahlt, egal ob vor der Geburt eine Erwerbstätigkeit vorlag oder nicht. Berufstätige Alleinerziehende erhalten das Elterngeld für **14 Monate.** Bei zwei Elternteilen kann ein Elternteil höchstens **12 Monate** Elterngeld beantragen, **zwei weitere Monate** stehen jedoch noch dem anderen Elternteil zu (Partnerschaftsbonus). Die Bezugszeit kann durch Umwandlung in **Elterngeld Plus** bis auf max. 28 Monate gestreckt werden, allerdings gibt es dann pro Monat nur die Hälfte des normalen Monatsbetrags. Insbesondere bei Teilzeitarbeit kann diese Wahl die finanzielle Situation verbessern.

Beispiel

- *Lediglich ein Elternteil beantragt Elterngeld, 12 Monate sind möglich (Basiselterngeld).*
- *Ein Ehepartner beantragt Elterngeld für 12 Monate, für zwei Monate der andere Ehepartner. (Partnerschaftsbonus)*
- *Ein Elternpaar arbeitet Teilzeit und wandelt 14 Monate Basiselterngeld in 28 Monate Elterngeld Plus um.*

Während der Zahlung von Elterngeld besteht eine beitragsfreie Weiterversicherung in der gesetzlichen Kranken- und Pflegeversicherung, wenn ansonsten keine sozialversicherungspflichtige Tätigkeit ausgeübt wird.

1.3.4 Schutz von Menschen mit Schwerbehinderung

Personen, die durch dauerhafte körperliche, geistige oder seelische Behinderungen an der Teilnahme am gesellschaftlichen Leben oder in ihrer Erwerbsfähigkeit um mindestens 50 % eingeschränkt sind, gelten als schwerbehindert und genießen einen besonderen Schutz des Staates.

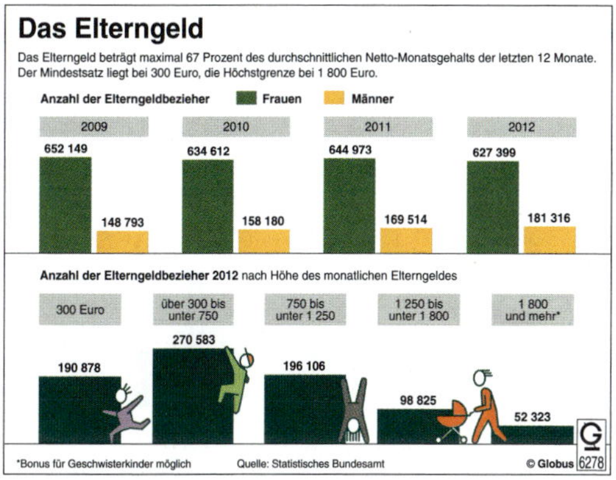

33. Das Elterngeld

Über sieben Millionen Menschen in Deutschland leben mit einer angeborenen oder als Folge eines Unfalls oder einer Krankheit entstandenen Behinderung, etwa jeder Dritte von ihnen befindet sich noch im erwerbsfähigen Alter. Zur Verbesserung der Eingliederungschancen dieser Menschen mit Schwerbehinderung ins Arbeitsleben sieht das **Sozialgesetzbuch (SGB IX)** zunächst die Möglichkeit einer umfassenden beruflichen Qualifizierung durch entsprechende Bildungsmaßnahmen vor. Zwecks Erleichterung der Arbeitsaufnahme werden Lehrgangskosten, Zuschüsse zum Umbau von Kraftfahrzeugen oder auch Aufwendungen für technische Hilfsmittel übernommen. Arbeitgeber erhalten Leistungen für die behindertengerechte Einrichtung von Arbeitsplätzen, Ausbildungszuschüsse und Beratung durch staatliche Integrationsämter in Zusammenarbeit mit der Bundesagentur für Arbeit.

Von besonderer Bedeutung für die Wiedereingliederung von Arbeitnehmern mit Schwerbehinderung ist die **Beschäftigungspflicht** gemäß § 71 SGB IX. Sie schreibt vor, dass Arbeitgeber mit mehr als 20 Arbeitsplätzen mindestens 5 % davon mit Menschen mit Schwerbehinderung besetzen müssen; Teilzeitbeschäftigte werden entsprechend ihrer Stundenzahl berücksichtigt.

Beispiel

Eine Klinik mit 40 Vollzeitmitarbeitern muss mindestens zwei Menschen mit Schwerbehinderung (entspricht 5 %) beschäftigen, z. B. als Pförtner oder in der Verwaltung.

Solange Arbeitgeber die vorgeschriebene Zahl Schwerbehinderter nicht beschäftigen, müssen sie für jeden nicht besetzten Schwerbehindertenplatz

eine **Ausgleichsabgabe** (vgl. § 77 SGB IX) entrichten. Diese Mittel werden zur Verbesserung der Arbeitsmöglichkeiten von Schwerbehinderten eingesetzt.

Trotz der Ausgleichungszahlung bleibt für den Betrieb die Verpflichtung zur Einstellung von Menschen mit Schwerbehinderung bestehen, denn es soll erreicht werden, dass Arbeitgeber weiter darüber nachdenken, auch bei oftmals schwierigen Bedingungen geeignete behindertengerechte Arbeitsplätze einzurichten.

Neben den Leistungen zur Verbesserung der Beschäftigungschancen gelten für Menschen mit Schwerbehinderung Sonderregelungen beim Kündigungsschutz, ein verlängerter Urlaubsanspruch und das Recht auf eine behindertengerechte Einrichtung des Arbeitsplatzes.

1. *Für welchen Personenkreis gilt das Jugendarbeitsschutzgesetz?*
2. *Wie lange ist die wöchentliche bzw. tägliche Arbeitszeit bei Jugendlichen?*
3. *Wie wird die Schulzeit auf die Arbeitszeit angerechnet?*
4. *Wie lang müssen die Pausen sein und wann müssen sie genommen werden?*
5. *Muss eine jugendliche Auszubildende am ärztlichen Notdienst teilnehmen?*
6. *Wann bzw. innerhalb welcher Frist hat die ärztliche Untersuchung zu erfolgen?*
7. *Stellen Sie eine Liste aller Tätigkeiten zusammen, die von Schwangeren in Ihrer Ausbildungspraxis nicht mehr ausgeführt werden sollten.*
8. *Welchen besonderen Kündigungsschutz genießen Schwangere?*
9. *Wie ist die Gehaltszahlung während der Schwangerschaft geregelt?*
10. *Ist die Schwangere/junge Mutter weiterhin sozialversichert? Muss sie Beiträge zahlen?*

1.3.5 Arbeitsschutz und Arbeitssicherheit

Während der beruflichen Tätigkeit sind Arbeitnehmer Gefahren ausgesetzt, die Gesundheitsbeeinträchtigungen oder -schädigungen hervorrufen können. Beschäftigte im Gesundheitsbereich unterliegen dabei besonderen Arbeitsbelastungen durch den Umgang mit kranken Patienten, infektiösem Untersuchungsmaterial, chemischen Stoffen oder gefährdenden Medizingeräten. Staatliche Institutionen haben daher Gesetze, Verordnungen und Vorschriften erlassen, die bei der Tätigkeit in der Praxis zum Schutz der Mitarbeiter zu beachten und einzuhalten sind.

In Deutschland ist der Arbeitsschutz als zweigleisiges System aufgebaut: Bund und Länder mit gesetzlichen Regelungen auf der einen Seite, Arbeitsschutzvorschriften der Berufsgenossenschaften auf der anderen sollen ein hohes Maß an Sicherheit gewährleisten. Das **staatliche Arbeitsschutzrecht** (z. B. Arbeitsschutzgesetz und Arbeitssicherheitsgesetz) ist fast ausschließlich Bundesrecht, zuständig ist das Bundesministerium für Arbeit und Soziales. Hier werden die grundlegenden Gesetze erlassen, die dann in den einzelnen Bundesländern durch besondere Verordnungen umgesetzt und überwacht werden. Die **staatlichen Gewerbeaufsichtsämter/Ämter für Arbeitsschutz** kontrollieren vor Ort die Einhaltung der Bestimmungen und sind bei Nichtbeachtung zur Erteilung von Verwarnungen und Bußgeldbescheiden berechtigt. Die Berufsgenossenschaften als Träger der gesetzlichen Unfallversicherung (vgl. Seite 65 ff.) haben die Aufgabe, branchenspezi-

34. Gefahrenpiktogramme

fisch verbindliche Vorschriften zur Verhütung von Arbeitsunfällen, Berufskrankheiten und arbeitsbedingten Gesundheitsgefahren zu erlassen und deren Durchführung durch eigene Aufsichtsdienste zu überwachen. Gesetzliche Grundlage hierfür sind die Regelungen im Sozialgesetzbuch VII. Für die Erstellung spezieller Vorschriften im Gesundheitsbereich und deren Überwachung ist die **Berufsgenossenschaft für Gesundheitsdienst und Wohlfahrtspflege** in Hamburg (www.bgw-online.de) zuständig, die außerdem Beratungen und aktuelle Informationen anbietet.

Grundsätzlich ist stets der niedergelassene Mediziner für die Sicherheit und Gesundheit der in seiner Praxis beschäftigten Mitarbeiter verantwortlich. Er muss die Arbeitsbedingungen so gestalten, dass die Beschäftigten durch die berufliche Tätigkeit möglichst wenig in ihrer Gesundheit beeinträchtigt oder gefährdet werden. Sind Gefährdungen nicht auszuschließen, ist durch geeignete zusätzliche Vorsorgemaßnahmen (z. B. Schutzbekleidung, Training bestimmter Arbeitstechniken) der persönliche Gesundheitsschutz sicherzustellen. Bei ihrer täglichen Arbeit in der Praxis werden Beschäftigte jedoch unvermeidbar **berufstypischen Gefährdungen** ausgesetzt sein, die Gesundheitsschäden verursachen können. Die Kontaktvermeidung zu Infektionserregern wie z. B. dem Hepatitis-B- und -C-Virus steht dabei im Vordergrund, um schwerwiegenden Berufskrankheiten vorzubeugen. Weitere praxisspezifische Gefahrenquellen mit hohem Gefährdungspotenzial dürfen daneben aber nicht vernachlässigt werden:

- Umgang mit gefährlichen Stoffen und Medikamenten
- Arbeit mit Medizingeräten
- Häufige intensive Hautreinigungen
- Desinfektionsmaßnahmen unter Einsatz chemischer Mittel
- Belastungen (Allergien) durch das Tragen von Schutzhandschuhen
- Beseitigung medizinischer oder belasteter Abfälle

Allgemeine Vorschriften des Arbeits- und Umweltschutzes kommen hinzu, die sich z. B. auf die Tätigkeit an Bildschirmarbeitsplätzen oder auf Belastungen durch Lärm, Hitze und Dämpfe beziehen.

Staatliche Stellen und die Berufsgenossenschaft legen durch Gesetze und Verordnungen die Grundlagen für einen wirksamen Gefahrenschutz. Zur Umsetzung in die tägliche Praxisarbeit haben der Arzt und die Mitarbeiter die Möglichkeit, sich aktuell z. B. über Maßnahmen zum sicheren Umgang mit Gefahrstoffen oder biologischen Arbeitsstoffen zu informieren (z. B. Broschüren der Berufsgenossenschaft zur Gefährdensbeurteilung in der Arzt-, Zahnarzt- und Tierarztpraxis unter www.bgw-online.de).

Gefahrstoffe weisen nach der Gefahrstoffverordnung (GefStoffV) eine oder mehrere gefährdende

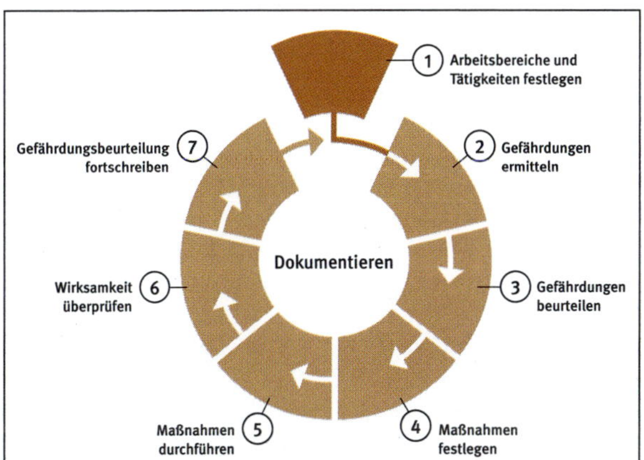

35. Stufenverfahren zum Gefahrenabbau

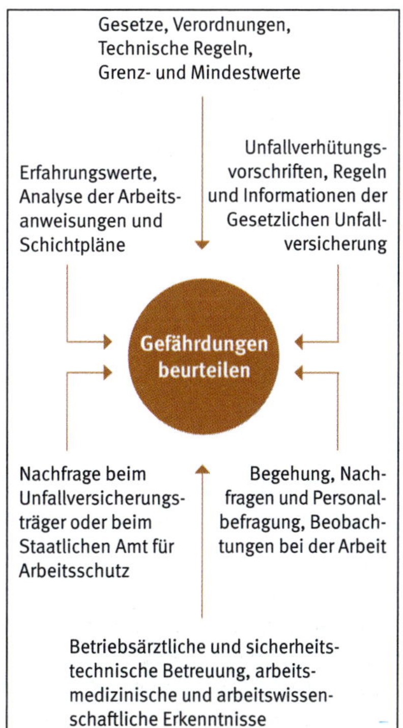

36. Informationen zur Gefährdungsbeurteilung

Eigenschaften auf, sind also z. B. gesundheitsschädlich, giftig, ätzend, reizend, krebserzeugend, leicht entzündlich oder explosionsgefährlich. Diese Stoffe müssen mit entsprechenden Gefahrenpiktogrammen gekennzeichnet sein (vgl. Abb. 33, Seite 38). Beim Einsatz von Gefahrstoffen in der Praxis hat der Arbeitgeber eine Reihe von **Verpflichtungen zum Schutz seiner Mitarbeiter** zu beachten. Hilfestellungen geben dabei z.B. die „Technischen Regeln für Gefahrstoffe in Einrichtungen der medizinischen Versorgung", TRGS 525. Zunächst sind sämtliche verwendeten Gefahrstoffe zu ermitteln, mit denen die Angestellten in Kontakt kommen können. Diese müssen dann hinsichtlich ihrer Gefährlichkeit bei der konkreten Verwendung in der Praxis beurteilt werden. Gleichzeitig ist zu prüfen, ob diese Gefahrstoffe durch andere, weniger schädliche ersetzt werden können. Alle dennoch eingesetzten Gefahrstoffe müssen in ein **Verzeichnis** eingetragen werden, das regelmäßig zu überprüfen und fortzuschreiben ist. Besondere Schutzmaßnahmen sind festzulegen, vom Tragen spezieller Schutzkleidung bis hin zu arbeitsmedizinischen Untersuchungen. Anhand einer Betriebsanweisung müssen alle Beschäftigten, die mit Gefahrstoffen umgehen, mindestens einmal jährlich über mögliche Gefahren sowie über **Schutzmaßnahmen** mündlich **unterrichtet** werden. Da Maßnahmen des Arbeitsschutzes sich unter den konkreten Alltagsbedingungen verändern oder unwirksam werden können, ist eine regelmäßige Wirksamkeitskontrolle durchzuführen. Zur Wahrnehmung dieser Aufgaben ist die fachliche Beratung eines Betriebsarztes bzw. einer Fachkraft für Arbeitssicherheit empfehlenswert.

Beispiel

Auf der Internetseite der Berufsgenossenschaft für Gesundheitsdienst und Wohlfahrtspflege (www.bgw-online.de) werden durch einen virtuellen Praxisrundgang mögliche Gefahrstoffe aufgezeigt, spezielle Informationen zu einzelnen Stoffen erteilt, Vorschriften zum Umgang mit diesen einschl. Schutzmaßnahmen dargestellt sowie Checklisten und Formblätter zum Ausdrucken angeboten.

Sicherheitsmaßnahmen sind auch beim Umgang mit **biologischen Arbeitsstoffen** (Krankheitserreger, die bei Mensch und Tier gesundheitsschädigende Wirkungen hervorrufen können) zu beachten, wenn diese z. B. durch direkten oder indirekten Kontakt übertragen werden können (Blutspritzer, Stichverletzungen, Einatmen etc.). Tätigkeiten wie etwa die Entnahme von Blutproben, deren Transport und Untersuchung oder die Wundversorgung unterliegen deshalb der **Biostoffverordnung** (BioStoffV). Die biologischen Arbeitsstoffe werden je nach ihrem Infektionsrisiko in vier Risikogruppen/Schutzstufen unterteilt. Je höher die Schutzstufe, desto umfangreicher sind die Sicherheitsmaßnahmen für die Beschäftigten.

1. *Welche Institutionen wirken bei der Umsetzung der Arbeitsschutzregelungen mit?*
2. *Mit welchen berufstypischen Gesundheitsgefährdungen werden Sie bei Ihrer beruflichen Tätigkeit konfrontiert?*
3. *Erstellen Sie eine Liste von in Ihrer Ausbildungspraxis verwendeten Gefahrstoffen und geben Sie an, welche Sicherheitsmaßnahmen beim Umgang mit ihnen zu beachten sind.*

Fit für die Prüfung!

1. Der Zahnarzt Dr. Sonnental hat mit Anna Lang ein Ausbildungsverhältnis zur Zahnmedizinischen Fachangestellten abgeschlossen. Dr. Sonnental hat Anna in seine Personaleinsatzplanung einbezogen und will sie voll in der Praxis einsetzen. Einen Berufsschulbesuch hat er nicht vorgesehen, vielmehr soll Anna einen Nachmittag freibekommen, an dem sie sich den Lehrplaninhalt selbst erarbeitet. Entsprechende Bücher stellt Dr. Sonnental zur Verfügung. Anna ist nicht abgeneigt, denn sie hat ein sehr gutes Schulzeugnis und ist an selbstständiges Lernen gewöhnt.

a) Wäre eine solche Vereinbarung möglich? Stellen Sie hierzu dar, wie die Berufsausbildung aufgebaut ist.

b) Stellen Sie fest, ob eine Befreiung vom Besuch der Berufsschule möglich ist.

2. In einem zusätzlichen Vertrag vereinbaren Dr. Sonnental und Anna noch Folgendes: „Zur weiteren Arbeitserleichterung wird vereinbart, dass Frau Lang keine Ausbildungsnachweise erstellen muss. Als Ausbildungsnachweis gilt die Kopie des Ausbildungsplans."

a) Welche Inhalte stehen im Ausbildungsplan und wer erstellt ihn?

b) Welche Regelungen sind bezüglich der Führung von Ausbildungsnachweisen vorgesehen?

c) Kann eine solche Vereinbarung rechtsgültig abgeschlossen werden, wenn beide Vertragsparteien damit einverstanden sind?

3. Martina K. entdeckt im Laufe der Ausbildung ihr Interesse für kaufmännische Tätigkeiten und möchte deshalb ihre Berufsausbildung als Zahnmedizinische Fachangestellte aufgeben und Industriekauffrau werden. Ihr ausbildender Zahnarzt Dr. Fries verbietet den Berufswechsel mit der Begründung, die vereinbarte Probezeit sei abgelaufen. Sollte sie gegen seinen Willen ausscheiden, verlange er wegen der entstandenen Ausbildungskosten Schadenersatz. Wie ist die Rechtslage?

4. Von der Auszubildenden Nuran wird verlangt, dass sie ihren Arbeitsplatz am Empfang vor Feierabend aufräumen soll. Als die Putzhilfe kündigt, hat sie regelmäßig auch die Praxisräume zu säubern. Nuram meint, Aufräumen und Putzen gehöre nicht zu ihren Aufgaben. Hat Nuram recht?

5. Marion hat die Abschlussprüfung nicht bestanden. Ihr ausbildender Arzt ist darüber so verärgert, dass er das Ausbildungsverhältnis kündigt. Er sieht auch keine Chance, dass Marion eine Wiederholungsprüfung besteht. Kann Marion auf einer Verlängerung des Ausbildungsverhältnisses bestehen?

6. Die 17-jährige Auszubildende Mara soll ihren großen Jahresurlaub dann nehmen, wenn die Praxis geschlossen ist. Da der Ausbilder keine Kinder hat, macht er regelmäßig außerhalb der Schulferienzeit Urlaub.

a) Wann sollte Auszubildenden der Urlaub gewährt werden?

b) Welche Probleme können sich bei einem Urlaub außerhalb der Schulferien ergeben?

7. Die Auszubildende Tamara, 16 Jahre alt, wird in der Arztpraxis von Dr. Kräuter ausgebildet. Sie hat folgenden Arbeitsplan:

- Montag: Arbeit von 08:00 Uhr bis 12:30 Uhr und von 14:00 Uhr bis 18:30 Uhr
- Dienstag: Berufsschule von 08:00 Uhr bis 13:00 Uhr und Praxisarbeit von 14:00 Uhr bis 18:30 Uhr
- Mittwoch: 08:00 Uhr bis 13:00 Uhr und 14:00 Uhr bis 16:00 Uhr
- Donnerstag: 07:00 Uhr bis 08:00 Uhr, Berufsschule von 08:45 Uhr bis 13:00 Uhr, nachmittags frei
- Freitag: 08:00 Uhr bis 15:00 Uhr

Pausen hat sie während der Praxiszeit vormittags von 10:00 Uhr bis 10:20 Uhr und nachmittags von 16:00 Uhr bis 16:10 Uhr, mittwochs und freitags entfällt die Nachmittagspause.

a) Berechnen Sie die Arbeitszeit von Tamara.

b) Stimmt diese Arbeitszeit mit den Vorschriften des Jugendarbeitsschutzgesetzes überein bzw. wo stellen Sie Abweichungen fest? Listen Sie diese auf und stellen Sie diese den gesetzlich vorgeschriebenen Regelungen gegenüber.

8. Nach einem Jahr erklärt Dr. Kräuter: „Die gesetzlich vorgeschriebene Nachuntersuchung wird fällig. Zur Zeitersparnis können wir diese gleich hier in der Praxis durchführen, denn ich bin ja Ihr Ausbilder und so geht für Sie kein Urlaub verloren, den Sie sich sonst nehmen müssten."

a) In welchen Zeitabständen muss die Jugendarbeitsschutz-Untersuchung durchgeführt werden?

b) Muss Tamara die Untersuchung in der Praxis von Dr. Kräuter durchführen lassen?

c) Wird ihr der Zeitaufwand als Urlaub gerechnet?

9. Die Auszubildende Claudia ist schwanger. Sie möchte aber ihre Ausbildung nach der Geburt nicht abbrechen.

a) Wie muss sich Claudia verhalten, wenn sie von ihrer Schwangerschaft erfährt?

b) Welche Arbeiten darf Claudia dann nicht mehr ausführen?

c) Als voraussichtlicher Geburtstermin ist der 1. Oktober errechnet. Wann ist ihr letzter Arbeitstag vor Beginn der Mutterschutzfrist und ihr voraussichtlich erster Tag nach Ablauf der Mutterschutzfrist?

d) Claudia erhält eine Ausbildungsvergütung von 650,00 EUR. Welche Regelung für die Zahlung gilt während der Mutterschutzfrist?

e) Claudia ist alleinerziehend. Kann sie nach Ablauf der Mutterschutzfrist Elternzeit und Elterngeld beantragen?

10. Die Tiermedizinische Fachangestellte Marianne F. ist schwanger. Sie möchte nach der Geburt ihres Kindes Elternzeit beantragen. Auch ihr Mann soll sich an der Erziehung des Kindes beteiligen und möchte deshalb ebenfalls Elternzeit nehmen.

a) Können beide Partner Elternzeit beantragen?

b) Marianne F. möchte während der Elternzeit gerne stundenweise arbeiten, um nicht den Kontakt zum Beruf zu verlieren. Ist dies möglich?

11. Stellen Sie für Ihre Ausbildungspraxis fest, welche Gefahrstoffe verwendet werden und welche Gefahrensymbole darauf enthalten sind. Beschreiben Sie, wie mit diesen Gefahrstoffen umgegangen werden muss.

Wo können Sie weitere Informationen zu Gefahrstoffen erhalten?

1.4 SOZIALVERSICHERUNGEN

1.4.1 Grundlagen der sozialen Sicherung

Schon in früheren Zeiten kannte man bestimmte Formen der sozialen Absicherung bei Notfällen, Krankheit oder im Alter. Diese nur sehr geringen Leistungen wurden erbracht von der eigenen Familie, den Gemeinden, in denen man lebte, oder von Kirchen und anderen wohltätigen Institutionen. Man hatte darauf keinen Rechtsanspruch, es handelte sich um **Fürsorgeleistungen**, deren Zuteilung oft zufällig und nur auf das Notwendigste beschränkt war. Bis in die erste Hälfte des 19. Jahrhunderts war das Leben der Menschen durch bäuerliche oder handwerkliche Arbeit geprägt. In den Familien lebten und arbeiteten mehrere Generationen zusammen, jeder leistete nach seinen Möglichkeiten einen Beitrag zur Existenzsicherung. Im Alter zog man sich aufs Altenteil zurück und übergab in der Regel dem ältesten Sohn Landwirtschaft oder Werkstatt. Dafür erhielt man ein Wohn- und Verpflegungsrecht bis zum Lebensende. So unterstützten die Jüngeren, noch Leistungsfähigen, die Schwächeren. Dieses Solidarsystem (vom Lateinischen „solidus" = dauerhaft, fest gefügt, sich ableitend) garantierte viele Jahrhunderte eine – wenn auch oft sehr bescheidene – soziale Absicherung.

Grundprinzipien der sozialen Sicherung

- Sicherung der grundlegenden Lebensbedingungen durch Leistungen bei Krankheit und Pflegebedürftigkeit, Arbeitslosigkeit und im Alter.
- Äquivalenzprinzip: Die Leistungen beruhen auf einer vorherigen Beitragszahlung (z. B. Rentenversicherung, Arbeitslosenversicherung) – kombiniert mit dem ...
- Solidaritätsprinzip: Beitragszahlung nach der finanziellen Leistungsfähigkeit, Leistungen unabhängig von der Beitragshöhe (z. B. Krankenversicherung, Pflegeversicherung)
- Arbeitnehmer und Arbeitgeber sind in die Beitragszahlung miteinbezogen
- Selbstverwaltungsprinzip: Mitwirkung von Versicherten und Arbeitgebern bei der Gestaltung der sozialen Sicherung im Rahmen selbst verwalteter Institutionen (z. B. Arbeitslosenversicherung/Bundesagentur für Arbeit)
- gesetzlich festgelegte und einklagbare Leistungen (Sozialgesetzbuch)
- Absicherung der Leistungen durch staatliche Zuschüsse an die Versicherungsträger (z. B. Rentenversicherung)

37. Prinzipien der sozialen Sicherung

Mit der **beginnenden Industrialisierung** und verstärkten Arbeitsteilung etwa in der Mitte des 19. Jahrhunderts traten schwerwiegende Veränderungen ein. Große Teile der ländlichen Bevölkerung und viele Handwerker konnten mit der technischen Entwicklung nicht mithalten, sie verarmten, verließen die dörfliche Gemeinschaft und wanderten ab in die Städte, um in den dortigen Fabriken Arbeit zu suchen. Diese Trennung von Wohn- und Arbeitsort wirkte sich negativ auf die bisherige gegenseitige Hilfe und Unterstützung aus. Kinderarbeit, lange Arbeitszeiten von 12 bis 16 Stunden täglich, kein Schutz bei Kündigungen, mangelhafte Wohnverhältnisse und unzureichende medizinische Versorgung trugen zur Verarmung und Verelendung der Bevölkerung bei. Eine soziale Absicherung, wie wir sie heute kennen, gab es nicht.

Doch es entwickelte sich eine neue Form der Solidarisierung. Arbeiter schlossen sich heimlich zu Gewerkschaften und politischen Bündnissen zusammen, um bessere Arbeitsbedingungen zu erreichen. Trotz Verboten und Gefängnisstrafen hatten die Vereinigungen einen großen Zustrom. Genossenschaftliche und kommunale Hilfs- und Unterstützungskassen, die Vorläufer der heutigen Krankenkassen, wurden gegründet, um bei Notfällen eine Absicherung zu erreichen. Schließlich wurde der

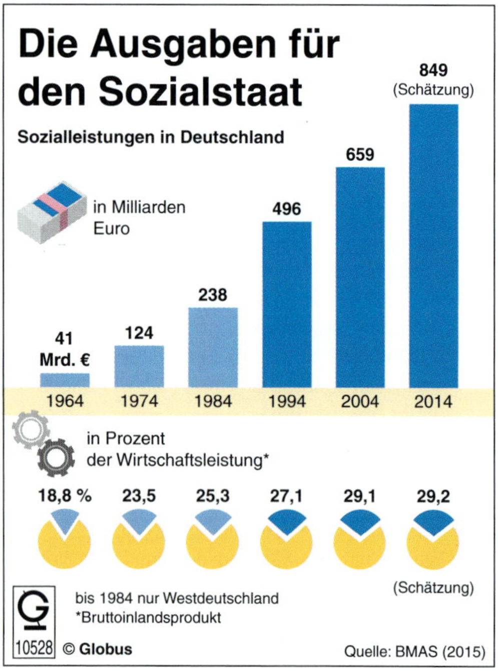

38. Das soziale Netz

Druck dieser Arbeiterorganisationen so groß, dass die staatlichen Institutionen reagieren mussten. 1881 regte der damalige Reichskanzler Otto von Bismarck in seiner **Kaiserlichen Botschaft** die Gründung von sozialen Sicherungseinrichtungen an:

„Geben Sie dem Arbeiter das Recht auf Arbeit, solange er gesund ist, sichern Sie ihm Pflege, wenn er krank ist, sichern Sie ihm Versorgung, wenn er alt ist."

Der Grundstein für die Einrichtung von gesetzlichen Sozialversicherungen war damit gelegt. **1883** wurde das Gesetz zur Krankenversicherung erlassen, **1884** folgte die Unfallversicherung und **1889** schließlich die Invaliditäts- und Alterssicherung. Anfänglich waren diese gesetzlichen Vorschriften jedoch nur auf ein Fünftel aller Beschäftigten beschränkt und bezogen lediglich 10 % der Gesamtbevölkerung in eine bescheidene soziale Grundsicherung ein. **1927** wurde das soziale Sicherungssystem durch die Arbeitslosenversicherung erweitert, **1995** folgte als zunächst letzte Säule der Sozialversicherungen die Pflegeversicherung. Heute sind fast 90 % der Bevölkerung in den Schutz der sozialen Sicherungssysteme einbezogen. Diese Absicherung zu erhalten, um auch für künftige Generationen soziale Sicherheit zu gewährleisten, ist eine dauerhafte Gemeinschaftsaufgabe. Der Gesetzgeber muss die Regelungen der Sozialversicherung den sich wandelnden gesellschaftlichen Rahmenbedingungen anpassen, um die enormen Herausforderungen der Zukunft zu bewältigen. Der zunehmende Anteil älterer Menschen in der Bevölkerung, eine hohe Arbeitslosigkeit oder auch hohe Kostensteigerungen im Gesundheitswesen erfordern daher umfangreiche Reformen (aktuelle Informationen über das Bundesministerium für Gesundheit und Soziale Sicherung unter www.bmgs.bund.de).

1. *Aus welcher Notwendigkeit entstand die staatliche Sozialversicherung?*

2. *Gegen welche Risiken sollen die fünf Zweige der Sozialversicherung die Versicherten absichern?*

3. *Ermitteln Sie, welche Reformprojekte im Rahmen der Sozialversicherung derzeit diskutiert werden.*

1.4.2 Krankenversicherung

„Hauptsache gesund", sagt man und deutet damit an, dass die Gesundheit ein äußerst wichtiges Gut des Menschen ist. **Aufgabe** der gesetzlichen Krankenversicherung ist, die versicherten Personen durch Leistungen bei Krankheit und Mutterschaft abzusichern. Darüber hinaus soll durch Vorsorgemaßnahmen die Gesundheit der Versicherten geschützt bzw. durch Rehabilitationsmaßnahmen wiederhergestellt werden.

Ein besonderes Kennzeichen der gesetzlichen Krankenversicherung ist der „soziale Ausgleich" unter den Mitgliedern:

- Die Beitragshöhe steigt mit dem Einkommen, die Leistungen werden jedoch für alle Versicherten gleich gewährt.
- Anders als bei der privaten Krankenversicherung spielen der Gesundheitszustand und das

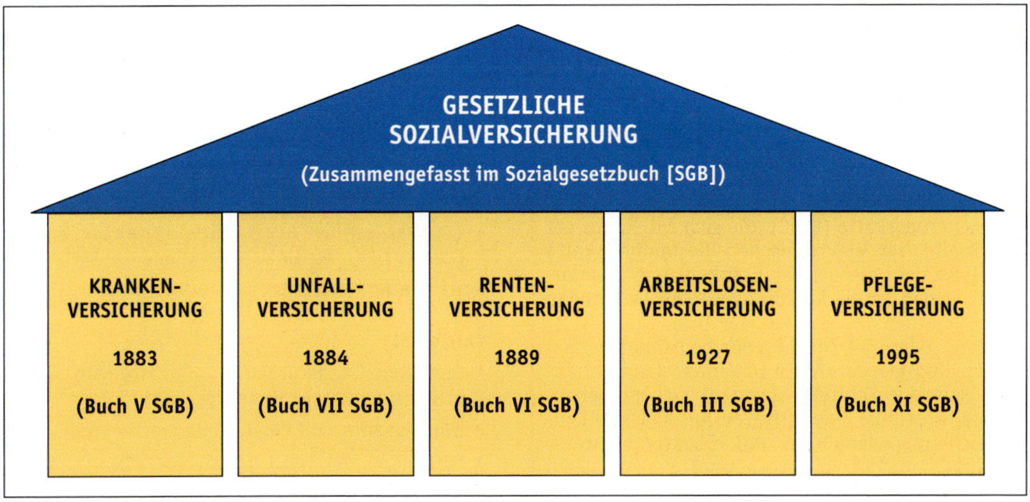

39. Fünf-Säulen-System der gesetzlichen Sozialversicherung

Krankheitsrisiko des Versicherten keine Rolle bei der Beitragshöhe. Zwischen gesunden und kranken, jungen und alten Versicherten wird so ein Ausgleich geschaffen.

- Nicht berufstätige Ehepartner und Kinder sind beitragsfrei mitversichert („Familienlastenausgleich“).
- Durch beitragsfreie Leistungen bei Schwangerschaft und Mutterschaft erfolgt ein sozialer Ausgleich zwischen Männern und Frauen.

Wer ist versichert?

Waren bei Gründung der Krankenkasse lediglich Arbeiter und Angestellte von der Versicherungspflicht erfasst worden, hat sich der Kreis der versicherten Personen bis heute auch auf andere Personengruppen erweitert.

Pflichtversicherte sind:

- **Arbeiter und Angestellte,** deren Monatsverdienst unter der Versicherungspflichtgrenze liegt
- **Auszubildende**
- **Arbeitslose,** wenn sie Arbeitslosengeld I oder Arbeitslosengeld II beziehen oder Unterhaltsgeld bei Umschulung erhalten
- **Rentner,** die bereits während ihrer Berufstätigkeit krankenversicherungspflichtig waren
- **Studenten** an staatlichen Hochschulen bis zum 14. Semester, maximal bis zum 30. Geburtstag
- **Hauptberufliche Land- und Forstwirte** und deren mitarbeitende Familienangehörige
- **Künstler und Publizisten** (Schriftsteller)
- **Menschen mit Behinderung,** die in behindertengerechten Einrichtungen beschäftigt werden

Versicherungsfreiheit besteht z. B. für Selbstständige, bei einer geringfügigen Beschäftigung (Verdienst bis zu 450,00 EUR monatlich), für Beamte, Richter und Soldaten oder für Arbeitnehmer nach Überschreitung der Versicherungspflichtgrenze. Letztgenannte können jedoch freiwillig Mitglied der gesetzlichen Krankenversicherung bleiben.

Wer versichert?

Ein Versicherungspflichtiger kann seine Krankenversicherung aus weit über 100 gesetzlichen Krankenkassen auswählen. Begonnen hatte es mit Orts-, Betriebs- und Innungskrankenkassen, später kamen Sonderkrankenkassen und die Ersatzkassen hinzu.

Die **Allgemeinen Ortskrankenkassen** (AOK) waren früher die Pflichtkassen für alle Versicherten, die keiner Ersatz-, Betriebs- oder Innungskrankenkasse angehörten. An jedem Beschäftigungs- bzw. Wohnort war deshalb eine AOK vertreten. **Betriebskrankenkassen** (BKK) dagegen sind Einrichtungen regionaler Unternehmen. **Innungskrankenkassen** (IKK) erfassten die Beschäftigten bestimmter Berufszweige (z. B.

Exkurs

Krankenversicherungsschutz im Ausland

Deutsche Krankenversicherte sind auch im Urlaub versichert – diese Aussage gilt nur mit Einschränkungen. Bei einem vorübergehenden Auslandsaufenthalt bleibt das Versicherungsverhältnis zwar bestehen, Leistungen werden aber nicht überall gewährt. Nur in den Staaten der EU und in einigen Ländern, die ein Abkommen abgeschlossen haben (z. B. Norwegen, Schweiz, Türkei), besteht ein Krankenversicherungsschutz. Dort genügt dann die Vorlage der europäischen Krankenversicherungskarte (EHIC), die sich i. d. R. auf der Rückseite der elektronischen Gesundheitskarte befindet oder die bei der Krankenkasse angefordert werden kann. Allerdings werden Leistungen nur nach den Vorschriften des Urlaubslandes erstattet, sodass mit Zuzahlungen gerechnet werden muss. Und manche Ärzte im Urlaubsland verlangen sofortige Zahlung. Um ganz sicherzugehen, ist der Abschluss einer privaten Auslandskrankenversicherung, möglichst mit Rücktransporteinschluss, sinnvoll. Ein vorheriger Preisvergleich zwischen verschiedenen Versicherungen ist wegen der großen Beitragsunterschiede ratsam.

Träger der gesetzlichen Krankenversicherung

Primärkassen
- Allgemeine Ortskrankenkasse (AOK)
- Betriebskrankenkassen (BKK)
- Innungskrankenkassen (IKK)
- Knappschaft-Bahn-See (KBS)
- Landwirtschaftliche Krankenkassen

Ersatzkassen
- Ersatzkassen der Angestellten (VdAK), z. B. Barmer GEK, TK, DAK, KKH-Allianz

Sonstige Kostenträger außerhalb der gesetzlichen Krankenversicherung (Auswahl)
- Gemeinde/Stadt/Kreis/Bund (Leistungen z. B. für Soldaten, Bundespolizei)
- Bundesbahn- und Postbeamtenversorgung
- Leistungen der Berufsgenossenschaften

40. Träger der gesetzlichen Krankenversicherung

Gastronomie). Die **Ersatzkassen** sind aus Selbsthilfeeinrichtungen entstanden und wurden später dem System der gesetzlichen Krankenkassen angegliedert.

Jeder Versicherungspflichtige kann einer **Krankenkasse seiner Wahl** beitreten. Wer später in eine andere Kasse wechseln will, kann dies mit einer zweimonatigen Kündigungsfrist tun. An die gewählte Kasse ist man dann mindestens 18 Monate gebunden. Wird ein Zusatzbeitrag eingeführt oder erhöht, besteht ein Sonderkündigungsrecht.

Beitragszahlung

Grundlage des Krankenversicherungsbeitrags sind allein die beitragspflichtigen Einnahmen des Versicherten. Anders als bei einer privaten Krankenversicherung haben also z. B. der Gesundheitszustand oder die Zahl der mitversicherten Familienangehörigen keinen Einfluss auf die Beitragshöhe. Der monatliche Krankenversicherungsbeitrag beträgt einheitlich 14,6 (Stand 2016) % des Bruttoverdienstes bis maximal zur Beitragsbemessungsgrenze. Arbeitnehmer und Arbeitgeber zahlen davon zunächst jeweils die Hälfte des Beitrags. Darüber hinaus trägt der **Arbeitnehmer alleine** einen einkommensabhängigen prozentualen Zuschlag , dessen Höhe seine Krankenkasse festlegt. 2016 betrug dieser z. B. durchschnittlich 1,1% vom Monatseinkommen. Der Arbeitgeber überweist den Gesamtbetrag dann an die zuständige Krankenkasse.

Rentner erhalten einen Zuschuss ihres Rentenversicherungsträgers und bei Arbeitslosengeld II übernimmt der Bund den Beitrag.

Beitragsbemessungsgrenze

Die von der Bundesregierung jährlich aufgrund der allgemeinen Einkommensentwicklung neu festgelegte Beitragsbemessungsgrenze (BBG) für die Krankenversicherung bestimmt, bis zu welcher Höhe das Arbeitseinkommen beitragspflichtig ist. Übersteigt das Arbeitsentgelt diese Grenze, müssen für den darüber hinausgehenden Betrag keine Krankenversicherungsbeiträge mehr gezahlt werden.

Die angestellte Ärztin Dr. Kaiser hat ein Bruttoeinkommen von monatlich 5 500,00 EUR. Die festgelegte BBG beträgt z. B. 4 300,00. Von diesem Betrag wird ihr Krankenversicherungsbeitrag berechnet. Die Differenz bis 5 500,00 EUR, also 1 200,00 EUR, bleibt bei der Kranken- und Pflegeversicherung beitragsfrei.

Auch für die Renten- und Arbeitslosenversicherung gilt eine, allerdings höhere, Beitragsbemessungsgrenze, bei deren Überschreitung keine Beitragssteigerung mehr eintritt. 75 % dieses jährlich von der Bundesregierung festgelegten Höchstbetrags bildet die **Versicherungspflichtgrenze** bei der Krankenversicherung. Arbeitnehmer, deren Bruttoeinkommen diese Grenze überschreitet, können sich freiwillig in ihrer bisherigen Krankenkasse weiterversichern oder aber zum Jahresende in eine private Krankenversicherung wechseln. Allerdings ist dann eine Rückkehr in die gesetzliche Krankenkasse kaum mehr möglich.

Die BBG der Renten- und Arbeitslosenversicherung liegt z. B. bei 6 200,00 EUR. Die Versicherungspflichtgrenze für die GKV beträgt 4 650,00 EUR. Frau Dr. Kaiser könnte demnach zum Jahreswechsel z. B. in eine Private Krankenkasse wechseln.

Leistungen der Krankenversicherung

Grundsätzlich hat jeder Versicherte einer Krankenkasse Anspruch auf die gesetzlich vorgesehenen

Beitrag Sozialversicherung (Beispiel, berechnet mit einem Gesamt - Sozialversicherungsbeitrag von 1 005,00 EUR)

Angestellte (AN): ½ Beitragsanteil = 487,00 EUR
+ Zusatzbeiträge: 1,0% KV 25,00 EUR, 0,25 % PV 6,00 EUR
– Abzug vom Bruttogehalt –

Arzt (Arbeitgeber): ½ Beitragsanteil = 487,00 EUR

518,00 EUR — 487,00 EUR

1005,00 EUR

Krankenkasse erhält den Betrag und verteilt ihn:

Beitragsanteil Krankenversicherung	370,00 EUR			
+ Zusatzbeitrag Angestellte (AN)	25,00 EUR	an	Krankenversicherung Gesamtbeitrag 395,00 EUR (Weiterleitung an Gesundheitsfonds)	
Beitragsanteil Pflegeversicherung	60,00 EUR			
+ Zusatzbeitrag AN	6,00 EUR	an	Pflegekasse Gesamtbeitrag	66,00 EUR
Beitragsanteil RV	468,00 EUR	an	Deutsche Rentenversicherung Bund	468,00 EUR
Beitragsanteil AV	76,00 EUR	an	Bundesagentur für Arbeit	76,00 EUR

41. Beispiel: Verteilung der Sozialversicherungsbeiträge

Leistungen. Rund 95 % der Leistungen sind solche **Pflichtleistungen.** Freiwillige Leistungen sind z. B. im Bereich der alternativen Heilmethoden, bei Vorsorgemaßnahmen, Schutzimpfungen oder Kuren denkbar. Der einzelnen Krankenkasse ist freigestellt, ob bzw. in welcher Höhe sie solche freiwilligen Leistungen übernimmt.

Die Versicherten haben die **freie Wahl** unter den zugelassenen Kassenärzten/-zahnärzten. Jeder kann sich also den Hausarzt oder Facharzt seines Vertrauens aussuchen. Ein Arztwechsel innerhalb des Quartals soll aber nur aus wichtigem Grund erfolgen, z. B. bei einer Störung des Vertrauensverhältnisses zwischen Arzt und Patient. Auch bei einem Krankenhausaufenthalt kann der Versicherte wählen, hat aber innerhalb des Krankenhauses keinen Anspruch auf Behandlung durch einen bestimmten Arzt (z. B. Chefarzt).

Alle Versicherten, also auch mitversicherte Familienmitglieder, erhalten von ihrer Krankenkasse eine **elektronische Gesundheitskarte (eGK),** die seit 2015 die Krankenversicherungskarte ersetzt. Bei Behandlungsbeginn und am Quartalsanfang muss diese beim Arzt- oder Zahnarztbesuch vorgelegt werden. Sie verfügt über einen Chip, auf dem umfangreiche Informationen gespeichert werden können. Neben den persönlichen Angaben wie Name, Anschrift, Geburtsdatum und Geschlecht enthält sie Informationen zur Krankenversicherung, also Krankenkasse, Versichertenstatus und Krankenversichertennummer. Die Angaben können über ein Lesegerät sichtbar gemacht werden. Als zusätzliches Sicherheitsmerkmal ist auf der eGK bis auf wenige Ausnahmen (z.B. bei Kindern/Jugendlichen unter 15 Jahre) ein Passbild des Karteninhabers angebracht. Ein Abgleich mit dem Vorleger unterstützt die Identitätsprüfung und hilft, Verwechslungen und die ungerechtfertigte Beanspruchung von Leistungen zu vermeiden. Bestehen bei der Kartenprüfung größere Unstimmigkeiten über die tatsächliche Identität des Vorlegers oder wird die Karte bei einem Arztbesuch nicht vorgelegt, ist der Arzt berechtigt, die Behandlung und Verordnungen auf Privatrezept vorzunehmen, die dann aus eigener Tasche gezahlt werden müssen. Eine Rückzahlung an den Patient muss erfolgen, wenn dieser einen gültigen Berechtigungsnachweis bis zum Quartalsende nachreicht.

In nächster Zukunft sollen die Voraussetzungen dafür geschaffen werden, dass umfangreiche medizinische Informationen wie z.B. Behandlungs- und Notfalldaten oder ein Medikationsplan auf der eGK gespeichert werden können. Jeder Versicherte soll dann aber selbst entscheiden, ob und in welchem Umfang seine Gesundheitsdaten abgespeichert werden.

Die Kartenrückseite der eGK kann für die „Europäische Krankenversicherungskarte" verwendet werden, die eine ärztliche/zahnärztliche Behandlung innerhalb der EU vereinfachen soll (vgl. Exkurs Seite 44).

Grundsätzliche Aufgabe der gesetzlichen Krankenkassen ist es, die Gesundheit der Versicherten zu erhalten, wiederherzustellen oder ihren Gesundheitszustand zu verbessern. Der Versicherte soll dabei selbst durch eine gesundheitsbewusste Lebensführung, rechtzeitige Vorsorgemaßnahmen und eine aktive Mitwirkung beim Genesungsprozess zur Vermeidung und Heilung von Krankheiten eigenverantwortlich beitragen. Die Versicherten haben Anspruch auf folgende **Pflichtleistungen:**

Maßnahmen zur Verhütung und Früherkennung von Krankheiten. Neben der allgemeinen Beratung und Aufklärung über Gesundheitsgefahren trägt die

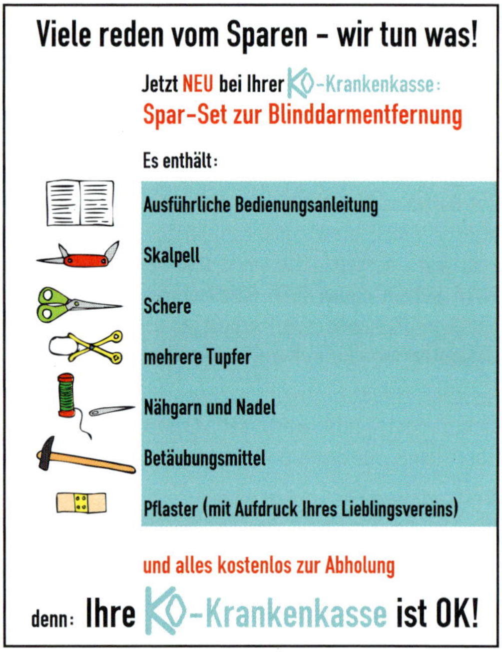

42. Maßnahme zur Kostensenkung?

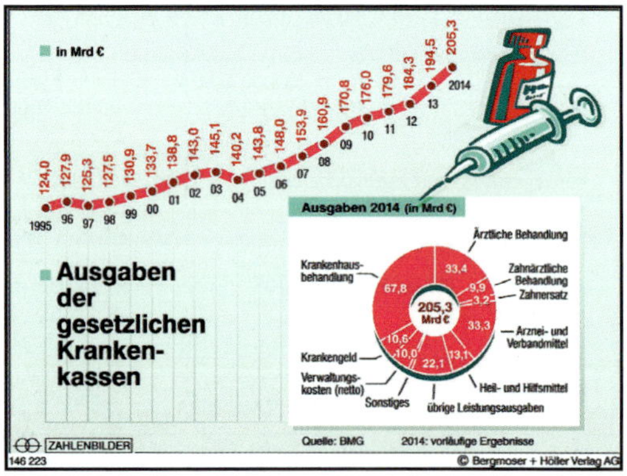

43. Die Kosten der Gesundheit

Krankenkasse durch teilweise Übernahme der Kosten für Vorsorgekuren und alle wichtigen Schutzimpfungen zur Verhütung von Krankheiten bei. Auch vorbeugende Zahnbehandlungen dienen diesem Zweck. Durch **Maßnahmen der Früherkennung** sollen Krankheiten noch vor Ausbruch erkannt und verhindert bzw. deren Folgen gelindert werden:

- Früherkennungsuntersuchungen bei Kindern von der Geburt an bis etwa zum 6. Lebensjahr (U1 bis U9) sowie zwischen 12 und 14 Jahren (J1) sollen angeborene oder erworbene Erkrankungen möglichst früh erkennen lassen und eine normale körperliche und geistige Entwicklung ermöglichen. Ärztlich empfohlen, aber nicht von allen Krankenkassen bezahlt werden zusätzlich die U10 (mit sieben bis acht Jahren) und die U11 (mit neun bis zehn Jahren). Den Abschluss bildet die „Pubertätsuntersuchung" (J2) im Alter von 16–17 Jahren.
- Regelmäßige Krebsfrüherkennungsuntersuchungen für Frauen ab dem 20. und Männer ab dem 35. Lebensjahr.
- Ab dem 35. Lebensjahr alle zwei Jahre Untersuchung auf Herz-, Kreislauf- und Nierenkrankheiten sowie auf Diabetes (Zuckerkrankheit).
- Untersuchung auf Zahn-, Mund- und Kieferkrankheiten bei Kindern und Jugendlichen bis 18 Jahre (FU 1–3 zwischen dem dritten und sechsten Lebensjahr, danach einmal je Kalenderhalbjahr empfohlen) zur Einschätzung des Kariesrisikos mit Mundhygiene-Beratung und Prophylaxe-Motivation. Ab dem 18. Lebensjahr einmal je Kalenderhalbjahr eine Zahnvorsorge-Untersuchung. Bei mindestens jährlicher Kontrolluntersuchung werden Bonuspunkte gewährt, die bei später notwendig werdendem Zahnersatz einen höheren Kostenzuschuss garantieren.
- Regelimpfungen für Säuglinge, Kinder und Jugendliche (z. B. Diphtherie, Tetanus, Poliomyelitis/Kinderlähmung).
- Vorsorgeuntersuchungen während der Schwangerschaft einschließlich Beratungen durch Arzt und Hebamme (z. B. Ultraschalldiagnostik, serologische Untersuchungen auf Infektionen).

Schwerpunkte der Kassenaufgaben sind die **Leistungen der Krankenbehandlung:**

- **Ärztliche Behandlung** durch einen Haus- oder Facharzt nach den Regeln der ärztlichen Kunst. Die Versicherten haben keine Verpflichtung, einen bestimmten Arzt aufzusuchen, sondern die freie Auswahl unter den Ärzten, die an der vertragsärztlichen Versorgung teilnehmen.

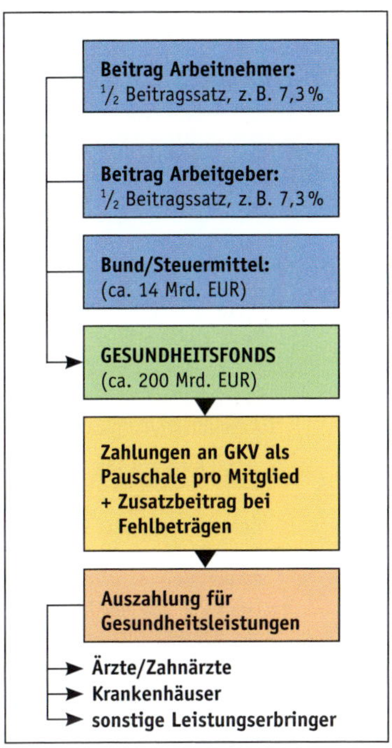

44. Der Gesundheitsfonds

Exkurs

Der Gesundheitsfonds

Im Gesundheitsfonds werden die Beitragseinnahmen aller Krankenkassen und sonstigen Einzugsstellen (z.B. Rentenversicherung) gesammelt. Die Krankenkassen/Einzugsstellen überweisen dafür die eingezogenen Krankenversicherungsbeiträge, die bundeseinheitlich mit 14,6% vom Bruttoverdienst berechnet werden (Stand 2016). AG und AN zahlen davon jeweils die Hälfte (vgl. Seite 45). Zusätzlich zahlt der Bund aus Steuermitteln mehrere Milliarden EUR jährlich als Ausgleich für „versicherungsfremde Leistungen" wie z. B. Mutterschaftsgeld oder die beitragsfreie Mitversicherung der Familienangehörigen.
Sämtliche Zahlungen werden zunächst in einem **Gesundheitsfonds** gesammelt, der vom Bundesversicherungsamt verwaltet wird. Aus diesem Topf erhält dann die einzelne Krankenkasse für jeden Versicherten einen bestimmten **monatlichen Pauschalbetrag**. Dieser richtet sich nach dem Alter, Geschlecht und Krankheitsrisiko ihrer Beitragszahler. Krankenkassen mit vielen alten und kranken Mitgliedern erhalten also eine höhere Pauschale („Risikostrukturausgleich"). Mit diesem Geld müssen sämtliche Kassenleistungen bestritten werden. Reicht das Geld nicht, kann die jeweilige Krankenkasse von ihren Versicherten einen Zusatzbeitrag erheben. Bei Ankündigung oder Änderung des Zusatzbeitrags besteht ein Sonderkündigungsrecht, der Versicherte kann dann kurzfristig zu einer günstigeren Krankenkasse wechseln.

- **Psychotherapeutische Behandlung** durch zugelassene ärztliche oder nicht ärztliche Psychotherapeuten sowie Kinder- und Jugendpsychotherapeuten ohne vorherige Konsultation eines anderen Arztes.
- **Zahnärztliche Behandlung** einschließlich der kieferorthopädischen Versorgung bei bestimmten medizinisch begründeten Indikationen (z. B. Zahnspangen).
- Bei medizinisch notwendigem **Zahnersatz** (Brücken, Kronen und Prothesen sowie implantatgestützter Zahnersatz) übernimmt die Krankenkasse einen Zuschuss. Grundlage ist ein Heil- und Kostenplan des behandelnden Zahnarztes. Die Krankenkasse übernimmt i.d.R. 50% des befundorientierten Festbetrages, bei nachgewiesenem regelmäßigen Zahnarztbesuch sind bis zu 65% möglich.
- Ärztlich verordnete apothekenpflichtige **Arzneimittel** sowie **Verbandmittel.** Für nicht verschreibungspflichtige Arzneimittel (Bagatellmittel, z. B. gegen Erkältungskrankheiten) erfolgt keine Kostenübernahme, in medizinisch notwendigen Fällen sind Ausnahmen möglich.
- Medizinisch erforderliche **Heilmittel** wie ärztlich verordnete Krankengymnastik, Massagen, Stimm- oder Sprachtherapie mit Kostenselbstbeteiligung des Versicherten.
- Für **Hilfsmittel,** wie z. B. Hörhilfen, Körperersatzstücke und orthopädische Hilfsmittel, kommt die Krankenkasse auf, wenn sie einer drohenden Behinderung vorbeugen oder eine bestehende Behinderung ausgleichen. Brillengläser werden nur noch für Kinder und Jugendliche bis zum 18. Lebensjahr oder bei stark sehbeeinträchtigten Erwachsenen übernommen. Auch bei Hilfsmitteln gelten Zuzahlungsregeln.

Exkurs

Krankenkasse für Tiere – gibt's das?
Egal, ob der Hund „Bengal vom weißen Stein" oder der Kater schlicht „Felix" heißt, vor dem Tierarzt sind beide gleich. Doch dort kann es teuer werden: Bis 200,00 EUR pro Jahr sollte der Tierhalter schon für Impfungen oder Krankheitskosten einplanen. Kann man so was nicht versichern? Man kann! Einige Versicherungsgesellschaften bieten ab ca. 15,00 EUR monatlich Versicherungen für Hunde oder Katzen an, allerdings mit zum Teil erheblichen Einschränkungen. Nur junge Tiere werden versichert, bezahlt wird meist nur der einfache Gebührensatz (obwohl Tierärzte in der Regel mehr berechnen) und Kosten für Medikamente sowie Impfungen werden oft nur teilweise übernommen. Deshalb: Versicherungsbedingungen und Preise vergleichen!

- **Häusliche Krankenpflege** durch geeignete Pflegekräfte wird bis max. vier Wochen übernommen, wenn damit ein stationärer Krankenhausaufenthalt vermieden werden kann.
- **Haushaltshilfe** wird gezahlt, wenn z. B. bei einem Krankenhausaufenthalt der/des Versicherten ein im Haushalt lebendes Kind unter 12 Jahren versorgt werden muss und eine andere im Haushalt lebende Person nicht vorhanden ist.
- Übernahme **stationärer Krankenhausbehandlung** in einem nächstliegenden, zugelassenen Krankenhaus aufgrund einer ärztlichen Einweisung
- **Hospiz- und Palliativversorgung** soll unheilbar Kranken in der letzten Lebensphase ein menschenwürdiges Leben bis zum Tod ermöglichen. Die Kosten einer entsprechenden Versorgung und Pflege zu Hause oder im Krankenhaus werden weitgehend übernommen.
- Helfen ambulante **Rehabilitationsmaßnahmen** nicht, kann eine stationäre Kurbehandlung in einer Rehabilitationseinrichtung gewährt werden. Der medizinische Dienst der Krankenkasse muss die Notwendigkeit der Maßnahme bestätigen. Eine Kurmaßnahme ist zunächst auf drei Wochen beschränkt und wird im Normalfall nur alle vier Jahre gewährt.

Zuzahlungen für Krankenkassenleistungen

Krankenkassenleistung	Zuzahlung/Eigenbeteiligung
Arznei- und Verbandmittel	10 % des Preises, mind. 5,00 EUR, max. 10,00 EUR pro Arzneimittel Ausnahme: zuschlagsfreie bzw. -ermäßigte Medikamente
Heilmittel (z. B. Massagen, Krankengymnastik)	10 % der Kosten zuzüglich 10,00 EUR je Verordnung (= Rezeptblatt)
Hilfsmittel (z. B. Hörgerät, Rollstuhl, Inkontinenzwindeln)	10 % pro Hilfsmittel, mind. 5,00 EUR, max. 10,00 EUR
Stationäre Rehabilitation	10,00 EUR pro Tag, begrenzt auf 28 Tage (bei Anschlussrehabilitation)
Stationäre Krankenhausbehandlung	10,00 EUR pro Tag, max. 28 Tage pro Kalenderjahr
Zahnersatz	Befundorientierter Festzuschuss (Euro-Festbetrag) zu den Behandlungskosten. Zuschläge bei regelmäßigem Zahnarztbesuch (Bonusregelung)
Kieferorthopädische Behandlung (bis 18 J.)	20 % Eigenanteil 10 % ab dem zweiten Kind

45. Zuzahlungen für Krankenkassenleistungen

- **Krankengeld** erhalten arbeitsunfähige Versicherte in der Regel nach dem Ende der Entgeltfortzahlung durch den Arbeitgeber (sechs Wochen ab Krankheitsbeginn). Es beträgt 70 % des vorherigen beitragspflichtigen Bruttogehalts, begrenzt aber auf 90 % des Nettoentgelts. Bei derselben Krankheit ist das Krankengeld auf 78 Wochen innerhalb von drei Jahren begrenzt. Versicherte haben auch Anspruch auf „Kinderkrankengeld", wenn bei der **Erkrankung eines Kindes** unter 12 Jahren aufgrund eines ärztlichen Attests eine Pflege notwendig ist und deshalb der normalen Erwerbstätigkeit nicht nachgegangen werden kann. Weitere Bedingung ist, dass keine andere im Haushalt lebende Person (z. B. der nicht erwerbstätige Vater) die Betreuung und Pflege übernehmen kann. Die Bezugsdauer des Krankengelds beträgt pro Kind und berufstätigem Elternteil maximal 10 Arbeitstage pro Kalenderjahr, bei Alleinerziehenden 20 Arbeitstage. Bei mehr als zwei Kindern gilt jedoch eine Höchstdauer von maximal 25 bzw. 50 Arbeitstagen je Kalenderjahr.

Leistungen bei Schwangerschaft und Mutterschaft: Die Versicherte erhält kostenlose ärztliche Betreuung einschließlich der Vorsorgeuntersuchungen und Entbindungskosten, Hebammenhilfe vor, während und nach der Geburt sowie stationäre Pflege und im Bedarfsfall auch häusliche Krankenpflege/Haushaltshilfe. Für Berufstätige wird außerdem Mutterschaftsgeld gezahlt (vgl. Seite 35).

Sonstige Hilfen: Ärztliche Beratungen über Fragen der Empfängnisregelung einschließlich der Untersuchungen. Versorgung mit empfängnisverhütenden Mitteln bei Frauen bis zum 20. Lebensjahr aufgrund ärztlicher Verordnung. Außerdem übernehmen die Krankenkassen die Kosten eines nicht rechtswidrigen Schwangerschaftsabbruchs bzw. einer medizinisch notwendigen Sterilisation.

Leistungen zur künstlichen Befruchtung: Bei verheirateten Frauen zwischen 25 und 40 Jahren (der Mann darf höchstens 50 Jahre alt sein) beteiligt sich die Krankenkasse mit 50 % an den Kosten für höchstens drei Erfolg versprechende Versuche einer künstlichen Befruchtung. Einige Krankenkassen übernehmen höhere Zuschüsse als freiwillige Leistung.

Zuzahlungen und Befreiungsmöglichkeiten

Immer weiter ansteigende Leistungsausgaben haben die Frage aufgeworfen, ob jede Gesundheitsleistung stets kostenlos sein muss oder ob man nicht die Patienten in gewissem Umfang an den Kosten beteiligen kann. Auch unnötige Verschreibungen oder Heilmaßnahmen sollten vermieden werden. Aus diesem Grund wurden viele Leistungen mit **Zuzahlungen** verknüpft. Zuzahlungen sind auf konkrete ärztliche Leistungen im Einzelfall beschränkt (vgl. Abb. 45, Seite 48). Grundsätzlich von Zuzahlungen befreit sind Kinder und Jugendliche bis zum 18. Lebensjahr. Danach ist eine Beteiligung in Höhe von 10 % der Kosten, allerdings maximal 10,00 EUR, mindestens aber 5,00 EUR je Leistung zu entrichten. Liegen die Kosten z. B. bei einem Medikament unter 5,00 EUR, muss nur dieser tatsächliche Preis gezahlt werden. Bei dauernden medizinischen Leistungen wie z. B. Krankenhausaufenthalt oder häuslicher Krankenpflege ist die Zuzahlungsdauer auf 28 Tage/Kalenderjahr beschränkt. Einige Leistungen werden nur noch in besonderen Ausnahmefällen (z. B. Fahrt zur ambulanten Dialyse) übernommen, eine Zuzahlungspflicht gibt es jedoch auch hier.

Bei hohen jährlichen Zuzahlungsbelastungen gilt eine **Belastungsgrenze** in Höhe von 2 % der jährlichen Bruttoeinnahmen, bei schwerwiegend chronisch Erkrankten beträgt diese Grenze 1 %. Sobald diese Belastungsgrenze erreicht ist, müssen keine Zuzahlungen mehr im verbleibenden Kalenderjahr geleistet werden. Zum Erhalt einer Zuzahlungsbefreiung muss der Versicherte bei seiner Krankenkasse einen Antrag stellen, dem entsprechende Quittungen über die bisher geleisteten Zuzahlungen beizufügen sind.

1. *Was versteht man unter dem „sozialen Ausgleich"?*

2. *Welche Inhalte und Bedeutung hat die elektronische Gesundheitskarte?*

3. *Beschreiben Sie drei Leistungen der Krankenkasse.*

1.4.3 Pflegeversicherung

Die Einführung der **Pflegeversicherung** erwies sich als notwendig, weil mehr Menschen so schwer erkranken, dass sie ihre täglichen Verrichtungen nicht mehr selbst erledigen können. Sie sind auf Hilfe angewiesen.

Ursachen dieser Entwicklung sind vor allem die gestiegene Lebenserwartung und der wachsende Anteil alter Menschen an der Gesamtbevölkerung. Wenn Menschen pflegebedürftig wurden, hatten sie früher meist nur die Wahl zwischen einem Platz im Altersheim mit Pflegebetreuung und der Pflege zu Hause durch Angehörige. Beide Möglichkeiten hatten ihre Nachteile: Pflegeplätze im Altersheim waren teuer, sodass viele Pflegebedürftige zu Sozialhilfeempfängern wurden. Eine Pflege zu Hause musste fast immer durch Angehörige übernommen werden, die dafür nicht ausgebildet und mit dieser Aufgabe zusätzlich zu Beruf und Familie oft überfordert waren. Häufig musste die eigene Berufstätigkeit eingeschränkt oder aufgegeben werden. Daher sollten durch die 1995 eingeführte **Pflegeversicherung** Menschen finanziell abgesichert werden, die ihre täglichen lebensnotwendigen Verrichtungen aufgrund einer körperlichen, geistigen oder seelischen Krankheit oder Behinderung nicht mehr bewältigen können. Körperliche, geistige und seelische Einschränkungen werden dabei gleich behandelt.

Wenn die folgenden **Krankheiten/Behinderungen** mindestens sechs Monate andauern, können Leistungen der Pflegeversicherung beantragt werden:

- Verluste, Lähmungen oder andere Funktionsstörungen am Stütz- und Bewegungsapparat.

Beispiel: *Halbseitige Lähmung nach Schlaganfall oder Multiple Sklerose im fortgeschrittenen Stadium*

- Funktionsstörungen der inneren Organe oder der Sinnesorgane

Beispiel: *Schwere Herzerkrankungen, Blindheit, Taubheit*

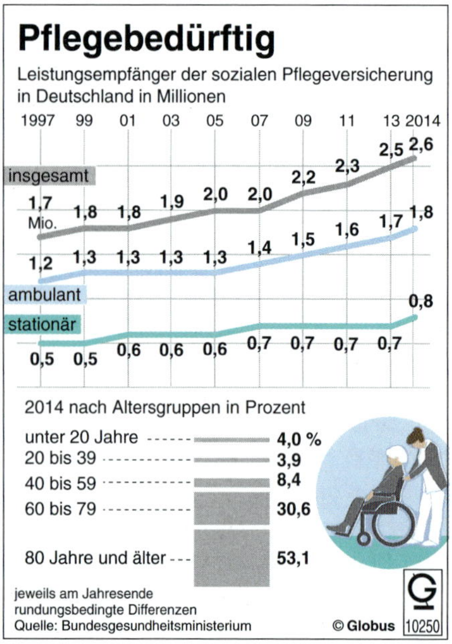

46. Die gesetzliche Pflegeversicherung

- Störungen des Zentralnervensystems wie Gedächtnis- oder Orientierungsstörungen sowie Neurosen oder geistige Behinderungen einschließlich Einschränkungen der Alltagsbewältigung z. B. durch Demenz / Alzheimerkrankheit.

Beispiel: *Demenzielle Erkrankungen (Alzheimer) oder geistige Behinderung nach einer Hirnquetschung*

Auch bei der Pflegeversicherung findet ein sozialer Ausgleich statt:

- Die Beiträge richten sich allein nach der Verdiensthöhe. Die Leistungen dagegen sind für alle gleich und nur abhängig von der Pflegebedürftigkeit.
- Familienangehörige sind beitragsfrei mitversichert.
- Der Gesundheitszustand bzw. das Risiko, später selbst pflegebedürftig zu werden, spielt für die Beitragshöhe keine Rolle.

Wer versichert?

Die Pflegeversicherung ist als sogenannte fünfte Säule ein eigenständiger Zweig der Sozialversicherungen. Träger sind die **Pflegekassen**. Sie sind als eigenständiger Teil den gesetzlichen und den privaten Krankenkassen angegliedert.

Wer ist versichert?

Grundsätzlich gilt: Wer krankenversichert ist, muss auch pflegeversichert sein. Die Mitgliedschaft kann entweder in gesetzlichen oder privaten Pflegekassen erfolgen:

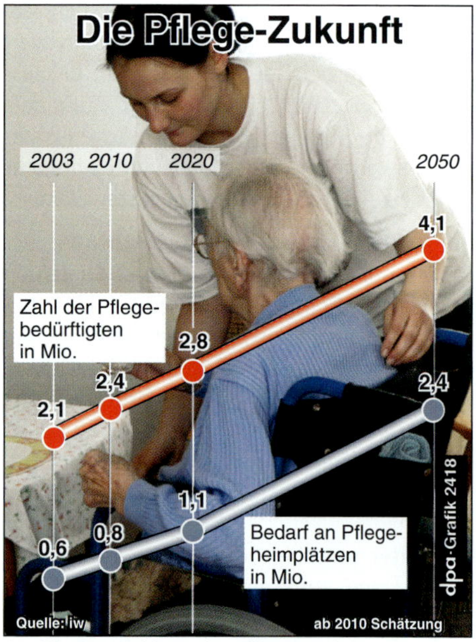

47. Die Entwicklung der Pflegeversicherung

- **Pflichtmitglieder per Gesetz:** Mitglieder einer gesetzlichen Krankenversicherung sind automatisch über ihre Krankenkasse in der sozialen Pflegeversicherung versichert.
- **Freiwillig Versicherte** der gesetzlichen Krankenversicherung können entweder über ihre Krankenversicherung in der sozialen Pflegeversicherung bleiben oder sie schließen mit einer privaten Pflegeversicherung einen gleichwertigen Vertrag ab.
- **Privat Krankenversicherte** sind verpflichtet, eine private Pflegeversicherung abzuschließen. Die Leistungen entsprechen dabei denen der sozialen Pflegeversicherung.
- Auch **Beamte** müssen eine private Pflegeversicherung abschließen, die die Beihilfeansprüche ergänzt.

Durch die Beitragszahlung erwerben die Versicherten einen Rechtsanspruch auf Hilfe im Falle einer späteren Pflegebedürftigkeit.

Die Kinder und der Ehepartner sind in der sozialen Pflegeversicherung beitragsfrei mitversichert, wenn sie kein eigenes Einkommen haben oder dieses nur sehr gering ist.

Beitragszahlung

Durch die **Berücksichtigung der Kindererziehung** im Rahmen der Beitragshöhe der Pflegeversicherung ergeben sich unterschiedliche Beitragssätze bei kinderlosen Arbeitnehmern und Rentnern:

Der normale Beitragssatz zur Pflegeversicherung beträgt 2,55 % (Stand 2017) des Bruttogehalts bis maximal zur Höhe der Beitragsbemessungsgrenze (vgl. Seite 45). Arbeitgeber und Arbeitnehmer übernehmen davon jeweils die Hälfte. Als Ausgleich für die Beitragsbeteiligung der Arbeitgeber wurde bei Einführung der Pflegeversicherung der Buß- und Bettag als gesetzlicher Feiertag abgeschafft. In Sachsen, wo kein Feiertag gestrichen wurde, übernehmen die Arbeitgeber als Ausgleich nur einen geringeren Beitragsanteil. Den gesetzlichen Beitragssatz zahlen alle Versicherungspflichtigen unter 23 Jahren sowie Beitragspflichtige, die zwischen 23 Jahren und dem Renteneintrittsalter sind und **Kinder** haben oder hatten.

48. Auch Pflegeversicherung?

Kinderlose Versicherungspflichtige zwischen 23 Jahren und dem Renteneintritt zahlen zusätzlich zum normalen Beitragssatz einen allein zu übernehmenden **Beitragszuschlag** von 0,25 % vom Bruttoverdienst.

Rentner zahlen den vollen Beitragssatz allein. Der zusätzliche Versicherungsbeitrag für Kinderlose gilt allerdings nur für Rentner, die ab dem 01.01.1940 geboren sind.

Die Beiträge zur **privaten Pflegeversicherung** sind unabhängig vom Einkommen. Sie richten sich nach dem Lebensalter und dem Gesundheitszustand bei Vertragsbeginn. Obergrenze ist dabei aber der Höchstbeitrag der sozialen Pflegeversicherung. Wie dort gibt es eine beitragsfreie Mitversicherung von Kindern, Ehepartner müssen sich jedoch eigenständig versichern.

Welche Leistungen übernimmt die Pflegekasse?

Die Leistungen der Pflegeversicherung richten sich ab 2017 nach dem jeweiligen **Pflegegrad** und danach, ob jemand häuslich-ambulant oder stationär gepflegt werden muss. Ziel ist nach dem Grundsatz „häusliche Pflege vor stationärer Pflege", dass Pflegebedürftige so lange wie möglich in der vertrauten häuslichen Umgebung oder einer ambulant betreuten Wohngruppe leben und versorgt werden können.

Die ambulante Pflege: Die meisten Pflegebedürftigen werden zu Hause versorgt, meist von Angehörigen. Pflegezuschüsse sollen die häusliche Pflege verbessern und die Pflegenden entlasten. Die Pflegebedürftigen können zwischen folgenden Möglichkeiten wählen:

- Eine **ambulante Geldleistung** (Pflegegeld) ist abhängig vom Pflegegrad (vgl. Abb. 50, Seite 52). Der Pflegebedürftige kann damit seine Pflege selbst organisieren, z. B. durch Angehörige.

- **Sachleistungen** werden gewährt für die Inanspruchnahme eines ambulanten Pflegedienstes, z. B. einer Sozialstation.
- Auch eine **Kombination aus Sachleistung und ambulanter Geldleistung** ist möglich.

Die vollstationäre Pflege: Wenn eine Heimunterbringung aufgrund des Gesundheitszustandes oder der persönlichen Verhältnisse notwendig ist, werden Zuschüsse zur Grundpflege, zur sozialen Betreuung und medizinischen Pflege bis zu den entsprechenden Höchstbeträgen gezahlt (vgl. Abb. 50). Die Kosten der Unterkunft und Verpflegung im Heim muss der Versicherte allerdings selbst tragen.

Teilstationäre Pflege und Kurzzeitpflege
Auch bei teilweiser Betreuung in Einrichtungen der Tages- oder Nachtpflege oder bei der vorübergehenden Unterbringung in der Kurzzeitpflege leistet die Pflegversicherung im Rahmen bestimmter Höchstbeträge.

Leistungen werden nur auf **Antrag** von der zuständigen **Pflegekasse** übernommen. Diese beauftragt zunächst den **medizinischen Dienst** der Krankenversicherung (MDK), der über den Gesundheitszustand der Pflegeperson ein Gutachten erstellt. Es wird geprüft, ob eine Pflegebedürftigkeit vorliegt und in welchen der 5 Pflegegrade der Antragsteller einzuordnen ist.

Zur Einordnung in die verschiedenen Pflegegrade untersucht der MDK in einem Begutachtungsverfahren, wie weit die Selbstständigkeit und die Fähigkeiten einer Person eingeschränkt ist. Dazu werden die möglichen Aktivitäten in sechs pflegewichtigen Bereichen beurteilt (vgl. Abb. 49). Hier fließen sowohl die körperlichen als auch die geistig-psychischen Beeinträchtigungen mit ein.

Die einzelnen Bereiche (Module) werden anschließend gewichtet (z.B. Selbstversorgung mit 40%, Mobilität mit 10% usw.). Als Ergebnis der Gesamtbewertung erfolgt abschließend die Zuordnung in einen Pflegegrad.

Wenn der Pflegebedürftige das ihm zustehende Pflegegeld in Anspruch nimmt und sich für die häusliche Pflege durch eine Privatperson entscheidet, gelten zusätzlich für diese folgende

Begutachtungsverfahren

Beurteilt werden folgende Bereiche:

1. **Mobilität** = körperliche Beweglichkeit, Treppensteigen usw.
2. **Kognitive und kommunikative Fähigkeiten** = örtliche und zeitliche Orientierung, Reden, Verstehen usw.
3. **Verhaltensweisen und psychische Problemlagen** = nächtliche Unruhe, Verweigerung von Pflegemaßnahmen usw.
4. **Selbstversorgung** = Körperpflege, essen und trinken, Toilettennutzung usw.
5. **Bewältigung** von und selbstständiger Umgang mit krankheits- oder therapiebedingten **Anforderungen und Belastungen** = selbstständige Medikamenteneinnahme, Messungen vornehmen, Rollatornutzung usw.
6. **Gestaltung des Alltagslebens und sozialer Kontakte** = Selbstständige Gestaltung des Tagesablaufs usw.

49. Begutachtungsverfahren Pflege

Leistungsbeträge (in EUR, Stand 2017)			
Pflegegrad	**Ambulante Geldleitung**	**Ambulante Sachleistung**	**Stationäre Geldleistung**
1	125	-	125
2	316	689	770
3	545	1298	1262
4	728	1612	1775
5	901	1955	2005

50. Leistungsbeträge (pro Monat)

Exkurs

Patientenverfügung und Vorsorgevollmacht

Wenn Menschen krank oder pflegebedürftig sind, können sie normalerweise selbst über ihre Behandlung bzw. Pflege entscheiden. Voraussetzung ist, dass sie bei klarem Bewusstsein sind, von Ärzten über ihre Krankheit, deren Heilungschancen und mögliche Nebenwirkungen einer Therapie aufgeklärt wurden. Jeder Arzt muss die Wünsche des Patienten respektieren, d.h., er darf ihn z.B. nicht gegen seinen Willen operieren oder mit allen medizinisch möglichen Mitteln das Leben verlängern, wenn der Patient dies selbst nicht möchte.

Anders sieht die Situation aus, wenn der Patient nicht mehr in der Lage ist, seinen Willen zu erklären. Ein solcher Zustand kann ganz plötzlich auftreten und auch junge Menschen treffen, z.B. durch die Folgen eines Schlaganfalls, Bewusstlosigkeit oder auch länger andauerndes Koma. In diesem Fall sind die behandelnden Ärzte auf den mutmaßlichen Willen des Patienten angewiesen. Im akuten Notfall müssen sie sofort entscheiden und im Sinne des Patienten handeln (vgl. auch: Geschäftsführung ohne Auftrag, Seite 101). Bei länger andauernder Entscheidungsunfähigkeit des Patienten können Ärzte den mutmaßlichen Willen durch Befragung von Angehörigen erkunden. Aber auch hier besteht eine Unsicherheit, denn der Arzt muss sich z.B. Fragen stellen wie: „In welchem Verhältnis steht der befragte Angehörige zum Patienten?“ oder „Erbt er ein größeres Vermögen?“ und auch davon seine Entscheidung über Art und Umfang der Behandlung abhängig machen.

Um diese Unsicherheit für den Fall der Fälle überhaupt nicht erst aufkommen zu lassen, bietet es sich an, eine **Patientenverfügung** zu verfassen. Sie könnte z.B. folgende Punkte enthalten:

- Eine Erklärung, dass man auf lebensverlängernde Maßnahmen verzichtet und nicht zwangsernährt werden will, wenn nach medizinischem Ermessen keine Aussicht auf Wiederherstellung der Gesundheit oder ein Erwachen aus dem Koma besteht. Die Umstände für einen Verzicht müssen dabei genau beschrieben werden.
- Die Forderung, dass man alle Medikamente bekommen soll, die von Schmerzen befreien, auch wenn sie möglicherweise das Leben verkürzen oder abhängig machen, wie z.B. Morphium.
- Die Erklärung, dass man sich im Vollbesitz seiner geistigen Kräfte befindet und diese Patientenverfügung unter sorgfältiger Abwägung getroffen hat.

Für eine Patientenverfügung ist zwar keine gesetzliche Form vorgeschrieben, aber man sollte sie handschriftlich aufsetzen, eigenhändig unterschreiben und die Unterschrift von einem Ortsgericht oder Notar beglaubigen lassen. Wem dieser Aufwand zu groß ist, kann sie auch von zwei Zeugen unterschreiben lassen.

Da die Patientenverfügung im Bedarfsfall den Ärzten möglicherweise von anderen Menschen überbracht werden muss, sollte man Personen des Vertrauens mitteilen, wo man seine Patientenverfügung aufbewahrt.

Eine **Vorsorgevollmacht** ist immer dann nötig, wenn man selbst entscheiden möchte, wer im Bedarfsfall für einen die Geschäfte führt. In ihr bevollmächtigt man eine Person seines Vertrauens. Diese Vollmacht kann sich auf alle Entscheidungsbereiche (Generalvollmacht) erstrecken, sie kann aber auch auf ganz bestimmte Entscheidungen eingeschränkt werden (eingeschränkte Vollmacht). Es gibt keine gesetzliche Vorschrift, in welcher Form sie abgefasst werden muss. Man sollte sie aber öffentlich beglaubigen oder von einem Notar erstellen lassen. Nur so ist sichergestellt, dass sie später problemlos anerkannt wird.

Ohne Vollmacht entscheiden nicht automatisch die nächsten Angehörigen (Ehepartner, Kinder) für den Betreffenden, sondern es wird ein offizielles Betreuungsverfahren eingeleitet. An dessen Ende ernennt dann ein Richter ggf. eine Betreuungsperson.

Saskia Langner
Stralsunder Straße 133
60323 Frankfurt

Frankfurt, 30. Januar ..

Vorsorge- und Generalvollmacht

Nachstehend von mir erteilte Vollmacht soll dann gelten, wenn ich daran gehindert bin, für mich selbst zu sorgen bzw. zu entscheiden.
Ich bevollmächtige hiermit
Herrn Carlo Langner
Stralsunder Straße 133
60323 Frankfurt
mich in folgenden Angelegenheiten zu vertreten:
1. meine Gesundheitsfürsorge wahrzunehmen,
2. meinen Aufenthaltsort zu bestimmen,
3. sämtliche Rechtsgeschäfte zu führen,
4. über mein gesamtes Vermögen zu verfügen.
Diese Vollmacht ist über meinen Tod hinaus gültig.

Saskia Langner
(Saskia Langner)

Stempel und Unterschrift des Ortsgerichts

Muster einer Vorsorgevollmacht

Regelungen (Voraussetzung sind allerdings mindestens 14 Stunden Betreuung pro Woche):

- Bei Verhinderung der Pflegeperson (z. B. Urlaub oder Krankheit) übernimmt die Pflegekasse einmal pro Jahr für vier Wochen die Kosten für eine Ersatzpflegekraft.
- Die private Pflegeperson ist im Rahmen ihrer Pflegetätigkeit in der gesetzlichen Unfallversicherung versichert.
- Für die private Pflegeperson werden je nach Stufen der Pflegetätigkeit Beiträge in die gesetzliche Rentenversicherung eingezahlt.

Neben Pflegegeld und Sachleistungen übernimmt die Pflegekasse Kosten für Pflegehilfsmittel (z. B. Desinfektionsmittel) und technische Hilfsmittel (z. B. Pflegebett, Hebevorrichtung), sie zahlt Zuschüsse zum pflegebedingten Umbau der Wohnung und bietet kostenlose Pflegekurse zur Schulung von Angehörigen oder ehrenamtlichen Pflegepersonen an.

1. *Aus welchem Grund wurde die Pflegeversicherung eingeführt?*
2. *Wer ist Träger der Pflegeversicherung?*
3. *Welche Personen sind in der Pflegeversicherung versicherungspflichtig?*
4. *Wie ist die Beitragszahlung geregelt?*

1.4.4 Arbeitslosenversicherung

Keine Arbeit zu finden oder die Arbeit unverschuldet zu verlieren – das Gefühl, nicht gebraucht zu werden, ist für viele Menschen eine schwere Belastung. Hinzu kommen die wirtschaftlichen Probleme. Für die meisten Menschen bedeutet der „Verkauf" ihrer Arbeitskraft die wichtigste Einkunftsquelle, da sie nicht über ein entsprechendes Geld- oder Sachvermögen verfügen, um damit allein ihren Lebensunterhalt zu bestreiten. Die Arbeitslosenversicherung hat die Aufgabe übernommen, für eine gewisse finanzielle Absicherung beim Verlust des Arbeitsplatzes zu sorgen. Im Vordergrund steht jedoch die Verhütung und Beseitigung von Arbeitslosigkeit, um auf einen möglichst hohen Beschäftigungsstand zu kommen.

Arbeitsförderung heißt dieses oberste Ziel, zu dessen Erreichen eine ganze Reihe von Maßnahmen zur Verfügung stehen, die im **Sozialgesetzbuch – 3. Buch (SGB III)** geregelt sind (vgl. Abb. 51, Seite 56).

Der Schwerpunkt liegt auf vorbeugenden Maßnahmen, die Arbeitslosigkeit verhindern sollen oder die Betroffenen zumindest in die Lage versetzen können, rechtzeitig auf eine sich verändernde Arbeitswelt zu reagieren.

Durch eine aktive Arbeitsmarktpolitik mit Weiterbildungsmaßnahmen und Umschulungen ist es gelungen, die Arbeitslosigkeit zu reduzieren. Während sich für ausgebildete Fachkräfte gute Beschäftigungsmöglichkeiten ergeben, haben gering qualifizierte allerdings nur schlechte Vermittlungschancen.

Wer ist versichert?

Die Arbeitslosenversicherung kennt nur **Pflichtversicherte.** Eine freiwillige Mitgliedschaft oder eine Befreiung von der Versicherungspflicht ist im Unterschied zu anderen Sozialversicherungszweigen nicht möglich. Versicherungspflichtig sind alle gegen Entgelt beschäftigten Arbeiter und Angestellten sowie die Auszubildenden.

Nicht in die Arbeitslosenversicherung einbezogen sind Selbstständige, Beamte, Richter und Berufssoldaten, Arbeitnehmer über 65 Jahre, Schüler, Studenten und Aushilfen bei Gelegenheits- und Nebenbeschäftigungen.

Wer versichert?

Für die Erfüllung der vielfältigen Aufgaben nach dem Arbeitsförderungsgesetz ist die **Bundesagentur für Arbeit (BA)** mit Hauptsitz in Nürnberg zuständig (www.arbeitsagentur.de). Zur Berücksichtigung regionaler Besonderheiten und um einen engen Kontakt mit den Versicherten und Leistungsempfängern zu gewährleisten, sind der Bundesagentur Regionaldirektionen für Arbeit und örtliche Agenturen für Arbeit untergeordnet.

Die Bundesagentur für Arbeit ist eine Körperschaft des öffentlichen Rechts, die sich selbst verwaltet. Sie untersteht der Aufsicht des Bundesarbeitsministers.

Beitragszahlung

Der Beitrag zur Arbeitslosenversicherung wird nach der Höhe des Bruttoarbeitsverdienstes berechnet. Obergrenze ist die für den Berechnungszeitraum geltende Beitragsbemessungsgrenze. Der Beitragssatz wird per Gesetz festgelegt (3 %, Stand 2016). Arbeitgeber und Arbeitnehmer tragen jeweils die Hälfte des Beitrags.

Bedingt durch hohe Arbeitslosigkeit kann der Fall eintreten, dass die Ausgaben der Bundesagentur nicht vollständig durch Beitragseinnahmen abgedeckt werden können. In dieser Situation hat der Bund durch Zuschüsse oder Darlehen die auftretenden Finanzierungslücken zu schließen.

Welche Leistungen übernimmt die Bundesagentur für Arbeit?

Die Bundesagentur für Arbeit hat alle Aufgaben zu erfüllen, die sich aus der Arbeitsförderung und Arbeitslosenversicherung ergeben.

Maßnahmen der **Arbeitsförderung** geben Hilfestellungen bei der Arbeitssuche und Berufsfindung. Folgende Maßnahmen werden angeboten:

- **Berufsberatung.** Jugendliche und Erwachsene erhalten Informationen zur Berufswahl oder bei Berufswechsel. Die Beratung ist speziell auf den Ratsuchenden zugeschnitten und umfasst Ausbildungs- und Entwicklungsmöglichkeiten in den verschiedenen Berufen. Auch die Durchführung von Eignungstests und die Vermittlung von Ausbildungsstellen wird angeboten.
- **Arbeitsvermittlung.** Bei drohender oder bereits eingetretener Arbeitslosigkeit wird über die regionale Agentur für Arbeit die Vermittlung eines neuen, angemessenen Arbeitsplatzes versucht. Gelingt dies nicht innerhalb von sechs Monaten nach Eintritt der Arbeitslosigkeit, kann der Arbeitslose die Einschaltung privater Arbeitsvermittler verlangen.
- **Förderung der beruflichen Bildung.** Durch berufliche Fortbildung oder Umschulung in einen anderen Beruf soll dem Arbeitnehmer eine Anpassung an sich ändernde Arbeitsbedingungen

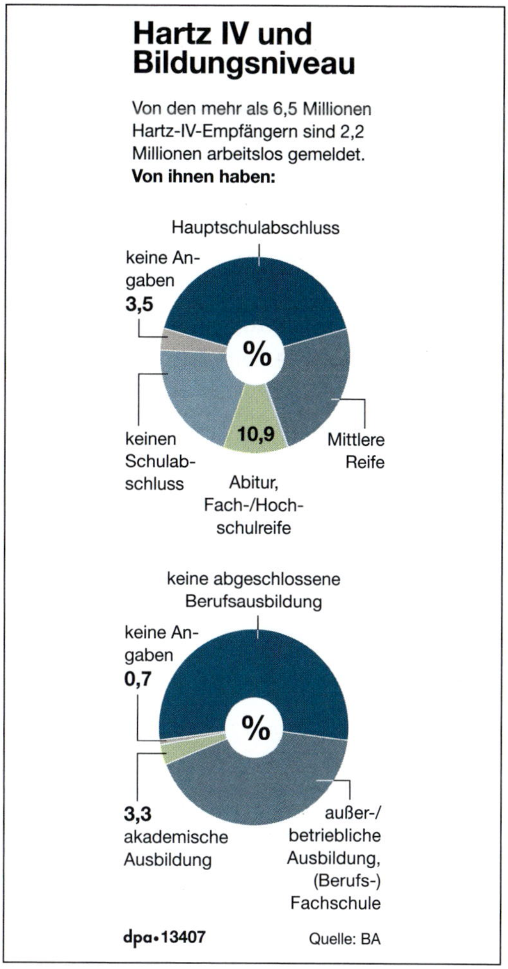

51. Nahaufnahme der Arbeitslosigkeit

Exkurs

„Wir bedauern, Ihnen mitteilen zu müssen …"

Zwischen 20 und 100 Bewerbungen haben sie bereits geschrieben, die 15 Schüler der einjährigen Höheren Handelsschule. Für sie ist es eine Verlegenheitslösung, jetzt erneut zur Schule zu gehen. Alle haben vor Abschluss der zehnten Realschulklasse, ihre Bewerbungen abgeschickt – oft vergeblich. Für Natalie ist es die erste, für Marco die dritte „Warteschleife" nach Berufsgrundbildungsjahr und Berufsfachschule. Immer wieder mit der Hoffnung, dass es die letzte sein wird, bevor sie endlich eine Ausbildungs- oder Arbeitsstelle antreten können.

Jeder höflich formulierte Brief aus einer Personalabteilung „leider haben wir uns für einen anderen Bewerber entschieden" ist für die Schüler eine Niederlage, eine Kränkung. Denn für sie bestehen diese freundlich-kühlen Briefe nur aus einem Satz: Du nicht! Um dabei unverletzt zu bleiben, muss man ein solides Selbstbewusstsein haben. Lehrer und Eltern machen nicht noch zusätzlich Druck, sondern versuchen zu trösten: Es liegt nicht an dir, du bist nicht schlechter als die anderen, die Absage ist nicht persönlich gemeint. Alle Umfragen kommen zum gleichen Ergebnis: Arbeit hat für Jugendliche einen hohen Stellenwert. Logisch! Was fragen wir denn, wenn wir einander kennenlernen? Wir fragen zuerst danach, was der andere arbeitet. Durch unser Werteraster fällt, wer keine Arbeit hat. Wer den Aufstieg nicht schafft, weil nicht einmal der Einstieg geklappt hat.

Wird einer Generation verweigert, sich über die Arbeit zu Menschen mit Selbstwertgefühl zu entwickeln, ist deren Desinteresse an Staat und Politik nicht verwunderlich. Was kann der einzelne Jugendliche noch tun? Welche Maßnahmen sollten Gesellschaft und Staat ergreifen?

erleichtert und ermöglicht werden. Durch bessere Berufsqualifizierung sollen die Vermittlungschancen erhöht werden.
Zur Förderung der beruflichen Ausbildung können Auszubildende, die außerhalb des Haushalts der Eltern wohnen, eine monatlich zu zahlende **Berufsausbildungsbeihilfe** erhalten. Anspruch besteht aber nur dann, wenn die eigene Ausbildungsvergütung und das Elterneinkommen bestimmte Freibeträge nicht übersteigen.

- **Förderung der Arbeitsaufnahme.** Auch die Suche nach einem neuen Arbeitsplatz kann viel Geld kosten. Daher erhalten Arbeitssuchende für diesen Zweck Zuschüsse, wenn sie die Kosten selbst nicht tragen können. Leistungen erhalten Berufsanwärter, Arbeitslose oder von Arbeitslosigkeit bedrohte Personen (z. B. keine Übernahme nach der Berufsausbildung). Die örtliche Agentur für Arbeit gewährt in diesen Fällen **Zuschüsse** (Mobilitätshilfen), z. B. zu Bewerbungskosten, Reisekosten oder Umzugskosten. Arbeitgeber können finanzielle Hilfen beantragen, wenn sie Arbeitslose einstellen (Eingliederungszuschüsse).

- **Berufliche Rehabilitation.** Durch gezielte Förderung von Menschen mit körperlicher oder geistiger Behinderung mittels Aus- und Fortbildung oder Umschulung soll eine berufliche Eingliederung erreicht werden. Arbeitgeber können Ausbildungszuschüsse beantragen und erhalten finanzielle Mittel für Behindertenwerkstätten.

Im Rahmen der **Arbeitslosenversicherung** steht die Sicherung von Arbeitsplätzen und die finanzielle Absicherung der Arbeitslosen im Vordergrund. Folgende, vor allem finanzielle Leistungen werden gewährt:

Arbeitslosengeld I

Der Wechsel eines Arbeitsplatzes gehört heute zu den normalen Ereignissen während eines Berufslebens. Probleme können aber dann auftauchen, wenn die Trennung von der gewohnten Arbeit zwangsweise erfolgt, z. B. aufgrund von Betriebsschließungen oder allgemein schlechter Wirtschaftslage.

Arbeitslosigkeit kann dann schnell zum finanziellen und sozialen Abstieg führen. Durch die Zahlung von Arbeitslosengeld sollen diese Folgen gemildert werden. Es beträgt für Arbeitslose mit mindestens einem Kind 67 %, für die übrigen 60 % des Leistungsentgelts, was in etwa dem früheren Nettoverdienst entspricht.

Leistungen erhält jeder, der sich durch seine Beitragszahlung einen Anspruch erworben hat und bestimmte Voraussetzungen (vgl. Abb. 52, Seite 57) erfüllt. Eine Prüfung der Bedürftigkeit erfolgt nicht, der Antragsteller muss also keine Angaben zu seiner finanziellen Situation machen. Arbeitslosigkeit liegt dann vor, wenn der Arbeitnehmer vorübergehend ohne Arbeitsmöglichkeit ist. Er muss bereit und in der Lage sein, eine längere Beschäftigung auszuüben. Jede zumutbare Arbeit ist anzunehmen. Welche Tätigkeit zumutbar ist, muss im

Beispiel

Unzumutbar ist die Beschäftigung einer Angestellten als Akkordarbeiterin am Fließband oder eine Arbeit, bei der die Gehaltszahlung geringer ist als das Arbeitslosengeld. Zumutbar dagegen ist z. B. eine Beschäftigung, bei der sich der tägliche Arbeitsweg um 20 auf dann 60 Minuten verlängert. Tägliche Pendelzeiten zwischen Wohnung und Arbeitsplatz von bis zu 2,5 Stunden sind im Einzelfall noch zumutbar.

Arbeitsförderung	Arbeitslosenversicherung I	
	Sicherung von Arbeitsplätzen	**Leistungen an Arbeitslose**
• Arbeitsmarkt- und Berufsforschung • Berufs- und Ausbildungsberatung • Arbeitsvermittlung • Förderung der beruflichen Bildung: Berufliche Ausbildung, Fortbildung und Umschulung • Förderung der Arbeitsaufnahme • Arbeits- und Berufsförderung von Menschen mit Behinderung (berufliche Rehabilitation)	• Kurzarbeitergeld • Förderung der ganzjährigen Beschäftigung in der Bauwirtschaft (z. B. Saison-Kurzarbeitergeld) • Maßnahmen zur Beschäftigung schwer vermittelbarer Arbeitnehmer	• Arbeitslosengeld I • Insolvenzgeld • Zahlungen zur gesetzlichen Kranken- und Rentenversicherung der Leistungsempfänger

51. Aufgaben der BA nach dem SGB III

Einzelfall festgestellt werden. Berücksichtigt wird z. B. die bisherige berufliche Tätigkeit und die allgemeinen persönlichen Verhältnisse.

Wie lange Arbeitslosengeld gezahlt wird, ist abhängig von der Beschäftigungsdauer vor der Arbeitslosmeldung und vom Alter. Mindestens sechs, höchstens zwölf Monate sind die Regel. Ältere Arbeitslose ab 50 Jahre mit längeren Beschäftigungszeiten haben Anspruch auf Arbeitslosengeld zwischen 15 und 24 Monaten. Hat der Versicherte seine Arbeitslosigkeit selbst verschuldet (z. B. durch eigene Kündigung oder mangelhaftes Arbeitsverhalten), nimmt er eine zumutbare Tätigkeit nicht an oder kommt er seinen sonstigen Pflichten nicht nach (z. B. regelmäßige Vorsprache bei der regionalen Arbeitsagentur), kann das Arbeitslosengeld bis zu zwölf Wochen **gesperrt** werden.

Leistungen zur Erhaltung und Schaffung von Arbeitsplätzen

Bei vorübergehendem Arbeitsausfall im Beschäftigungsbetrieb (z. B. wegen Absatzschwierigkeiten) erhalten die dort beschäftigten Arbeitnehmer ein **Kurzarbeitergeld,** wenn sie nicht mehr voll beschäftigt werden können. Dadurch sollen betriebsbedingte Kündigungen vermieden werden. Dem Kurzarbeitergeld ähnlich ist das **Saison-Kurzarbeitergeld.** Es wird für Arbeitnehmer in der Baubranche gezahlt, wenn witterungsbedingte Mehraufwendungen entstehen oder ein erheblicher Arbeitsausfall aufgrund des Wetters unvermeidbar ist.

Für schwer vermittelbare Arbeitnehmer (z. B. Langzeitarbeitslose, jüngere Arbeitslose ohne Berufsausbildung) kann die Bundesagentur für Arbeit bei der Schaffung zusätzlicher Arbeitsplätze für diesen Personenkreis dem Arbeitgeber einen Zuschuss zu den anfallenden Lohn-/Gehaltskosten gewähren.

Insolvenzgeld

Stellt der Arbeitgeber die Lohn-/Gehaltszahlungen wegen Zahlungsunfähigkeit ein, erhalten die Mitarbeiter für den ausgefallenen Arbeitsverdienst ein Insolvenzgeld in Höhe des Nettogehalts. Es wird für höchstens drei Monate gezahlt.

Arbeitslosengeld II

Mit einer einheitlichen **Grundsicherung** für Arbeitssuchende durch das Arbeitslosengeld II (auch „Hartz IV" genannt) soll die Aufnahme einer Erwerbstätigkeit umfassend unterstützt und gefördert werden. Die Leistungsgewährung erfolgt nach dem Prinzip „Fördern und Fordern", Leistungsbezieher müssen daher aktiv an der Eingliederung in den Arbeitsmarkt mitwirken. Leistungen erhalten Personen zwischen dem 15. und 65. bzw. 67. Lebensjahr, je nachdem gesetzlichen Renteneintrittsalter. Sie müssen erwerbsfähig und hilfebedürftig sein und in Deutschland leben. Erwerbsfähigkeit bedeutet, dass man mindestens drei Stunden täglich einer Beschäftigung nachgehen kann. Personen, die diese Voraussetzung nicht erfüllen, müssen Sozialhilfeleistungen beantragen. Hilfebedürftig ist derjenige, der seinen Lebensunterhalt nicht selbst mit eigenen Mitteln sichern kann. Leben weitere Personen im Haushalt (z. B. Ehe- oder Lebenspartner, minderjährige Kinder), werden diese zu einer **Bedarfsgemeinschaft** zusammengefasst und erhalten bei

Arbeitslosengeld erhält, wer ...

... arbeitslos ist

... der Arbeitsvermittlung zur Verfügung steht
(d. h. täglich einsetzbar ist und – von Ausnahmen abgesehen – eine volle Stelle sucht)

... die Anwartschaftszeit erfüllt hat
(d. h. in den letzten zwei Jahren vor der Arbeitslosmeldung mindestens 12 Monate beitragspflichtig beschäftigt war)

... sich bei der Agentur für Arbeit arbeitslos gemeldet hat
(Leistungen werden erst ab dem Tag der Arbeitslosmeldung gezahlt. Beachten: Sofort melden, wenn das Arbeitsverhältnis **gekündigt** wurde.)

... das Arbeitslosengeld beantragt hat

52. Wer erhält Arbeitslosengeld?

Bedürftigkeit gleichfalls finanzielle Leistungen (Sozialgeld). Allerdings wird erzieltes Einkommen (z. B. Berufstätigkeit der Ehefrau) und ein Teil des Vermögens angerechnet. Deckt z. B. das Arbeitseinkommen des Partners den vom Gesetz vorgegebenen Bedarf, erhält der erwerbslose Antragsteller kein Arbeitslosengeld II.

Zuständig für die Beantragung von Arbeitslosengeld II ist normalerweise die regionale Agentur für Arbeit. Sie betreut in der Regel auch den Antragsteller. Ein persönlicher Ansprechpartner unterstützt die Suche nach einer Erwerbstätigkeit durch begleitende Maßnahmen und ergänzende Hilfen (z. B. Schulungen, Bewerbertraining, Kinderbetreuung). Werden zumutbare Beschäftigungsmöglichkeiten angeboten, so müssen diese angenommen werden. Dies gilt auch für die sogenannten ortsnahen Arbeitsgelegenheiten, für die ein bis zwei Euro pro Stunde zusätzlich zum Arbeitslosengeld II

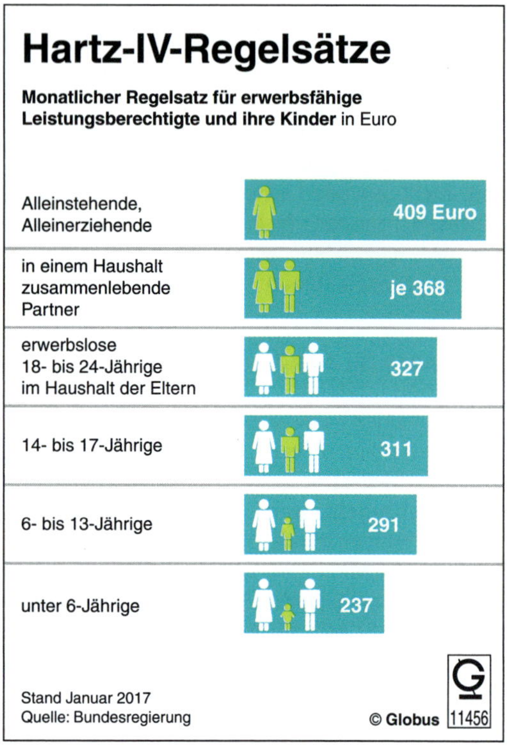

53. Das Arbeitslosengeld II

Exkurs

Berufe mit Zukunft

Wo finden sich die Jobs von morgen? In welchen Branchen werden Arbeitskräfte gesucht, welche Qualifikationen werden nachgefragt? Diese Fragen zutreffend zu beantworten, dürfte nicht einfach sein. Es ist schwer, die wirtschaftliche Entwicklung der nächsten Jahre exakt vorherzusagen. Der Wandel in unserer Gesellschaft, beeinflusst von neuen Kommunikations- und Informationsentwicklungen, von sich verändernden Technologien und globalen Umwälzungen wird sich immer schneller vollziehen. Alte Berufe verschwinden, neue entstehen und mit ihnen ändern sich auch die Inhalte und Anforderungen. Dies betrifft nicht nur Berufsanfänger, auch von bereits im Berufsleben stehenden Arbeitnehmern wird zunehmend Flexibilität gefordert sowie die Bereitschaft, Neues zu lernen und umzusetzen.

Studien besagen, dass in den nächsten Jahren und Jahrzehnten aufgrund des Geburtenrückgangs und der Überalterung der Gesellschaft die Nachfrage nach qualifizierten Arbeitskräften stark ansteigen wird. Neben Akademikern werden es vor allem gut ausgebildete Fachkräfte sein, die hervorragende Berufsaussichten haben. Berufe mit technischen sowie kaufmännischen Grundlagen und Dienstleistungsberufe erfreuen sich einer starken Nachfrage. Nicht zuletzt auch die Gesundheits- und sozialpflegerischen Berufe werden es sein, die gute Zukunftsaussichten versprechen. Aber neben all den fachlichen Anforderungen darf nicht vergessen werden, dass für gute Berufschancen nach wie vor allgemeine Qualifikationen eine große Rolle spielen: Flexibilität, Teamfähigkeit, Leistungsorientierung und ein positives Sozialverhalten werden auch in Zukunft das Fundament der beruflichen Tätigkeit bilden.

Exkurs

Problem Schwarzarbeit: Illegal ist unsozial

Nach Schätzungen entsteht Sozialversicherung und Finanzämtern durch Schwarzarbeit jährlich ein Schaden von weit über 100 Milliarden EUR. Die Erstellung von Gütern und Dienstleistungen außerhalb der „regulären Wirtschaft" schädigt die Allgemeinheit und verschärft die wirtschaftlichen Probleme. Schwarzarbeiter nehmen Arbeitslosen Arbeitsplätze weg, Arbeitslose wiederum versuchen in die Schwarzarbeit auszuweichen.

Schwarzarbeit ist kein Kavaliersdelikt: Auftraggeber und Schwarzarbeiter müssen bei Entdeckung mit hohen Strafen und Bußgeldern rechnen. Doch nicht jede nebenberufliche Tätigkeit ist gleich Schwarzarbeit: Geringfügige Tätigkeiten, Leistungen aus Gefälligkeit oder Nachbarschaftshilfe (Babysitten, Nachhilfe, Einkaufshilfe ...) sind durchaus erlaubt.

gezahlt werden („1-Euro-Jobs"). Die Ablehnung zumutbarer Arbeit oder andere Pflichtverletzungen führen zu einer Kürzung des Arbeitslosengeldes II.

Zur Sicherung des Lebensunterhalts erhält der Erwerbslose Arbeitslosengeld II als **Regelbedarf**. Dieser ist unabhängig von bisherigen Einkommen und beträgt (Stand 2016) für Alleinstehende monatlich 404,00 EUR. Volljährige Partner erhalten 364,00 EUR. Für Kinder sind folgende Beträge festgelegt: bis sechs Jahre = 237,00 EUR, bis 14 Jahre = 270,00 EUR und bis 18 Jahre = 306,00 EUR. Ergänzend gibt es für Kinder und Jugendliche Zuschüsse für Schulmaterial und -ausflüge sowie für Mittagessen in Kindertagesstätten und Schulen. Die Regelbedarfe werden angepasst, wenn sich die Lebenshaltungskosten verändern. Daneben gibt es Mehrbedarf-Zahlungen, z. B. für werdende Mütter, Alleinerziehende oder behinderte Erwerbsfähige. Zusätzlich zum Arbeitslosengeld II werden die Aufwendungen für Unterkunft und Heizung übernommen, wenn die Wohnungsgröße angemessen ist und der Mietpreis den örtlichen Bedingungen entspricht.

Beispiel

Arbeitslosengeld II für eine alleinerziehende Frau mit 12-jährigem Kind: Regelleistung 404,00 EUR, Mehrbedarf für Alleinerziehende 48,48 EUR, Bedarf Kind 270,00 EUR, angenommene Miete 500,00 EUR, Heizkosten 100,00 EUR, ergibt einen Gesamtbedarf von 1 322,48 EUR. Davon wird das Kindergeld mit 190,00 EUR als „Einkommen" abgezogen, sodass ein Anspruch von 1 132,48 EUR verbleibt. (Stand 2016)

1. *Beschreiben Sie zwei Maßnahmen der Arbeitsförderung.*
2. *Erläutern Sie den Unterschied zwischen Arbeitslosengeld I und Arbeitslosengeld II.*
3. *In welcher Höhe wird Arbeitslosengeld I gezahlt:*
   a) Alleinstehende, bisher netto 1 200,00 EUR
   b) Alleinerziehende mit einem Kind, bisher netto 1 350,00 EUR

1.4.5 Rentenversicherung

In vielen Ländern der Welt sind Menschen, die aus Alters- oder Gesundheitsgründen ihren Lebensunterhalt nicht mehr verdienen können, allein auf die Unterstützung durch die Familie oder auf Almosen angewiesen. Auch bei uns gab es bis zur Einführung der gesetzlichen Rentenversicherung keine finanzielle Absicherung im Alter.

Aufgabe der Rentenversicherung war und ist es daher, die Versicherten nach dem Ausscheiden aus dem Berufsleben, bei Minderung ihrer Erwerbsfähigkeit oder beim Tod des Versicherten die Angehörigen finanziell so abzusichern, dass diese ihren bisherigen Lebensstandard in etwa beibehalten können. Eine ebenso wichtige Aufgabe ist es, die Arbeitsfähigkeit der Versicherten zu erhalten oder wiederherzustellen, sodass eine frühzeitige Rentenzahlung vermieden oder hinausgeschoben werden kann. Da die Lebenserwartung unserer Bevölkerung weiter steigt (vgl. Abb. 54), ist die Frage nach der Absicherung im Alter für immer mehr Menschen von großer Bedeutung.

Wer ist versichert?

Grundsätzlich ist die Mitgliedschaft in der Rentenversicherung für jeden offen, sie ist also eine Sozialversicherung für die ganze Bevölkerung.

Allerdings muss man zwischen Pflichtversicherten und freiwillig Versicherten unterscheiden. **Pflichtversicherte** haben keine Wahlmöglichkeit, ob sie der Rentenversicherung beitreten wollen oder nicht. Entscheidend ist, dass sie in gewissem Umfang gegen Bezahlung beschäftigt werden. Arbeiter, Angestellte und Auszubildende gehören zu dieser Gruppe.

Auch bestimmte Selbstständige wie Handwerker, Hebammen oder Künstler sind pflichtversichert. Auf Antrag können weitere Selbstständige innerhalb von fünf Jahren nach Beginn der Tätigkeit die Aufnahme beantragen. Ohne eigene Beitragszahlung sind Mütter oder Väter während der Elternzeit, Teilnehmer am freiwilligen Wehrdienst oder Bundesfreiwilligendienst sowie Bezieher von Arbeitslosengeld I pflichtversichert.

Wer nicht der Versicherungspflicht unterliegt (z. B. Hausfrauen, geringfügig Beschäftigte), kann sich zum Aufbau einer Alterssicherung **freiwillig** mit entsprechender Beitragszahlung versichern.

Beamte, Richter oder Berufssoldaten unterliegen nicht der Versicherungspflicht, weil ihre Altersversorgung staatlich garantiert ist.

Wer versichert?

Die Träger der Rentenversicherung sind selbstverwaltete öffentlich-rechtliche Körperschaften, die einer staatlichen Aufsicht unterstehen. Eine Unterscheidung zwischen Arbeiter- und Angestellten-Rentenversicherung gibt es nicht mehr. Die Rentenversicherungsträger wurden unter der Bezeichnung **Deutsche Rentenversicherung** neu gegliedert. Bei den Trägern wird zwischen Bundesträgern und Regionalträgern unterschieden. Neben der Deutschen Rentenversicherung Bund und der Deutschen Rentenversicherung Knappschaft-Bahn-See, die auch für die Beschäftigten

54. Lebenserwartung in Deutschland

55. Generationenvertrag

im Bergbau zuständig ist, gibt es die regionalen Träger wie z. B. die Deutsche Rentenversicherung Hessen in Frankfurt am Main oder die Deutsche Rentenversicherung Rheinland in Düsseldorf. Die Versicherten werden nach einem bestimmten Verhältnis einem festen Träger zugeordnet. Dieser vergibt die Versicherungsnummer, führt das Rentenkonto und betreut den Versicherten. Der zugeordnete Träger ändert sich auch bei Arbeitsplatz- oder Ortswechsel nicht.

Beitragszahlung

Die Leistungen der Rentenversicherung werden überwiegend aus den Beitragszahlungen der Versicherten und dem Arbeitgeberanteil bestritten. Berechnungsgrundlage ist der monatliche Arbeitsverdienst bis zur Beitragsbemessungsgrenze (vgl. Seite 45). Arbeitgeber und Arbeitnehmer zahlen je die Hälfte des Beitrags, freiwillig Versicherte und Selbstständige müssen ihn allein aufbringen. Die Rentenversicherung hat den höchsten Beitragssatz

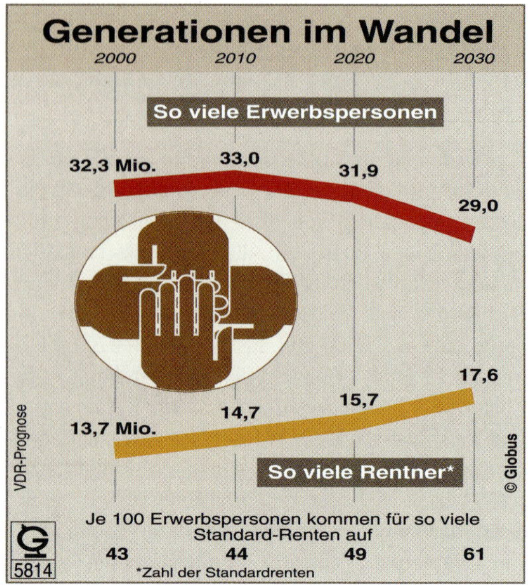

56. Generationen im Wandel

aller Sozialversicherungen. Er liegt bei 18,7 % des Bruttoverdienstes (Stand 2016) und kann der Einnahmen- und Ausgabenentwicklung der Rentenversicherung angepasst werden.

Die Rentenversicherung hat aufgrund gesetzlicher Verpflichtungen Leistungen übernommen, die nicht durch entsprechende Beitragszahlungen gedeckt sind (z. B. Anrechnung von Kindererziehungszeiten, Renten für Aussiedler). Deshalb gibt der Bund aus Steuermitteln einen **Zuschuss** zu den Versicherungszahlungen. Er soll dazu beitragen, dass Beitragssteigerungen begrenzt bleiben und die Zahlungsfähigkeit der Rentenversicherung gewährleistet ist.

Wie wird die Beitragszahlung nachgewiesen?

Jedem Versicherten wird bei der erstmaligen Arbeitsaufnahme vom zuständigen Versicherungsträger eine **Versicherungsnummer** mitgeteilt. Unter dieser Nummer wird sein Rentenkonto geführt. Sie begleitet ihn durch das ganze „Versicherungsleben". Die Mitteilung stellt außerdem den sogenannten Sozialversicherungsausweis dar, der bei Beschäftigungsbeginn dem Arbeitgeber vorzulegen ist. Häufig ist aber die Mitteilung der Versicherungsnummer ausreichend. Der Arbeitgeber teilt der Krankenkasse jährlich die Beschäftigungszeit und die Höhe des Bruttoverdienstes mit. Die Kasse leitet diese Angaben an den zuständigen Rentenversicherungsträger weiter. Die sich ansammelnden Beträge werden dort auf dem persönlichen Versicherungskonto gespeichert und bilden die Grundlage für eine spätere Rentenberechnung.

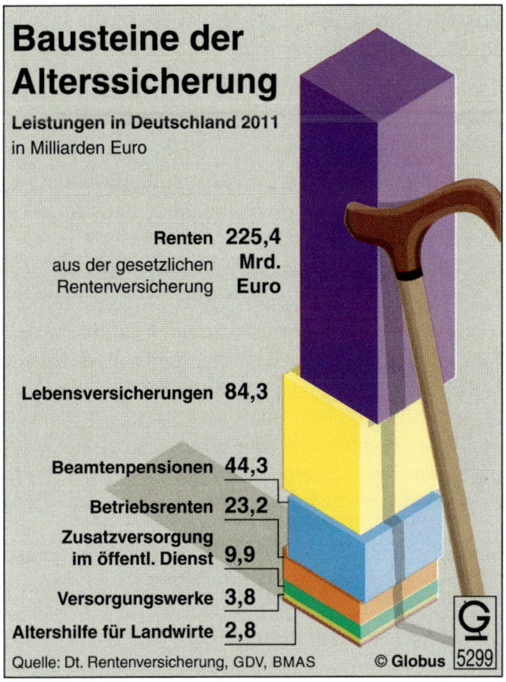

57. Drei Säulen der Altersvorsorge

Eine Durchschrift der Meldung, die sorgfältig bei den Rentenunterlagen aufbewahrt werden sollte, erhält der Versicherte zum Jahresbeginn von seinem Arbeitgeber. Wird bei der Überprüfung ein Fehler festgestellt, muss der Arbeitgeber die Angaben sofort berichtigen, denn eine falsche Rentenberechnung kann sonst später die Folge sein:

Beispiel

Anstatt 20 000,00 EUR Jahresverdienst sind nur 2 000,00 EUR eingetragen. Wird der Fehler nicht verbessert, ist die spätere Rente um einige Euro monatlich zu niedrig.

Alle Versicherten, die über 27 Jahre alt sind und mindestens fünf Beitragsjahre nachgewiesen haben, erhalten jährlich eine **Renteninformation** (Information: www.deutsche-rentenversicherung.de). Auf der Basis der im Versichertenkonto erfassten Daten wird ersichtlich, wie hoch die spätere Rente einmal sein kann. Die Angaben sind unverbindlich, bilden jedoch eine gute Basis für die Planung einer zusätzlichen Altersversorgung. Versicherte ab 55 erhalten **alle drei Jahre** eine Rentenauskunft, die genauer über die Höhe der zu erwartenden Rente informiert.

Leistungen der Rentenversicherung

Die Leistungen der Rentenversicherung haben hauptsächlich zwei Grundlagen:

Umlageverfahren. Die Beiträge eines Versicherten werden nicht wie auf einem Sparbuch angespart und als Rente später wieder an ihn ausgezahlt. Sie werden vielmehr dazu benutzt, die **aktuellen Renten** zu finanzieren. Durch dieses Umlageverfahren werden also die heutigen Renten unmittelbar durch die heutigen Beitragszahler gezahlt.

Generationenvertrag. Das Umlageverfahren steht in engem Zusammenhang mit dem **Generationenvertrag**. Diese stillschweigende Vereinbarung beruht darauf, dass die Kinder zunächst von der Elterngeneration Versorgung und Ausbildung erhalten. Haben die Eltern das Rentenalter erreicht, übernimmt die berufstätige Kindergeneration deren Versorgung in Form der Rente. Dieses Prinzip der generationenübergreifenden Unterstützung wurde früher innerhalb der Familie erfüllt und von der Rentenversicherung übernommen. Die jetzigen Beitragszahler finanzieren mit ihren Beiträgen die aktuellen Rentenzahlungen. Gleichzeitig erwerben sie selbst einen eigenen Rentenanspruch in der Hoffnung, dass ihre spätere Rente dann von der zukünftigen Beitragsgeneration gezahlt wird. In welchem Umfang der Generationenvertrag später einmal eingelöst werden kann, ist allerdings von verschiedenen Bedingungen abhängig (vgl. Exkurs Seite 62).

Rehabilitation

Vor einer frühzeitigen Rentengewährung muss durch die Rentenversicherung versucht werden, mit Heilbehandlungen oder Umschulungsmaßnahmen die Gesundheit des Versicherten so weit wiederherzustellen, dass die Arbeitskraft erhalten werden kann und eine Wiedereingliederung ins Berufsleben möglich wird.

Medizinische Rehabilitation erkrankter Menschen findet in der Regel stationär in Rehabilitationseinrichtungen statt. Die Kosten der medizinischen Leistungen, Unterkunft und Verpflegung werden bis auf einen Eigenanteil des Versicherten übernommen. In der Regel sind Kuren höchstens alle vier Jahre für die Dauer von drei Wochen möglich.

Berufliche Rehabilitation soll den Versicherten in die Lage versetzen, wieder einer Berufstätigkeit nachzugehen. Fortbildungsmaßnahmen oder die Umschulung in einen neuen Beruf sowie Eingliederungshilfen an den Arbeitgeber (z. B. Lohnkostenzuschüsse) sollen die Chancen verbessern.

Zahlung von Übergangsgeld stellt die finanzielle Absicherung des Versicherten und seiner Familie während der Rehabilitation sicher.

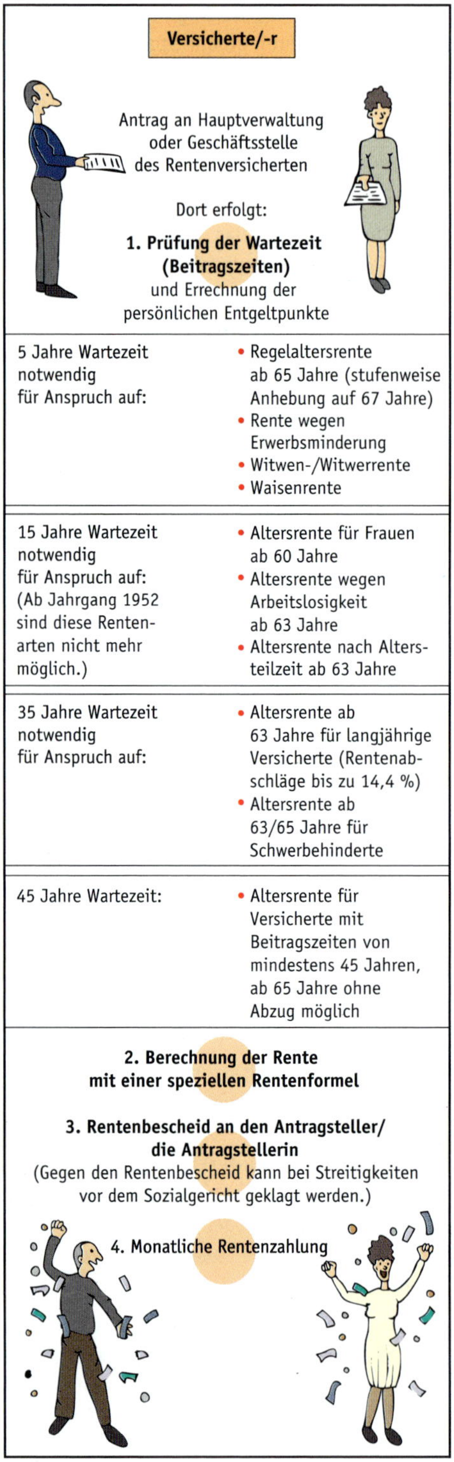

58. Der Weg zur Rente

Rentenzahlung

Rentenzahlungen sind die überwiegenden Leistungen der Rentenversicherung. Neben der Altersrente wird Rente wegen Erwerbsminderung sowie Hinterbliebenenrente gezahlt.

Renten werden gezahlt, wenn der Versicherungsfall eingetreten und die vorgeschriebene Wartezeit erfüllt ist. Einen Rentenanspruch hat nur, wer für einen Mindestzeitraum **(= Wartezeit)** der gesetzlichen Rentenversicherung angehört hat. Je nach Rentenart müssen unterschiedlich lange Wartezeiten erfüllt sein. Neben den normalen Beitragszeiten werden teilweise auch Zeiten ohne eigene Beitragszahlungen aus sozialen Gründen auf die Wartezeit angerechnet und bei der Rentenberechnung berücksichtigt (Ersatz- oder Anrechnungszeiten).

Beispiel: *Das Medizinstudium der Krankenhausärztin Dr. Franken dauerte insgesamt sieben Jahre. Davon werden ihr drei Jahre als Wartezeit angerechnet. Außerdem war sie zehn Monate arbeitslos und erhielt Arbeitslosengeld. Auch diese Zeit wird als Wartezeit berücksichtigt.*

Bei **vorgezogenen Renten** (vgl. Übersicht Seite 61) wurden die Altersgrenzen zum Teil angehoben. Dennoch ist eine vorzeitige Inanspruchnahme dieser Renten ab dem angegebenen Alter weiterhin möglich. Die Rente wird allerdings dann um einen Abschlag von 0,3 % pro Monat verringert, insgesamt kann sich so eine maximale Reduzierung von bis zu 14,4 % ergeben.

Beispiel: *Die Altersgrenze für einen abschlagfreien Rentenbezug bei der Altersrente für langjährige Versicherte wurde von 63 auf 65 Jahre erhöht. Geht der Versicherte trotzdem mit 63 in Rente, dann beträgt der monatliche Rentenabzug 7,2 % (24 Monate mal 0,3 %).*

Rentenarten

Krankheiten oder Unfälle können dazu führen, dass der Versicherte einer Beschäftigung nicht mehr oder nur noch in geringem Umfang nachgehen kann.

Beispiel: *Die Angestellte Christiane Dörr kann aufgrund einer Bandscheibenerkrankung nur noch höchstens zwei Stunden täglich einer Beschäftigung nachgehen. Da keine Teilzeitstelle verfügbar ist, beantragt sie Rente wegen Erwerbsminderung.*

Eine Rente wegen Erwerbsminderung kann gezahlt werden, wenn der Versicherte aus gesundheitlichen Gründen täglich nur noch weniger als drei Stunden arbeiten kann. Beträgt die mögliche tägliche Arbeitszeit im Rahmen einer Teilzeitbeschäftigung zwischen drei und sechs Stunden, wird die halbe Erwerbsminderungsrente gezahlt. Ist keine

Teilzeitarbeitsstelle verfügbar, wird auch hier die volle Rente gezahlt. Die Rentenzahlung wird zunächst auf drei Jahre befristet, danach erfolgt eine erneute Überprüfung der Erwerbsfähigkeit.

Für die Gewährung einer **Altersrente** spielt der Gesundheitszustand des Versicherten keine Rolle. Entscheidend ist das erreichte Lebensalter und die Erfüllung bestimmter Wartezeiten (vgl. Abb. 58, Seite 61). Bei vorgezogenen Renten werden künftig die meisten Altersgrenzen stufenweise angehoben. Geht der Versicherte trotzdem in Rente, werden finanzielle Rentenabschläge vorgenommen.

Stirbt der Versicherte, erhält der hinterbliebene Ehepartner **Witwen- oder Witwerrente.** Bei Wiederverheiratung entfällt die Hinterbliebenenrente, es wird allerdings als einmalige Abfindung ein Betrag in Höhe von 24 Monatsrenten gezahlt.

Kinder von verstorbenen Versicherten erhalten eine **Waisenrente** bis zur Vollendung des 18. Lebensjahres. Bei Schul- oder Berufsausbildung ist Weiterzahlung bis zum 27. Lebensjahr möglich.

Für die **Rentenhöhe** sind vor allem die Beitragsjahre und die gemeldeten Jahresverdienste entscheidend. Zukünftig werden zum Erreichen der Höchstrente 45 oder mehr Arbeitsjahre notwendig sein. Bestehende Renten werden jährlich der durchschnittlichen Einkommensentwicklung angepasst **(dynamische Rentenerhöhung).**

1. *Wozu dient der jährliche Versicherungsnachweis?*
2. *Stellen Sie den Zusammenhang zwischen Umlageverfahren und Generationenvertrag dar.*

1.4.6 Private Altersvorsorge

Die gesetzliche Rentenversicherung steht vor großen Problemen: Die Zahl der Rentner steigt in den kommenden Jahrzehnten aufgrund immer längerer Lebenserwartung und durch geburtenstarke Jahrgänge, die dann in Rente gehen, stetig an. Gleichzeitig nimmt die Zahl der Jüngeren ab. Durch diese demografische Entwicklung tritt ein Rückgang bei den Erwerbspersonen, also den Beitragszahlern, ein. Immer weniger Einzahler in die Rentenversicherung müssen immer mehr Rentner versorgen, was bei gleichbleibender Rentenentwicklung zu einem Anstieg der Beitragssätze führt.

Um diese Entwicklung abzubremsen, wurde im Rahmen einer gesetzlichen Rentenreform festgelegt, dass die Höhe der gesetzlichen Altersrente bis zum Jahr 2030 langsam vermindert wird. Das Rentenniveau kann dadurch von derzeit etwa 50 % des Nettoeinkommens auf auf ca. 43 % sinken. Eine Rente in dieser Höhe erhält aber nur derjenige, der 45 Versicherungsjahre lang bei einem durchschnittlichen Einkommen Beiträge eingezahlt hat. Sind z. B. weniger Beitragsjahre vorhanden oder war das Einkommen gering, etwa wegen längerer Ausbildungs- oder Erziehungszeiten, dann sinkt auch der Rentenanspruch. Um

Exkurs

Ist meine Rente noch sicher?

„Das Fundament des Rentensystems ist stark angegriffen!"

„Der Generationenvertrag bröckelt!"

Was ist dran an solchen Schlagzeilen? Hintergrund ist z. B. der Anstieg der Lebenserwartung der Bevölkerung. Die Menschen in Deutschland werden im Durchschnitt immer älter. In den vergangenen 25 Jahren stieg die Lebenserwartung der Neugeborenen um etwa sechs Jahre (vgl. Abb. 53, Seite 59). So erfreulich das für den Einzelnen ist, für die Rentenversicherung bedeutet dies natürlich eine entsprechend längere Rentenzahlung. Dazu kommt, dass die Berufstätigen aufgrund längerer Ausbildung immer später zu Beitragszahlern werden und damit die Zeit der Erwerbstätigkeit, also auch die Zeit der Beitragszahlung, kürzer wird. Dieses Problem wäre leicht zu lösen, wenn der steigenden Zahl rüstiger Rentner eine gleichfalls wachsende Zahl von Beitragszahlern gegenüberstehen würde. Doch tatsächlich ist die Zahl der Geburten in Deutschland stark gesunken. Nachwuchs bleibt also aus, und damit werden auch die zukünftigen Beitragszahler weniger! Immer mehr Rentner müssen also von immer weniger Beitragszahlern finanziert werden (vgl. Abb. 55, Seite 60). Was also tun?

Sicher ist, dass die Renten in Zukunft nicht mehr so stark steigen werden wie bisher. Die Möglichkeiten, früher als mit 67 Jahren Rente zu beantragen, werden eingeschränkt bzw. mit geringeren Rentenzahlungen verknüpft sein. Vielleicht kann ja auch der Geburtenrückgang gebremst und die Arbeitslosigkeit vermindert werden, sodass die Zahl der Beitragszahler wieder zunimmt. Aber eins ist sicher: Die Diskussion um die Rente wird uns noch lange begleiten!

die entstehenden Versorgungslücken im Alter zu schließen, sollte als Ausgleich eine privat finanzierte Altersvorsorge aufgebaut werden. Deshalb unterstützt der Staat durch die sogenannte **Riester-Rente** diese Bemühungen zum Aufbau einer zusätzlichen privaten Altersabsicherung.

Als Anreiz für die freiwillige Privatrente gewährt der Staat entweder eine finanzielle Zulage oder einen Sonderausgabenabzug bei der Einkommenssteuer. Die **Höhe der Förderung** ist abhängig von den persönlich erbrachten Geldleistungen. Sie setzt sich aus mehreren Bestandteilen zusammen: einer Grundförderung, einem Förderbetrag für Kinder (Kinderzulage)

59. Unsere Altersversicherung?

oder einer steuerlichen Absetzbarkeit der Altersversorgungsbeiträge, die zu einer Steuerersparnis führt. Während bei der steuerlichen Berücksichtigung vor allem Höherverdienende profitieren (je höher der Einkommensteuersatz, desto höher die Steuerersparnis), erzielen Geringverdiener und Anleger mit mehreren Kindern bei den direkten Zuschüssen die höchsten Förderungssätze (vgl. Abb. 61).

Was sollte beim Abschluss privater Altersvorsorgeverträge beachtet werden?

- Grundlage ist eine sorgfältige Analyse der finanziellen Möglichkeiten („Wie viel Geld steht mir auf Dauer zum Einzahlen zur Verfügung?")
- Welche Chancen und Risiken bieten die einzelnen Anlageformen?
- Gibt es eine tarifvertraglich geregelte betriebliche Altersversorgung?
- Besitzen die Anlagemöglichkeiten das staatliche Vorsorgezertifikat?
- Wie hoch sind die Abschlussgebühren und die jährlichen Verwaltungskosten oder Kontoführungsgebühren?
- Welche Kosten fallen bei Wechsel der Anlageart und bei vorzeitiger Auflösung des Vertrags an?

60. Checkliste Riester-Rente

In den Genuss der Förderung kommt jeder, der Pflichtbeiträge zur Rentenversicherung zahlt (Arbeiter, Angestellte, Auszubildende). Außerdem haben z. B. Beamte, Arbeitslose, nicht erwerbstätige Mütter und Väter in den ersten drei Lebensjahren ihres Kindes oder Wehr- und Zivildienstleistende einen Förderungsanspruch. Den vollen Förderungsbetrag erhält allerdings nur,

Private Altersvorsorge: Riester-Rente

Anlagemöglichkeiten:

- **Privater Rentenversicherungsvertrag**
- **Fondssparplan**
- **Banksparplan**
- **Riesterfähiger Bausparvertrag**

Staatliche Förderung
Beispiele:
(Mindestsparleistung für vollen Förderungsbetrag: 4 % des sozialversicherungspflichtigen Einkommens)

	Beispiel 1	**Beispiel 2**	**Beispiel 3**	**Beispiel 4**
	Ledig, ohne Kind		**Verheiratet 1 Kind, beide berufstätig**	**Verheiratet 2 Kinder, einer berufstätig**
Jahreseinkommen brutto	8 000,00	18 000,00	35 000,00	35 000,00
Mindestsparleistung (4 % vom Einkommen)	320,00	720,00	1 400,00	1 400,00
Staatliche Grundzulage als Zuschuss (pro Vertrag 154,00 EUR)	154,00	154,00	308,00	308,00
Kinderzulage als Zuschuss (pro Kind 185,00 EUR, für ab 2008 Geborene 300,00 EUR)	–	–	185,00	370,00
Persönlich noch zu leistender Sparbetrag jährlich	166,00	566,00	907,00	722,00

(Zusätzliche Ersparnisse bei Sonderausgabenabzug möglich. Unter 25-Jährige erhalten bei Vertragsabschluss einmalig 200,00 EUR.)

61. Berechnungsbeispiele Riester-Rente

wer den **Mindestbetrag** einzahlt. Dieser beträgt 4 % vom letztjährigen sozialversicherungspflichtigen Bruttoeinkommen, mindestens aber 60,00 EUR/Jahr.

Beispiel

Die alleinstehende Tina H. hatte ein Bruttoeinkommen von 25 000,00 EUR. Die Sparleistung zur vollen Ausschöpfung der Zulagen beträgt 4 % davon, also 1 000,00 EUR. Bei einer staatlichen Grundzulage von 154,00 EUR beträgt der tatsächlich von Tina zu erbringende Sparbetrag nur 846,00 EUR (1 000,00 EUR – 154,00 EUR). Der staatliche Zuschuss entspricht damit einer Förderung von rund 15 % der Sparleistung.

Der Mindestsparbetrag muss also nicht allein vom Einzahler aufgebracht werden, denn die staatliche Förderung wird zum eigenen Sparbetrag hinzugerechnet. Ist die Sparleistung jedoch geringer als der Mindestbetrag, werden die vorgesehenen Zulagen anteilig gekürzt.

Die private Eigenvorsorge soll die gesetzlichen Rentenzahlungen ergänzen. Deshalb werden nur solche **Anlageformen** gefördert, die ab Beginn des Rentenalters eine lebenslange monatliche Zusatzrente aus dem bis dahin angesparten Vermögen garantieren. Infrage kommen dafür private Rentenversicherungsverträge, Fonds- oder Banksparpläne oder auch sogenannte fondsgebundene Lebensversicherungen sowie Bausparverträge. Die Anlageverträge sind aber nur dann förderungsfähig, wenn sie bestimmte, gesetzlich festgelegte Voraussetzungen erfüllen (z. B. keine Auszahlung vor dem 60. Lebensjahr, lebenslange Rentenzahlung). Eine staatliche Zertifizierungsstelle kontrolliert die Anlageangebote und erteilt eine Prüfnummer, die sie als förderungswürdig erkennbar macht. Allerdings ist diese Prüfnummer kein Gütesiegel, denn ob der Anbieter die versprochenen Leistungen (z. B. Verzinsungshöhe) tatsächlich erbringen wird, ist mit der Prüfnummer nicht garantiert. Deshalb sollten Angebote zum Abschluss solcher Rentenverträge sorgfältig geprüft und verglichen werden (vgl. Abb. 60, Seite 64).

Sicher und gebührengünstig sind Banksparpläne, sie bieten jedoch oft nur eine geringe Rendite. Auch Versicherungsverträge haben eine Mindestverzinsung, allerdings sind Abschlussgebühren und Verwaltungskostenanteile hier relativ hoch, die Rendite oft gering. Bei Fondssparplänen wird in Wertpapiere investiert, deshalb ist die Rendite von der Entwicklung am Wertpapiermarkt (Aktien und festverzinsliche Wertpapiere) abhängig.

Die **Zulagen** müssen beantragt werden. Diesen Zulagenantrag übernimmt nach Ablauf des Anlagejahres der Anbieter, der die Überweisung der Zulagen auf das Anlagekonto beantragt. Der Anleger kann den Anbieter hierzu bereits beim Vertragsabschluss bevollmächtigen, der Antrag gilt dann bis auf Widerruf.

Auch mit einer **betrieblichen Altersversorgung** können die Möglichkeiten der Riester-Rente ausgeschöpft werden. Dabei werden Teile des Gehalts in eine Direktversicherung oder einen Pensionsfonds/eine Pensionskasse eingezahlt. Der Verband medizinischer Fachberufe und die ärztlichen Arbeitgebervereinigungen haben die betriebliche Altersversorgung in besonderen Manteltarifverträgen geregelt. Dort finden sich insbesondere Bestimmungen über die finanzielle Beteiligung der Arbeitgeber (Praxen). Solche Zusatztarifverträge existieren für alle medizinischen Angestelltenberufe.

Ein Altersvorsorgevertrag kann im Notfall jederzeit gekündigt werden. Allerdings verliert man dann die bis dahin gezahlte staatliche Förderung, die Zinsen müssen eventuell versteuert werden und das Anlageinstitut selbst berechnet für die Auflösung Kosten.

1.4.7 Gesetzliche Unfallversicherung

Jede private oder berufliche Tätigkeit birgt gewisse Gefahren in sich, man kann beim Fensterputzen von der Leiter fallen oder sich in der Praxis an einem zersplitternden Behälter schneiden. Während im Privatbereich selbst Vorsorge getroffen werden muss, sind die Arbeitgeber verpflichtet, die berufliche Tätigkeit durch die gesetzliche Unfallversicherung abzusichern. Sie müssen die Arbeitsbedingungen so gestalten, dass eine Gefährdung des Personals vermieden wird. Kommt es trotzdem zu einem Unfall oder zu einer berufsbedingten Erkrankung, dann übernimmt die gesetzliche Unfallversicherung die daraus entstehenden Kosten.

Die Unfallversicherung kann man deshalb auch als „Haftpflichtversicherung der Unternehmer“ bezeichnen.

Hauptaufgabe der Unfallversicherung ist es, zur Verminderung von **Arbeitsunfällen** und **Berufskrankheiten** beizutragen. Eingeschlossen ist dabei auch die **Verhütung arbeitsbedingter Gesundheitsgefahren.**

Die Unfallversicherung hat das Recht, bei gesundheitlichen Gefahren am Arbeitsplatz Veränderungen anzuordnen. Die Arbeitgeber müssen darüber hinaus eine sicherheitstechnische und betriebsärztliche Betreuung nachweisen. Spezielle, von den Berufsgenossenschaften erlassene **Vorschriften zur Verhütung von Arbeitsunfällen und Berufskrankheiten** verpflichten den Arbeitgeber dazu, bestimmte Sicherheitsmaßnahmen zu ergreifen.

Bei vorsätzlichen oder fahrlässigen Verstößen können gegen den Arbeitgeber hohe Bußgelder verhängt werden. Erleidet ein Versicherter dennoch einen Arbeitsunfall oder entsteht eine Berufskrankheit, dann sollen er, seine Angehörigen oder Hinterbliebenen gegen die finanziellen Folgen abgesichert werden. Darüber hinaus wird durch Rehabilitationsmaßnahmen oder Umschulungen die Wiedereingliederung in das Berufsleben unterstützt.

Wer ist versichert?

Zum **unfallversicherten Personenkreis** zählen im Wesentlichen

- alle Beschäftigten aufgrund eines Arbeits-, Heimarbeits- oder Ausbildungsverhältnisses,
- Kinder beim Besuch von Tageseinrichtungen (Kindergarten, -hort),

Fallbeispiel

Ein Fall für die Unfallversicherung?

Angelika Schaller blickte in den Spiegel: Frisur und Make-up in Ordnung – soweit man das sagen konnte! Gestern war es spät geworden, denn sie hatten die Praxisbesprechung noch beim Italiener fortgesetzt. Sie fühlte sich recht wacklig auf den Beinen. „Wahrscheinlich der Restalkohol", dachte sie müde. Weil sie verschlafen hatte, war es für die Straßenbahn zu spät, aber das Auto stand ja vor dem Haus. Allerdings hatte es in der Nacht den ersten Frost gegeben. „Auch das noch! Wo war denn jetzt nochmal der Eiskratzer? Wenn einmal der Wurm drin ist ...!" Also schnell ein kleines Guckloch frei gehaucht und ab. „An der Ampel links und dann gemütlich geradeaus, bis dahin ist die Scheibe längst aufgetaut", dachte sie. Aber was war das? „Umleitung! Das Schild stand doch letzte Woche noch nicht hier! In die Bremsen! Mein Gott! Es hatte ja gefroren ...", schoss es ihr durch den Kopf. Doch da hörte sie bereits, wie der Absperrbalken auf die Motorhaube aufschlug, die Windschutzscheibe platzte ... Angelika wacht im Krankenhaus auf.

Ihr Freund meint, jetzt zahle ja wohl die gesetzliche Unfallversicherung. Hat er recht? Welche Leistungen kann Angelika von der Versicherung erwarten?

- Schüler während des Besuchs von allgemeinbildenden und beruflichen Schulen,
- Studierende an Hochschulen,
- Menschen mit Behinderung in Behinderten- oder Blindenwerkstätten,
- landwirtschaftliche Unternehmer einschl. Küstenschiffer und -fischer,
- Pflegepersonen nach dem Pflegeversicherungsgesetz,
- Personen, die bei Unglücksfällen oder kriminellen Angriffen Hilfe leisten, Lebensretter, Blut-/Organspender.

Nicht versichert sind Personen, deren Versorgung bei Berufsunfällen auf andere Weise sichergestellt ist (z. B. Beamte) und selbstständig Tätige, also alle niedergelassenen Ärzte, Zahnärzte und Tierärzte. Diese können sich aber freiwillig versichern und erhalten damit den gleichen Versicherungsschutz wie Pflichtversicherte.

Wer versichert?

Gesetzliche Grundlage der Unfallversicherung ist das Sozialgesetzbuch (SGB VII). Jeder Unternehmer/Praxisinhaber ist nach dem Gesetz zum Eintritt in die Unfallversicherung verpflichtet, muss also seine Angestellten versichern. Eine Befreiung oder der ersatzweise Abschluss einer privaten Versicherung ist nicht möglich.

Unfallversicherungsträger sind die Berufsgenossenschaften und sonstige Versicherungsträger (vgl. Abb. 62).

Berufsgenossenschaften

- 9 gewerbliche Berufsgenossenschaften
- 9 landwirtschaftliche Berufsgenossenschaften

Öffentliche Unfallversicherungsträger/ Unfallkassen

- Eisenbahn-Unfallkasse
- Unfallkasse Post und Telekom
- Unfallkasse des Bundes (z. B. für Bundesbeamte, Arbeitslose, Entwicklungshelfer)
- Unfallkassen der Länder (z. B. für Kindergärten, Schulen und Hochschulen)
- Unfallkassen der Gemeinden (z. B. für kommunale Unternehmen wie Wasserwerke oder Verkehrsunternehmen)
- Häufig errichten Länder und Gemeinden gemeinsame Unfallkassen (z. B. Unfallkasse Nordrhein-Westfalen, Unfallkasse Hessen).

62. Träger der gesetzlichen Unfallversicherung

Die Berufsgenossenschaften sind nach Berufszweigen unterteilt (z. B. Bergbau, chemische Industrie, Einzelhandel). Durch diese Branchengliederung können die Risiken der einzelnen Berufe besser erfasst und die Unfallverhütungsbestimmungen entsprechend abgestimmt werden. Für die Beschäftigten bei Ärzten, Zahnärzten, Tier-ärzten und anderen medizinischen Berufen ist die **Berufsgenossenschaft für Gesundheitsdienst und Wohlfahrtspflege (BGW) in Hamburg** (www.bgw-online.de) zuständig.

63. Unfallversichert?

Beitragszahlung

Im Unterschied zu den sonstigen Sozialversicherungen wird die Unfallversicherung **allein durch die Beitragszahlung der Arbeitgeber** finanziert. Staatliche Zuschüsse sind nicht vorgesehen. Auch Arbeitnehmer und sonstige Pflichtversicherte müssen keinen Beitragsanteil übernehmen. Dies liegt darin begründet, dass bei einem Arbeitsunfall oder einer Berufskrankheit des Arbeitnehmers die Unfallversicherung alle Folgekosten übernimmt und damit der Arbeitgeber von seiner Schadenersatzpflicht befreit ist.

Die **Beitragshöhe** der einzelnen Praxis ist abhängig von den Gesamtausgaben der Unfallversicherung, dem Jahresverdienst aller Arbeitnehmer in der Praxis und von der allgemeinen Unfallgefahr im Berufsbereich.

Beispiel

Während Arzt- und Zahnarztpraxen in eine niedrige Gefahrklasse eingestuft sind, haben Tierarztpraxen wegen der relativ großen Verletzungsgefahr bei der Berufsausübung eine hohe Gefahrklasse und müssen deshalb einen entsprechend höheren Beitrag zahlen.

Der Jahresbeitrag für den einzelnen Arbeitgeber wird nachträglich durch ein **Umlageverfahren** errechnet. Sind z. B. die Aufwendungen für Arbeitsunfälle zurückgegangen, dann sinkt auch der Beitrag.

Die Leistungen der Unfallversicherung für Kindergartenkinder, Schüler u. a. werden von den Ländern und Gemeinden aus Steuermitteln finanziert.

Welche Leistungen übernimmt sie?

Unfälle sollen verhütet werden. Diese vordringliche Aufgabe der Unfallversicherung versucht die Berufsgenossenschaft durch weitreichende

Arbeitsunfälle	Wegeunfälle	Berufskrankheiten
Als Arbeitsunfälle werden Unfälle anerkannt, die sich während der **beruflichen Tätigkeit** ereignen (z. B. Schnitt- oder Sturzverletzungen in der Praxis, Biss bei der Behandlung einer Katze). Versichert sind z. B. auch Botengänge für die Praxis oder die Teilnahme an betrieblichen Veranstaltungen wie etwa an einer betrieblichen Schulung oder an einem Betriebsausflug. Auch Unfälle im Rahmen des Berufsschulbesuchs und Studienfahrten der Berufsschule stehen unter dem Schutz der Unfallversicherung.	Auch der Weg von der Wohnung des Versicherten zur Arbeitsstelle und zurück ist versichert, unabhängig davon, welches Verkehrsmittel benutzt wird. Der Versicherungsschutz beginnt und endet an der Haustür des Wohngebäudes. Geschützt ist allerdings nur der **direkte Weg** zur und von der Arbeitsstätte. Umwege sind nur dann versichert, wenn sie im Rahmen einer Fahrgemeinschaft stattfinden oder zur Unterbringung eines Kindes notwendig sind. Private Umwege, z. B. zur Erledigung von Einkäufen, sind nicht versichert.	Bei einer durch die berufliche Tätigkeit entstandenen Krankheit kann der Versicherte Leistungen erhalten, wenn die Krankheit in der Berufskrankheitsverordnung eingetragen und damit von der Berufsgenossenschaft als Berufskrankheit anerkannt ist. Im Gesundheitsbereich sind bestimmte Haut- oder Atemwegserkrankungen oder Hepatitis B häufig gemeldete Krankheiten.

64. Schadensereignisse bei der gesetzlichen Unfallversicherung

Unfallverhütungsvorschriften, Aufklärung im Rahmen von Schulungen, durch Informationsschriften, Plakate, Videos usw. zu erreichen. Diese Arbeit ist erfolgreich.

Kommt es trotzdem zu einem Schadensfall, hat der Versicherte Anspruch auf Milderung oder Beseitigung der Unfallfolgen und finanzielle Absicherung.

Der Arbeitgeber ist verpflichtet, seiner zuständigen Berufsgenossenschaft einen Arbeits- oder Wegeunfall unverzüglich zu melden bzw. den Verdacht auf eine Berufskrankheit anzuzeigen. Der Geschädigte muss einen **Durchgangsarzt** (D-Arzt) aufsuchen, wenn eine Arbeitsunfähigkeit über den Unfalltag hinaus besteht und die Krankheitsbehandlung über eine Woche dauern wird. D-Ärzte sind Fachärzte für Chirurgie oder Orthopädie und Unfallchirurgie, die spezielle Voraussetzungen erfüllen. Der D-Arzt entscheidet dann über die weitere Behandlung.

Die Frage, ob der Arbeitnehmer eine **Mitschuld** am Unfall hatte, spielt bei der Gewährung von Leistungen keine Rolle. Selbst fahrlässiges Verhalten (z. B. unvorsichtiges Überqueren einer Straße) führt nicht dazu, dass die Berufsgenossenschaft die Leistungen verweigern darf.

Lediglich dann, wenn der Beschäftigte den Arbeits- oder Wegeunfall absichtlich („vorsätzlich") verursacht hat, entfällt der Anspruch. Dies gilt auch dann, wenn Alkohol- oder Drogengenuss Ursache des Unfalls war.

Sachleistungen, z. B. die Reinigung eines beim Unfall verschmutzten Kleides oder die Autoreparatur beim Wegeunfall, werden von der Berufsgenossenschaft nicht übernommen.

Fallbeispiel

Urteile zur Unfallversicherung

Mittagspause! Auf dem Weg zur Kantine rutscht die Angestellte S. aus und verletzt sich. Die BG muss zahlen, denn der Weg dorthin und zurück gilt als versicherter Bereich. Das Essen selbst ist allerdings Privatsache und nicht versichert. Das musste eine Frau erfahren, deren Mann in einer Betriebskantine ein Knochenstück verschluckt hatte und daran verstorben war. Die BG verweigerte zu Recht eine Witwenrente aus der Unfallversicherung. Unterbricht ein Arbeitnehmer den Arbeitsweg nur ganz geringfügig, dann bleibt er weiterhin unfallversichert. Deutliche Wegunterbrechungen (längerer Zeitaufwand, größere Entfernung vom Fahrzeug) unterliegen allerdings nicht mehr dem Versicherungsschutz.

Unfallverhütung: Infektionsschutz in der Praxis

Mitarbeiter in Arzt- und Zahnarztpraxen müssen Arbeiten verrichten, von denen eine erhöhte Infektionsgefahr ausgehen kann. Insbesondere Tätigkeiten, die mit dem Umgang von Blut und sonstigen Körperflüssigkeiten in Verbindung stehen, erfordern daher einen besonderen Schutz vor unter Umständen infektiösem Material. Aufgrund der besonderen Bedeutung des Infektionsschutzes muss in der Praxis eine **„Gefährdungsbeurteilung"** erfolgen, bei der die entsprechenden Tätigkeiten mit Infektionsgefahren erfasst und schriftlich aufgelistet werden. Begleitend sind Maßnahmen zur Infektionsvermeidung mit entsprechenden Betriebsanweisungen festzulegen, über die die Mitarbeiter mindestens einmal jährlich unterrichtet werden müssen. Diese Unterrichtung muss durch eine Unterschrift bestätigt werden.

Neben der entsprechenden Gestaltung von Arbeitsräumen (leicht zu reinigende Boden- und Arbeitsflächen, Möglichkeiten zur Händedesinfektion usw.) und der Verwendung sicherer Arbeitsmittel (z. B. durchstichsichere und feuchtigkeitsdichte Abfall-Sammelbehälter) steht der **persönliche Arbeitsschutz** im Vordergrund.

Die Mitarbeiter müssen bei Tätigkeiten, bei denen ein Kontakt mit infektiösem Material möglich ist, eine entsprechende, geschlossene Schutzkleidung tragen. Bei Kontakt und Verschmutzung ist diese umgehend zu wechseln. Das Arbeiten mit ausreichend festen und dichten Handschuhen ist unabdingbar. Vor allem beim Umgang mit Materialien, die zu Verletzungen führen können (z. B. Kanülen, Skalpelle, Lanzetten), ist trotz Handschuhen eine besondere Sorgfalt notwendig. Können bei der Tätigkeit Spritzer oder in der Luft zerstäubte Stoffe entstehen, ist entsprechende Vorsorge durch eine Schutzbrille sowie Mund- und Nasenschutz zu treffen.

Bei der Lagerung und Entsorgung von infektiösem Material sind die entsprechenden Vorschriften zu beachten. Gebrauchte Kanülen z. B. dürfen nicht in die Schutzkappe zurückgesteckt werden, sondern sind in entsprechenden Behältern kontaktlos zu entsorgen.

Nach Beendigung der Tätigkeit sind die Arbeitsflächen und Hände zu reinigen, zu desinfizieren und mit Einmaltüchern zu trocknen. Eine anschließende Handpflege schützt die Haut zusätzlich.

Zur sachgerechten Durchführung der Schutz- und Hygienemaßnahmen ist u. a. die praxisbezogene Erstellung eines „Reinigungs- und Desinfektionsplans" sowie eines „Hautschutz- und Händehygieneplans" sinnvoll. Weitere Hinweise und Informationen finden Sie im Internet z. B. unter www.bgw-online.de.

Bei Unfällen oder Berufskrankheiten übernimmt die Berufsgenossenschaft die Kosten der **Heilbehandlung.**

Zur Heilbehandlung zählen die Kosten der ärztlichen und zahnärztlichen Betreuung bei einem D-Arzt oder bei stationärer Aufnahme die Krankenhauskosten in einer berufsgenossenschaftlichen Unfallklinik (bzw. eines anderen, von der Berufsgenossenschaft zugelassenen Krankenhauses).

Auch die Kosten für Arznei- und Verbandsmittel sowie Heil- und Hilfsmittel einschließlich therapeutischer Maßnahmen (z. B. Krankengymnastik) werden ohne zeitliche Einschränkung übernommen, ebenso eine notwendige stationäre Behandlung in einer Rehabilitationseinrichtung.

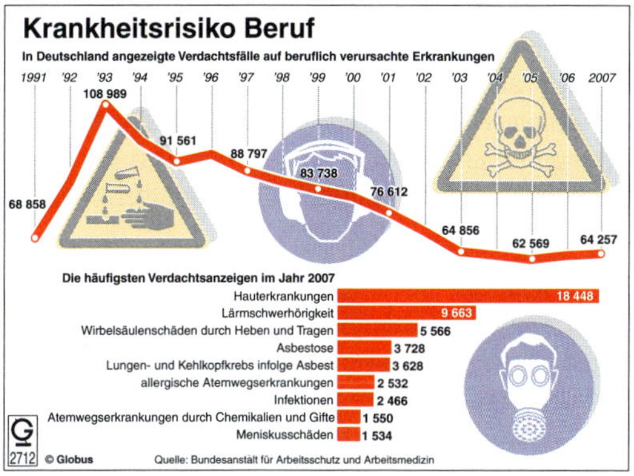

65. Häufige Berufskrankheiten

Eine Selbstbeteiligung des Versicherten an den Krankheitskosten wie bei der gesetzlichen Krankenversicherung gibt es bei der Unfallversicherung **nicht.**

Während der medizinischen Maßnahmen wird dem Versicherten **Verletztengeld** gezahlt, wenn aufgrund des Unfalls Arbeitsunfähigkeit vorliegt und er kein Arbeitseinkommen erhält.

Mit berufsfördernden Leistungen zur Rehabilitation soll zunächst eine Wiedereingliederung in den bisher ausgeübten Beruf erreicht werden. Ist dies aufgrund der Verletzung oder einer Berufskrankheit nicht möglich, dann übernimmt die Berufsgenossenschaft die Kosten der Ausbildung für einen anderen Beruf (Umschulung) einschließlich der Fahrt-, Verpflegungs- und Unterbringungskosten.

Während der Rehabilitationsmaßnahmen wird zur finanziellen Absicherung des Versicherten Verletztengeld gezahlt.

Kann trotz Heilbehandlung die volle Erwerbsfähigkeit nicht wiederhergestellt werden, wird eine **Verletztenrente** gezahlt, wenn die Reduzierung der Arbeitskraft mindestens 20 % beträgt. Die Höhe der Rente ist davon abhängig, wie stark die Erwerbsfähigkeit eingeschränkt ist und wie hoch das Einkommen vor der Erkrankung war.

Beispiel

Stefanie Mauser hätte bei totaler Erwerbsunfähigkeit eine Vollrente von monatlich 1 100,00 EUR zu erwarten. Durch den Verlust eines Daumens aufgrund eines Praxisunfalls erhält sie eine Verletztenrente von 20 %, was 220,00 EUR entspricht.

Stirbt der Versicherte an den Folgen eines Arbeitsunfalls oder einer Berufskrankheit, erhalten die Hinterbliebenen ein **Sterbegeld** als Zuschuss zu den Bestattungs- und Überführungskosten.

Der Ehepartner des Verstorbenen erhält eine **Witwen- bzw. Witwerrente.** An jedes Kind wird **Waisenrente** bis zum 18. Lebensjahr gezahlt, bei Schul- und Berufsausbildung oder bei einer Behinderung bis zum 27. Lebensjahr. Eigenes Einkommen wird ab einer bestimmten Höhe anteilig auf die Rente angerechnet.

Aufgrund besserer Vorsorge und Unfallverhütungsmaßnahmen ist die Zahl der gemeldeten Arbeitsunfälle in den letzten Jahren zurückgegangen. Gestiegen ist dagegen die Zahl der Wegeunfälle, bei denen die Pkw-Unfälle den Hauptanteil ausmachen.

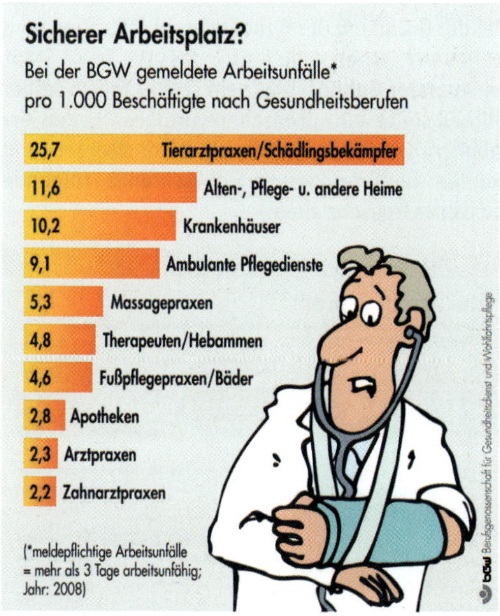

66. Gemeldete Arbeitsunfälle

1. *Welche Aufgaben hat die gesetzliche Unfallversicherung?*
2. *Wie ist die Beitragszahlung bei der gesetzlichen Unfallversicherung geregelt?*
3. *Welche Leistungen werden im Rahmen der Berufshilfe gewährt?*

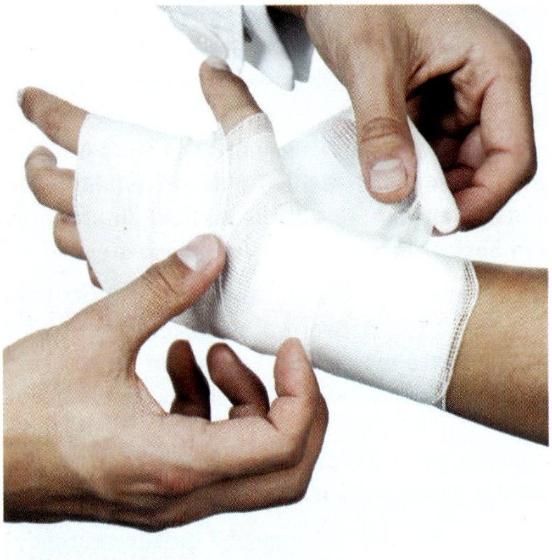

67. Behandlung nach Arbeitsunfall

1.4.8 Sonstige staatliche Sozialleistungen

Sozialhilfe

Bei der Gründung der Bundesrepublik Deutschland waren sich nahezu alle einig, dass der neue Staat ein **sozialer Bundesstaat** sein sollte. Jedem seiner Bürger sollte ein „menschenwürdiges" Leben ermöglicht werden. Als Ausdruck dieser Überzeugung wurden im Grundgesetz Deutschlands folgende Artikel festgeschrieben:

- „Die Bundesrepublik Deutschland ist ein demokratischer und sozialer Bundesstaat" (Art. 20).
- „Die verfassungsmäßige Ordnung in den Ländern muss den Grundsätzen des ... sozialen Rechtsstaates ... entsprechen" (Art. 28).

Aus diesen beiden Artikeln ergibt sich die Verpflichtung des Staates, bedürftige Bürger zu unterstützen. Mit den Regelungen im Sozialgesetzbuch (SGB) wurde hierzu eine umfangreiche Gesetzesgrundlage geschaffen. Finanzielle Hilfen sind keine „Almosen" oder „Geschenke" des Staates. Die Betroffenen haben einen **Rechtsanspruch** darauf.

Durch die Sozialhilfe soll eine Lebensführung ermöglicht werden, die der Würde des Menschen entspricht (§ 1 SGB XII).

Die Sozialversicherungen garantieren den meisten Menschen eine finanzielle Absicherung im Alter und im Falle von Krankheit, Arbeitslosigkeit oder bei einem Arbeitsunfall. Menschen können aber auch plötzlich in Not geraten, ohne dass sie durch die Sozialversicherungen ausreichend finanziell abgesichert sind.

In diesem Fall besteht ein Anspruch auf **Sozialhilfe.** Denn unabhängig davon, ob eine Notlage selbst verschuldet ist oder nicht, muss Hilfe demjenigen gewährt werden, der sich selbst nicht helfen kann oder die Hilfe nicht von anderen, z. B. Familienangehörigen, erhält. Im Sozialgesetzbuch (SGB XII) ist die Sozialhilfe umfassend geregelt.

Durch die Zusammenlegung der Sozialhilfe mit der Arbeitslosenhilfe zum Arbeitslosengeld II (vgl. S. 57 f.) hat sich der Kreis der Anspruchsberech-

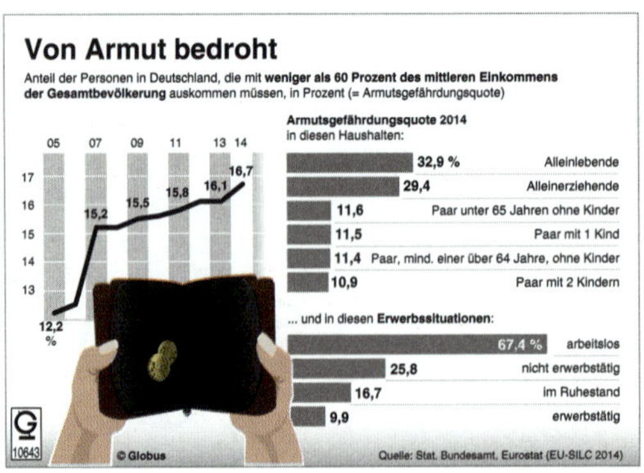

68. Armut in Deutschland

Fall 1: Elke H., 23 Jahre
- Keine abgeschlossene Ausbildung
- Zeitweise als Hilfsarbeiterin tätig
- Kinder: Zwillinge Ina und Carlo, zwei Jahre
- Vater der Kinder: drogensüchtig, arbeitslos

Fall 2: Franz Z., 33 Jahre
- Kaufmännischer Angestellter
- Durch einen Sportunfall Frührentner
- Rente: 190,00 EUR im Monat
- Geschieden
- Verdienst der Ex-Frau: 550,00 EUR netto

Fall 3: Erna S., 48 Jahre
- Hausfrau, sechs Kinder
- Seit zwei Jahren Witwe
- Witwenrente: 250,00 EUR

69. Wo Sozialhilfe die einzige Rettung ist

tigten reduziert: Sozialhilfe erhalten nur noch diejenigen Menschen, die dauerhaft oder vorübergehend keiner Erwerbstätigkeit nachgehen können. Hierunter fallen z. B. Menschen mit Schwerbehinderung, die keine oder nur eine sehr geringe Erwerbsminderungsrente erhalten, oder z. B. alleinerziehende Frauen, die keinen Unterhalt für sich bzw. ihre Kinder erhalten.

Da Sozialhilfe aber nach wie vor **Hilfe zur Selbsthilfe** sein soll, sind Empfänger von Sozialhilfe verpflichtet, alles zu tun, was zur Verbesserung ihrer Situation beiträgt. Sobald sich z. B. der Gesundheitszustand eines kranken Menschen verbessert oder alleinerziehende Frauen einen Kinderbetreuungsplatz haben, müssen sie eine angebotene Erwerbstätigkeit annehmen. Ansonsten drohen ihnen finanzielle oder materielle Einbußen.

Träger der Sozialhilfe sind die **Städte und Landkreise,** in denen die Anspruchsberechtigten wohnen. Diese Träger müssen die Ausgaben für die Sozialhilfe im Rahmen ihrer Haushaltseinnahmen bestreiten.

Leistungen im Rahmen der Sozialhilfe müssen nicht zurückgezahlt werden, es sei denn, sie wurden ungerechtfertigt gezahlt (z. B. bei verschwiegenem Vermögen oder Schwarzarbeit).

Unter Umständen müssen auch die engsten Familienangehörigen innerhalb eines gewissen Rahmens für die Sozialhilfe eigener Angehöriger aufkommen (z. B. Ehepartner, Eltern/volljährige Kinder gegenseitig).

Da dem Einzelnen so geholfen werden soll, wie es seine spezielle Lage erfordert, ist die Sozialhilfe in **sieben Bereiche** gegliedert, die jeweils Leistungen in bestimmten Lebenslagen regeln:

- Hilfe zum Lebensunterhalt
- Grundsicherung im Alter und bei Erwerbsminderung
- Hilfen zur Gesundheit
- Eingliederungshilfen für Menschen mit Behinderung
- Hilfe zur Pflege
- Hilfe zur Überwindung besonderer sozialer Schwierigkeiten
- Hilfe in anderen Lebenslagen

Die **Hilfe zum Lebensunterhalt** besteht in einer vorübergehenden oder regelmäßigen monatlichen finanziellen Unterstützung, bis der Betreffende seinen Lebensunterhalt wieder selbst bestreiten kann. Ihre Höhe richtet sich nach dem sogenannten Regelbedarf, der grundlegende „Eckregelbedarf" beträgt 404,00 EUR monatlich (Stand 2016). Diesen Satz erhalten Alleinstehende bzw. Haushaltsvorstände; Ehe- oder Lebenspartner bekommen ca. 90 % davon. Für jeden weiteren Haushaltsangehörigen gibt es vom Alter abhängige zusätzliche Beträge. Für Kinder werden nach dem Alter gestaffelte Festbeträge gezahlt. Zusätzlich übernimmt das Sozialamt die Kosten für eine angemessene Wohnung einschließlich der Heizkosten. Kindergeld oder andere Einkünfte werden auf diese Leistungen angerechnet. Bestimmte Personengruppen wie z. B. Schwangere, Alleinerziehende mit Kindern oder Kranke erhalten einen prozentualen Mehrbedarfszuschlag. Die finanziellen Leistungen der **Grundsicherung im Alter und bei Erwerbsminderung** entsprechen den oben dargestellten Regelbedarfsvorschriften.

Grundsätzlich sind alle Sozialhilfeempfänger den gesetzlich Krankenversicherten gleichgestellt und werden wie Kassenpatienten behandelt. Sie erhalten eine elektronische Gesundheitskarte einer Krankenkasse und haben freie Arztwahl. Zuzahlungen (vgl. Abb. 45, Seite 48) müssen aber im Rahmen der finanziellen Belastbarkeit entrichtet werden. Mit Leistungen der Sozialhilfe werden bedürftige **Menschen mit Behinderung** z. B. durch Rehabilitationsmaßnahmen oder Ausstattung mit Hilfsmitteln unterstützt. Die **Hilfe zur Pflege** besteht im Wesentlichen aus einer Kostenübernahme von nicht durch die Pflegeversicherung gedeckten pflegebedingten Aufwendungen. Weitere Hilfeleistungen im Rahmen der Sozialhilfe werden bei Obdachlosigkeit, im Rahmen der Alten- und Blindenhilfe oder für Bestattungskosten gewährt.

Gegen einen Sozialhilfebescheid kann Widerspruch eingelegt werden. Das Sozialamt prüft dann erneut den Anspruch. Anschließend bleibt die Möglichkeit, gegen den Sozialhilfebescheid beim **Verwaltungsgericht** zu klagen (vgl. Abb. 77, Seite 76).

1. *Welche Verpflichtung ergibt sich aus der Tatsache, dass die Bundesrepublik Deutschland ein sozialer Bundesstaat ist?*

2. *Was ist unter der Hilfe zum Lebensunterhalt zu verstehen und welche Leistungen werden gewährt?*

Kindergeld

Wer sich für Kinder entscheidet nimmt erhebliche Belastungen gegenüber kinderlosen Paaren oder Singles in Kauf:

- Oft verzichtet ein Elternteil jahrelang auf eine Berufsausübung bzw. arbeitet nur Teilzeit.
- Kinder kosten mehr Geld, als der Staat für Kinder in Form von Kinder- und Elterngeld zahlt.

Eltern sind also oft in zweifacher Weise benachteiligt: Einerseits verzichten sie für die Erziehung ihrer Kinder auf einen Teil ihres Einkommens, andererseits haben sie höhere Kosten (z. B. bei Ernährung, Kleidung, Spielsachen, Urlaub).

Um diese Nachteile abzumildern, zahlt der Staat für alle leiblichen, adoptierten, Stief- und Pflegekinder bis zu folgenden **Altersgrenzen** Kindergeld:

- Bis zum vollendeten 18. Lebensjahr wird für alle Kinder gezahlt.
- Bis zum 21. Lebensjahr, wenn Arbeitslosigkeit besteht.
- Bis zum 25. Lebensjahr, wenn Schul-, Hochschul- oder Berufsausbildung stattfindet oder wenn eine Berufsausbildung mangels Ausbildungsplatz nicht begonnen oder fortgesetzt werden kann.
- Über 18 Jahre wird ohne Altersgrenze Kindergeld gezahlt, wenn eine Behinderung vorliegt und das Kind sich deshalb nicht selbst versorgen kann.

Erhält ein über 18 Jahre altes Kind aufgrund der oben genannten Voraussetzungen Kindergeld kann dieser Anspruch verloren gehen, wenn eine geregelte berufliche Tätigkeit mit über 20 Stunden wöchentlich ausgeübt wird. Die Ausbildungsvergütung, unabhängig von deren Höhe, oder ein Minijob sind „unschädlich", ein Kindergeldanspruch besteht weiter. Auch bei einer Heirat wird das Kindergeld weiterhin gezahlt, wenn die genannten Bedingungen (z.B. Ausbildung) zutreffen.

Das aus Steuern finanzierte Kindergeld beträgt (Stand 2017) für

- das erste und zweite Kind jeweils 192,00 EUR,
- das dritte Kind 198,00 EUR,
- jedes weitere Kind 223,00 EUR.

Den anspruchsberechtigten Eltern wird das Kindergeld jeden Monat von der zuständigen Familienkasse (normalerweise bei der örtlichen Agentur für Arbeit angesiedelt) direkt überwiesen. Im Rahmen einer Steuererklärung wird später überprüft, ob der **staatliche Kinderfreibetrag** die Eltern finanziell besser stellt. In diesem Fall erhalten sie dann noch eine zusätzliche Steuerentlastung.

Neben dem Kindergeld bzw. Kinderfreibetrag gewährt der Staat für die Erziehung von Kindern noch folgende Vergünstigungen:

- Elterngeld (vgl. Seite 36 f.)
- Steuerliche Anerkennung von Kinderbetreuungskosten und Ausbildungsfreibetrag für volljährige Kinder bei auswärtiger Unterbringung.

Wohngeld

Menschen mit zu geringem Einkommen haben einen Rechtsanspruch auf staatliche Unterstützung in Form von **Wohngeld.**

Es wird nur dann ausgezahlt, wenn es bei der örtlichen Wohngeldstelle beantragt wurde. Der Staat übernimmt dabei aber in keinem Fall die vollen Kosten, sondern zahlt Wohngeld lediglich als **Zuschuss** aus. Einen Teil muss der Empfänger in

70. Gut leben vom Kindergeld?

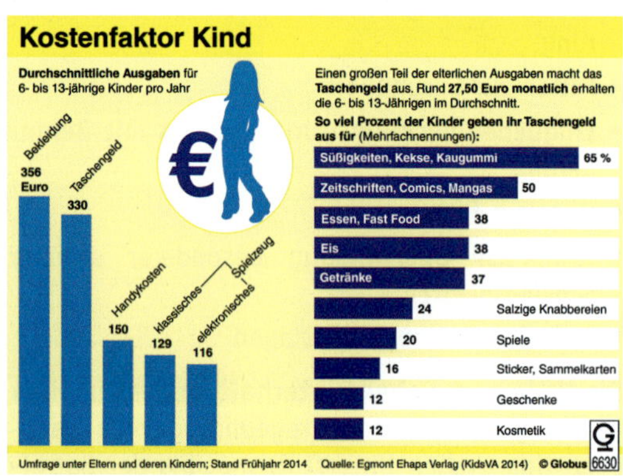

71. Kinder kosten Geld

jedem Fall selbst bezahlen. Wohngeld können folgende **Personengruppen** beantragen:

- **Mieter** einer Wohnung als Mietzuschuss
- **Eigentümer** eines Hauses oder einer Eigentumswohnung als Zuschuss zu den Abzahlungsraten eines Kredits

Vor der Auszahlung des Wohngeldes prüft das Wohnungsamt, ob der Mieter in eine billigere Mietwohnung umziehen kann. Bei Haus- bzw. Wohnungseigentümern prüft es, ob sie dadurch in die Lage versetzt werden, ihre Schulden in absehbarer Zeit abzuzahlen. Die **Höhe** des Wohngeldes richtet sich nach drei Faktoren:

- Größe der Wohnung (entsprechend der Anzahl der Familienmitglieder, je mehr Angehörige, desto mehr Quadratmeter werden anerkannt)
- Höhe des monatlichen Einkommens aller Wohnungsbewohner (je höher, desto weniger Zuschuss)
- Höhe der zuschussfähigen Miete bzw. Belastung (entsprechend dem örtlichen Mietspiegel)

BAföG

Hinter der Abkürzung **BAföG** versteckt sich die Bezeichnung **Bundesausbildungsförderungsgesetz.** In ihm ist geregelt, welche Personen Anspruch auf Zahlungen während ihrer Ausbildung haben. Dies sind

- Schüler ab der Klasse 10, die nicht mehr zu Hause wohnen,
- Studenten von Hochschulen, Fachhochschulen und Abendgymnasien.

Zwischen Schüler- und Studenten-BAföG bestehen folgende Unterschiede:

- Schüler-BAföG
  - geringer
  - Zuschuss, der später nicht zurückgezahlt werden muss
- Studenten-BAföG
  - höher
  - Darlehen, das später zur Hälfte zurückgezahlt werden muss

Ob bzw. wie viel BAföG gezahlt wird, hängt von dem Einkommen der Eltern ab.

1. *Bis zu welchem Alter der Kinder erhalten Eltern Kindergeld?*

2. *Für welche Kinder wird Kindergeld gezahlt?*

3. *Welche Personengruppen haben ein Anrecht auf Wohngeld?*

4. *Wovon ist die Höhe des Wohngeldes abhängig?*

5. *Welche Personengruppen haben ein Anrecht auf BAföG?*

6. *Wovon ist die Höhe des BAföG abhängig?*

72. Der ewige Student

1.4.9 Privatversicherungen

Die **Privatversicherungen** (Individualversicherungen) bieten die Möglichkeiten, sich zusätzlich zur gesetzlichen Sozialversicherungen gegen Risiken aus dem privaten Lebensbereich abzusichern. Anders als bei den Sozialversicherungen gibt es bei ihnen keine soziale Komponente:

Individualversicherungen (Privatversicherungen)	Sozialversicherungen
• Freiwillige Versicherung • Jede natürliche und juristische Person kann Verträge abschließen. • Leistungen werden vertraglich vereinbart (Versicherungsvertrag/-police). • Beitrag richtet sich nach Art und Höhe des versicherten Risikos. • Der Versicherte trägt den Beitrag alleine. • Träger sind private oder öffentlich-rechtliche Versicherungen.	• Gesetzlich vorgeschriebene Versicherung (Pflichtversicherung) • Versichert sind (mit kleinen Ausnahmen) die Arbeitnehmer. • Leistungen sind gesetzlich festgelegt (Sozialgesetzbuch). • Beitrag richtet sich nach dem Einkommen des Versicherten. • Beitragszuschuss durch Arbeitgeber • Träger sind staatliche Einrichtungen.
Beispiele: - Haftpflichtversicherung - Lebensversicherung - Private Unfallversicherung - Hausratversicherung	*Beispiele:* - Gesetzliche Krankenversicherung - Rentenversicherung - Arbeitslosenversicherung - Pflegeversicherung

73. Versicherungen gegen die Risiken des Lebens

- Die Leistungen, die die Versicherungen im Schadensfall zahlen, sind von der Höhe des Beitrags abhängig (Äquivalenzprinzip).
- Es gibt keine Pflichtmitglieder. Ob man eine Versicherung abschließt oder nicht, ist jedem freigestellt (Ausnahme: Kfz-Haftpflichtversicherung für jedes angemeldete Fahrzeug).

Sechs Versicherungspolicen hat jeder Deutsche im Schnitt, doch nicht immer sind es die richtigen. Die Frage nach dem persönlichen Versicherungsbedarf steht deshalb an erster Stelle. Je nach Familiensituation, Risikolage und Lebensabschnitt sollte ein eigenes Schutzkonzept entwickelt werden. Der Kunde hat beim Abschluss einer Versicherung die Auswahl unter mehreren Versicherungsgesellschaften. Es lohnt sich, die Leistungen und Kosten zu vergleichen, denn zwischen den Anbietern bestehen oft erhebliche Unterschiede.

Beispiel

Frau Meier hat bei der Versicherungsgesellschaft A eine Lebensversicherung, bei der Versicherungsgesellschaft B eine Hausratversicherung und bei der Versicherung C eine Haftpflichtversicherung abgeschlossen. Dabei hat sie die jeweils kostengünstigste Versicherungsgesellschaft ausgewählt.

Je nachdem, welche Schäden sie abdecken, unterscheidet man bei den Privatversicherungen zwischen folgenden Zweigen:

- **Personenversicherungen.** Sie dienen dazu, den eigenen Lebensstandard bzw. den der eigenen Familie abzusichern, wenn man selbst aufgrund eines unvorhergesehenen Ereignisses (z. B. Krankheit, Unfall, Tod) plötzlich nicht mehr das gewohnte Einkommen erzielen kann.
- **Sachversicherungen.** Sie dienen dazu, die eigenen Sachen zu versichern, falls sie gestohlen oder zerstört werden (z. B. Diebstahl, Feuer).
- **Vermögensversicherungen.** Sie sind dann sinnvoll, wenn man das eigene Vermögen gegen Ansprüche von anderen Menschen absichern möchte. Solche Ansprüche können z.B. entstehen, wenn man jemandem einen Schaden zugefügt hat und die betroffene Person Schadenersatz fordert.

Der **Unterschied** zwischen den **Sach-** und **Vermögensversicherungen** lässt sich am Beispiel der Kfz-Versicherungen aufzeigen. Die Kfz-Voll-/Teilkaskoversicherung deckt die Schäden, die den eigenen Pkw betreffen (z.B. Diebstahl, Steinschlag).

Personenversicherungen	versichern Schäden an der eigenen Person *Beispiele:* • Lebensversicherung • Private Krankenversicherung • Private Unfallversicherung
Sachversicherungen	versichern Schäden an den eigenen Sachen *Beispiele:* • Feuerversicherung • Hausratversicherung • Kfz-Voll-/Teilkaskoversicherung
Vermögensversicherungen	versichern Schäden, die man anderen zufügt *Beispiele:* • Private Haftpflichtversicherung • Kfz-Haftpflichtversicherung • Rechtschutzversicherung

74. Zweige der Individualversicherungen (Privatversicherungen)

Exkurs

Tierhalter-Haftpflichtversicherung

Wenn der Hund beißt oder das Pferd austritt – Tierhalter haften immer, wenn ihre Lieblinge einen Schaden verursachen. Vögel, Katzen und andere Kleintiere sind über eine private Haftpflichtversicherung mitversichert. Hunde und Pferde, Wildtiere oder gewerblich gehaltene Tiere werden davon jedoch nicht erfasst, für sie sollte deshalb eine Tierhalter-Haftpflichtversicherung extra abgeschlossen werden. Wenn das Tier einen Schaden verursacht, übernimmt diesen die Versicherung unabhängig von der Frage nach dem Verschulden. Versichert ist neben dem Tierhalter auch ein Tierhüter, der z. B. einen Hund aus Gefälligkeit ausführt.

Versicherungsart	Schutz/Leistung
	Personenversicherung
Private Krankenversicherung	Übernimmt Krankheitskosten von nicht versicherungspflichtigen Personen, z. B. Beamten, Selbstständigen oder Arbeitnehmern über der Versicherungspflichtgrenze. Neben dem grundlegenden Versicherungsschutz für ambulante und stationäre Krankheitskosten können Zusatzversicherungen, z. B. für Einzel- oder Zweibettzimmer und Chefarztbehandlung im Krankenhaus, volle Kostenübernahme bei Zahnbehandlungen/Zahnersatz oder Krankentagegeld, abgeschlossen werden. Die Beitragshöhe ist von den versicherten Risiken abhängig, Eintrittsalter, Gesundheitszustand sowie Vorerkrankungen spielen hierbei eine Rolle.
Berufsunfähigkeitsversicherung	Wer aus gesundheitlichen Gründen seine Arbeit aufgeben muss, erleidet hohe finanzielle Verluste. Denn die gesetzliche Rentenversicherung zahlt in den ersten fünf Beschäftigungsjahren nichts bzw. danach nur eine relativ geringe Erwerbsminderungsrente. Deshalb ist besonders für Berufsanfänger und in jungen Jahren eine Berufsunfähigkeitsversicherung sinnvoll, die im Schadensfall eine Zusatzrente absichert.
Private Unfallversicherung	Versichert Personenschäden, die bei privaten Unfällen entstehen. Im Versicherungsfall wird bei Vollinvalidität (z. B. Erblindung) eine finanzielle Leistung je nach Höhe der abgeschlossenen Versicherungssumme erbracht. Bei Teilinvalidität erhält man einen anteiligen Betrag aus der Versicherungssumme (z. B. 10 % bei Verlust des Zeigefingers).
Lebensversicherung	Beim Tod des Versicherten erhalten die Hinterbliebenen die Versicherungssumme ausgezahlt (Risiko-Lebensversicherung). Bei einer Kapitallebensversicherung wird der Hinterbliebenenschutz mit einem Sparvertrag kombiniert, dessen Gesamtbetrag beim Erreichen eines bestimmten Alters an den Versicherten ausgezahlt wird. Während die Risikolebensversicherung beispielsweise zur Absicherung einer jungen Familie anzuraten ist, sollte vor Abschluss einer sehr langfristigen Kapitallebensversicherung mit andern flexibleren Geldanlageformen verglichen werden.
	Sachversicherung
Hausratversicherung	Die Einrichtung eines Hauses oder einer Wohnung ist gegen Beschädigung oder Verlust versichert. Ersetzt wird der Neuwert bei Schäden durch Feuer, Einbruchdiebstahl, Raub, Leitungswasser, Sturm oder Hagel. Die Versicherung lohnt sich allerdings nur dann, wenn auch die Einrichtung einen entsprechenden Wert hat.
Kfz-Teil- oder Vollkaskoversicherung	Die Kfz-Teilkaskoversicherung ersetzt Schäden am eigenen Fahrzeug aufgrund von Feuer, Hagel, Sturm oder bei einem Wildunfall. Bei Diebstahl wird der Wert des entwendeten Fahrzeugs ersetzt. Die Kfz-Vollkaskoversicherung übernimmt darüber hinaus Reparaturkosten bei einem selbst verschuldeten Unfall oder sonstiger Beschädigung des Fahrzeugs.
	Vermögensversicherung
Private Haftpflichtversicherung	Diese Versicherung sollte jeder besitzen, denn sie steht für Schäden ein, die man anderen aus Unachtsamkeit zufügt und für die man ansonsten uneingeschränkt persönlich geradestehen müsste. Je nach dem versicherten Bereich unterscheidet man z. B. Privathaftpflicht-, Kfz-Haftpflicht-, Berufshaftpflicht- oder Tierhaftpflichtversicherungen.
Rechtsschutzversicherung	Sie übernimmt die Anwalts- und Gerichtskosten bei Gerichtsprozessen. Während ein Kfz-Rechtsschutz durchaus sinnvoll ist, sollte man bei weiterer Absicherung überlegen, ob man nicht bereits versichert ist (z. B. durch die Mitgliedschaft in einer Gewerkschaft oder im Mieterverein).

75. Übersicht über Privatversicherungen

Folglich gehören sie zum Zweig der Sachversicherungen. Die Kfz-Haftpflichtversicherung deckt die Schäden, die man anderen Verkehrsteilnehmern zufügt. Daher gehören sie zum Zweig der Vermögensversicherungen.

1. *Welches sind die zwei grundlegenden Merkmale der Privatversicherungen (Individualversicherungen)?*

2. *Zwischen welchen drei Zweigen unterscheidet man bei den Privatversicherungen (Individualversicherungen)?*

3. *Welche Privatversicherungen sollte man unbedingt abschließen?*

1.4.10 Sozialgerichtsbarkeit

Wenn ein Bürger die Entscheidung
- eines Sozialversicherungsträgers (Kranken-, Pflege-, Renten-, Arbeitslosen- oder Unfallversicherung) oder
- einer Behörde, die für staatliche Sozialleistungen zuständig ist (z. B. Sozialhilfe oder „Hartz IV", Versorgungsamt für Schwerbehindertenleistungen),

nicht anerkennt, muss er zunächst bei dem Sozialversicherungsträger oder der Behörde **Widerspruch** einlegen. (Ausnahmen: z. B. Wohngeld oder BAföG; hier sind die Verwaltungsgerichte zuständig.)

Beispiel: *Dem Rentner Helmut Schibulske erscheint die Berechnung seiner Rente durch die Deutsche Rentenversicherung Bund zu niedrig.*

Beispiel: *Die arbeitslose Erika Hansen ist nicht damit einverstanden, dass die Agentur für Arbeit ihre Leistungen gekürzt hat.*

Im Bescheid des Sozialversicherungsträgers bzw. der Behörde muss auf die Möglichkeit des Widerspruchs und die Frist, innerhalb der er erfolgen muss, hingewiesen werden (meist ein Monat). Wenn der Bürger einen Widerspruch einreicht und dieser abgelehnt wird, bleibt ihm nur die Möglichkeit, vor dem **Sozialgericht** zu klagen. Die Klage ist schriftlich oder zur Niederschrift direkt beim Sozialgericht einzureichen.

Folgender Klageweg ist vorgegeben:
- Klage vor dem **örtlichen Sozialgericht**
- Ist der Kläger mit der Entscheidung nicht einverstanden: Berufung vor dem **Landessozialgericht**
- Ist er mit der Entscheidung nicht einverstanden: Revision vor dem **Bundessozialgericht** in Kassel

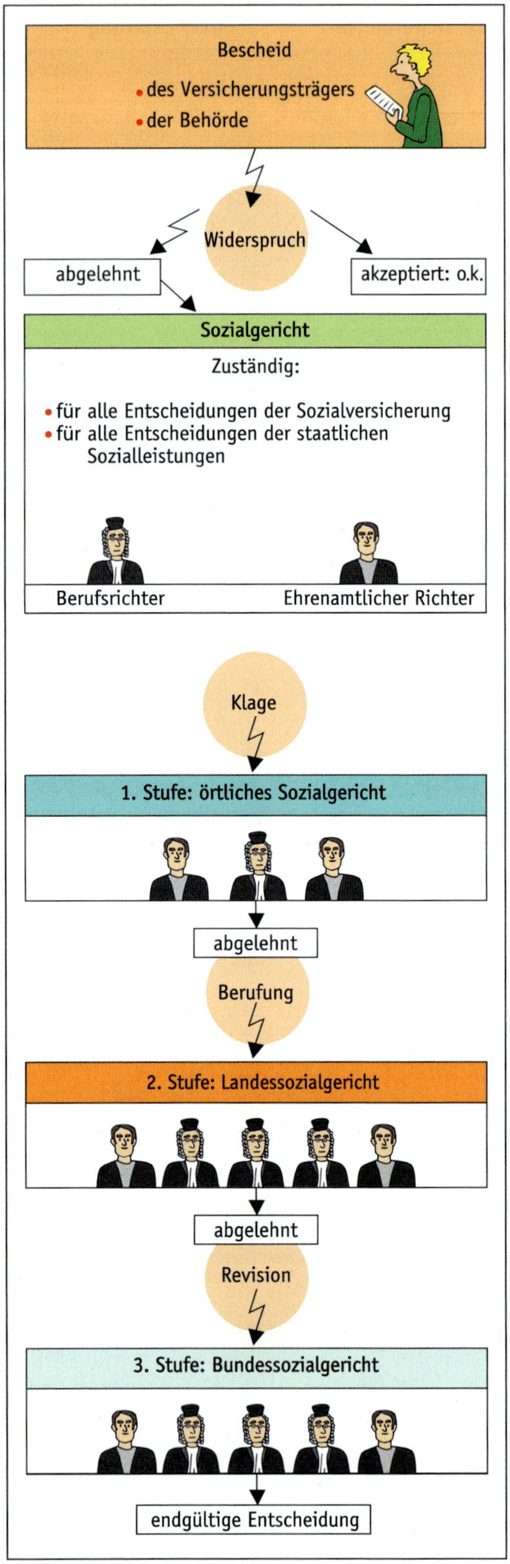

76. Ablauf bei Widerspruch

Eine weitere Klagemöglichkeit gibt es nicht mehr.

Auch der Sozialversicherungsträger bzw. die Behörde kann diesen Rechtsweg beschreiten.

Bei Verhandlungen vor einem Sozialgericht fallen für den klagenden Bürger grundsätzlich keine Gerichtskosten an, egal ob er das Verfahren gewinnt oder verliert. Das Sozialgericht entscheidet in seinem Urteil allerdings, wer eventuell anfallende Rechtsanwaltskosten bezahlen muss.

1. Nennen Sie drei Beispiele, bei denen eine Klage vor dem Sozialgericht infrage kommt.

2. Welche Kosten entstehen bei einem Prozess vor dem Sozialgericht?

Fit für die Prüfung!

1. „Langsam wird mir meine Krankenkasse zu teuer! Zum nächsten Termin gehe ich in eine Kasse ohne Zuzahlung!", erklärt Maria ihrer Arbeitskollegin Gaby. „Das geht doch gar nicht. Als Angestellte musst du immer in deiner Krankenkasse bleiben", erwidert Gaby.

a) Kann eine einmal gewählte Krankenkasse gewechselt werden, und, wenn ja, in welche Kasse kann gewechselt werden und unter welchen Voraussetzungen?

b) Erstellen Sie eine Übersicht, welche Informationen vor einem evtl. Krankenkassenwechsel als Entscheidungsgrundlage eingeholt werden sollten.

2. Margot Helling, 29 Jahre alt, und ihr Mann Franz, 36 Jahre alt, haben eine fünfjährige Tochter. Die Familie ist in einer gesetzlichen Krankenversicherung pflichtversichert. Welche Vorsorgeleistungen kann die Familie in Anspruch nehmen?

3. Die „Krankheitsbilanz" der Familie Walz in den vergangenen Monaten sieht folgendermaßen aus:

a) Vater Hubert, bei der AOK krankenversichert, erwischte eine schwere Grippe, die ärztlich behandelt wurde. Er war zehn Tage arbeitsunfähig.

b) Mutter Hilde, Hausfrau, arbeitet wöchentlich ca. fünf Stunden als Aushilfskassiererin und erhält dafür monatlich 200,00 EUR. Bei ihr wurde eine Sehschwäche festgestellt, die das Tragen einer Brille notwendig macht.

c) Sohn Franz, 16 Jahre alter Schüler, zog sich beim Fußballspielen einen Zehenbruch zu und war drei Tage im Krankenhaus.

d) Tochter Andrea, 18-jährige Auszubildende, war wegen einer Venenentzündung acht Wochen arbeitsunfähig.

Welche Leistungen übernimmt die Krankenversicherung bei den einzelnen Familienmitgliedern?

4. Sie sollen eine Bekannte über die Möglichkeiten im Rahmen der Pflegeversicherung (PV) informieren. Stellen Sie bitte ein entsprechendes Informationsblatt anhand der folgenden Fragestellungen zusammen:

a) Welchen Zweck erfüllt die gesetzliche PV grundsätzlich?

b) Für welche Krankheits- bzw. Behinderungsfälle können Leistungen der Pflegeversicherung beantragt werden?

c) Wer ist der Versicherungsträger der PV, an den ein Antrag gestellt werden muss?

d) Welche Leistungen übernimmt die Pflegekasse?

e) Wie erfolgt die Einstufung in einen entsprechenden Pflegegrad?

5. Marion Schneider hat schon oft gehört, dass man für den Notfall besondere Verfügungen und Vollmachten erstellen soll.

a) Welche Verfügung / Vollmacht ist hier angesprochen?

b) Welcher Unterschied besteht zwischen diesen Erklärungen?

c) Was sollte man bei der Erstellung der Erklärungen beachten?

6. Brigitte Lang, ledig und ohne Kind, Nettogehalt monatlich 1 800,00 EUR, wird nach fünfjähriger Beschäftigungsdauer in einer Arztpraxis von ihrem Arbeitgeber zum 30. Juni gekündigt. Sie versucht zunächst selbst, eine neue Arbeitsstelle zu finden. Als ihr dies aber nicht gelingt, geht sie am 20. Juli zur Agentur für Arbeit und meldet sich arbeitslos.

a) Welche Voraussetzungen müssen für die Gewährung von Arbeitslosengeld vorliegen?

b) Welche Leistungen kann Frau Lang beanspruchen?

c) Ab welchem Zeitpunkt und in welcher Höhe erhält sie Leistungen von der Agentur für Arbeit?

7. Brigitte (aus Aufgabe 6) erhält vom Arbeitsamt die Adresse einer Arztpraxis. Der Arzt ist bereit, sie einzustellen, allerdings zunächst nur für 1 500,00 EUR netto monatlich. Brigitte lehnt ab, weil ihr das zu wenig ist. Außerdem verlangt der Arzt das Tragen von Arbeitskitteln, was bei ihrer vorherigen Arbeitsstelle nicht vorgeschrieben war.

a) Welche Folgen kann die Ablehnung für Brigitte haben?

b) Aus welchen Gründen kann eine angebotene Arbeitsstelle abgelehnt werden?

8. Die Tiermedizinische Fachangestellte Anita Menger ist seit längerer Zeit arbeitslos. Ihr Anspruch auf Arbeitslosengeld endet daher am 23. April.

a) Welche finanziellen Leistungen kann sie eventuell anschließend erhalten?

b) Welche Unterschiede bestehen dann gegenüber der Arbeitslosengeldzahlung?

9. Die Zahnmedizinische Fachangestellte Christiane Faller, 36 Jahre alt, war seit dem Abschluss ihrer Berufsausbildung im Alter von 19 Jahren ohne Unterbrechung rentenversicherungspflichtig beschäftigt. Durch einen Verkehrsunfall verliert sie den rechten Unterarm und einen Teil ihrer Sehfähigkeit. Welche Leistungen der gesetzlichen Rentenversicherung kann Frau Faller in Anspruch nehmen?

10. Die Auszubildende Valeria Ceroni erhält zu Beginn ihrer Berufsausbildung von der Deutschen Rentenversicherung Bund in Berlin eine besondere Mitteilung übersandt.

a) Welche Bedeutung hat der darin aufgeführte Sozialversicherungsausweis?

b) Wozu dient die genannte Versicherungsnummer?

11. In einem Zeitungsartikel wird erwähnt, dass aufgrund der hohen Arbeitslosigkeit und des Rückgangs der Geburtenzahlen die gesetzliche Rentenversicherung vor großen Problemen steht.

a) Wie können sich die geschilderten Probleme auf die Beitragszahlung und spätere Rente auswirken?

b) Welche Regelungen sind bisher getroffen worden, um die Probleme zu beheben oder abzumildern?

c) Es wird oft davon gesprochen, dass neben der gesetzlichen Rente noch eine private Rente zur Sicherung des Lebensstandards im Alter notwendig sein wird. Welche Möglichkeit(en) gibt es dazu? Schildern Sie, welche Förderungen vom Staat hierzu gewährt werden.

12. Die Auszubildende Angelika hat verschlafen. Um nicht allzu spät in die Praxis zu kommen, überquert sie eine Straße, obwohl die Ampel noch Rot zeigt. Dabei wird sie von einem Pkw angefahren und erleidet einen Beinbruch. Mehrere Wochen ist Angelika arbeitsunfähig, außerdem sind hohe Behandlungskosten entstanden. Wird die gesetzliche Unfallversicherung die Kosten übernehmen?

13. Die Tiermedizinische Fachangestellte Karin Maus befindet sich mit ihrem Pkw auf dem Nachhauseweg von der Praxis. Da sie ausnahmsweise früh dran ist, besucht sie noch ein in der Nähe liegendes Einkaufszentrum. Auf dem Rückweg zu ihrem Fahrzeug stürzt sie auf dem Parkplatz und bricht einen Arm. Außerdem wird ihr neu gekauftes Kleid beim Sturz beschädigt. Frau Maus will den Unfall der zuständigen Berufsgenossenschaft als Wegeunfall melden.

a) Welche Berufsgenossenschaft wäre zuständig?

b) Handelt es sich um einen Wegeunfall?

c) Welche Leistungen würde die Unfallversicherung bei einem Wegeunfall übernehmen?

14. Die Auszubildende Gülay kommt verspätet in die Praxis. „Ich bin in unserem Treppenhaus gestürzt. Weil der Aufzug nicht kam, habe ich die Treppe genommen, um pünktlich in der Praxis zu sein. Auf der letzten Stufe bin ich hängen geblieben, gestolpert und an die Haustür gefallen. Dabei hab ich mir ganz schön die Schulter geprellt!" „Das müssen wir der Unfallversicherung melden, denn es handelt sich um einen Wegeunfall", erklärt ihre Kollegin Mira. Liegt hier ein Wegeunfall vor?

15. Beantworten Sie zu den nachfolgenden Fällen die entsprechende Fragestellung:

a) Die Medizinische Fachangestellte Cornelia Maurer bringt regelmäßig auf dem Weg in die Praxis ihre Tochter mit dem Pkw in den Kindergarten. Hierzu muss sie etwa 3 km vom direkten Fahrtweg abweichen. Auf diesem Umweg verursacht Frau Maurer einen Unfall, bei dem sie und ihr Kind verletzt werden.

b) Zur Finanzierung eines neuen Pkws, den er für den Weg zur Arbeit nutzen will, arbeitet der Maurer Fritz Tauf am Wochenende ohne Kenntnis seines Arbeitgebers schwarz auf einer Baustelle und verletzt sich dabei schwer.

c) Bei einer betrieblichen Feier stürzt die Laborangestellte Rosi Fang und zieht sich eine Fleischwunde zu, die genäht werden muss.

d) Auf dem Nachhauseweg von der Praxis kauft die Tiermedizinische Fachangestellte Alice Mauser in einem nahe gelegenen Kaufhaus noch Katzenfutter für die Praxis. Dabei stolpert sie aus Unachtsamkeit auf der Rolltreppe und verletzt sich.

e) Die Medizinische Fachangestellte Sevim Özkal ist mit ihrem Auto auf dem Rückweg von einer Feier. Am Straßenrand entdeckt sie einen verletzten Radfahrer. Sie hält an, um Erste Hilfe zu leisten. Da der Radfahrer stark blutet, will sie ihren Verbandskasten aus dem Auto holen. Hierbei wird sie von einem andren Pkw ohne ihr Verschulden angefahren und schwer verletzt. Der Fahrer begeht Unfallflucht.

1. Besteht in den Fällen a) bis e) Unfallversicherungsschutz im Rahmen der gesetzlichen Unfallversicherung?
2. Welche weiteren Folgen kann das Verhalten des Maurers Fritz Tauf im Fall b) noch haben?
3. Wie wäre der Fall c) zu beurteilen, wenn für den Sturz vor allem der erhebliche Alkoholgenuss von Frau Fang während der Betriebsfeier verantwortlich gemacht werden könnte?

16. Welche privaten Versicherungen würden Sie der Medizinischen Fachangestellten Alisha, 26 Jahre alt, empfehlen? Sie hat einen eigenen Pkw, mit dem sie täglich von ihrer Zwei-Zimmer-Mietwohnung etwa 20 km zur Arbeit fährt. Den Pkw hat sie vor sechs Monaten neu gekauft. Privat fährt sie aber auch gerne Fahrrad. In ihrer Freizeit reitet Alisha oft, hat aber kein eigenes Pferd, als Tier aber einen Hauskater. Den Urlaub verbringt sie meist in der Mittelmeerregion. Sie verdient monatlich einschließlich eines kleinen Nebenjobs rund 1 600,00 EUR netto.

17. Die 19-jährige Angelika H. und der 20-jährige Michael S., beide Auszubildende, erwarten in vier Wochen ihr gemeinsames Baby. Sie ziehen in eine eigene Wohnung. Die Wohnung muss neu eingerichtet werden. Michael will nach der Geburt Elternzeit nehmen, Angelika ihre Ausbildung beenden. Das Elterngeld und Angelikas Ausbildungsvergütung reichen aber nicht aus. Welche Hilfen können sie zusätzlich bekommen?

18. Das Ehepaar Songül und Jussuf Ulusoy hat sechs Kinder:

- Halime, 3 Jahre, leibliches Kind
- Evelyn, 4 Jahre, Pflegekind
- Jurat, 13 Jahre, adoptiertes Kind
- Hassan, 21 Jahre, arbeitslos
- Nesrin, 26 Jahre, Studentin
- Nilgün, 19 Jahre, Auszubildende mit 700,00 EUR Ausbildungsvergütung

Für welche Kinder erhalten sie Kindergeld?

19. Monika und ihr Freund Helmut haben für den Kauf einer Eigentumswohnung noch einen Kredit über 60 000,00 EUR abzubezahlen. Helmut erkrankt plötzlich schwer, wird entlassen und kann auch auf absehbare Zeit nicht mehr in seinem erlernten Beruf arbeiten. Sie können die fälligen Monatsraten für die Rückzahlung ihres Kredits nicht mehr in der nötigen Höhe aufbringen.

a) Bei welcher Stelle können sie Wohngeld beantragen?

b) Wie würde sich eine Gehaltserhöhung von Monika auf die Höhe des Wohngeldes auswirken?

20. Welche Unterschiede bestehen zwischen Schüler- und Studenten-BAföG?

21.

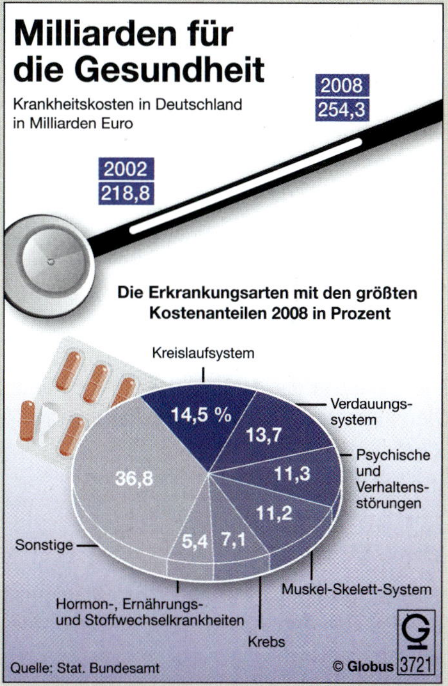

a) Wie viel Prozentanteile an den jährlichen Krankheitskosten haben zusammengenommen die ersten vier genannten Krankheitsgruppen?

b) Überlegen Sie, mit welchen Maßnahmen die Krankheitskosten in diesen Bereichen gesenkt werden könnten.

c) Wählen Sie eine dieser Maßnahmen aus und erstellen Sie dazu ein Informationsplakat oder einen Flyer (evtl. in Gruppenarbeit).

2 PATIENTEN EMPFANGEN UND BEGLEITEN

2.1 KOMMUNIKATIONSPARTNER IN DER PRAXIS

2.1.1 Was ist Kommunikation?

Exkurs

Kommunikation (lat. communicare „teilen, mitteilen, teilnehmen lassen; gemeinsam machen, vereinigen") definiert auf der menschlichen Alltagsebene ein gemeinschaftliches Handeln, in dem Gedanken, Ideen, Wissen, Erkenntnisse, Erlebnisse (mit-)geteilt werden und auch neu entstehen. Kommunikation in diesem Sinne basiert auf der Verwendung von Zeichen in Sprache, Gestik, Mimik, Schrift, Bild oder Musik. Kommunikation ist demnach die Aufnahme, der Austausch und die Übermittlung von Informationen zwischen zwei oder mehrerer Personen.

Kommunikation als ein „gemeinschaftliches Handeln" findet in der Arzt- und Zahnarztpraxis zwischen mehreren Personengruppen statt:

- Chef und MFA, ZFA, TFA
- Innerhalb der MFA, ZFA, TFA
- Chef und Patient/Klient
- MFA, ZFA, TFA

In Tierarztpraxen kommt noch die Kommunikation mit dem Tier dazu. Sie findet in den folgenden Bereichen statt:

- Chef und Tier
- Tiermedizinische Fachangestellte und Tier
- Klient und Tier

2.1.2 Kommunikation zwischen MFA, ZFA, TFA und Patient

Am Empfang oder am Telefon ist die Medizinische Fachangestellte die erste Kontaktperson des Patienten bzw. Klienten. In der Regel ist sie die Person, die den weiteren Kommunikationsverlauf entscheidend mitprägt. Durch die Art ihres gesamten Auftretens trägt sie einen ganz entscheidenden Anteil dazu bei, wie der Patient/Klient sich in der Praxis an- bzw. aufgenommen fühlt. Für den Patienten/Klienten sind dabei folgende Aspekte wichtig:

- Werde ich gleich wahrgenommen?
- Werde ich erst nach einiger Zeit wahrgenommen?
- Muss ich mich erst bemerkbar machen, damit ich wahrgenommen werde?
- Werde ich freundlich angesprochen?
- Wird mir die uneingeschränkte Aufmerksamkeit geschenkt?
- Passen die Mimik und die Körperhaltung zu dem Ton, in dem ich angesprochen werde?
- Werde ich klar und deutlich angesprochen?
- Wird mir in verständlichen Worten erklärt, was mich erwartet?
- Wird mir in verständlichen Worten erklärt, was von mir erwartet wird?
- Wird mir erklärt, wenn etwas schiefläuft?
- Entschuldigen sich die Praxismitarbeiter für unterlaufene Fehler?
- Werde ich in der angemessenen Lautstärke angesprochen?
- Ist bei der Kommunikation mit den Mitgliedern des Praxisteams die Einhaltung der Intimsphäre (Datenschutz) gewährleistet?

2.1.3 Das „4-Ohren-Modell"

Der Psychologe Friedemann Schulz von Thun hat mit seinem „4-Ohren-Modell" ein Standardmodell entwickelt, das Aufschluss über die vier Ebenen der verbalen Kommunikation gibt.

Für die MFA und ZFA ist es von enormer Bedeutung, dass die Kommunikation zwischen ihr und den Patienten (bzw. bei den TFA zwischen ihr und

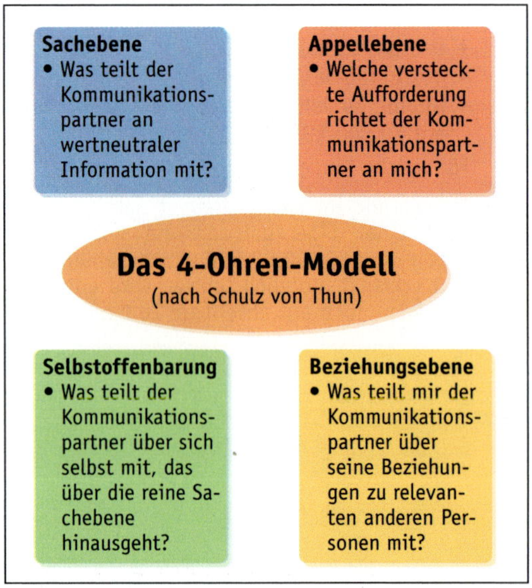

1. Das 4-Ohren-Modell

2. Gespräch an der Rezeption

den Klienten) möglichst positiv verläuft. Dazu ist es nötig, sich darüber im Klaren zu sein, dass Kommunikation immer auf mehreren Ebenen verläuft und das gesprochene Wort davon nur eine Ebene ist, hinter bzw. neben der noch andere Ebenen existieren. Diese zu erkennen und angemessen darauf zu reagieren, ist für den weiteren Verlauf der Kommunikation ganz entscheidend.

Die Bildgeschichte auf Seite 81 soll dazu beitragen, diese Ebenen aufzuzeigen und das 4-Ohren-Modell zu veranschaulichen.

1. Auf der reinen **Sachebene** teilt Sabine Schneider mit, dass sie Schmerzen im Handgelenk hat und dieses auch geschwollen ist,

↓

„... Schmerzen im Handgelenk und es ist geschwollen"

sie aber arbeiten muss.

↓

„... muss aber unbedingt arbeiten!"

2. Auf der **Selbstoffenbarungsebene** teilt Sabine Schneider mit, dass sie erst vor kurzer Zeit ein Nagelstudio eröffnet

↓

„... habe ich mein Nagelstudio erst vor vier Wochen eröffnet"

und sie dieses auf Kredit finanziert hat.

↓

„... ein Großteil gehört ja der Bank"

3. Auf der **Beziehungsebene** teilt Sabine Schneider mit, dass sie die Lebensgefährtin des Chefs gut kennt.

↓

„... Frau Wagner ... war übrigens eine meiner ersten Kundinnen ..."

4. Auf der **Appellebene** teilt Sabine Schneider mit, dass sie erwartet, als besondere Patientin vorrangig behandelt zu werden.

↓

„... für wichtige Kundinnen, wie Frau Wagner, habe ich natürlich immer noch einen zeitnahen Termin frei."

Frau Schneider teilt lediglich die **Sachinformation** direkt und unverschlüsselt mit.

Die Mitteilungen auf der **Selbstoffenbarungsebene** enthalten schon den versteckten Hinweis, dass sie als Selbstständige schnellstmöglich gesund werden müsse, um so kurz nach der Neueröffnung ihres Geschäftes möglichst keine Kunden und damit Einnahmen zu verlieren, weil sie ja noch einen Kredit zurückbezahlen müsse. Auch teilt sie versteckt mit, dass sie schnell wieder in ihr Geschäft zurückkehren möchte, um dort Kundinnen zu behandeln und damit wichtige Einnahmen zu erzielen. Denn neben ihren Lebensunterhalt müsse sie zusätzlich noch einen Kredit für dieses Nagelstudio zurückzahlen.

Auf der **Beziehungsebene** teilt sie mit, dass sie Frau Wagner, die Lebensgefährtin von Frau Schulzes Chef, persönlich kenne. Weiterhin teilt Frau Schneider mit, dass diese Lebensgefährtin ihre Arbeit offenbar sehr schätze, da sie eine der ersten Kundinnen gewesen und schon bald wiedergekommen sei.

Auf der **Appellebene** teilt Frau Schneider mit, dass sie die Wertschätzung, die sie selbst Frau Wagner, der Lebensgefährtin des Arztes, entgegenbringt, indem sie ihr bevorzugte Termine vergibt, auch von Frau Schulze ihr gegenüber erwartet.

2.1.4 Nonverbale Kommunikation

Für die Fachangestellten einer Arzt-, Zahnarzt- und Tierarztpraxis ist es wichtig, dass sie mit ihrer nonverbalen Kommunikation die richtigen und für den Patienten/Klienten verständlichen Signale aussendet. Unstimmigkeiten verunsichern den Patienten/Klienten und können zu Missverständnissen führen. Dies kann den Patienten/Klienten letztendlich dazu veranlassen, die Praxis zu wechseln. Daher sollten sich alle Praxismitarbeiter zumindest der wichtigsten Elemente der nonverbalen Kommunikation bewusst sein, um diese zielgerichtet und angemessen einsetzen zu können.

Die wichtigsten Elemente sind:

- **Mimik:** Wie ist mein Gesichtsausdruck bzw. der meines Gesprächspartners?

3. Mimik

- **Gestik:** Welche Bewegungen führe ich bzw. führt mein Gesprächspartner mit den Armen oder Beinen aus?

4. Gestik

- **Blickkontakt:** Blicke ich meinem Gesprächspartner in die Augen oder schweife ich mit meinen Augen während des Gesprächs umher?

5. Blickkontakt

2.1.5 Kommunikation am Telefon

Die Kontaktaufnahme mit dem Patienten beginnt häufig nicht erst mit dem Aufsuchen der Sprechstunde, sondern mit dem Anruf des Patienten in der Praxis.

Dabei sind bestimmte Grundregeln zu beachten:
- Schreibmaterial, Terminplaner und Gesprächsunterlagen griffbereit halten
- Das Telefon nicht zu lange klingeln lassen
- Seien Sie freundlich am Telefon, denn der Anrufer spürt Ihre Stimmung durch den Hörer.
- Melden Sie sich immer mit dem Praxisnamen, der Fachrichtung und ihrem Namen (z. B. „Hier ist die Kinderarztpraxis Dr. Spiel, Frau Schulz am Apparat.").
- Nach dem Anliegen des Anrufers fragen („Was kann ich für Sie tun?").
- Sprechen Sie dabei deutlich, langsam, aber nicht schleppend.
- Notieren Sie den Namen des Patienten und sprechen Sie den Patienten mit seinem Namen an, aber nur, wenn andere Personen nicht mithören können (Datenschutz).
- Sollten Sie den Patienten nicht richtig verstanden haben, fragen Sie höflich nach (z. B. „Herr Schulz, könnten Sie das bitte noch einmal wiederholen, da ich es nicht richtig verstanden habe!").
- Sollte ein Termin vereinbart werden, teilen Sie dem Patienten den vorgesehenen Termin mit und vergewissern Sie sich, ob der Patient den Termin verstanden hat und ihn wahrnehmen kann (z. B. „Frau Hörig, Sie könnten am 12.05. um 10:00 Uhr in die Praxis kommen. Passt Ihnen dieser Termin?").
- Verabschieden Sie sich freundlich und nennen Sie dabei nochmals den Namen des Anrufers (z. B. „Vielen Dank für Ihren Anruf, Herr Motzke.").

Diese Telefonregeln gelten ebenso bei Anrufen aus der Praxis.

2.1.6 Konfliktlösungsstrategien

Sollten zwischen den Patienten und den Beschäftigten Konflikte auftreten, so sollten diese in einem Gespräch geklärt werden. Dabei gibt es zwei Möglichkeiten:
- Missverständnisse werden in einem Gespräch zwischen der Beschäftigten und dem Patienten geklärt (z. B. „Ich verstehe Ihren Ärger über die lange Wartezeit, aber uns sind zwei Notfälle dazwischengekommen. Bitte haben Sie Verständnis dafür!").
- Der Arzt nimmt die Rolle des Moderators ein und versucht den Konflikt zu lösen (z. B. „Ich verstehe Ihren Ärger über die lange Wartezeit, aber die Notfälle hatten Vorrang. Meine Angestellten haben sich richtig verhalten. Bitte entschuldigen Sie die Verspätung!").

Grundsätzlich sollte das Verhalten des Patienten gegenüber den Praxisbeschäftigten korrekt sein. So sollte selbstverständlich ein Beschimpfen der Helferin durch den Patienten (z. B. „Sie sind ja total unfähig!") unterbleiben. In diesem Fall hat der Arzt seine Fürsorgepflicht gegenüber den Beschäftigten zu erfüllen und sie vor ungerechtfertigten Angriffen von Patienten in Schutz zu nehmen und den Patienten auf sein Verhalten hinzuweisen.

Auch die Beschäftigten haben abfällige Äußerungen (z. B. „Dieser Simulant will ja nur wieder krankgeschrieben werden!") gegenüber Patienten zu unterlassen. Sollte dies nicht geschehen, so ist dies geschäftsschädigendes Verhalten, das zu einer Kündigung führen kann.

1. *Beschreiben Sie mit eigenen Worten das „4-Ohren-Modell".*
2. *Sammeln Sie in Ihrer Klasse Beispiele aus Ihrer Ausbildungspraxis, in denen Patienten/Klienten Ihnen Informationen entsprechend dem „4-Ohren-Modell" mitgeteilt haben.*
3. *Erklären Sie die Bereiche der nonverbalen Kommunikation.*
4. *Welche Grundregeln sind bei der Gesprächsführung am Telefon zu beachten?*
5. *Welche Konfliktlösungsstrategien haben Sie in Ihrer Ausbildungspraxis bisher kennengelernt?*

2.2 PATIENTENANNAHME

2.2.1 Gestaltung des Empfangs- und Wartebereichs

Der **Empfangsbereich** vermittelt zunächst einen ersten Eindruck von der Praxis. Er stellt den organisatorischen Mittelpunkt der Praxis dar, von dem aus der Praxisablauf gesteuert wird. Deshalb sollte er zentral gelegen sein. Er sollte so gestaltet sein, dass sich der Patient willkommen fühlt. Die genaue Gestaltung sollte von den jeweiligen räumlichen Gegebenheiten abhängig gemacht werden. Grundsätzlich ist dabei zu beachten:

- Gestaltung in hellen, freundlichen Farben
- Möglichst viel natürliches Licht bzw. Helligkeit
- Funktionalität

Zur Funktionalität des Empfangsbereichs gehört, dass von hier aus das Praxisgeschehen beobachtet werden kann, d. h. das Kommen und Gehen der Patienten. Gleichzeitig steuern die Beschäftigten von hier aus die Belegung der Behandlungsräume durch die Patienten. Deshalb ist der Empfangsbereich möglichst offen zu gestalten. Dies darf aber nicht zulasten des **Datenschutzes** gehen. Dabei sollten folgende Punkte beachtet werden:

- Der Empfangstresen ist so zu gestalten, dass vom Patienten kein Einblick in den Terminplan, in die Patientenakten und auf den Bildschirm möglich sind. Bei Abwesenheit der Angestellten ist der Datenschutz durch Eingabe eines Passwortes in den PC zu gewährleisten.
- Der Empfang sollte auch so gestaltet sein, dass die Patientenannahme ohne unberechtigte Zuhörer möglich ist.
- Der Wartebereich ist von der Anmeldung räumlich so zu trennen, dass Telefongespräche, Terminvereinbarungen oder Anweisungen zur Weiterbehandlung von Patienten akustisch nicht zu verstehen sind.

Der Wartebereich ist von den anderen Bereichen der Praxis zumindest akustisch zu trennen. Dabei sollte er möglichst funktional, aber auch wohnlich gestaltet sein, um den Patienten den Eindruck der Vertrautheit zu vermitteln (vgl. auch Kap. 4.1.2).

2.2.2 Aufnahme der Patienten

Bei der Aufnahme von Patienten sind folgende Gesichtspunkte zu beachten:

- Handelt es sich um einen Neupatienten, einen Patienten, der lange nicht mehr da war oder um einen Patienten, der regelmäßig in der Praxis erscheint?
- Liegt eine akute Erkrankung vor oder handelt es sich um eine Vorsorge- oder Routineuntersuchung?
- Erfordert die Art der Erkrankung ein sofortiges Handeln des Arztes?
- Möchte der Patient nur ein Rezept oder eine Überweisung?

Je nach Art der Patientenangaben unterscheiden sich die Tätigkeiten der Beschäftigten. Möchte

6. **Diskretion im Empfangsbereich beachten**

der Patient nur eine Überweisung zu einem Facharzt, so ist nach Rücksprache mit dem Arzt diese auszustellen und dies in der Karteikarte zu vermerken.

Handelt es sich aber um einen Neupatienten mit einer akuten, dringend behandlungsbedürftigen Erkrankung, so hat die Fachangestellte die Patientendaten aufzunehmen, eine Karteikarte anzulegen und eine möglichst schnelle Behandlung bzw. einen Termin zu organisieren.

Grundsätzlich gilt, dass die Fachangestellte

- den Patienten mit Namen anredet (z. B.: „Herr Meier, Sie können jetzt in Behandlungszimmer 2."),
- einen höflichen Umgangston mit den Patienten pflegt (z. B. anstatt nur „Bitte" zu sagen, nachfragen: „Was kann ich für Sie tun?"),
- Patienten, die Angst vor der Behandlung oder Untersuchung haben, ihre Angst nimmt, indem sie die Vorgehensweise erklärt und positiv auf sie einwirkt (z. B. „Sie werden sehen, in einer Woche sind Sie wieder gesund."),
- beruhigend auf die Patienten eingeht und deren Ärger abbaut (z. B. „Ich verstehe Ihren Ärger über die lange Wartezeit, werde aber sehen, was ich trotz des Notfalls jetzt für Sie tun kann.").

2.2.3 Karteiführung

Im Rahmen der Dokumentationspflicht hat der Arzt Aufzeichnungen über den Patienten zu führen. Dabei sind folgende Anforderungen zu erfüllen:

- Vollständigkeit, d. h., alle relevanten Daten (Stamm- und Bewegungsdaten) müssen über einen längeren Zeitraum erfasst werden.

- Übersichtlichkeit, d. h., alle wichtigen Informationen müssen schnell und einfach erkennbar und verfügbar sein.
- Aktualität, d. h., die Behandlungsaufzeichnungen und -daten müssen immer den aktuellen Stand wiedergeben.

Dies erfüllt in der Regel die **Karteikarte**. Sie ist wie folgt aufgebaut:

- **Kartenleiste.** Sie ist das Ordnungskriterium, nach dem die Karteikarte einsortiert wird, meist nach dem Anfangsbuchstaben des Nachnamens des Patienten oder Klienten. Eine Markierung mittels Reiter, Tab oder Kerbe ist möglich.
- **Kartenkopf.** Hier werden die Stammdaten des Patienten, wie z. B. Name, Vorname, Anschrift, Kassenzugehörigkeit, Dauerdiagnosen, Allergien oder Risikofaktoren aufgeführt.
- **Kartenrumpf.** Hier sind die Bewegungsdaten, wie z. B. Behandlungsdatum, Diagnose, vorgenommene Behandlung und Medikation, vermerkt.
- **Kartenfuß.** Er enthält Angaben des Karteikartenherstellers und die Bestellnummer der Karteikarten.

Die Ablage der Karteikarte erfolgt in der Regel nach der **alphabetischen Ordnung,** d. h. nach Buchstaben (vgl. Kap. 4.4.4).

2.2.4 EDV in der Praxis

In den letzten Jahren hat der Computer zunehmend in die Praxen Einzug gehalten. Eine der Ursachen ist die elektronische Abrechnung mit der Kassen- bzw. -zahnärztlichen Vereinigung. Auch die zunehmende Digitalisierung des Medizinbetriebs (z. B. digitales Röntgen) förderte den EDV-Einsatz. Das Einsatzgebiet der EDV in der Praxis umfasst dabei

- die **Patientenverwaltung** einschließlich Karteikarte,
- die **Terminplanung** einschließlich Recall-System,
- die **Abrechnung,**
- den **Praxisschriftverkehr,**
- das **Zahlungs- und Mahnwesen,**
- die **Informationsbeschaffung** im medizinischen wie nicht medizinischen Bereich.

Beim Einsatz der EDV in der Praxis ist es sinnvoll, dass eine Vernetzung der Praxis erfolgt, sodass für die Beschäftigten von jedem Raum ein Zugriff auf die notwendigen Daten möglich ist. Dies kann entweder durch einen Zentralrechner oder ein lokales Netzwerk erfolgen.

Herz einer solchen EDV-Ausstattung ist das jeweilige Branchesoftwareprogramm, welches auf die jeweiligen Bedürfnisse der Arztgruppe (für Human-, Zahn- und Tierärzte) angepasst ist.

2.2.5 Datensicherung und Datenschutz

Zur **Datensicherung** gehören alle Maßnahmen, die sicherstellen sollen, dass

- die Daten nicht verloren gehen,
- Unberechtigte keinen Zugriff auf die Daten erhalten,
- die Daten nicht verfälscht oder gelöscht werden können.

Dies kann durch verschiedene Maßnahmen auf mehreren Ebenen geschehen.

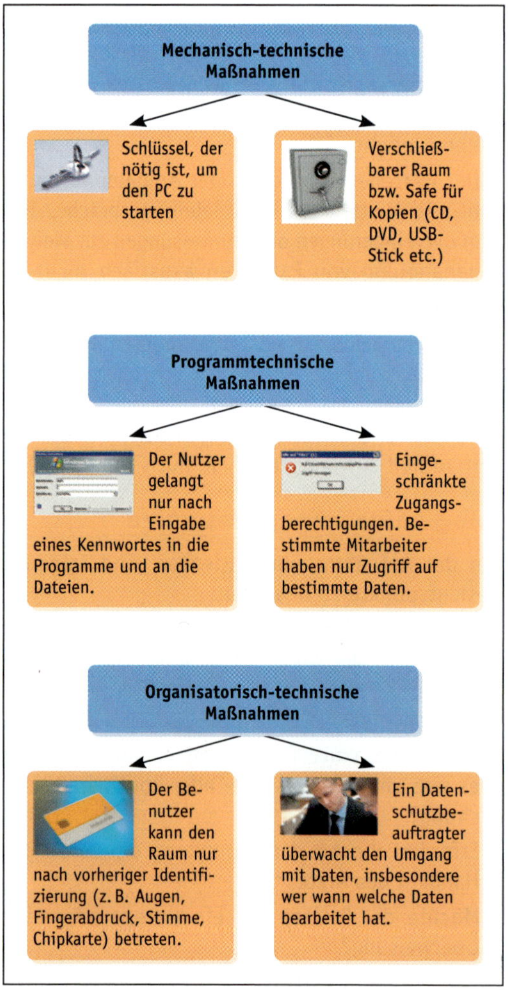

7. Maßnahmen der Datensicherung

Rechte der Betroffenen	In welchen Fällen	Beispiele
Auskunft	• Welche Daten von mir sind zu welchem Zweck gespeichert?	Patienten haben das Recht, ihre Patientenkarteikarte einzusehen.
Berichtigung	• Sind einzelne Daten eindeutig falsch? Dann hat der Betroffene ein Recht auf Berichtigung.	In einer Patientenkarteikarte steht fälschlicherweise der Vermerk „HIV pos." Auf Verlangen muss der Vermerk in „HIV neg." geändert werden.
Sperrung	• Ist unklar, ob die Daten der Wahrheit entsprechen? Dann dürfen sie bis zur Klärung nicht weiterverwendet werden; sie sind gesperrt.	Die Auszubildende F. Aul hat den praktischen Teil der Abschlussprüfung nicht bestanden. Sie klagt dagegen, weil der Prüfungsausschussvorsitzende vergessen habe, sie nach ihrem gesundheitlichen Befinden zu fragen. Bis zur Klärung darf die zuständige Kammer keine Bescheinigung über Bestehen oder Nichtbestehen ausstellen.
Löschung	• Durften die Daten gar nicht gespeichert werden? Dann müssen sie auf Verlangen gelöscht werden.	Die Telefongesellschaft hat Kontonummern ihrer Kunden ohne deren Zustimmung an eine Marketinggesellschaft weitergegeben. Die Daten müssen gelöscht werden, wenn die Betroffenen dies verlangen.

8. Speicherung personenbezogener Daten

Unter den bundesweiten Datenschutz fallen alle personenbezogenen Daten. Dies sind sämtliche Daten, die den Einzelnen identifizierbar machen.

Beispiel

1. Weiblich, geboren 1990. Durch diese Angaben ist keine einzelne Person identifizierbar. Es findet lediglich eine Einschränkung statt auf alle Frauen, deren Geburtsjahr 1990 ist. Damit handelt es sich um keine personenbezogenen Daten.

Beispiel

2. Simon K., Ausweis Nr. 1405070109D. Durch diese Angaben ist die betreffende Person eindeutig identifizierbar. Damit handelt es sich um personenbezogene Daten.

Wenn öffentliche Stellen, z. B. Ämter, oder nicht öffentliche Stellen, z. B. Arzt-, Zahnarzt- oder Tierarztpraxen, Daten ihrer Patienten bzw. Klienten erheben, dann muss laut Bundesdatenschutzgesetz der Betroffene darüber ausdrücklich informiert werden. Seine Daten dürfen nur mit seiner Zustimmung an Dritte weitergegeben werden. Gesetzlich Versicherte haben durch Aufnahme in die gesetzliche Krankenkasse der Weitergabe ihrer Abrechnungsdaten an die zuständige KV bzw. KZV zugestimmt. Bei privat Versicherten dürfen Ärzte und Zahnärzte deren Abrechnungsdaten nur dann an eine private Verrechnungsstelle weitergeben, wenn diese Patienten der Weitergabe ausdrücklich zugestimmt haben.

Gegenüber allen Stellen, die personenbezogene Daten gespeichert haben, haben die betroffenen Personen folgende Rechte:

- Auskunft über gespeicherte Daten
- Berichtigung falscher Daten
- Sperrung umstrittener Daten
- Löschung falscher Daten

1. *Welche Grundsätze sollten bei der Gestaltung des Empfangs- und Wartebereichs beachtet werden?*
2. *Welche Regeln müssen bei der Patientenaufnahme beachtet werden?*
3. *Aus welchen Teilen besteht die Karteikarte?*
4. *Welche Ordnungssysteme gibt es?*
5. *Erklären Sie die verschiedenen Ebenen der Datensicherungsmaßnahmen.*
6. *Wodurch unterscheiden sich personenbezogene von nicht personenbezogenen Daten?*
7. *Welche Rechte haben Menschen, von denen personenbezogene Daten gespeichert sind?*

2.3 GRUNDLAGEN DES VERTRAGSRECHTS

2.3.1 Rechtliche Rahmenbedingungen

2.3.1.1 Rechtsordnung

Damit im Zusammenleben der Menschen nicht das Recht des Stärkeren herrscht, regelt der Staat durch seine Rechtsordnung (Gesetze, Verordnungen etc.) das Zusammenleben der Menschen untereinander. Diesen Teil bezeichnet man als **Privatrecht** (Zivilrecht). Im Vordergrund steht dabei der Grundsatz der Vertragsfreiheit. Sie besagt, dass die Inhalte, der Beginn und die Zeitdauer von Verträgen innerhalb der vom Staat vorgegebenen rechtlichen Rahmenbedingungen frei vereinbart werden können. Grundsätzlich gilt, dass alle Vertragspartner gleichberechtigt sind.

Den Teil, der das Verhältnis zwischen Staat und Bürgern regelt, bezeichnet man als **öffentliches Recht.** Hierbei ist der Staat dem einzelnen Bürger übergeordnet. Eine **Vertragsfreiheit** wie beim Privatrecht gibt es hier nicht.

Das Recht im Wandel der Zeit

Sowohl die Gesetze (geschriebenes Recht) als auch Urteile (Rechtsprechung) passen sich der gesellschaftlichen Entwicklung an. Das aktuellste Beispiel ist das neue EU-Recht. Es verpflichtet alle Mitgliedsländer, national abweichende gesetzliche Regelungen dem EU-Recht anzupassen. Für Deutschland bedeutet dies z. B. eine Neuregelung bei den Verjährungsfristen und den Fällen, dass Verkäufer nicht rechtzeitig oder eine fehlerhafte Sache liefern.

Eine Besonderheit im Rahmen der Rechtsordnung stellt das **Arbeitsrecht** dar. Es enthält sowohl Teile des privaten als auch des öffentlichen Rechts. Zum Teil des Privatrechts gehören der Einzelarbeitsvertrag zwischen Arbeitgeber und Arbeitnehmer (individuelles Arbeitsrecht) sowie die Tarifverträge zwischen Arbeitgeberverbänden und Gewerkschaften (kollektives Arbeitsrecht). Die Verträge können frei zwischen den Partnern ausgehandelt werden.

Beispiel

Frau Alcan vereinbart mit dem Zahnarzt Dr. Mandel im Arbeitsvertrag eine wöchentliche Arbeitszeit von 32 Stunden und ein Gehalt von 1 900,00 EUR. Ansonsten gelten die Bestimmungen des Tarifvertrags.

Zum öffentlichen Teil des Arbeitsrechtes gehören die sozialen Schutzrechte, wie z. B. Kündigungsschutzgesetz, Mutterschutzgesetz oder Jugendarbeitsschutzgesetz. Gegen sie darf in keinem Arbeits- oder Tarifvertrag verstoßen werden.

Beispiel

Der Arzt Dr. Übel verlangt von der 16-jährigen Auszubildenden, dass sie täglich neun Stunden in der Praxis arbeiten soll.

Wie andere Rechtsnormen unterliegt auch das Arbeitsrecht den Einflüssen des wirtschaftlichen und gesellschaftlichen Wandels. So haben sich im Laufe der Jahrzehnte die Arbeitszeit, der Kündigungsschutz und der Urlaubsanspruch verändert.

Eine Sonderstellung nimmt das **Gewohnheitsrecht** (ungeschriebenes Recht) ein. Hier haben sich Regeln im Zusammenleben der Menschen entwickelt, die von allen anerkannt werden und praktisch Gesetzescharakter haben.

Beispiel

1. Frau Meister fährt seit Jahren mit ihrem Auto über das Grundstück von Herrn Metzger zu ihrer Garage. Er darf ihr dieses Recht nicht plötzlich verweigern.

Beispiel

2. Wird Urlaubsgeld als freiwillige Leistung mehr als dreimal hintereinander gezahlt, hat der Arbeitnehmer auch im vierten Jahr Anspruch auf Urlaubsgeld (Entscheidung des Bundesarbeitsgerichts).

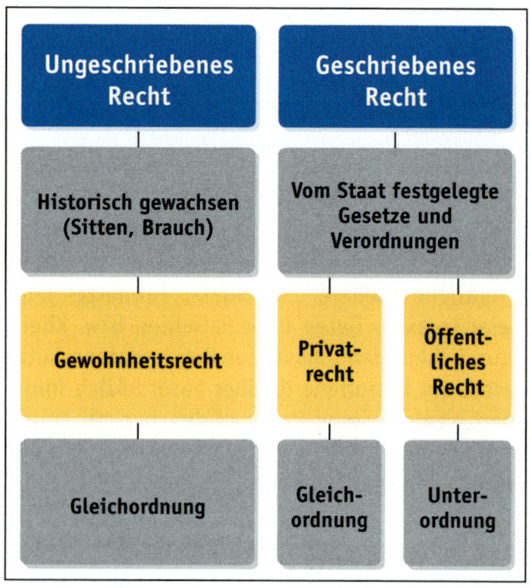

9. Rechtsgebiete

10. Verträge des täglichen Lebens

Privat- oder Zivilrecht

- **Bürgerliches Recht**
  - Allgemeiner Teil, z. B. Rechts- und Geschäftsfähigkeit
  - Schuldrecht, z. B. Zins- und Reiserecht
  - Sachenrecht, z. B. Eigentum und Besitz
  - Familienrecht, z. B. Eheschließung und Scheidung
  - Erbrecht, z. B. Erbfolge und Testament
- **Handelsrecht**
  - Gesellschaftsrecht, z. B. Kommanditgesellschaft (KG)
  - Scheck- und Wechselrecht
- **Arbeitsrecht**

Öffentliches Recht

- Grundrechte (Grundgesetz)
- Staatsrecht
- Steuerrecht
- Verwaltungsrecht
- Strafrecht
- Verkehrsrecht
- Arbeitsschutzrechte

11. Rechtsquellen

Auch die Rechtsprechung der Gerichte wird durch die gesellschaftliche Weiterentwicklung beeinflusst, ohne dass Gesetzesänderungen vorgenommen wurden.

1. *Geben Sie die Unterschiede zwischen privatem, öffentlichem und Gewohnheitsrecht an.*

2. *Welche Besonderheiten enthält das Arbeitsrecht?*

3. *Was versteht man unter „Vertragsfreiheit“?*

2.3.1.2 Rechtsobjekte, Rechtssubjekte

Rechtsobjekte

Im Rahmen unseres Rechtssystems unterscheidet man zwischen Rechtsobjekten und Rechtssubjekten.

Rechtsobjekte sind Gegenstände des Rechtsverkehrs. Sie lassen sich in Sachen und Rechte unterteilen. Zu den **Sachen** zählen körperliche Gegenstände. Sie können als fester, flüssiger oder gasförmiger Bestandteil vorhanden sein. Dabei unterscheidet man zwischen beweglichen (mobilen) Sachen, wie z. B. Fahrzeugen, Lagerbeständen, Bargeld, und unbeweglichen (immobilen) Sachen, wie z. B. Grundstücken und Gebäuden.

Sachen lassen sich weiterhin danach unterscheiden, ob sie jederzeit austauschbar und umtauschbar sind, ob es sich um Einzelexemplare oder Originale handelt. Bei austauschbaren Sachen spricht man von **Gattungssachen.** Einzelstücke oder Originale werden als **Speziessachen** bezeichnet.

Beispiel: *Spritzen, Verbandsmaterial oder Autos sind Gattungssachen; ein teures Rennpferd, ein Modellkleid oder ein Originalgemälde sind Speziessachen.*

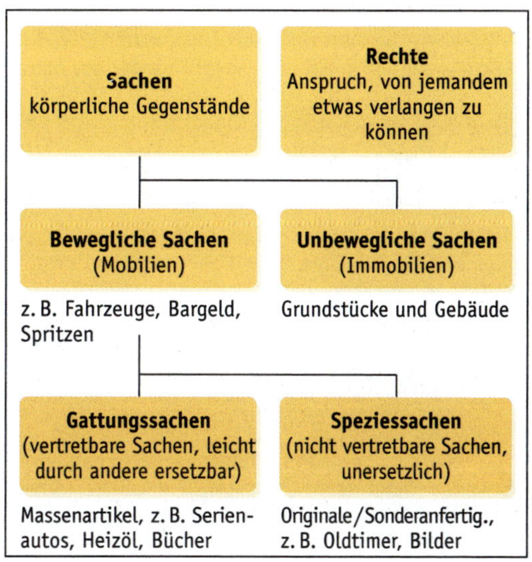

12. Rechtsobjekte

Im Gegensatz zu den Sachen handelt es sich bei den **Rechten** um einen Rechtsanspruch, von einem anderen etwas verlangen zu können. Rechte sind also körperlich nicht greifbar wie eine Sache.

Ein Recht kann einerseits die **Forderung eines Gläubigers** gegenüber einem Schuldner sein, z. B. Anspruch des Vermieters auf Mietzahlung oder Zahlung von Patent- oder Lizenzgebühren an einen Erfinder. Andererseits gehört auch der **Anspruch auf Unterlassung** einer bestimmten Handlung zu den Rechten. So hat jeder Mensch das Recht auf körperliche Unversehrtheit, d. h. dass niemand geschlagen oder körperlich bedroht werden darf. Ebenso besteht z. B. ein Recht auf ungestörte Nachtruhe, sodass laute Musik nach 22:00 Uhr zu unterbleiben hat. Unter das Recht auf Unterlassung fallen auch nicht körperliche Belästigungen, wie etwa Erpressung, Mobbing, üble Nachrede oder Beleidigungen. Solche Rechte können auf gerichtlichem Wege eingeklagt werden, wenn sie nicht freiwillig anerkannt werden.

Rechtssubjekte

Rechtssubjekte sind die natürlichen und juristischen Personen. Sie sind Träger von Rechten und Pflichten und können z. B. Verträge schließen, Schenkungen erhalten oder vergeben.

Natürliche Personen sind alle Menschen zwischen Geburt und Tod, unabhängig von Alter, Rasse, Religionszugehörigkeit, Gesundheitszustand oder Vermögen.

Juristische Personen sind sogenannte künstliche Personen, denen der Staat die Eigenschaft von natürlichen Personen gegeben hat (vgl. Abb. 5, Seite 91). Dabei unterscheidet man zwischen juristischen Personen des **öffentlichen Rechts** und des **Privatrechts.**

Im Rechtsverkehr sind natürliche und juristische Personen gleichgestellt. Beide können z. B. Verträge abschließen und daraus Ansprüche geltend machen, sie können vor Gericht klagen, aber auch selbst verklagt werden. Natürlichen Personen sind allerdings solche Rechtsgeschäfte vorbehalten, die nur höchstpersönlich vorgenommen werden können, beispielsweise eine Eheschließung oder Testamenterstellung.

Juristische Personen des öffentlichen Rechts nehmen Aufgaben des Staates wahr und vertreten diesen bei der Erfüllung bestimmter Verwaltungsverpflichtungen. Sie werden rechtsfähig durch Gesetz oder durch eine Verwaltungsentscheidung (Verwaltungsakt). Man unterscheidet

- **Körperschaften,** zu ihnen gehören z. B. der Staat selbst, also Bund, Länder und Gemeinden, die Kirchen, aber auch die Ärzte-, Zahnärzte- und Tierärztekammern;
- **Anstalten** wie z. B. die öffentlichen Rundfunk- und Fernsehanstalten (ARD, ZDF), Universitäten oder die Deutsche Bundesbank;
- **staatliche Stiftungen** verfügen über finanzielle Mittel und verfolgen damit einen gemeinnützigen Zweck. Die Studienstiftung des deutschen Volkes z. B. ist das größte deutsche Begabtenförderungswerk, die Deutsche Bundesstiftung Umwelt fördert Umweltschutzprojekte.

Eigentum	Besitz
Eigentum ist die rechtliche Herrschaft über eine Sache oder ein Recht. Wer Eigentümer einer Sache ist, dem gehört sie auch. Er kann frei über sein Eigentum entscheiden. Eingeschränkt wird die Verfügbarkeit über das Eigentum, wenn der Gebrauch des Eigentums der Allgemeinheit schadet (Sozialbindung des Eigentums nach Art. 14,2 GG) oder durch ein Gesetz eingeschränkt wird. So erhält z. B. ein Hausbesitzer von der Staatsanwaltschaft einen Strafbefehl, wenn er sein Haus in Brand setzt.	**Besitz** ist die tatsächliche Herrschaft einer Person über eine Sache oder ein Recht. Der Besitzer hat das Nutzungsrecht an einer Sache oder einem Recht, aber sie gehören ihm nicht. Er darf sie nur entsprechend den Anweisungen des Eigentümers benutzen. Dennoch ist er grundsätzlich verantwortlich für den ordnungsgemäßen Umgang mit der Sache oder dem Recht. Ayse fährt zum Beispiel mit dem Auto ihres Bruders. Für Verstöße gegen die Straßenverkehrsordnung, die sie begeht, ist auch sie verantwortlich und nicht ihr Bruder. Ayse ist während der Fahrt Besitzerin des Autos, ihr Bruder jedoch Eigentümer.
Eigentum und **Besitz** wird durch Einigung und Übergabe übertragen. An verloren gegangenen oder gestohlenen Sachen kann allerdings kein Eigentum erworben werden. Finder oder Käufer werden lediglich Besitzer. Wenn der rechtmäßige Eigentümer ermittelt werden kann, müssen sie die Sache wieder an ihn herausgeben, wenn er dies verlangt.	

14. Unterscheidung von Eigentum und Besitz

Juristische Personen des Privatrechts sind Personenvereinigungen oder private Stiftungen, die, um selbstständig handlungsfähig zu werden, in ein **öffentliches Register** eingetragen sein müssen. Sie verlieren ihre Rechtsfähigkeit erst dann, wenn sie aus dem entsprechenden Register gelöscht werden.

- Grundform der juristischen Person des Privatrechts ist der ins Vereinsregister eingetragene **Verein,** erkennbar an dem Zusatz „e. V." für „eingetragener Verein". Neben Vereinen, bei denen die private Freizeitgestaltung im Vordergrund steht (z. B. Sport-, Gesang-, Karnevalsvereine), gibt es Vereine mit gemeinnützigen Zielsetzungen, z. B. das Deutsche Rote Kreuz e. V. oder Tierschutzvereine.
- **Kapitalgesellschaften** (Aktiengesellschaften – AG; Gesellschaften mit beschränkter Haftung – GmbH) verfolgen in der Regel gewinnorientierte Ziele und werden ins Handelsregister eingetragen. **Genossenschaften** (eG) erlangen ihre Rechtsfähigkeit durch Eintragung ins Genossenschaftsregister. **Privatrechtliche Stiftungen** sollen mit ihrem Geld- oder Sachvermögen einem von den Stiftungsmitgliedern festgelegten allgemeinen Zweck dienen. Im Gegensatz zu den staatlichen Stiftungen müssen die privaten allerdings nicht unbedingt gemeinnützige Zwecke verfolgen.

Natürliche Person
jeder Mensch zwischen Geburt und Tod

Juristische Person
„künstliche" Person durch Registereintragung

des öffentlichen Rechts
- Körperschaften, z. B. Bund, Länder, Gemeinden
- Kammern, z. B. Landestierärztekammer

des Privatrechts
- Kapitalgesellschaften, z. B. Rhön-Klinik AG
- eingetragene Vereine, z. B. Tierschutzverein Mörfelden e. V.
- Stiftungen, z. B. Stiftung Warentest

15. Rechtssubjekte

Praxen können keine juristischen Personen sein, denn der Arzt, Zahnarzt oder Tierarzt handelt selbst und ist für die Abläufe in seiner Praxis immer persönlich verantwortlich.

16. Juristische Person

17. Natürliche Person

Beispiel

Dr. Karl Power ist als Arzt eine natürliche Person, als Präsident der Landeszahnärztekammer vertritt er aber die juristische Person „Landeszahnärztekammer".

1. *Unterscheiden Sie Privatrecht und öffentliches Recht.*
2. *Was sind Rechtsobjekte und Rechtssubjekte?*
3. *Erklären Sie den Unterschied zwischen Besitz und Eigentum.*

2.3.1.3 Rechtsfähigkeit

Die Teilnahme an Rechtsgeschäften ist von der Rechts- und Geschäftsfähigkeit der natürlichen oder juristischen Person abhängig.

Unter **Rechtsfähigkeit** versteht man die Fähigkeit, Träger von Rechten und Pflichten zu sein. Jeder Mensch besitzt die Rechtsfähigkeit von Geburt an. Sie kann nicht entzogen oder eingeschränkt werden. Sie endet mit dem Tod. Bei juristischen Personen beginnt die Rechtsfähigkeit mit der Eintragung in ein Register und endet mit der Löschung.

Beispiel

Ein dreijähriges Kind erbt ein Haus und wird damit Eigentümer. Jedes Kind hat das Recht und die Pflicht zum Schulbesuch. Mit Eintragung in das Vereinsregister haftet der Sportverein für Unfälle, die während des Trainings passieren.

Tiere können keine Rechtsfähigkeit erlangen. Sie können deshalb z. B. auch keine Erbschaften antreten. Als Erbe eingesetzt werden könnte aber z. B. ein Tierschutzverein e. V., der dann die Versorgung des Tieres übernimmt.

Geschäftsfähigkeit

Unter **Geschäftsfähigkeit** versteht man die Fähigkeit, Willenserklärungen rechtswirksam entgegenzunehmen oder abzugeben. Da die Personen voll für ihre Handlungen haften, hat der Gesetzgeber zum Schutz vor Benachteiligung oder unüberlegten Handlungen Einschränkungen vorgenommen. Vom Alter abhängig unterscheidet man die verschiedenen Stufen der Geschäftsfähigkeit nach Geschäftsunfähigen, beschränkt Geschäftsfähigen und voll Geschäftsfähigen.

Geschäftsunfähigkeit (0 bis sieben Jahre). Willenserklärungen sind immer unwirksam. Für Geschäftsunfähige handelt der gesetzliche Vertreter (Eltern, Vormund). Mit Botengängen, z. B. kleinen Einkäufen mit Zettel, können auch Geschäftsunfähige beauftragt werden, da sie dazu keine Willenserklärungen abgeben müssen („Ist das Kind auch noch ganz klein, kann es trotzdem Bote sein!“).

Beschränkte Geschäftsfähigkeit (sieben bis 18 Jahre). Willenserklärungen sind ohne Einwilligung des gesetzlichen Vertreters „schwebend unwirksam“. Durch nachträgliche Genehmigung werden sie wirksam.

18. Ein gültiges Rechtsgeschäft?

Keiner Zustimmung bedürfen:

- Verträge, die nur rechtliche Vorteile bringen, z. B. eine Schenkung ohne Verpflichtungen
- Verträge, die mit dem zur Verfügung stehenden Taschengeld erfüllt werden, z. B. der Kinobesuch (Taschengeldparagraf)
- Verträge, die sich aus dem vom gesetzlichen Vertreter erlaubten Arbeitsverhältnis des Minderjährigen ergeben, z. B. selbstständige Urlaubsbeantragung (Berufsmündigkeit)
- Verträge, die mit vorheriger Zustimmung des gesetzlichen Vertreters abgeschlossen wurden, z. B. Erlaubnis zum Kauf eines Mofas

Volle Geschäftsfähigkeit (ab 18 Jahre). Willenserklärungen sind voll wirksam.

Kann jemand aufgrund seines Geisteszustandes oder sonstigen Verhaltens, z. B. Spiel- oder Drogensucht, nicht mehr selbst für sich alleine entscheiden, so kann auf Antrag von Verwandten oder Betroffenen ein Betreuer vom Vormundschaftsgericht bestellt werden. Der Betreute wird dann einem beschränkt Geschäftsfähigen gleichgestellt und der Betreuer handelt als gesetzlicher Vertreter des Betreuten.

Willenserklärung

Damit es zu einem Rechtsgeschäft (z. B. Kaufvertrag) kommt, muss der Wille eindeutig erklärt werden. Dies nennt man **Willenserklärung.** Sie kommt normalerweise durch eine schriftliche oder mündliche (auch telefonische) Äußerung zustande. Die Willenserklärung kann unterschiedliche Rechtsfolgen bewirken. Dies können sein:

- Entstehung eines neuen Rechtsgeschäfts

Beispiel: *Die ZFA Sonja Schmelz kauft sich vom ersten Gehalt ein neues Handy.*

- Änderung eines bestehenden Rechtsgeschäfts

Beispiel: *Karin Metzger bekommt von ihrem Chef eine Gehaltserhöhung von 150,00 EUR.*

- Auflösung eines bestehenden Rechtsgeschäfts

Beispiel: *Die TFA Tina Hirsch kündigt bei Dr. Sommer, weil sie eine besser bezahlte Stelle gefunden hat.*

Ob es sich um ein einseitiges oder mehrseitiges Rechtsgeschäft handelt, hängt von den beteiligten Personen ab. Einseitige Rechtsgeschäfte entstehen durch die Willenserklärung **einer** Person (z. B. Testament). Bei mehrseitigen Rechtsgeschäften müssen mindestens **zwei** Personen beteiligt sein (z. B. beim Mietvertrag). Es gibt aber auch Verträge, bei denen mehr als zwei Partner zum Zustandekommen des Vertrags notwendig sind. So sind z. B. beim Kauf eines Neuwagens auf Kredit neben Käufer und Verkäufer noch der Kreditgeber (meist eine Bank) zum Vertragsabschluss notwendig.

2.3.1.4 Abschluss von Verträgen

Grundsätzlich unterliegen die Rechtsgeschäfte keiner bestimmten Form **(Formfreiheit).** Aus Beweisgründen werden viele Verträge aber schriftlich abgeschlossen. Außer in dieser vertraglichen (gewillkürten) Form können Rechtsgeschäfte auch wie folgt abgeschlossen werden durch

- mündliche oder telefonische Äußerungen, z. B. telefonische Bestellung beim Lieferanten,
- schlüssiges (konkludentes) Handels, z. B. Einsteigen in ein Taxi.

Schweigen gilt in der Regel als Ablehnung (z. B. keine Reaktion auf eine unbestellte Zusendung von Waren. Ausnahme: Wenn zwischen den Lieferanten und dem Empfänger bereits längerfristig eine Geschäftsbeziehung bestanden hat).

Für bestimmte Rechtsgeschäfte hat der Gesetzgeber allerdings Formvorschriften erlassen. Werden sie nicht eingehalten, ist das Rechtsgeschäft ungültig.

Fallbeispiel

Was sagt der Richter dazu?

Die 17-jährige Auszubildende Maria wird in der Fußgängerzone von einem Zeitschriftenvertreter zum Abonnement einer Frauenzeitschrift überredet. Der Vertrag soll für zwei Jahre gelten. Drei Monate später überlegt sie es sich anders und will vom Vertrag zurücktreten. Der Verlag besteht auf die Erfüllung des Vertrags, da sich die Kosten im Rahmen des Taschengeldes bewegten.

Das Gericht, das diesen Fall zu entscheiden hatte, kam zu folgendem Ergebnis:

Die Kündigung des Vertrags durch die Auszubildende ist wirksam, da es sich bei dem Abonnement um eine Art Ratenzahlung (wiederkehrende Leistung) handelt. Für diese Art von Geschäften ist jedoch die Zustimmung des Vormundschaftsgerichtes notwendig, unabhängig von der Höhe der Ratenzahlung.

Exkurs

Deliktfähigkeit und Strafmündigkeit

Unter **Deliktfähigkeit** versteht man die Verantwortlichkeit für die Straftat (strafrechtliche Haftung) oder für eine unerlaubte Handlung, die zu einem Schaden führt (zivilrechtliche Haftung). Für einen Schaden ist allerdings nur verantwortlich, wer das siebte Lebensjahr vollendet hat.

Bei Jugendlichen zwischen sieben und 18 Jahren muss die notwendige Reife und die Einsicht in die Schädlichkeit der Tat vorhanden sein. Verursacht ein sechsjähriges Kind mit dem Fahrrad einen Kratzer an einem Auto, haftet das Kind nicht. Ein 12-Jähriger dagegen haftet für den Schaden.

Unabhängig vom Alter ist die Schuldfähigkeit des Handelnden zu berücksichtigen. Geprüft wird auch, ob er zum Tatzeitpunkt wusste, was er tat (z. B. bei Volltrunkenheit).

Unter **Strafmündigkeit** versteht man die strafrechtliche Verantwortlichkeit. Bis zur Vollendung des 14. Lebensjahres kann ein Kind nicht verurteilt werden. Danach ist der Jugendliche nur dann strafrechtlich verantwortlich, wenn er zur Zeit der Tat sittlich und geistig reif genug war, das Unrecht der Tat einzusehen. Bis zum 18. Lebensjahr gilt das Jugendstrafrecht. Danach beginnt die volle Strafmündigkeit.

In Ausnahmefällen kann noch zwischen dem 18. und 21. Lebensjahr das Jugendstrafrecht herangezogen werden. Dies ist dann der Fall, wenn eine verminderte Schuldfähigkeit oder mangelnde geistige Reife vorliegt.

- **Gesetzliche Schriftform:** Hierbei müssen die Verträge immer schriftlich abgeschlossen werden. Dazu zählen
  - Abschluss und Kündigung des Berufsausbildungsverhältnisses,
  - Kündigung des Mietvertrags,
  - Abschluss eines Abzahlungskaufs (Ratenkaufvertrag) einschließlich des Rechts auf Widerruf,
  - Bürgschaftsversprechen.

- **Öffentliche Beglaubigung:** Vor dem Notar oder dem Amtsgericht wird die eigenhändige Unterschrift des Erklärenden beglaubigt. Der Inhalt der Urkunde wird dabei nicht geprüft. Es wird nur die Echtheit der Unterschrift bestätigt. Dies ist notwendig bei
  - Ausschlagung (Ablehnung) einer Erbschaft,
  - Anmeldung zu einem öffentlichen Register, z. B. Vereinsregister, Handelsregister, Grundbuch.

- **Notarielle Beurkundung:** Bei der notariellen Beurkundung wird neben der Echtheit der Unterschrift auch der Inhalt des Vertrags beglaubigt. Vorgeschrieben ist sie bei
  - Grundstückskaufverträgen (Immobilienverträgen),
  - Eheverträgen (Gütertrennung),
  - Gründung einer GmbH.

Fallbeispiel

Petra Zweifel sieht beim Gebrauchtwagenhändler Clever & Co. ihren Traumwagen für 5 000,00 EUR stehen. Sie sagt dem Verkäufer: „Für 4 500,00 EUR nehme ich ihn." „Für 4 700,00 EUR können Sie ihn haben." Petra überlegt und entgegnet ihm dann: „Ich überlege es mir bis morgen und sage Ihnen dann Bescheid. Verkaufen Sie den Wagen bis dahin auf gar keinen Fall. Wahrscheinlich werde ich ihn nehmen." Am nächsten Tag, als Petra den Wagen holen will, ist dieser bereits verkauft. Sie sagt zum Verkäufer: „Sie haben den Wagen verkauft, obwohl ich ihn haben wollte. Das wird Sie teuer zu stehen kommen." Petra fordert nun vom Verkäufer Schadenersatz, da sie der Meinung ist, dass ein Kaufvertrag bestanden habe. Wie ist die Rechtslage?

Damit jedoch ein Vertrag zustande kommt, ist es notwendig, dass die verschiedenen Willenserklärungen der Vertragsparteien inhaltlich übereinstimmen. Der Abschluss des Vertrags vollzieht sich dabei schrittweise:

Die zuerst abgegebene Willenserklärung heißt **Antrag.** Stimmt der Partner dem Antrag zu, so nennt man dies **Annahme.** Damit ist der Vertrag zustande gekommen. Der Antrag zu einem Vertragsabschluss kann von jedem der Partner ausgehen.

Einseitige Rechtsgeschäfte		Zwei- oder mehrseitige Rechtsgeschäfte
Empfangsbedürftige	**Nicht empfangsbedürftige**	
Durch eine Willenserklärung kommt ein Rechtsgeschäft mit **Zugang** beim Empfänger zustande. *Beispiele:* • Kündigung • Mahnung	Durch die **einseitige** Willenserklärung kommt ein Rechtsgeschäft zustande. *Beispiel:* • Testament	Durch mindestens **zwei** Willenserklärungen von verschiedenen Personen kommt ein Rechtsgeschäft zustande. *Beispiele:* • Kaufvertrag • Werkvertrag • Dienstvertrag • Mietvertrag • Werklieferungsvertrag

19. Arten von Rechtsgeschäften

Beispiel 1 *(vgl. Abb. 21): Die MFA Simone hat von einem Bekannten erfahren, dass im Haus von Herrn Schulze eine Wohnung frei geworden ist. Daraufhin sucht sie Herrn Schulze auf. Als Kaltmiete könnte sie 450,00 EUR bezahlen. Herr Schulze ist mit dem Mietpreis einverstanden.*

Beispiel 2 *(vgl. Abb. 22): Frau Klein hat ein großes Haus, das zum Teil leer steht. Daher bietet sie ihrer Bekannten Michelle die leer stehende Wohnung für 350,00 EUR Kaltmiete an. Michelle nimmt das Angebot an.*

Wird jedoch der Antrag vom zukünftigen Vertragspartner abgeändert, so kommt kein Vertrag zustande. Vielmehr stellt diese Änderung einen neuen Antrag dar. Der Vertragspartner kann diesen Antrag nun annehmen, eine nochmalige Änderung vornehmen oder den Antrag ablehnen. Ob ein Vertrag zustande kommt, ist somit von dem Verhandlungsgeschick und den Vorstellungen der Partner abhängig.

20. Gebrauchtwagenkauf

Beispiel 3 *(vgl. Abb. 23): Frau Dr. Pfennig bietet der ZFA Ebru eine leer stehende Wohnung für 500,00 EUR ohne Nebenkosten an. Für die Garagenbenutzung verlangt sie zusätzlich 50,00 EUR. Ebru würde die Wohnung mit der Garage gerne mieten, kann aber maximal 450,00 EUR zahlen. Frau Dr. Pfennig ist einverstanden.*

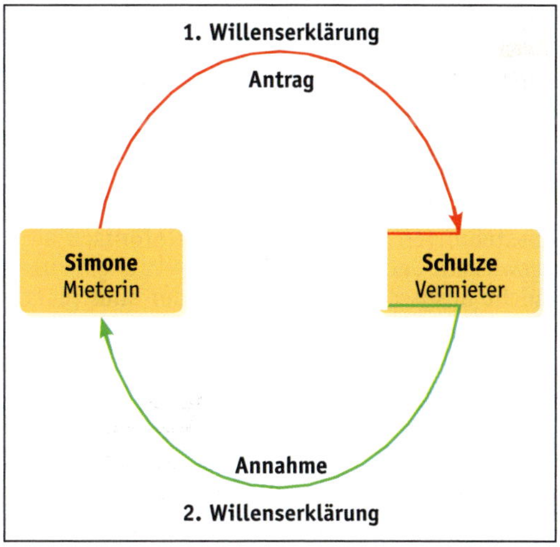

21. Beispiel 1

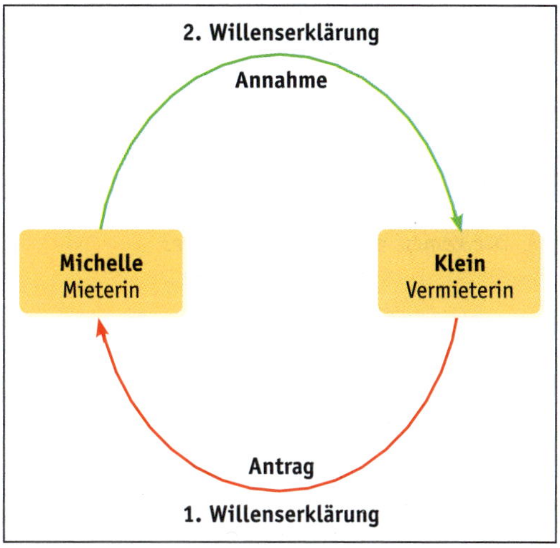

22. Beispiel 2

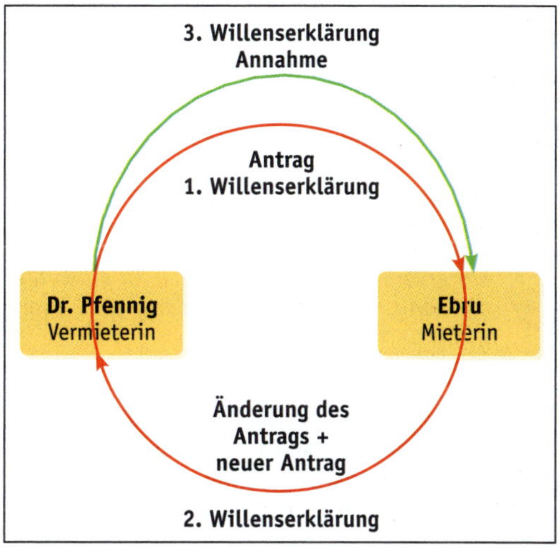

23. Beispiel 3

Exkurs

Willenserklärungen mittels Telekommunikation

Mit dem Einzug der neuen Telekommunikationsmöglichkeiten in die Praxen hat sich der Organisationsablauf geändert. So werden heute Bestellungen häufig nur noch **telefonisch** abgewickelt. Jedoch können Übermittlungsfehler nicht ausgeschlossen werden oder sind nicht beweisbar. Bei **Faxbetrieb** ist dagegen eine schriftliche Bestätigung der Absendung und des Inhalts vorhanden, aber nicht dafür, dass das Fax auch angekommen ist. Faxschreiben besitzen Dokumentencharakter. Die inzwischen üblich gewordene Form der Telekommunikation ist die E-Mail. Sie ist nicht nur die kostengünstigste Art, sondern auch die schnellste.

Allen genannten Möglichkeiten der Telekommunikation ist gemeinsam, dass die damit abgegebenen Willenserklärungen grundsätzlich rechtsverbindlich sind.

1. *Wie kann eine Willenserklärung erfolgen?*

2. *Wie kommt ein Vertrag zustande?*

2.3.1.5 Nichtige und anfechtbare Rechtsgeschäfte

Verstößt eine Willenserklärung gegen ein Gesetz oder eine Formvorschrift oder wird eine Notlage eindeutig ausgenutzt, so ist das Rechtsgeschäft **nichtig,** d. h. von Anfang an ungültig.
Nicht jede abgegebene Willenserklärung ist auch automatisch rechtskräftig. Nur wenn gesetzliche Formvorschriften eingehalten (z. B. notarielle Beurkundung eines Grundstückskaufs) und nicht gegen gesetzliche Bestimmungen verstoßen wurde (z. B. Eintragung eines falschen Kaufpreises im Kaufvertrag, um Steuern zu sparen), ist das Geschäft gültig. Ebenso wenig darf die Notlage eines Vertragsbeteiligten ausgenutzt werden.

Beispiel: *Ein Arbeitsloser soll 50 % Zinsen für einen Kredit zahlen. Das ist sittenwidrig und damit nichtig.*

In solchen Fällen ist das Rechtsgeschäft nichtig, d. h., es ist von Anfang an ungültig und wird als nicht abgeschlossen angesehen.

Anfechtbarkeit von Rechtsgeschäften

Auch ein zunächst wirksam zustande gekommenes Rechtsgeschäft kann sich u. U. (z. B. Irrtum des Käufers oder Verkäufers) als nachträglich mögliche unwirksame Vereinbarung herausstellen. Dies ist dann der Fall, wenn eine Vereinbarung nachträglich **angefochten** wird. Bis zu einer wirkungsvollen (gesetzlich zugelassenen und fristgerechten) Anfechtung ist das Rechtsgeschäft voll wirksam. Erst mit der erfolgreichen Anfechtung verliert es seine Gültigkeit und wird als von Anfang an nichtig angesehen. Eine Anfechtung des Rechtsgeschäftes hat **unverzüglich** nach Entdeckung des Anfechtungsgrundes zu erfolgen. Anders verhält es sich bei arglistiger Täuschung oder widerrechtlicher Drohung.

Hier hat die Anfechtung innerhalb **eines** Jahres nach der Entdeckung der Täuschung oder dem Wegfall der widerrechtlichen Drohung zu erfolgen. Liegen zwischen Abschluss des Rechtsgeschäftes (z. B. Hauskauf auf dem Grundstück einer ehemaligen Mülldeponie) und Entdeckung/Wegfall der widerrechtlichen Drohung 30 Jahre, so ist eine Anfechtung nicht mehr möglich. Bei erfolgreicher Anfechtung wegen arglistiger Täuschung oder widerrechtlicher Drohung kann neben der Annullierung (Aufhebung) des Vertrags auch Anspruch auf Schadenersatz möglich sein.

Fallbeispiel

Was sagt der Richter dazu?

Die 16-jährige Auszubildende kauft ohne Wissen ihrer Eltern ein Mofa auf Raten. Sie gibt ihr teures Fahrrad dafür in Zahlung. Auf dem Nachhauseweg wird ihr das Mofa gestohlen, während sie kurz einkaufen ist.

Der Verkäufer verlangt den vollen Kaufpreis von den Eltern.

Das Gericht, das diesen Fall zu entscheiden hatte, kam zu folgendem Ergebnis:

1. Der Kaufvertrag ist nichtig, da die Zustimmung der Eltern nicht vorlag und eine Einwilligung nicht erfolgte.
2. Das teure Fahrrad muss der Verkäufer zurückgeben.
3. Der Verkäufer hat den Schaden zu tragen, der durch den Diebstahl des Mofas entstanden ist.

Beispiele	Nichtige Rechtsgeschäfte
Die dreijährige Larissa S. kauft für 20,00 € ein gebrauchtes Smartphone.	Rechtsgeschäfte von Geschäftsunfähigen
Die 16-jährige Ute B. kauft für 1 300,00 € ein High-Tech-TV.	Rechtsgeschäfte beschränkt Geschäftsfähiger, wenn der gesetzliche Vertreter die Zustimmung verweigert
Der betrunkene Sascha M. verkauft sein Motorrad für 1,11 €.	Rechtsgeschäfte, die im Zustand der Bewusstlosigkeit oder vorübergehender geistiger Störungen erfolgten
Dieter D. verkauft 50 g Heroin.	Rechtsgeschäfte, die gegen ein gesetzliches Verbot verstoßen
Herr Meier schließt mit Herrn Müller mündlich einen Grundstückskaufvertrag.	Rechtsgeschäfte, die gegen eine gesetzliche Formvorschrift verstoßen
Das Bankhaus Hai verlangt überhöhte Zinsen.	Rechtsgeschäfte, die gegen die guten Sitten verstoßen
Marion W. versteigert den Eiffelturm meistbietend.	Scherzgeschäfte
Um Grunderwerbsteuer zu sparen, wird im schriftlichen Kaufvertrag ein Preis von 200 000,00 €, mündlich jedoch ein Preis von 300 000,00 € vereinbart.	Scheingeschäfte

24. Beispiele für nichtige Rechtsgeschäfte

2.3.2 Vertragsarten

Zu den in den medizinischen Bereichen wichtigsten Vertragsarten zählen:

Kaufvertrag

Hier vereinbaren die Vertragsparteien (Verkäufer und Käufer) folgende Leistungen:

- Der Verkäufer liefert Ware im ordnungsgemäßen Zustand am vereinbarten Ort zur vereinbarten Zeit.
- Der Verkäufer nimmt die Ware entgegen und bezahlt den vereinbarten Preis.

Mit der Lieferung und der Übergabe der Ware durch den Verkäufer wird der Käufer zunächst Besitzer. Durch den Eigentumsvorbehalt kann das Eigentum der Ware bis zur endgültigen Bezahlung gesichert werden. Erst mit der Bezahlung der Ware durch den Käufer wird er endgültig Eigentümer. Im Normalfall findet beides gleichzeitig statt.

Beispiel: *Maria N. geht an den Kiosk, nimmt sich eine Zeitung und legt den Kaufpreis dafür hin.*

Beispiel: *Claudia K. kauft von ihrem Bruder am 12.07. dessen Auto, zahlt die Hälfte an und fährt für eine Woche in Urlaub. Nach ihrer Rückkehr zahlt sie am 20.07. den Rest und erhält den Kfz-Brief. Erst jetzt ist sie Eigentümerin des Autos.*

Mietvertrag

Beim Mietvertrag gehen die Vertragsparteien (Vermieter und Mieter) folgende Verpflichtungen ein:

Fallbeispiel

Was sagt der Richter?

Lisa hat gerade ihren Führerschein gemacht. Bei einem Händler findet sie ihren Traumwagen. Ihre Ersparnisse reichen gerade aus, um den Wagen zu kaufen, da das Auto sehr günstig angeboten wird. Bei ihrer ersten Tour fährt sie vor einer roten Ampel leider auf einen anderen Wagen auf. Dabei verletzt sie sich so schwer, dass sie stationär behandelt werden muss.

Wie sich bei der Untersuchung des Wagens herausstellt, waren die Bremsen defekt. Dies hätte der Händler wissen und der Käuferin mitteilen müssen. Deshalb fordert Lisa den vollen Kaufpreis zurück. Auch verlangt sie Schadenersatz, d. h. den Ersatz der Reparaturkosten des Unfallgegners und Schmerzensgeld für den Krankenhausaufenthalt.

Das Gericht, das diesen Fall zu entscheiden hatte, kam zu folgender Entscheidung:

1. Der Kaufpreis ist Lisa zurückzuerstatten.
2. Der Händler hat den Schaden des Unfallgegners zu tragen.
3. Lisa werden 2 000,00 EUR Schmerzensgeld zugesprochen.

- Der Vermieter überlässt die Sache dem Mieter für einen Zeitraum zum Gebrauch.
- Der Mieter zahlt den vereinbarten Mietpreis und verpflichtet sich zum ordnungsgemäßen Gebrauch der Sache.

Fallbeispiel

Was sagt der Richter dazu?
Die Auszubildende Olga hat von Frau Müller eine Ein-Zimmer-Wohnung für die Zeit ihrer Ausbildung befristet gemietet. Frau Müller möchte jederzeit, auch ohne Olga, den Zustand der Wohnung kontrollieren.

Olga ist mit dieser Regelung nicht einverstanden und verlangt, dass Frau Müller die Wohnung während ihrer Abwesenheit nicht betritt.

Daraufhin kündigt Frau Müller Olga fristlos.

Das Gericht, das diesen Fall zu entscheiden hatte, kam zu folgendem Ergebnis:

1. Die fristlose Kündigung ist nichtig.
2. Das Mietverhältnis endet mit Ablauf der Ausbildung.
3. Eine Kontrolle der Wohnung durch den Vermieter ist alle zwei Jahre in Absprache und Beisein des Mieters zulässig.
4. Ein Betreten der Wohnung ohne den Mieter ist nur bei drohender Gefahr (z. B. Feuer, Wasserrohrbruch) möglich.

Der Vermieter bleibt immer Eigentümer der Sache. Der Mieter wird durch Inbesitznahme der Sache nur Besitzer. Bei ordnungsgemäßer Benutzung der gemieteten Sache durch den Mieter darf der Vermieter **nicht** ohne Einwilligung des Mieters die Sache in Besitz nehmen oder den Gebrauch kontrollieren.

Pachtvertrag

Bei einem Pachtvertrag handelt es sich um die entgeltliche Überlassung eines Gegenstandes zur Nutzung und Ertragserzielung. Die Vertragsparteien (Verpächter und Pächter) haben folgende Pflichten:

- Der Verpächter überlässt dem Pächter die Sache zum Gebrauch und den daraus sich ergebenden Ertrag.
- Der Pächter verpflichtet sich zur Zahlung der vereinbarten Pacht.

Der Verpächter bleibt Eigentümer der Sache. Er hat aber keinen Anspruch auf den aus dem Pachtverhältnis entstehenden Ertrag. Dieser steht allein dem Pächter zu.

Beispiel: *Familie Autark hat vom Bauern Metzger einen Acker gepachtet. Dort baut sie für ihren Gebrauch Obst und Gemüse an.*

Beispiele	Anfechtungsgrund
Eine Ware wird versehentlich mit 20,00 € statt mit 200,00 EUR ausgezeichnet.	**Anfechtung wegen Irrtums** • Anfechtung wegen Erklärungsirrtum (Verschreiben oder Versprechen)
Statt eines Pachtvertrags schließt Landwirt Müller einen Kaufvertrag für eine Wiese ab.	• Anfechtung wegen Inhaltsirrtums (Irrtum über den Inhalt der Willenserklärung)
Dr. Metzger erhält per Fax ein Angebot. Durch einen technischen Fehler wird der Preis mit 55,00 € statt 5 500,00 € ausgewiesen.	• Anfechtung wegen unrichtiger Übermittlung (falsche Übermittlung durch eine Person oder technische Störungen)
Herr Neumann kauft Aktien in der Hoffnung auf Kurssteigerungen. Stattdessen sinkt der Kurs.	**Anfechtung wegen eines Motivirrtums** Eine Anfechtung ist in solchen Fällen nicht möglich (im Gegensatz zum sonstigen Irrtum!). Sie ist auch ausgeschlossen bei Unkenntnis einer Tatsache, die dem Rechtsgeschäft zugrunde liegt.
Der Verkäufer eines Gebrauchtwagens verschweigt wider bessers Wissen, dass der Wagen einen schweren Unfall hatte.	**Anfechtung wegen arglistiger Täuschung oder widerrechtlicher Drohung** Rechtsgeschäfte, die durch eine bewusste Täuschung oder Bedrohung des Vertragspartners zustande gekommen sind, können nachträglich angefochten werden.
Der Vermieter droht dem Mieter mit Sperrung des Wassers, wenn er nicht die höhere Miete bezahlt.	

25. Beispiele für Anfechtungsgründe

Leihvertrag

Hier vereinbaren die Vertragsparteien (Verleiher und Entleiher) folgende Leistungen:

- Der Verleiher überlässt dem Entleiher die Sache unentgeltlich.
- Der Entleiher verpflichtet sich zum ordnungsgemäßen Gebrauch der Sache.

Der Verleiher bleibt Eigentümer der Sache, der Entleiher ist nur Besitzer. Der Entleiher hat die sich aus der Leihe ergebenden Kosten zu tragen.

Beispiel: *Monika L. leiht sich von ihrer Mutter das Auto, um am Wochenende fortzufahren. Die Benzinkosten muss sie dabei selbst tragen.*

Werkvertrag

Die Vertragsparteien (Unternehmer und Besteller) gehen folgende Verpflichtungen ein:

- Der Unternehmer verpflichtet sich, eine bestimmte Arbeit zu verrichten oder ein Werk herzustellen.
- Der Besteller liefert das benötigte Material und bezahlt die Leistung des Unternehmers.

Beim Werkvertrag schuldet der Unternehmer den Erfolg seiner Leistung, d.h. nicht nur das bloße Tätigwerden, sondern die erfolgreiche Ausführung. Typische Werkverträge sind Handwerkerverträge, z.B. Reparaturaufträge, Serviceleistungen, Reparatur von Körper- und Zahnprothesen.

Beispiel: *Herr Mutzke lässt sich seine beim Frühstück beschädigte Krone beim Zahnarzt wiederherstellen.*

Werklieferungsvertrag[1]

Hierbei vereinbaren die Vertragsparteien (Unternehmer und Besteller) folgende Leistungen:

- Der Unternehmer verpflichtet sich zur Herstellung einer Sache aus von ihm besorgtem Material bzw. zur Verrichtung einer Arbeit.
- Der Besteller verpflichtet sich zur Abnahme und Bezahlung der Sache.

Auch hier wird der Erfolg der Leistung geschuldet, d.h. die erfolgreiche Ausführung der Tätigkeit. Typische Werklieferungsverträge sind oft Kaufverträge, z.B. Kauf einer neuen Brille, die Herstellung einer Zahnprothese.

Beispiel: *Weil sich die Sehkraft von Frau Neu-Giehrig verschlechtert hat, lässt sie sich vom Optiker eine neue Brille anfertigen.*

Wartungsvertrag

In Arzt-, Zahnarzt- und Tierarztpraxen werden zu Diagnose- und Therapiezwecken medizinische Geräte verwendet, die sehr teuer sind. Umso ärgerli-

[1] *Lieferung herzustellender oder zu erzeugender beweglicher Sachen*

	Kaufvertrag	Mietvertrag	Pachtvertrag	Leihvertrag
Vertragspartner	Verkäufer Käufer	Vermieter Mieter	Verpächter Pächter	Verleiher Entleiher
Vertragsinhalt	Veräußerung von Waren	Entgeltliche Überlassung von Sachen	Entgeltliche Überlassung von Sachen	Unentgeltliche Überlassung von Sachen
Beispiele	• Maria S. kauft ein neues Auto. • Petra M. kauft für das Abendessen ein. • Halime G. kauft sich neue Ohrringe.	• Claudia U. mietet sich ihre erste Wohnung. • Laura S. mietet sich im Urlaub ein Auto. • Clara R. mietet sich für ihren Umzug einen Transporter.	• Dorothea U. pachtet sich einen Schrebergarten. • Bauer Huber pachtet eine Wiese von Bauer Adler. • Der Koch Heinz pachtet die Gastwirtschaft „Klause".	• Margot A. leiht sich ein Buch aus der Bibliothek aus. • Clara G. leiht ihrem Freund ihr Auto. • Ayse D. leiht sich von Anna die Unterlagen für die Klassenarbeit aus.

	Werkvertrag	Werklieferungsvertrag[1]	Wartungsvertrag	Arbeitsvertrag
Vertragspartner	Unternehmer Besteller	Unternehmer Besteller	Unternehmer Auftraggeber	Arbeitgeber Arbeitnehmer
Vertragsinhalt	Herstellung oder Reparatur von Waren	Herstellung von Waren	Instandhaltung oder Reparatur von Geräten	Leistungen von Diensten gegen Entgelt
Beispiele	• Gisela B. lässt sich ein Hochzeitskleid maßschneidern. • Karima P. lässt ihre Waschmaschine reparieren. • Leon S. bringt einen Film zur Entwicklung.	• Franziska N. bekommt eine Einbauküche montiert. • Ayse U. lässt sich einen Einbauschrank anfertigen. • Lukas K. bekommt eine neue Zahnkrone.	• Frau Dr. Müller lässt regelmäßig ihr Röntgengerät warten. • Die Firma Vetcom repariert den defekten PC der Pferdeklinik.	• Eva P. schließt einen Arbeitsvertrag. • Johannes B. vereinbart einen zusätzlichen 450-EUR-Job. • Erika E. arbeitet am Wochenende als Kellnerin.

cher ist es, wenn diese Geräte dann zwar einwandfrei funktionieren, sie aber dennoch nicht optimal genutzt werden können, weil sie hierfür z. B. erst auf die genauen Bedürfnisse der Praxis eingestellt werden müssten oder auch nur Updates mangels Zeit oder Kenntnissen nicht eingepflegt werden können. Auch bei der von einer Fachfirma gestalteten Homepage für die eigene Praxis kann der Praxisinhaber damit überfordert sein, diese Homepage dann selbstständig aktuellen Entwicklungen anzupassen.

In diesen Fällen ist es sinnvoll, Wartungsverträge abzuschließen.

Die Vertragsparteien (Unternehmer und Auftraggeber) haben folgende Pflichten:

- Der Unternehmer verpflichtet sich zur vereinbarten Wartung und/oder unverzüglichen Reparatur bei Störungen oder Ausfall der Sache.
- Der Auftraggeber verpflichtet sich zur Zahlung des Wartungsentgeltes.

Wartungsverträge können unterschieden werden in

- präventive (vorsorgliche) Wartung und
- Reparaturservice.

Präventive Wartung umfasst die regelmäßige Kontrolle der Geräte. Diese soll eine störungsfreie Funktion der Geräte ermöglichen bzw. die Einhaltung gesetzlicher Prüfvorschriften gewährleisten.

Der Reparaturservice soll eine möglichst schnelle Wiederinbetriebnahme der Geräte bei einer Störung oder einem Defekt sicherstellen und damit die Einnahmeausfälle reduzieren.

Wartungsverträge werden sowohl bei Kauf- als auch bei Leasingverträgen von Geräten angeboten.

Beispiel: *Das Röntgengerät von Dr. Schein erhält im Rahmen der Wartung die neue TÜV-Zulassung.*

Arbeitsvertrag

Der Arbeitsvertrag (vgl. auch Seite 222) ist eine Sonderform des Dienstvertrages. Dabei gehen die Vertragsparteien (Arbeitgeber und Arbeitnehmer) folgende Verpflichtungen ein:

- Der Arbeitgeber schuldet die vereinbarte Bezahlung.
- Der Arbeitnehmer schuldet das Tätigwerden.

Bei den Dienstverträgen wird kein Erfolg geschuldet. Vielmehr ist hier das bloße Tätigwerden notwendig, bzw. das sorgfältige Ausführen des Auftrags steht im Vordergrund.

Beispiel: *Die Praxis Dr. Modern hat eine neue Computeranlage. Trotz einer Schulung und großer Sorgfalt unterlaufen den Angestellten noch Fehler, was aber keine arbeitsrechtlichen Konsequenzen nach sich zieht.*

1. *Was sind Rechtssubjekte und Rechtsobjekte?*

2. *Erklären Sie den Unterschied zwischen Besitz und Eigentum.*

3. *Unterscheiden Sie die Rechts- von der Geschäftsfähigkeit.*

4. *Welche Vertragsarten gibt es und worin unterscheiden sie sich?*

2.4 BEHANDLUNGSVERTRAG

2.4.1 Abschluss und Inhalt

Der Behandlungsvertrag ist eine besondere Form des Dienstvertrags und im BGB, §630a, besonders geregelt. Danach muss die Behandlung nach den aktuellen allgemein anerkannten fachlichen Standards erfolgen. Der Behandelnde schuldet dabei aber keinen unmittelbaren Behandlungserfolg, also die direkte Heilung, sondern sorgfältiges und fehlerfreies Arbeiten. Dies gilt auch im Rahmen der zahnärztlichen Prothetik.

Ein Behandlungsvertrag zwischen Arzt/Zahnarzt und Patient (beim Tierarzt zwischen Tierarzt und dem Tierhalter) kommt z.B. zustande, wenn

- ein Termin für die Behandlung vereinbart wird,
- vom Patienten die Sprechstunde aufgesucht und die eGK abgegeben wird,
- der Arzt einen Hausbesuch vereinbart.

Der Behandlungsvertrag kommt meist durch eine mündliche Willenserklärung, z. B. telefonische Terminvereinbarung, oder durch schlüssiges (konkludentes) Handeln, z. B. Aufsuchen der Sprechstunde, zustande.

Eine Ausnahme bildet die **Geschäftsführung ohne Auftrag.** Diese liegt dann vor, wenn der Handelnde (hier z.B. der Arzt/Zahnarzt) die Geschäfte des anderen (hier z.B. ein Patient, der sich nicht äußern kann) so führt, wie es in dessen mutmaßlichem Interesse liegt, ohne von ihm dafür ausdrücklich beauftragt zu sein.

Beispiel

Frau Schulze bricht vor der Praxis zusammen und ist bewusstlos. Der Arzt behandelt daraufhin Frau Schulze, ohne dass ausdrücklich ein Vertrag zustande gekommen ist.

Grundsätzlich besteht **freie Arztwahl,** d. h., der Patient kann unter den niedergelassenen Ärzten den Arzt seines Vertrauens wählen. Ist der Patient in der gesetzlichen Krankenkasse versichert, sollte er einen Arzt mit Kassenzulassung (Vertragsarzt) aufsuchen, da ansonsten eine Behandlung und Abrechnung als Privatpatient erfolgt.

Vertragspartner des Patienten ist bei einer Einzelpraxis und Praxisgemeinschaft (vgl. Exkurs S. 12) immer der gewählte Arzt selbst. Er führt die Behandlung durch und haftet bei fehlerhaften Verhalten. Anders in einer Berufsausübungsgemeinschaft (Gemeinschaftspraxis): Hier werden alle Praxisärzte gleichzeitig zu Vertragspartnern, egal, wer von ihnen den Patienten behandelt. Bei Fehlern haften daher alle als Gemeinschaft. Dies gilt auch für ein Medizinisches Versorgungszentrum.

Ein **Behandlungszwang** für den Arzt besteht aufgrund der allgemeinen Vertragsfreiheit zunächst nicht. Ausgenommen sind dringende Fälle. Handelt der Arzt hier nicht, so macht er sich der **unterlassenen Hilfeleistung** (siehe Exkurs S. 102) schuldig. Daher hat jeder Arzt vor der **Ablehnung** eines Patienten abzuwägen, ob ein dringender Fall vorliegt. Eine Ablehnung der Behandlung durch einen Vertragsarzt kann z. B. in Betracht kommen wenn

- die Praxis bereits stark überlastet ist,
- eine spezielle Behandlung nicht das Fachgebiet des Arztes betrifft
- das Vertrauensverhältnis zwischen Arzt und Patient gestört ist
- eine unberechtigte Krankschreibung verlangt wird,
- die ärztlichen Anweisungen vom Patienten nicht befolgt werden.

Exkurs

Unterlassene Hilfeleistung

Der Gesetzgeber hat die unterlassene Hilfeleistung in **§ 323c StGB** wie folgt beschrieben: „Wer bei Unglücksfällen oder gemeiner Gefahr oder Not nicht Hilfe leistet, obwohl dies erforderlich und ihm den Umständen nach zuzumuten, insbesondere ohne erhebliche eigene Gefahr und ohne Verletzung anderer wichtiger Pflichten möglich ist, wird mit Freiheitsstrafen bis zu einem Jahr oder mit Geldstrafe bestraft."

Wer also bei einem Unfall nicht hilft, weil er Angst hat, sich schmutzig zu machen, oder glaubt, nicht helfen zu können, macht sich immer strafbar. Anders ist es, wenn man jemanden sieht, der am Ertrinken ist, und man selbst nicht schwimmen kann. Hier liegt keine strafbare Handlung vor, da im Falle des Rettungsversuchs das eigene Leben stark bedroht wäre.

Das Fehlen der elektronischen Gesundheitskarte ist **kein** Ablehnungsgrund. Allerdings kann die Behandlung später eventuell privat abgerechnet werden (vgl. Seite 46).

Für das Zustandekommen eines Behandlungsvertrags zwischen dem Arzt und Geschäftsunfähigen bzw. beschränkt Geschäftsfähigen ist in der Regel die Einwilligung des gesetzlichen Vertreters (i.d.R. die Eltern) Voraussetzung. Von Notfällen abgesehen, sollte sich der behandelnde Arzt durch eine entsprechende Zustimmung absichern.

Besitzt der beschränkt Geschäftsfähige (Minderjährige) die **erforderliche Einsichtsfähigkeit**, kann er also die Bedeutung und Tragweite der Behandlung erfassen, dann darf er selbst eine **Behandlungseinwilligung** erteilen. Diese Einsichts- und Urteilsfähigkeit muss der Arzt jedoch im Einzelfall prüfen, wobei es keine festen Altersgrenzen gibt. Es kann aber davon ausgegangen werden, dass Kindern unter **14 Jahren** die notwendige Einsichtsfähigkeit fehlt. Über das Gespräch zwischen Arzt und dem beschränkt Geschäftsfähigen ist eine ausführliche Dokumentation anzulegen.

Beispiel

Die 17-jährige Elisabeth W. kommt zur Gynäkologin und möchte „die Pille" verschrieben haben. Die Ärztin führt mit ihr ein ausführliches Gespräch, untersucht sie und stellt daraufhin ein Rezept aus.

Durch den Behandlungsvertrag werden die Kosten für die Regelleistungen von der gesetzlichen Krankenversicherungen, abzüglich eventueller Eigenbeteiligungen, übernommen. Zusatzleistungen, die nicht von der gesetzlichen Krankenversicherung übernommen werden, wie z.B. eine Hepatitisimpfung, müssen ausdrücklich vereinbart werden.

Eine Behandlung gegen den Willen des Patienten ist eine strafbare Körperverletzung.

1. *Wann kommt ein Behandlungsvertrag zustande?*

2. *Was versteht man unter „Einsichtsfähigkeit"?*

Exkurs

Behandlungsvertrag mit Asylbewerbern

Rechtliche Grundlagen sind das Asylbewerberleistungsgesetz (AsylbLG) und das Sozialgesetzbuch XII (SGB XII).

Anspruchsberechtigt nach dem

AsylbLG sind offizielle Asylbewerber, ausländische Staatsangehörige mit einer „Duldung" und und alle sonstigen ausreisepflichtigen Personen ausländischer Staatsangehörigkeit, z.B. auch Touristen ohne gültiges Visum.

Alle anderen Personen ausländischer Staatsangehörigkeit, die keinen Leistungsanspruch nach dem AsylbLG besitzen, haben einen Leistungsanspruch entsprechend dem SGB II.

Im Behandlungsfall wird in der Arztpraxis bzw. einer Klinik ein Antrag auf Kostenübernahme nach dem AsylbLG bzw. SGB XII gestellt. Der Antragsteller muss dabei glaubhaft machen, dass er sich in einer materiellen Notlage befindet, kein Vermögen besitzt, keine unterhaltspflichtigen Angehörigen hat und auch kein Versicherungsschutz im Herkunftsland besteht, der in Deutschland gültig wäre.

2.4.2 Pflichten der Vertragspartner

Die Pflichten des Arztes, Zahn- und Tierarztes ergeben sich aus der jeweiligen Berufsordnung, den Verträgen mit der Kassenärztlichen/Kassenzahnärztlichen Vereinigung sowie dem Strafgesetzbuch.

Im Einzelnen sind hierbei zu nennen:

Sorgfaltspflicht

Bei der Behandlung der Patienten hat der Arzt eine besondere Sorgfaltspflicht. Dies bedeutet, dass der Arzt nach den anerkannten Regeln der Wissenschaft behandeln muss. Weiterhin hat er den Patienten umfassend aufzuklären und über die Behandlung eine umfassende Dokumentation anzulegen.

Der Patient muss darauf vertrauen können, dass der Arzt die nötige Sorgfalt aufbringt. Eine Überbeanspruchung oder nicht ausreichende Kenntnisse des Arztes entkräften den Vorwurf der mangelnden Sorgfalt nicht. Ist der Arzt an die Grenzen seiner Fähigkeiten oder Kenntnisse gelangt, so hat er eine Überweisung zu einem sachkundigen Kollegen oder Spezialisten vorzunehmen.

Aus den genannten Gründen wird deutlich, dass der Arzt verpflichtet ist, sich regelmäßig fortzubilden. Dies kann durch Fortbildungsveranstaltungen und/oder das Studium von Fachbüchern oder -zeitschriften erfolgen.

Einen Teil seiner Tätigkeiten darf der Arzt **delegieren.** So kann er anordnen, dass seine Angestellte alle Tätigkeiten übernimmt, welche die Anwesenheit des Arztes bei der Behandlung nicht erfordern.

Beispiel: *Die MFA Carmen H. wechselt selbstständig kleinere Verbände, gibt im-Spritzen, stellt das Bestrahlungsgerät ein.*

Der Arzt muss bei der Delegation von Tätigkeiten die Ausbildung und berufliche Erfahrung seiner Angestellten beachten. Auch hat er sich von der Qualität der Tätigkeit zu überzeugen und stichprobenartige Kontrollen vorzunehmen, denn der Arzt haftet für alle Leistungen in der Praxis (vgl. auch Seite 105).

Aufklärungspflicht

Bevor die Behandlung des Patienten erfolgen kann, ist der Arzt verpflichtet, den Patienten umfassend **aufzuklären.** Dabei hat der Arzt den Patienten über

- die Art der Erkrankung,
- die Art, den Umfang und die Maßnahmen der Behandlung,
- die Risiken der Behandlung,

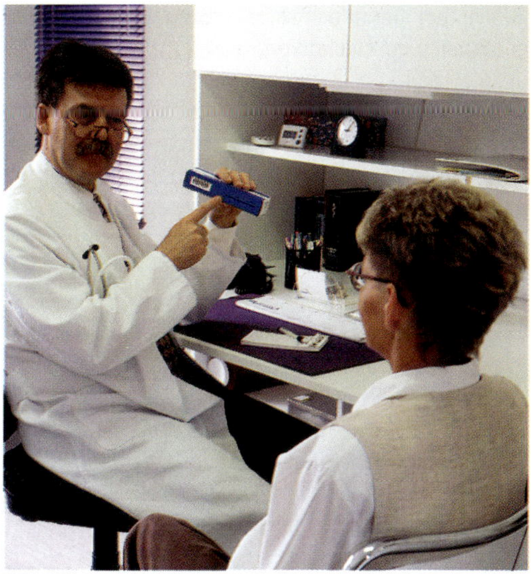

26. Patientin beim Arztgespräch

- die eventuellen Alternativen der Behandlung,
- die verwendeten Medikamente sowie ihre Wirksamkeit und Nebenwirkungen

zu informieren. Dies muss er ausführlich dokumentieren (vgl. auch Seite 104).

Beim Umfang der Aufklärung ist zu berücksichtigen, welche Verständnisfähigkeit des Patienten vorliegt. So spielt die Vorbildung oder die Erfahrung des Patienten mit der Erkrankung eine Rolle. Auch die Dringlichkeit des Eingriffs ist zu berücksichtigen: Je dringender der Eingriff zu erfolgen hat, desto geringer sind die Anforderungen an die Aufklärungsfrist.

Eine Aufklärung des Patienten kann nur unterlassen werden, wenn

- der Patient ausdrücklich darauf verzichtet,
- durch die Aufklärung ein irreparabler psychischer Schaden entstehen würde.

Die Patientenaufklärung hat **immer** durch den **Arzt** selbst zu erfolgen.

Nachdem der Patient umfassend aufgeklärt wurde, kann er sich entscheiden, ob er die Behandlung durchführen lassen will oder nicht. Erst mit dieser **Einwilligung** durch den Patienten kann der Arzt die Behandlung beginnen bzw. fortsetzen. Dabei kann der Patient jederzeit die Einwilligung widerrufen. An den Widerruf ist der Arzt gebunden. Ausgenommen davon ist nur die Versorgung bei Lebensgefahr oder wenn durch den Abbruch der Behandlung ein dauernder Schaden hervorgerufen wird. Eine Zwangsbehandlung gibt es nach dem Bundesinfektionsschutzgesetz

(IfSG), bei Geschlechtskrankheiten oder bei Blutentnahmen zu Alkoholkontrollen.

Schweigepflicht

Kommt der Behandlungsvertrag zustande, ergibt sich zwischen Patient und Arzt ein Vertrauensverhältnis. Es ist besonders durch die **Schweigepflicht** des Arztes und seiner Mitarbeiter geschützt. Unter die Schweigepflicht fallen alle Informationen über den Patienten. Sie umfasst nicht nur die Art, den Umfang und den Verlauf der Krankheit und der Behandlung, sondern auch die familiäre oder wirtschaftliche Situation. Deshalb darf Dritten telefonisch keine Auskunft über den Patienten oder seine Befunde erteilt werden, nicht einmal Auskünfte darüber, ob der Patient den Arzt konsultiert hat oder in der Sprechstunde sitzt. Ausgenommen von der Schweigepflicht sind folgende Vorgänge:

- Der Patient **entbindet** den Arzt schriftlich oder mündlich von der Schweigepflicht.

> Beispiel: *Die Patientin ist damit einverstanden, dass ihr Mann über die Untersuchungsergebnisse informiert wird.*

- Eine **mutmaßliche** Einwilligung liegt vor.

> Beispiel: *Der Arzt informiert die Ehefrau über den Gesundheitszustand des bewusstlosen Ehemanns.*

- Eine Entbindung der Schweigepflicht durch **schlüssiges Handeln** liegt vor.

> Beispiel: *Durch die Abgabe der Versichertenkarte entbindet der Patient den Arzt gegenüber der Krankenkasse von der Schweigepflicht.*

- Eine **strafbare Handlung** liegt vor oder ein **höheres Rechtsgut** wird geschützt.

> Beispiel: *Die Behandlung von Schussverletzungen, die Feststellung von Kindesmissbrauch*

Wird die Schweigepflicht ungerechtfertigt gebrochen, kann dies folgende Konsequenzen haben:

- Strafrechtliche Ermittlungen
- Schadenersatzforderungen
- Berufsgerichtliche Verfahren
- Arbeitsrechtliche Konsequenzen

Dokumentationspflicht

Im Rahmen des Behandlungsvertrags ist es notwendig, dass der Arzt über seine Behandlung Aufzeichnungen führt. Diese **Dokumentationspflicht** ergibt sich aus gesetzlichen Verpflichtungen (ärztliche Berufsordnung, Vertrag mit den Kassenzahnärztlichen und Kassenärztlichen Vereinigungen). Die Dokumentation dient auch als Beweismittel bei Rechtsstreitigkeiten. Sie kann entweder noch in Form von Karteikarten oder per EDV vorgenommen werden und muss alle wesentlichen Informationen über den Patienten enthalten. Im Einzelnen sind dies:

Stammdaten

- Patientendaten (wie Name, Geburtsdatum usw.)
- Dauerdiagnosen oder Risiken

Bewegungsdaten

- Behandlungsbeginn und -verlauf
- Untersuchungsergebnisse, Medikation

Die Dokumentation muss so aufgebaut sein, dass ein lückenloser Verlauf der Diagnose und Therapie erkennbar wird.

Besondere Bedeutung erlangen die Aufzeichnungen, wenn ein Behandlungsfehler vermutet wird oder in Versicherungsfällen. Dies kann z. B. die

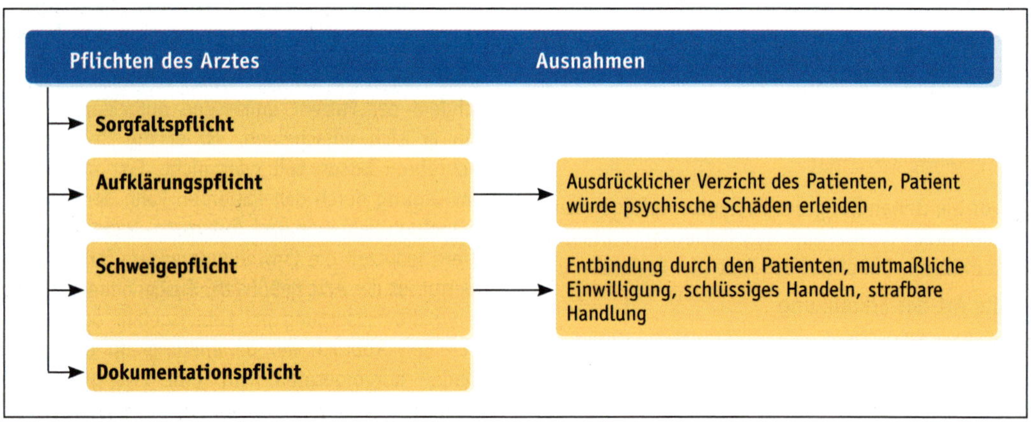

27. Pflichten des Arztes

Exkurs

Schönheitschirurgie

Die Schönheits- oder plastische Chirurgie ist keineswegs etwas Unseriöses, wie man nach Artikeln der Boulevardblätter meinen könnte. Ihr Einsatz erfolgt meist bei Fehlbildungen, Verletzungen oder nach entstellenden Krebstherapien.

Fehlbildungen sind u.a. angeborene Gesichtsspalten („Hasenscharte", „Wolfsrachen"). Aber auch eine deformierte Nase oder ein zu großer oder zu kleiner Busen kann eine große seelische Belastung bedeuten, sodass der Einsatz der plastischen Chirurgie von der Krankenkasse übernommen wird.

Das Haupteinsatzgebiet liegt aber in der Wiederherstellung nach Verletzungen, z.B. nach schweren Verbrennungen oder entstellenden Gesichtsverletzungen sowie nach Krebstherapien.

Mit der oben beschriebenen plastischen wird oft die „kosmetische" Chirurgie gleichgesetzt, die durch chirurgische Eingriffe, wie z.B. Gestaltung von Körperregionen (Brust, Gesäß, Oberschenkel etc.), Lidstraffung oder Fettabsaugung bestimmte Schönheitsvorstellungen verwirklichen soll. Hier handelt es sich um einen Behandlungsvertrag, der privat abzurechnen ist.

Leistung einer privaten Krankenversicherung betreffen, die behauptet, die Erkrankung habe bereits vor Abschluss der Versicherung vorgelegen und sei verschwiegen worden. Deshalb hat der Gesetzgeber bestimmte **Aufbewahrungsfristen** (vgl. Seite 213) festgelegt.

Zahnersatz, Paradental- und kieferorthopädische Modelle sind zwischen sechs Monate und fünf Jahre nach Abschluss der Behandlung aufzubewahren. Hierbei handelt es sich um Mindestfristen, die überschritten werden können, wenn dies nach ärztlicher Erfahrung notwendig ist. Der Patient hat gegenüber dem Arzt einen Anspruch auf **Einsicht** oder **Kopie** (bei entsprechender Kostenerstattung) der ihn betreffenden Behandlungsunterlagen.

Dieses Einsichtsrecht kann ausnahmsweise eingeschränkt sein, wenn im Einzelfall gegen die Informations-Offenlegung ernste therapeutische Bedenken bestehen (z.B. bei psychischen Erkrankungen) oder der Patient selbst durch die Kenntnisnahme gefährdet erscheint (z.B. bei einer Selbstschädigungsgefahr).

Pflichten des Patienten

Die Pflichten des Patienten bestehen aus:

- **Zahlung der Liquidation.** Dies geschieht bei gesetzlich Krankenversicherten durch die Vorlage der Versichertenkarte. Der Arzt rechnet seine Leistungen anschließend mit der Krankenkasse ab. Eventuelle Eigenanteile sind direkt vom Patienten an den Arzt zu zahlen. Bei Privatpatienten bezahlt der Patient die ärztliche Rechnung (Liquidation) direkt an den Arzt.
- **Unterstützung der Behandlung des Arztes durch den Patienten.** Das heißt, der Patient hat die Anweisungen des Arztes zu befolgen und alles zu unterlassen, was die Genesung gefährdet.

Exkurs

Allgemeine Meldepflicht

Die Schweigepflicht ist immer dann aufgehoben, wenn es im Interesse der öffentlichen Gesundheit ist oder der Gefahrenabwehr dient. So ist der Arzt gesetzlich verpflichtet, in folgenden Fällen an die entsprechende Behörde eine Meldung zu erstatten:

1. Erkrankungen nach dem **Infektionsschutzgesetz,** z.B. Cholera, Diphterie, Masern, Tollwut
2. Bei **Geschlechtskrankheiten,** speziell bei Syphilis (Lues) müssen nicht namentliche Angaben gemeldet werden.
3. **Fehlbildungen und Behinderungen,** z.B. Downsyndrom
4. **Schwangerschaftsabbrüche**
5. **Geburts- und Todesfälle**
6. **HIV-Infektionen und AIDS-Erkrankungen**

Arzt greift zum Hammer

Ein Zahnarzt hat während eines Streits mit einem Patienten radikale Methoden angewendet:
Mit einem Hammer schlug er seinem Opfer während eines Streits gleich mehrere Zähne aus. Zu dem Vorfall war es gekommen, als der Patient Röntgenaufnahmen für einen Bekannten bei dem Zahnarzt abholen wollte. Als der Zahnarzt die Ausgabe der Röntgenaufnahmen verweigerte, kam es zu einem heftigen Streit, der schließlich in der Hammerattacke eskalierte. Der Zahnarzt wurde noch in der Praxis festgenommen.

(Aus einem Zeitungsartikel)

1. *Was versteht man unter „Sorgfaltspflicht"?*
2. *Was ist bei der Aufklärung des Patienten zu beachten?*
3. *Wozu dient die Dokumentationspflicht?*
4. *Nennen Sie zu jeder Aufbewahrunsfrist ein Beispiel.*

2.4.3 Haftung der Vertragspartner

Haftung des Arztes

Ist ein Behandlungsvertrag geschlossen, so **haftet** der Arzt für einen Schaden, der dem Patienten aus der Behandlung entstanden ist. Eine Verletzung der Arztpflichten liegt bereits vor, wenn die anerkannten Regeln der ärztlichen Wissenschaft nicht eingehalten werden oder gegen die Sorgfaltspflicht verstoßen wird. Erleidet der Patient dabei einen gesundheitlichen Schaden oder stirbt er, so liegt ein **Behandlungsfehler** vor. Hieraus lässt sich ein Schadenersatzanspruch des Patienten oder der Hinterbliebenen ableiten. Dieser erfolgt in der Regel in Geldform, da die Wiederherstellung des Zustandes wie vor dem Behandlungsfehler oft nicht möglich ist. Im Einzelnen kann der Schadenersatz folgende Posten umfassen:

- Kosten für die zusätzliche ärztliche Behandlung oder den Krankenhausaufenthalt
- Kosten der beruflichen und sozialen Rehabilitation (Wiederherstellung)
- Kosten für veränderte Lebensführung aufgrund des Behandlungsfehlers, wie z. B. Diätkosten, Umbau der Wohnung, Pflegekosten
- Anwalts-, Gerichts- und Gutachterkosten
- Verdienstausfall

Ein Schmerzensgeldanspruch des Patienten lässt sich aus dem Behandlungsvertrag nicht ableiten. Dieser ergibt sich aber bei einer **unerlaubten Handlung.** Sie liegt immer dann vor, wenn vorsätzlich oder fahrlässig das Leben oder die Gesundheit geschädigt wird. Hierbei hat der Patient einen Anspruch auf Schmerzensgeld, das einen Ausgleich für die seelischen und körperlichen Schmerzen darstellen soll. Weiterhin kann der Geschädigte den eventuellen Verlust an Lebensqualität, wie z. B. der Bewegungsfähigkeit oder Einschränkungen bei der Ernährung, geltend machen. Daneben besteht aber der Schadenersatzanspruch aus dem Behandlungsvertrag fort. Auch können Rentenzahlungen bei Erwerbs- oder Arbeitsunfähigkeit fällig werden, ebenso wie die Zahlung einer Gehaltsdifferenz wegen einer schlechter bezahlten Stelle. Im Todesfall des Patienten ist eine Hinterbliebenenrente für die Witwe / den Witwer oder die Kinder denkbar.

Liegt ein **Behandlungsfehler** vor, kommt es auf Antrag des Geschädigten oder der Hinterbliebenen zu einem Straf- bzw. Zivilverfahren. Die Beweislast für einen Behandlungsfehler liegt beim Patienten. Er muss nachweisen, dass ein Behandlungsfehler gegeben ist und dieser zumindest fahrlässig verursacht wurde. Gerichtsverfahren sind in der Regel sehr langwierig und teuer. Außerdem ist es für den Laien oft sehr schwierig, Gutachten für die Bestätigung eines Fehlers zu bekommen. Deshalb gibt es bei den Landeskammern sogenannte Gutachter- und Schlichtungsstellen, die eine außergerichtliche Klärung relativ schnell und kostengünstig vorzunehmen versuchen. Ein Spruch des Schiedsgerichtes ist aber für den Geschädigten nicht bindend.

1. *Wann liegt ein Behandlungsfehler vor?*

2. *Welche Ansprüche ergeben sich aus einem Behandlungsfehler?*

Haftung der Fachangestellten

Hat ein Arzt Tätigkeiten an seine **Fachangestellten oder an sonstige Mitarbeiter** delegiert, haftet er für ihre Fehler wie für eigenes Verschulden.

Die Gesamtverantwortung für die ärztlichen Leistungen liegt also immer beim behandelnden Arzt. Dies gilt ebenso für Behandlungsfehler aus unerlaubter Handlung.

Der Arzt muss folgende Voraussetzungen erfüllen, damit er nicht haftet:

- Bei der Auswahl der Mitarbeiter hat er mit der notwendigen Sorgfalt vorzugehen.
- Er hat die notwendigen Vorrichtungen und Geräte in ordnungsgemäßen Zustand bereitzustellen.
- Der Arzt muss sorgfältig die Leistungen und Kenntnisse seines Personals überprüfen und ständig kontrollieren.
- Trotz Beachtung aller Vorkehrungen war der Schaden nicht abzuwenden.

Beispiel

Es tritt eine allergische Reaktion nach der Verabreichung der im-Spritze auf, obwohl die Fachangestellte kompetent, die Spritze steril war und der Patient auf das Medikament bisher positiv reagiert hat.

Der daraus entstandene Schaden ist aber üblicherweise durch die Haftpflichtversicherung des Arztes gedeckt.

Haftung des Patienten

Eine Haftung des Arztes oder seiner Angestellten ist immer dann ausgeschlossen, wenn der Patient sich nicht an die Anweisungen des Arztes hält. Dies kann unter Umständen schon durch fahrlässiges Handeln oder Unterlassen einer Handlung erfolgen.

Exkurs

Behandlungsfehler

Sie liegen dann vor, wenn der Arzt vom **medizinischen Sollstandard,** d. h. dem anerkannten Wissenschaftsstand, abweicht. Dazu folgendes Beispiel:

Bei der Entfernung eines Weisheitszahns wurde der Nervus lingualis durchtrennt. Dies hatte zur Folge, dass in der linken Zungenhälfte kein Gefühl mehr spürbar war. Daraus resultierten häufige Bissverletzungen und Störungen des Geschmacksempfindens. Bei längerem Sprechen können durch Ermüden der Zunge Störungen in der Aussprache auftreten. Das zuständige Gericht entschied: Der Arzt hatte die Patientin nicht ausreichend über das Risiko der Behandlung aufgeklärt. Neben Schadenersatz wegen erhöhter Behandlungskosten und Verdienstausfall wurde ihr ein Schmerzensgeld von 10 000,00 EUR zugesprochen.

Beispiel

Der Kettenraucher Herr Krieger raucht nach einer aufgebrochenen Speiseröhrenkrampfader (Ösophagusvarize) weiter und stirbt an einer folgenden erneuten Blutung.

Beispiel

Frau Schusselig nimmt die verordneten Blutverdünnungsmedikamente nicht ein und erleidet einen Schlaganfall, an dem sie stirbt.

Verjährungsfristen bei Behandlungsfehlern

Auch nach Abschluss der Behandlung können Patienten noch eine gewisse Zeit Schadenersatzansprüche geltend machen. Ansprüche auf Schadenersatz aus dem Behandlungsvertrag oder aus unerlaubter Handlung verjähren nach **drei Jahren**.

Oft wird der Behandlungsfehler erst später entdeckt, denn das Fortdauern oder Wiederauftreten der Beschwerden wird meist auf die ursprüngliche Krankheit zurückgeführt. Häufig entdeckt man den Behandlungsfehler, wenn ein anderer Arzt aufgesucht wird oder eine Einweisung in ein Krankenhaus erfolgt. Deshalb beginnt die Verjährungsfrist erst mit dem Zeitpunkt der Entdeckung. Ansprüche erlöschen aber in jedem Fall **30 Jahre** nach dem entsprechenden Ereignis.

Tatbestand	Beispiel	Strafmaß
Unterlassene Hilfeleistung	Ein Patient bricht zusammen und niemand hilft ihm.	Freiheitsstrafe bis zu einem Jahr oder Geldstrafe
Fahrlässige Tötung	Der Arzt gibt statt des blutdruckerhöhenden ein blutdrucksenkendes Mittel und der Patient stirbt.	Freiheitsstrafe bis zu fünf Jahren oder Geldstrafe
Körperverletzung	Es wird eine Behandlung ohne Einwilligung des Patienten vorgenommen.	Freiheitsstrafe bis zu drei Jahren oder Geldstrafe
Fahrlässige Körperverletzung	Das Bestrahlungsgerät wird falsch eingestellt und die Haut dadurch verbrannt.	Freiheitsstrafe bis zu drei Jahren oder Geldstrafe
Schwere Körperverletzung	Durch ein defektes Röntgengerät wird der Patient zeugungsunfähig.	Freiheitsstrafe von ein bis fünf Jahren
Unerlaubter Schwangerschaftsabbruch	Ein Schwangerschaftsabbruch wird ohne Vorlage der notwendigen Bescheinigung durchgeführt.	Freiheitsstrafe bis zu drei Jahren oder Geldstrafe
Bruch der Schweigepflicht	Der ärztliche Befund wird an den Arbeitgeber weitergegeben.	Freiheitsstrafe bis zu zwei Jahren oder Geldstrafe
Verstoß gegen das Betäubungsmittelgesetz	Der Arzt spritzt dem Patienten Morphium ohne Eintragung in das „Giftbuch“.	Freiheitsstrafe bis zu vier Jahren oder Geldstrafe
Betrug	Der Arzt rechnet Leistungen ab, die er nicht erbracht hat.	Freiheitsstrafe bis zu zehn Jahren oder Geldstrafe

29. Straftatbestände in einer Praxis

1. *Wie und wann kommt ein Behandlungsvertrag zustande?*
2. *Was versteht man unter „Einsichtsfähigkeit“?*
3. *Was versteht man unter „Sorgfaltspflicht“?*
4. *Wer und was unterliegt der Schweigepflicht?*
5. *Nennen Sie die wichtigsten Aufbewahrungsfristen.*
6. *Wofür haftet der Arzt, die Fachangestellte und der Patient?*

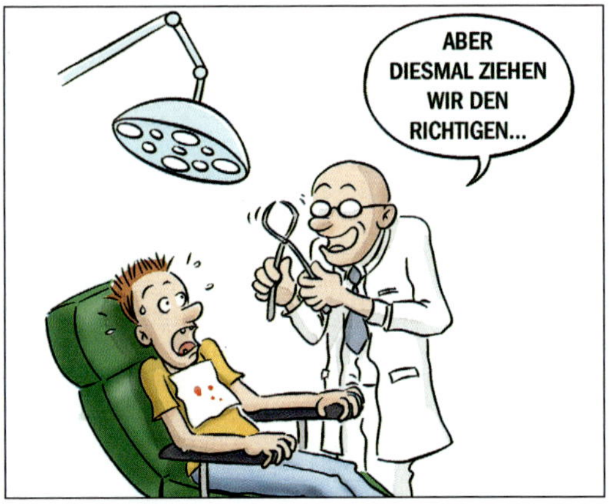

28. Haftung des Arztes

Fit für die Prüfung!

1. Entwerfen Sie ein Zwiegespräch, bei dem alle im „4-Ohren-Modell“ beschriebenen vier Ebenen enthalten sind.
2. Die ältere Patientin Martha Kling fühlt sich durch die Angestellten der Arztpraxis vernachlässigt und zurückgesetzt, da sie wegen eines Notfalles trotz Termins 30 Minuten länger warten muss. Was würden Sie den Angestellten raten, um die Situation zu entspannen?
3. Die Medizinische Fachangestellte setzt den nächsten Patienten allein in das Behandlungszimmer. Worauf ist dabei zu achten, wenn alle Behandlungszimmer mit einem PC ausgestattet und vernetzt sind?
4. Welche Anforderungen werden von den Patienten an eine gut funktionierende Praxis gestellt und wie können sie erfüllt werden?
5. Lesen Sie bitte den nachfolgenden Textauszug:

   > „Der Kampf um den Patienten, insbesondere um Selbstzahler (Inanspruchnahme von IGel-Leistungen), hat begonnen! Die Konkurrenz der Ärzte untereinander wächst! Da die Praxen keine Werbung machen dürfen, muss versucht werden, Stammpatienten an die Praxis zu binden und neue Patienten durch ‚Mund-zu-Mund-Propaganda‘, also durch Empfehlung, zu gewinnen. Der Fachangestellten kommt dabei eine entscheidende Funktion zu: Sie ist es, die sich am Telefon meldet, die Termine vergibt, die Patienten empfängt und auch verabschiedet.“

   Welche Möglichkeiten hat die Fachangestellte, ein positives Praxisbild zu vermitteln? Stellen Sie konkrete Maßnahmen dar.
6. Erklären Sie den Unterschied zwischen öffentlichem und privatem Recht anhand von Beispielen.
7. Anke lässt sich einen maßgeschneiderten Hosenanzug anfertigen. Um welche Art von „Sachen“ handelt es sich?
8. Ayse hat ein Auto gekauft und nennt sich stolz „Autobesitzerin“.
   a) Ist der Ausdruck zutreffend?
   b) Wie wäre es, wenn sie das Auto ihres Vaters benutzen würde?
9. Die sechsjährige Natascha erhält von ihrer Mutter 3,60 EUR mit dem Auftrag, eine Zeitung zu kaufen. Vom Restgeld kauft Natascha ohne Wissen ihrer Mutter Süßigkeiten. Als sie nach Hause kommt, nimmt ihr die Mutter die Süßigkeiten ab, geht ins Geschäft und verlangt das Geld zurück. Wie ist die Rechtslage beim
   a) Kauf der Zeitung,
   b) Kauf der Süßigkeiten?
10. Die 16-jährige Medizinische Fachangestellte Salima möchte sich Smartphone für 600,00 EUR kaufen. Beurteilen Sie die Rechtslage, wenn sie
    a) das Geld angespart hat und mit Zustimmung der Eltern den Kauf vornehmen will,
    b) das Geld angespart hat und bar bezahlt, ohne die Eltern davon zu unterrichten,
    c) 200,00 EUR anzahlt und den Rest in vier Raten zu je 100,00 EUR bezahlen will.
11. Die 17-jährige Karin erbt von ihrer Oma ein Haus und einige Aktien. Daraufhin zieht sie bei ihren Eltern aus. Um sich die Wohnung neu einzurichten, verkauft sie einige Aktien.
    a) Kann Karin das Erbe antreten?
    b) Ist der Verkauf der Aktien rechtmäßig, wenn die Eltern nichts davon wissen?

12. Der Arzt teilt seiner Auszubildenden Nuran im zweiten Ausbildungsjahr mit, dass er ihr aus wirtschaftlichen Gründen kündigen müsse. Ist die Kündigung wirksam?

13. Die Auszubildende Barbara erhält unaufgefordert ein Parfüm zugeschickt. In dem Begleitschreiben wird sie aufgefordert, die Rechnung zu zahlen. Es werden rechtliche Schritte angedroht, falls sie die Rechnung nicht zahlt.

a) Wie ist die Rechtslage?

b) Was muss Barbara tun?

14. Bei einer feuchtfröhlichen Feier verkauft der angetrunkene Franz Schneider sein neues Auto für 100,00 EUR an seinen Tischnachbarn, um noch eine Runde zahlen zu können. Am nächsten Morgen verlangt er den Wagen zurück, da er sich an den Verkauf nicht erinnern könne. Sein Zechkumpan weigert sich und behauptet, dass ein gültiger Kaufvertrag geschlossen worden sei. Begründen Sie, wer von beiden recht hat.

15. Der Kegelclub „Gut Holz" hat für seinen Jahresausflug einen Bus bestellt. Da für den Ausflugstag schlechtes Wetter vorhergesagt wird, bestellen sie am Abend zuvor den Bus ab. Der Busunternehmer besteht auf Zahlung des vereinbarten Preises. Kann sich der Kegelclub darauf berufen, dass er sich mit dem Wetter geirrt habe?

16. Die Medizinische Fachangestellte Gudrun will nächsten Monat heiraten. Sie lässt bei einer Schneiderin das Hochzeitskleid ihrer Mutter ändern und einen neuen Schleier fertigen. Um welchen Vertrag handelt es sich hier?

17. Die 16-jährige Manuela kommt in eine gynäkologische Praxis. Ihre Versicherungskarte hat sie dabei. Sie möchte gern die Pille verschrieben haben. Ihre Eltern dürfen allerdings davon nichts erfahren, da sie streng religiös sind. Begründen Sie, ob sie die Pille verschrieben bekommen kann.

18. Frau Metzger kommt mit ihrem Kater Carlo zum Tierarzt, um ihn sterilisieren zu lassen. Der Tierarzt hatte ihr erklärt, dass es sich um eine Routineangelegenheit handele und kein Risiko bestehen würde. Während des Eingriffs stirbt der Kater. Frau Metzger will den Tierarzt wegen eines Behandlungsfehlers verklagen. Wie ist die Rechtslage?

19. Die Zahnmedizinische Fachangestellte Nicole macht mit ihrer Freundin Ursula einen Einkaufsbummel. Dabei sieht sie einen ihrer Patienten und erzählt Ursula von dessen HIV-Infektion. Begründen Sie, ob Nicole hier richtig gehandelt hat.

20. Dr. Unordnung hat seine Praxis an seinen Nachfolger Dr. Penibel übergeben. Dieser stellt bei der Übernahme der Praxis fest, dass sämtliche Praxis- und Patientenunterlagen seit 40 Jahren ungeordnet in einem Zimmer gestapelt liegen. Dr. Penibel beauftragt Sie als Helferin, nun Ordnung in dieses Durcheinander zu bringen.

a) Welche Unterlagen müssen Sie wie lange aufbewahren?

b) Welche Unterlagen ordnen Sie nach welchem Ordnungssystem?

21. Bei der Behandlung der Patientin Meyer mit Infrarotstrahlen kommt es zu Verbrennungen zweiten Grades. Wer haftet für den Schaden, wenn

a) die Helferin die Strahlendosis zu hoch eingestellt hat,

b) das gerade erst geprüfte Gerät defekt war,

c) der TÜV des Gerätes bereits abgelaufen war,

d) eine Praktikantin das Gerät eingestellt hat?

22. Der Auszubildende Murat hat sich seine erste eigene Wohnung gemietet. Im Mietvertrag steht, dass der Vermieter jederzeit die Wohnung besichtigen könne, auch wenn der Mieter nicht anwesend ist, um die ordnungsgemäße Nutzung der Wohnung zu kontrollieren. Begründen Sie, ob Murat dies zulassen muss.

23. Die Tiermedizinische Angestellte Elisabeth lässt beim Optiker die Sehstärke ihrer Augen prüfen. Da eine leichte Fehlsichtigkeit festgestellt wird, entschließt sich Elisabeth, eine Brille im Designerstil anfertigen zu lassen. Als eine Woche später die Brille fertig ist, möchte Elisabeth die Brille nicht mehr, da ihr das Gestell nun doch nicht gefällt.

a) Um welchen Vertrag handelt es sich?

b) Muss Elisabeth die Brille abnehmen?

24. Frau Schusselig kommt mit Zahnschmerzen in die Zahnarztpraxis von Dr. Penibel. Da sie ihre elektronische Gesundheitskarte nicht dabei hat, verlangt die Auszubildende an der Anmeldung die Hinterlegung von 50,00 EUR oder des Personalausweises. Würde Frau Schusselig dies nicht tun, könnte Dr. Penibel sie nicht behandeln. Begründen Sie, ob diese Vorgehensweise korrekt ist.

3 WAREN BESCHAFFEN UND VERWALTEN

1. Ohne Worte!

Firma	Anschrift	Telefon/ Telefax	Ansprech- partner

Produkt- palette:	☒ groß	○ mittel	○ gering
Preise:	○ niedrig	☒ angemessen	○ hoch
Rabatte:	☒ ja ...*5*... %		○ nein
Skonto:	☒ ja ...*2*... %		○ nein
Bonus:	○ ja .... %	ab .... EUR	☒ nein

Liefer- kosten:	☒ nein	○ ja ...... EUR (fest)/...... % v. Preis	
Lieferzeit:	☒ umgehend	○ durchschnittlich	○ lang
Garantie:	○ länger als gesetzlich		☒ gesetzlich
Service:	☒ gut	○ mittel	○ schlecht
Kulanz:	○ gut	○ durchschnittlich	○ schlecht
Zuver- lässigkeit:	☒ hoch	○ durchschnittlich	○ schlecht
Betriebs- urlaub:	von ...*14. Aug.*...	bis ...*2. Sept.*...	

2. Beispiel einer Lieferanten-Checkliste

3.1 KAUFENTSCHEIDUNGEN VORBEREITEN

3.1.1 Bezugsquellen

Beim Kauf von Gegenständen des täglichen Bedarfs haben die meisten Menschen ihre Stammgeschäfte, bei denen sie einkaufen. Durch den regelmäßigen Besuch sind sie über das Warenangebot, deren Qualität und die Preise gut informiert.

Auch in den Arzt-, Zahnarzt- und Tierarztpraxen erfolgen z. B. die Routinebestellungen von Verbandmaterial, Spritzen oder Tiernahrung meist bei den Stammlieferanten.

Anders verhält es sich, wenn man beabsichtigt, Gegenstände zu kaufen, die über einen längeren Zeitraum genutzt werden sollen, wie z. B. ein Ultraschallgerät. Da hier große Qualitäts- und Preisunterschiede bestehen können, ist es wichtig, sich vor dem Kauf möglichst umfassend und genau über die gewünschte Ware zu informieren. Aber auch Informationen über den Verkäufer sind wichtig, z. B. über dessen Kundenservice.

Der erste Schritt besteht in der Ermittlung möglicher **Bezugsquellen**.

Der Besuch von **Messen** bietet dazu eine hervorragende Möglichkeit. Man kann Produkte verschiedener Firmen einer Branche direkt besichtigen und ausprobieren und hat so gute Vergleichsmöglichkeiten.

Das **Internet** bietet sogar umfangreichere Vergleichsmöglichkeiten, und das rund um die Uhr. Dafür kann man aber die Produkte nicht direkt ausprobieren und sich nicht direkt beraten lassen.

Vergleichsportale bieten vielfältige Möglichkeiten, ausgewählte Produkte anhand verschiedener Kriterien zu vergleichen. So können Produkte z.B. nach Preis, Qualität oder Testergebnissen sortiert und verglichen werden.

Es ist allerdings zu beachten, dass Vergleichsportale nicht immer unabhängig sind und unter Umständen nicht alle verfügbaren Produkte aufführen. Sinnvoll kann es vor allem bei höherpreisigen Anschaffungen sein, mehrere Vergleichsportale zurate zu ziehen.

Fachzeitschriften sind eine weitere Informationsquelle. In ihnen findet man neben fachbezogenen Artikeln auch Werbeanzeigen von Fachfirmen. In diesen überregional, oft sogar bundesweit erscheinenden Zeitschriften können allerdings naturgemäß nur einige Firmen inserieren. Die Auswahl ist daher nicht erschöpfend und sollte durch weitere Informationsquellen ergänzt werden.

Branchenadressbücher und Branchentelefonbücher („Gelbe Seiten") können auch im digitalen Zeitalter ebenfalls noch herangezogen werden.

Für Privatpersonen können Freunde oder Bekannte eine wertvolle Hilfe bei der Suche nach einer geeigneten Firma sein.

Wurde aus den anbietenden Firmen eine Vorauswahl getroffen, ist es sinnvoll, um **Vertreterbesuche** zu bitten. Bei einem Gespräch zu Hause oder in der Praxis kann man sich in aller Ruhe über das gewünschte Produkt informieren.

Ein direkter Vergleich zwischen verschiedenen Firmen wie beim Messebesuch ist hierbei allerdings nicht möglich. Vergleiche sind erst nach mehreren Vertreterbesuchen unterschiedlicher Firmen möglich.

Für Privatleute ist vor Kaufentscheidungen der Besuch von **Verbraucherberatungszentralen** eine große Hilfe. Sie sind in allen größeren Städten zu finden und verfügen über viele Zeitschriften, in denen Testergebnisse veröffentlicht sind.

Die Palette der getesteten **Waren** reicht z. B. vom Kühlschrank über Kindersitze für das Fahrrad oder das Auto bis zu Videokameras, Shampoos, Hautcremes usw. Getestet werden aber auch **Dienstleistungen,** wie z. B. die Kosten und Leistungen von Versicherungen und Banken.

In einem abschließenden Urteil werden dann Noten vergeben, die meist von „sehr gut" bis „mangelhaft" reichen.

3.1.2 Anfrage

Nachdem man sich einen Überblick über die möglichen Anbieter des gewünschten Produkts oder der gewünschten Dienstleistung verschafft hat, richtet man an die ausgewählten Firmen eine **Anfrage.** Dies kann sowohl mündlich als auch schriftlich erfolgen.

Je nachdem wie konkret die Anfrage ist, wird zwischen **allgemeiner** und **spezieller Anfrage** unterschieden.

3. Auswahl von Testzeitschriften

Wenn man noch auf kein bestimmtes Produkt festgelegt ist, sondern sich lediglich informieren möchte, „was die so im Angebot haben", handelt es sich um eine allgemeine Anfrage. In ihr bittet man die Firmen um Zusendung von Katalogen, Prospekten und Preislisten.

Wenn man hingegen schon ganz genau weiß, was man möchte, richtet man eine spezielle Anfrage an die jeweilige Firma. In ihr bittet man um genaue Informationen zu dem gewünschten Produkt oder der gewünschten Dienstleistung.

Von besonderem Interesse sind

- die **Lieferbedingungen** (Lieferzeit und Lieferkosten),
- die **Zahlungsbedingungen** (Bruttopreis, Rabatte, Skonto usw.).

Bei bestimmten Waren kann es auch sinnvoll sein, Informationen über die Qualität einzuholen oder sich Proben bzw. Muster senden zu lassen.

Für den Käufer ist jede Anfrage immer **unverbindlich**, d.h., er geht keine Verpflichtung zum Kauf ein.

Dr. med. Klaus Müller
Arzt für Orthopädie

Dr. med. Klaus Müller · Schulstraße 5 · 60594 Frankfurt

Praxisbedarf-GmbH
Hölderlinstraße 90
04157 Leipzig

Ihr Zeichen, Ihre Nachricht vom	Unser Zeichen, unsere Nachricht vom	Telefon, Name	Datum
		069 121848 Müller	17.03.20..

Anfrage / Wartezimmerstühle

Sehr geehrte Damen und Herren,

in der Fachzeitschrift „Neue Medizin" fand ich einen Prospekt, in dem Büromöbel vorgestellt wurden. Da ich mein Wartezimmer mit neuen Sitzgelegenheiten ausstatten möchte, bitte ich um ein detailliertes Angebot für folgende Stühle

20 Freischwinger „Wippi" Modell Nr. 33.

Ihr Angebot sollte Angaben darüber enthalten, ob bzw. welchen Mengenrabatt Sie bei der von mir gewünschten Anzahl von Stühlen gewähren.

Teilen Sie mir bitte auch die voraussichtliche Lieferzeit mit.

Ich wäre Ihnen dankbar, wenn Sie Stoff- und Farbmuster beifügen könnten.

Ihrem Angebot sehe ich mit Interesse entgegen.

Mit freundlichen Grüßen

Dr. med. Klaus Müller

Praxisräume
Schulstraße 5
60594 Frankfurt

Telefax
069 121859

Kontoverbindungen
Apotheker- und Ärztebank
IBAN: DE19 5005 0607 0601 2365 28
BIC: DAAEDEDDXXX

4. Beispiel einer Anfrage

1. *Welche Informations- und Vergleichsmöglichkeiten bieten sich für Ihre Ausbildungspraxis vor dem Kauf teurer Geräte an?*

2. *Welche Informations- und Vergleichsmöglichkeiten bieten sich Ihnen privat an, um die Produkte oder Dienstleistungen verschieden und bewerten zu können?*

3. *Welche rechtliche Wirkung hat eine Anfrage?*

4. *Wodurch unterscheiden sich die allgemeine und die spezielle Anfrage voneinander?*

Allgemeine Anfrage	Spezielle Anfrage
Zweck: Überblick über das Lieferprogramm des Anbieters **Informationsmittel:** • Kataloge • Prospekte • Preislisten • Internetadresse	**Zweck:** Genaue Informationen über ein bestimmtes Produkt des Anbieters: • Proben, Muster • Liefer- und Zahlungsbedingungen • Qualität **Informationsmittel:** • Proben, Muster • Liefer- und Zahlungsbedingungen • Qualität • Internetadresse
Rechtliche Wirkung in beiden Fällen: immer unverbindlich	

5. Die Anfrage

3.1.3 Angebot

Grundsätzlich ist ein Angebot **verbindlich.** Das heißt, der Anbieter (Verkäufer) verpflichtet sich, die beschriebene Ware oder Dienstleistung zu den genannten Bedingungen zu liefern.

Wie lange er an sein Angebot gebunden ist, hängt davon ab, ob er es an Anwesende abgibt oder an Abwesende.

Ein Angebot an **Anwesende** erfolgt immer mündlich; entweder direkt an einen persönlich Anwesenden oder telefonisch. In diesem Fall ist der Anbieter nur so lange an sein Angebot gebunden, wie die Unterredung oder das Telefongespräch dauert. Mit Ende des Gesprächs erlischt das Angebot.

Ein Angebot an **Abwesende** erfolgt immer schriftlich. Dies geschieht in der Regel per Brief oder Fax. Der Anbieter ist eine angemessene Zeit an sein Angebot gebunden. Welcher Zeitraum als angemessen angesehen wird, hängt davon ab, auf welchem Weg das Angebot abgegeben wird und wie umfangreich der Inhalt ist. Der Anbieter kann darauf vertrauen, dass sein Angebot auf dem gleichen Weg angenommen wird, wie er es abgegeben hat. Beim Brief muss man gegenüber dem Fax zusätzlich etwa vier Tage Beförderungsdauer (zwei Tage Beförderungsdauer für das Angebot, zwei Tage für die Antwort) einrechnen.

Die Überlegungsfrist, die als angemessen angesehen wird, richtet sich nach dem Inhalt und Umfang des Angebots. Der Käufer muss einerseits ausreichend Zeit haben, das Angebot sorgfältig zu prüfen, andererseits darf er den Anbieter aber nicht unnötig lange auf eine Antwort warten lassen.

Beispiel: *Das Angebot der Firma Praxisbedarf geht am 18. Juni schriftlich ein. Zwei bis drei Tage Überlegungsfrist sind angemessen, zwei Tage für die Rücksendung können eingeplant werden.*

Ganz oder teilweise kann die Verbindlichkeit eines Angebots durch sogenannte **Freizeichnungsklauseln** ausgeschlossen oder eingeschränkt werden. Dies wird der Anbieter dann tun, wenn er z. B. nur eine gewisse Menge an Vorrat hat oder die Preise wegen stark schwankender Rohstoffpreise oder Wechselkurse nicht für längere Zeit verbindlich festlegen kann.

Beispiel: *„Solange Vorrat reicht", „Preise freibleibend"*

Ein Angebot wird erst verbindlich, wenn es den Empfänger erreicht hat. Dies bietet dem Verkäufer die Möglichkeit, sein Angebot zu **widerrufen.** Der Widerruf muss beim Empfänger allerdings **vor** dem Angebot eintreffen. Grundsätzlich unverbindlich ist ein Angebot immer, wenn es an keine bestimmte Person, sondern an die Allgemeinheit gerichtet ist.

Beispiel: *Wöchentliche Werbesendungen großer Kaufhäuser, Aushänge in Schaufenstern*

Verbindliches Angebot		**Unverbindliches Angebot**	
An eine **bestimmte Person** gerichtet		An die **Allgemeinheit** gerichtet	Enthält **Freizeichnungsklauseln**
Befristet: Angebot gilt bis zu einem genau genannten Termin *Beispiel:* Angebot der Fa. Spritzi vom 15. August an Herrn Dr. Müller: 1 000 Einwegspritzen, 50 ml, zum Preis von 75,00 EUR inkl. Versand, gilt **ab sofort bis einschl. 31. August des Jahres,** Zahlung innerhalb vier Wochen, bei Zahlung innerhalb von 10 Tagen 2 % Skonto	Unbefristet: Angebot gilt für einen angemessenen Zeitraum *Beispiel:* Angebot der Fa. Löchli vom 22. März an Frau Dr. med. dent. Meyer: zwei Behandlungszimmer komplett zum Festpreis von 90 000,00 EUR **gültig ab 1. April**	Stellt lediglich eine Aufforderung zum Kauf dar *Beispiel:* als **Postwurfsendung** verteilte Werbeprospekte der Parfümerie Dufti, in denen sie ausgewählte Parfums als Weihnachtsgeschenke anbietet	Schränkt die Verbindlichkeit ganz oder teilweise ein *Beispiel:* **Werbeprospekt** des Sportgeschäftes Hüpfi, in dem ein Bauchmuskeltrainer zum Preis von 89,99 EUR angeboten wird mit dem Zusatz „Solange Vorrat reicht"

6. Übersicht über Angebotsformen

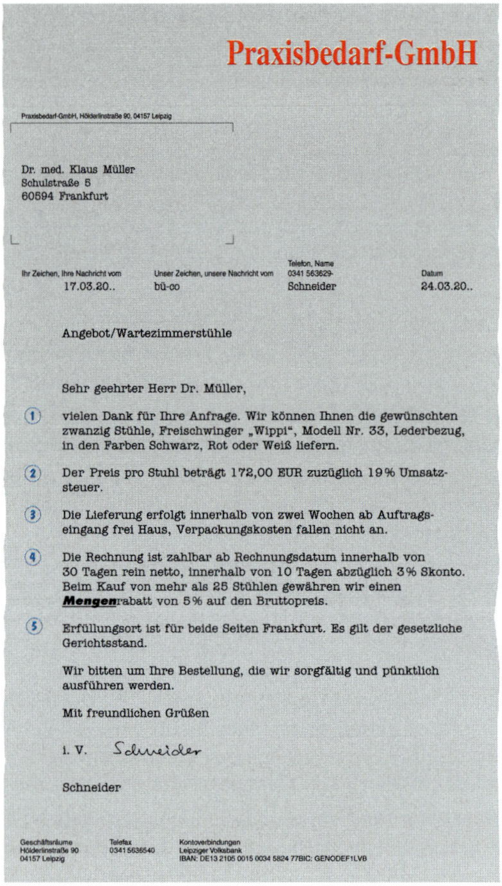

Praxisbedarf-GmbH

Praxisbedarf-GmbH, Hölderlinstraße 90, 04157 Leipzig

Dr. med. Klaus Müller
Schulstraße 5
60594 Frankfurt

Ihr Zeichen, Ihre Nachricht vom	Unser Zeichen, unsere Nachricht vom	Telefon, Name 0341 563629-	Datum
17.03.20..	bü-co	Schneider	24.03.20..

Angebot/Wartezimmerstühle

Sehr geehrter Herr Dr. Müller,

① vielen Dank für Ihre Anfrage. Wir können Ihnen die gewünschten zwanzig Stühle, Freischwinger „Wippi“, Modell Nr. 33, Lederbezug, in den Farben Schwarz, Rot oder Weiß liefern.

② Der Preis pro Stuhl beträgt 172,00 EUR zuzüglich 19 % Umsatzsteuer.

③ Die Lieferung erfolgt innerhalb von zwei Wochen ab Auftragseingang frei Haus, Verpackungskosten fallen nicht an.

④ Die Rechnung ist zahlbar ab Rechnungsdatum innerhalb von 30 Tagen rein netto, innerhalb von 10 Tagen abzüglich 3 % Skonto. Beim Kauf von mehr als 25 Stühlen gewähren wir einen ***Mengen***rabatt von 5 % auf den Bruttopreis.

⑤ Erfüllungsort ist für beide Seiten Frankfurt. Es gilt der gesetzliche Gerichtsstand.

Wir bitten um Ihre Bestellung, die wir sorgfältig und pünktlich ausführen werden.

Mit freundlichen Grüßen

i. V. Schneider

Schneider

Geschäftsräume
Hölderlinstraße 90
04157 Leipzig

Telefax
0341 5636540

Kontoverbindungen
Leipziger Volksbank
IBAN: DE13 2105 0015 0034 5824 77BIC: GENODEF1LVB

7. Beispiel eines Angebots

Folgende Angaben sollte jedes Angebot enthalten (vgl. Abb. 7):

① **Beschreibung der Ware**
② **Menge und Preis**
③ **Lieferbedingungen**
④ **Zahlungsbedingungen**
⑤ **Erfüllungsort und Gerichtsstand**

① Beschreibung der Ware

Hierunter fällt:

- **Art:** Bezeichnung der Ware durch einen handelsüblichen Namen, z. B. Weißwein, Arzneimittel, Stuhl
- **Güte:** Angaben über die Qualitätsstufe oder Handelsklasse, z. B. 1 a, Spätlese, Lederbezug
- **Beschaffenheit:** Hier wird eine genauere Beschreibung (Spezifizierung) der Ware vorgenommen, z. B. unfallfrei, 3-lagig, Farbe.

Sind zur Beschaffenheit und Güte der Ware keine Angaben enthalten, so ist bei Gattungssachen (Massenartikel) eine Ware mittlerer Qualität zu liefern. Bei Speziessachen (Sonderanfertigungen) muss die Sache genau beschrieben bzw. bezeichnet werden.

② Menge und Preis

- **Menge:** Sie kann entweder in handelsüblichen Maßeinheiten (z. B. kg, m, l) oder in handelsüblichen Bezeichnungen (z. B. Stück, Kisten, Dutzend) angegeben werden.
- **Preis:** Er muss unbedingt enthalten sein. Er bezieht sich immer auf eine bestimmte Mengeneinheit (z. B. je Stück, je Liter), zuzüglich der aktuellen Umsatzsteuer.

Lieferfristen	Beispiele
Keine (Tageskauf/Sofortkauf): sofortige Lieferung	Kauf am Kiosk oder im Supermarkt, der Käufer nimmt die Ware sofort mit.
Terminkauf Lieferung erfolgt innerhalb einer vereinbarten Frist.	Lieferung innerhalb von zehn Tagen nach Kaufvertragsdatum, Lieferung in der 19. Kalenderwoche (19. KW).
Fixkauf Liefertermin ist genau festgelegt.	Lieferung am 15. Juli, fix, Lieferung bis drei Tage vor Silvester, spätestens
Kauf auf Abruf Lieferung kann vom Kunden innerhalb einer gewissen Zeit abgerufen werden.	Lieferung wird in Teilmengen innerhalb von drei Monaten vom Käufer abgerufen.

8. Übersicht über Liefertermine

③ Lieferbedingungen

- **Lieferfristen** (vgl. Abb. 8, Seite 114).
- **Verpackungskosten:** Nach der gesetzlichen Regelung muss der Käufer die Verpackungskosten selbst zahlen. Diese Regelung gilt automatisch, wenn im Angebot bzw. Vertrag keine Aussagen zu den Verpackungskosten formuliert worden sind. Wenn der Verkäufer einen Teil oder gar die gesamten Kosten der Verpackung tragen soll, muss dies im Kaufvertrag ausdrücklich erwähnt werden. Hier sind z. B. folgende Vereinbarungen möglich: „Preis einschließlich Verpackung", „Ab Warenwert 250,00 EUR keine Verpackungskosten".
- **Beförderungskosten:** Nach dem Gesetz gilt der Grundsatz **Warenschulden sind Holschulden,** d. h., der Käufer muss die Ware im Geschäft des Verkäufers abholen und damit die Kosten bezahlen. Normalerweise kümmert sich aber fast immer der Verkäufer um den Transport. Er hat die besseren Geschäftsbeziehungen und Kenntnisse hinsichtlich des günstigsten Transports. Grundsätzlich stehen ihm zwei Möglichkeiten zur Verfügung:
  1. Er oder sein Fahrer liefern die bestellte Ware selbst beim Käufer ab. Dies bezeichnet man als **Werksverkehr.**

     Beispiel: *Heizöl kann der Käufer normalerweise nicht selbst abholen. Deshalb übernimmt der Verkäufer die Lieferung. Die Lieferkosten sind im Preis einkalkuliert.*

  2. Der Verkäufer beauftragt einen Spediteur oder einen sogenannten Frachtführer, den Transport der Ware kostenpflichtig für ihn zu übernehmen.

Exkurs

Aufbau eines Angebots

- Schriftlich zur Beweissicherung und Vermeidung von Missverständnissen
- DIN 5008 durchgängig beachten
- In der Bezugszeile mitteilen, worauf sich der Brief bezieht (z. B. Angebot/Wartezimmerstühle)
- Anrede
- Bezug auf letzte Äußerung des Empfängers nehmen (z. B. Anfrage)
- Eigenen Inhalt so knapp wie möglich, aber so ausführlich wie nötig darstellen (z. B. Angebot)
- Abschlussbemerkung (z. B. Zusicherung sorgfältiger und pünktlicher Lieferung)
- Grußformel
- „Unterschriftsfertig": Chef unterschreibt
- „im Auftrag": i. A. und eigene Unterschrift

① **Beschreibung der Ware oder Dienstleistung**
- Art
- Güte
- Beschaffenheit

② **Menge und Preis**
- Menge
- Preis pro Einheit

③ **Lieferbedingungen**
- Lieferzeit
- Lieferkosten
- Verpackungskosten

④ **Zahlungsbedingungen**
- Zahlungstermin
- Preisnachlass bei vorzeitiger Zahlung
- Sonstige Preisnachlässe, z. B. Mengenrabatt

⑤ **Erfüllungsort**
- Gesetzlicher
- Vertraglicher

9. Was ein Angebot enthalten muss

④ Zahlungsbedingungen

Sie enthalten Angaben über den **Zeitpunkt,** zu dem der Käufer zahlen muss, und **Preisnachlässe,** die der Verkäufer dem Käufer unter bestimmten Voraussetzungen gewährt.

Wenn vertraglich nichts über den Zahlungstermin vereinbart ist, gilt die **gesetzliche Regelung** (§ 271 BGB). Danach muss der Käufer **sofort** beim Kauf bzw. bei Lieferung der Ware bezahlen.

Verkäufer und Käufer können jedoch von dieser gesetzlichen Regelung abweichende **vertragliche Vereinbarungen** über den Zahlungstermin treffen (vgl. Abb. 10). Man unterscheidet dabei grundsätzlich zwischen drei Zahlungsterminen:

- **Teilweise oder vollständige Zahlung vor der Lieferung:** Der Verkäufer verlangt bereits vor seiner Lieferung vom Käufer den gesamten Kaufpreis oder einen Teil davon. Üblich ist dies bei Großaufträgen oder bei Kunden, mit denen es bei der Bezahlung schon öfter Schwierigkeiten gab.
- **Zahlung nach der Lieferung:** Der Käufer muss die Ware nicht gleich bei der Lieferung bezahlen. In diesem Fall handelt es sich um einen **Zielkauf.** Der Verkäufer räumt dem Käufer ein Zahlungsziel ein, d. h., die Zahlung wird erst eine gewisse Zeitspanne nach der Lieferung fällig (z. B. nach 30 Tagen).
- **Teilzahlung bei der Lieferung:** Der Käufer zahlt bei der Lieferung nur einen Teil des Kaufpreises, d. h., er leistet eine **Anzahlung.** Den Rest des Kaufpreises zahlt er in mehreren Teilbeträgen **(Raten).** In diesem Fall handelt es sich um einen **Ratenkauf.** Beim Ratenkauf ist der Gesamtpreis, der sich aus Anzahlung plus sämtlichen Raten zusammensetzt, grundsätzlich höher als der normale Preis.

Beim Ziel- und Ratenkauf liefert der Verkäufer die Ware, ohne dass der Käufer den gesamten Kaufpreis gezahlt hat. Als Sicherheit behält er sich dafür fast immer vertraglich vor, so lange **Eigentümer** der gelieferten Ware zu bleiben, bis der Käufer den vollständigen Kaufpreis gezahlt hat **(Eigentumsvorbehalt).** Bis dahin ist der Käufer lediglich Besitzer.

Bei **Preisnachlässen** unterscheidet man zwischen Skonto, Bonus und Rabatt.

Skonto gewährt der Verkäufer dafür, dass der Käufer die Rechnung zu einem früheren Zeitpunkt zahlt, als er dies vertraglich müsste. Der Verkäufer hat den Vorteil, dass er sein Geld schneller erhält, der Käufer den Vorteil, dass er weniger zahlen muss.

Einen **Bonus** gewährt der Verkäufer, um seine Kunden bei der Stange zu halten. Sie erhalten als Anreiz eine Vergütung, wenn sie für einen gewissen Betrag Waren gekauft haben.

Rabatt ist ein Preisnachlass aus besonderen Gründen. Er kann gewährt werden z. B. bei der Abnahme größerer Warenmengen (Mengenrabatt), bei guten Kunden (Treuerabatt) oder aus besonderen Anlässen (z. B. Sonderrabatt bei Geschäftsauflösung).

Beim **Naturalrabatt** wird statt eines Preisnachlasses eine kostenlose Warenzugabe vorgenommen.

Gesetzlich	Vertraglich
Bei Lieferung (§ 271 BGB) *Beispiele:* Ein Pizzadienst liefert eine Pizza. Zahlung erfolgt sofort. Ein Versandhaus schickt Kleid per Nachnahme. Der Postbote kassiert den Rechnungsbetrag bei Übergabe des Pakets.	• Teilweise oder vollständige Zahlung vor der Lieferung • Zahlung innerhalb einer bestimmten Frist nach der Lieferung **(Zielkauf)** • Anzahlung bei Lieferung, der Rest in Raten **(Ratenkauf)** *Beispiele:* Anzahlung bei Bestellung Zahlung per Überweisung 14 Tage nach Lieferung

10. Zahlungsbedingungen

Skonto	Bonus	Rabatt
Preisnachlass bei **vorzeitiger** Zahlung *Beispiele:* Zahlbar innerhalb 30 Tagen rein netto, bei Zahlung innerhalb von 10 Tagen 3 % Abzug (Skonto) vom Bruttopreis	**Nachträglich** (meist am Jahresende) gewährte Vergütung auf den Umsatz *Beispiele:* bis 2 500,00 EUR 1 % bis 3 750,00 EUR 3 % bis 5 000,00 EUR 5 %	**Beim Kauf** gewährter Preisnachlass *Beispiele:* Bei Abnahme von mehr als 25 Stück 5 % Preisnachlass (Mengenrabatt). beim Kauf von 12 Flaschen Wein 1 Flasche kostenlos dazu (Naturalrabatt)

11. Preisnachlässe

⑤ Erfüllungsort und Gerichtsstand

Unter dem **Erfüllungsort** versteht man den Ort, an dem Käufer und Verkäufer ihre Pflichten aus dem Kaufvertrag erfüllen müssen. Der Verkäufer hat die Pflicht, die Ware pünktlich und mängelfrei zu übergeben, und der Käufer die Pflicht, die Ware pünktlich zu bezahlen und anzunehmen.

Der gesetzliche Erfüllungsort ist sowohl für Käufer als auch Verkäufer immer der Ort, an dem der Verkäufer seinen Wohn- bzw. Geschäftssitz hat. Der Verkäufer muss die Ware in seinem Geschäft bereitstellen, der Käufer muss dem Verkäufer das Geld übermitteln.

Beispiel: *Die Firma Praxisbedarf-GmbH aus Leipzig hat ihre Pflicht erfüllt, wenn sie die Ware in Leipzig bereitstellt. Dr. Müller aus Frankfurt hat seine Pflicht zur Zahlung erst erfüllt, wenn das Geld bei der Firma Praxisbedarf-GmbH eingegangen ist. Für beide ist der gesetzliche Erfüllungsort Leipzig.*

Vertraglich kann der Erfüllungsort zwischen Käufer und Verkäufer frei vereinbart werden.

Unter dem **Gerichtsstand** versteht man den Ort, an dem eine Gerichtsverhandlung stattfindet, falls Verkäufer und Käufer ihre Pflichten aus dem Kaufvertrag nicht erfüllen.

Der **gesetzliche Gerichtsstand** ist dort, wo der Schuldner seinen Wohn- bzw. Geschäftssitz hat. Der Verkäufer schuldet die pünktliche und einwandfreie Lieferung der Ware. Wenn er eine dieser Pflichten nicht erfüllt und der Käufer ihn deswegen vor Gericht verklagen möchte, muss er dies vor dem für den **Wohnort des Verkäufers** zuständigen Gericht tun.

Beispiel: *Dr. Müller aus Frankfurt möchte die Firma Praxisbedarf-GmbH verklagen, weil sie nicht pünktlich liefert. Herr Müller muss dies vor dem Gericht in Leipzig tun.*

Der Käufer schuldet die Bezahlung und Annahme der Ware. Wenn der Verkäufer ihn verklagen möchte, weil er nicht zahlt, muss er diese vor dem für den **Wohnort des Käufers** zuständigen Gericht einreichen.

Zum Schutz von Nichtkaufleuten darf der gesetzliche Gerichtsstand nur zwischen zwei Kaufleuten (zweiseitiger Handelskauf) vertraglich abgeändert werden (vgl. Abb. 12).

1. *Zwischen welchen zwei Arten von Angeboten unterscheidet man grundsätzlich?*
2. *Wodurch kann die Verbindlichkeit eines Angebots ausgeschlossen werden?*
3. *Welche vier Arten von Lieferfristen sind denkbar?*
4. *Wer bezahlt die Verpackungs- und Beförderungskosten, wenn vertraglich nichts vereinbart wird?*
5. *Wann muss der Käufer zahlen, wenn vertraglich nichts vereinbart ist?*
6. *Zwischen welchen Preisnachlässen unterscheidet man?*
7. *Wo findet eine Gerichtsverhandlung statt, wenn*
   a) der Verkäufer den Käufer verklagt,
   b) der Käufer den Verkäufer verklagt?

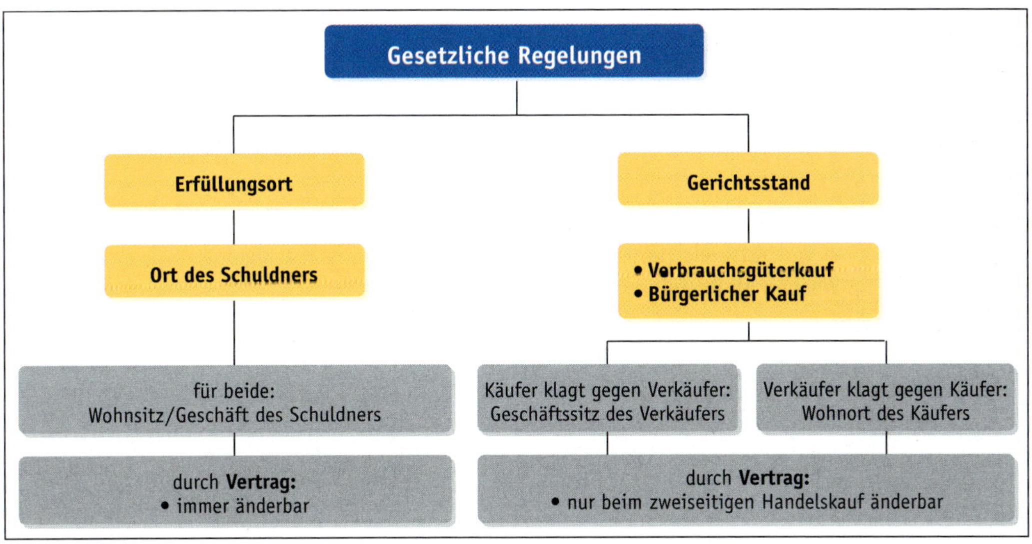

12. Erfüllungsort und Gerichtsstand

3.1.4 Angebotsvergleich

Situation:
Die Praxis Dr. Seher benötigt ein neues Röntgengerät. Die Auszubildende Bianca Blick wird beauftragt, zwei Angebote zu vergleichen, eine Kaufempfehlung abzugeben und diese zu begründen. Skonto soll ausgenutzt werden.

Für die Kaufempfehlung sind folgende Kriterien wichtig:

- Endpreis
- Garantiezeit
- Lieferzeit

Der Endpreis errechnet sich wie in Tabelle 2 dargestellt.

Das Röntgengerät der Firma Meditec & Co. KG ist um 958,03 EUR teurer als das der Firma Radiology-Systems. Wenn die Kaufempfehlung nur vom Endpreis abhängig wäre, müsste die Wahl auf das Gerät „RAD OPTIMUM5000" der Firma Radiology-Systems fallen.

Zu beachten sind allerdings noch die Garantiezeit und die Lieferzeit.

Die gesetzliche Mindestgarantie beträgt zwei Jahre ab Rechnungsdatum. Während Radiology-Systems lediglich die gesetzliche Mindestgarantie gewährt, bietet Meditec & Co. KG mit fünf Jahren eine um drei Jahre längere Garantiezeit. Bei einer Kaufempfehlung ist sowohl die individuelle Risikobereitschaft einzuschätzen, eventuell nach mehr als zwei Jahren schon eine eventuelle Reparatur selbst zu zahlen, statt noch drei Jahre länger Garantie zu haben, als auch die Wahrscheinlichkeit, dass eine Reparatur innerhalb der ersten fünf Jahre überhaupt erforderlich ist.

Die Lieferzeit spielt eine Rolle, wenn das Gerät zu einem bestimmten Zeitpunkt benötigt wird. Wenn im obigen Beispiel acht Wochen ausreichend wären, würde die Lieferzeit keine Rolle spielen. Wird das Gerät aber schon vorher benötigt, kann die Lieferzeit entscheidend sein. Bevor man sich dann für das Gerät mit der kürzeren Lieferzeit entscheidet, kann man noch berücksichtigen, ob ein kurzzeitiges Leasing unter Umständen günstiger ist.

Zusammenfassung des Angebots der Firma Meditec & Co. KG:

- Gerätebezeichnung: RÖ 2000plus
- Listenpreis: 15.500 EUR
- Rabatt: keinen
- Lieferkosten: 150 EUR pauschal
- USt.: 19%
- Skonto: 2% vom Verkaufspreis (brutto) bei Zahlung innerhalb von 10 Tagen ab Rechnungsdatum
- Lieferzeit: ca. 4 Wochen ab Bestellung
- Garantie: 5 Jahre

Zusammenfassung des Angebots der Firma Radiology-Systems:

- Gerätebezeichnung: RAD OPTIMUM5000
- Listenpreis: 16.280 EUR
- Rabatt:7,5% auf den Listenpreis
- Lieferkosten: frei Haus
- USt.: 19%;
- Skonto: 3,5% vom Verkaufspreis (brutto) bei Zahlung innerhalb von 10 Tagen ab Rechnungsdatum
- Lieferzeit: ca. 8 Wochen ab Bestellung
- Garantie: 2 Jahre

1. *Vergleichen Sie die folgenden Angebote. Begründen Sie, für welches Angebot Sie sich entscheiden würden. Die Mehrwertsteuer beträgt 19 %.*

Angebotsinhalte zum Karteischrank BVG 345 K3 der Firmen Medimöbi, Praxofit und GFP (Gesellschaft für Praxisbedarf)

Zusammenfassung des Angebots der Firma Medimöbi

Listenpreis: 525 EUR, Rabatt: 5% auf Listenpreis; Lieferkosten: 50 EUR pauschal; Skonto: 2% vom Verkaufspreis (brutto) bei Zahlung innerhalb von 10 Tagen ab Rechnungsdatum; Lieferzeit: sofort; Garantie: 2 Jahre.

Zusammenfassung des Angebots der Firma Praxofit:

Listenpreis: 482 EUR, Rabatt: keinen; Lieferkosten: 10% vom Verkaufspreis (netto); Skonto: 3% vom Verkaufspreis (brutto) bei Zahlung innerhalb von 10 Tagen ab Rechnungsdatum; Lieferzeit: ca. 6 Wochen; Garantie: 2 Jahre.

Zusammenfassung des Angebots der Firma GFP (Gesellschaft für Praxisbedarf)

Listenpreis: 535 EUR, Rabatt: 6% auf Listenpreis; Lieferkosten: keine; Skonto: 3,5% vom Verkaufspreis (brutto) bei Zahlung innerhalb von 10 Tagen ab Rechnungsdatum; Lieferzeit: ca. 8 Wochen; Garantie: 5 Jahre.

Karteischrank BVG 345 K3

1. Farbe: weiß
2. 15 Schubladen à 2 Bahnen
3. Je Schublade 2 Bahnen für DIN A5 quer
4. Gehäuse und Schubladen aus Stahl, Rollenführung hochwertig gearbeitet
5. Mit eingearbeiteten Grifffeldern
6. Zentralverriegelung mit Druckzylinderknopf, Doppelauszugssperre
7. Maße: H 175 x B 210 x 60

Exkurs

Exkurs 1: Prozentrechnung
(Bsp. Rad Optimum5000)
Bsp.: Rabatt berechnen

Prozentwert (PW) = X (Rabatt)
Grundwert (GW) = 100 % = 16 280,00 EUR
Prozentsatz (PS) = 7,5 % = X (Rabatt)

Lösung mit Dreisatz: $X = \frac{16\,280 \times 7{,}5}{100}$

$= 1\,221{,}00$ EUR

Formel: $X = \frac{GW \times PS}{100}$

Exkurs 2: Prozentrechnung
(Bsp. Rad Optimum5000)
Bsp.: Umsatzsteuer berechnen

Prozentwert (PW) = X (USt.)
Grundwert (GW) = 100 % = 15 059,00 EUR
Prozentsatz (PS) = 19 % = X (USt.)

Lösung mit Dreisatz: $X = \frac{15\,059 \times 19}{100}$

$= 2\,861{,}21$ EUR

Exkurs 3: Prozentrechnung, vermehrter GW (Bsp. Radoptimum5000)

Bsp.: Verkaufspreis (brutto) direkt berechnen mit vermehrtem GW

Vermehrter GW = X (Bruttopreis, direkt berechnet)

Grundwert (GW) =		100 % = 15 059,00 EUR
+ USt. (19 %)	= 19 %	119 % = X

Lösung mit Dreisatz: $X = \frac{15\,059{,}00 \times 119}{100}$

$= 17\,920{,}21$ EUR

Exkurs 4: Prozentrechnung, verminderter GW (Bsp. Radoptimum5000)

Bsp.: Endpreis (Preis nach Skontoabzug) direkt berechnen mit vermindertem GW

Verminderter GW = X (Endpreis, direkt berechnet)

Grundwert (GW) =		100 % = 17 920,21 EUR
Abzug Skonto	= 3,5 %	96,5 % = X

Lösung mit Dreisatz: $X = \frac{17\,920{,}21 \times 96{,}5}{100}$

$= 17\,293{,}00$ EUR

3.2 KAUFVERTRAG

3.2.1 Zustandekommen des Kaufvertrags

Durch eine **Bestellung** kommt ein Kaufvertrag zustande, wenn der Käufer das **verbindliche Angebot** des Verkäufers **unverändert** und **rechtzeitig** annimmt.

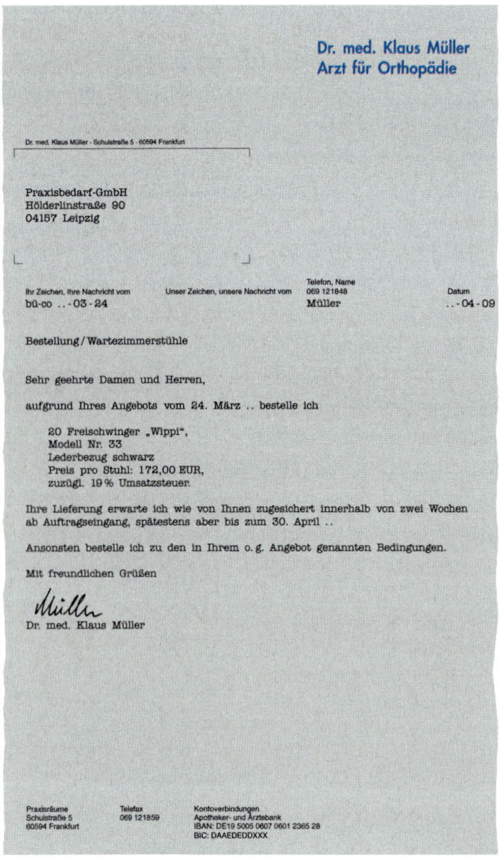

Dr. med. Klaus Müller
Arzt für Orthopädie

Dr. med. Klaus Müller · Schulstraße 5 · 60594 Frankfurt

Praxisbedarf-GmbH
Hölderlinstraße 90
04157 Leipzig

Ihr Zeichen, Ihre Nachricht vom	Unser Zeichen, unsere Nachricht vom	Telefon, Name 069 121848	Datum
bü-co ..-03-24		Müller	..-04-09

Bestellung / Wartezimmerstühle

Sehr geehrte Damen und Herren,

aufgrund Ihres Angebots vom 24. März .. bestelle ich

20 Freischwinger „Wippi",
Modell Nr. 33
Lederbezug schwarz
Preis pro Stuhl: 172,00 EUR,
zuzügl. 19 % Umsatzsteuer.

Ihre Lieferung erwarte ich wie von Ihnen zugesichert innerhalb von zwei Wochen ab Auftragseingang, spätestens aber bis zum 30. April ..

Ansonsten bestelle ich zu den in Ihrem o. g. Angebot genannten Bedingungen.

Mit freundlichen Grüßen

Müller
Dr. med. Klaus Müller

Praxisräume
Schulstraße 5
60594 Frankfurt

Telefax
069 121859

Kontoverbindungen
Apotheker- und Ärztebank
IBAN: DE19 5005 0607 0601 2365 28
BIC: DAAEDEDDXXX

13. Beispiel einer Bestellung

Falls der Käufer in der Bestellung auch nur einen Punkt des Angebots abändert, gilt seine Bestellung rechtlich als neues Angebot. Der Verkäufer kann dann entscheiden, ob der dieses annimmt oder es ablehnt, mit der Folge, dass kein Kaufvertrag zustande käme.

Für die Bestellung ist keine gesetzliche Form vorgeschrieben, sie sollte aber in der gleichen Form erfolgen, in der das Angebot abgegeben wurde. Dies ist im Regelfall die Schriftform. Falls die Lieferung nicht der Bestellung entsprechen sollte, kann man so problemlos beweisen, dass der Fehler beim Verkäufer liegt.

Eine Bestellung kann, genauso wie ein Angebot, **widerrufen** werden. Bedingung ist allerdings, dass der Widerruf **vor** der Bestellung beim Verkäufer eintrifft. In der Bestellung sollten zur Vermeidung von Missverständnissen noch einmal die **Bezeichnung** der Ware, die gewünschte **Menge** und der **Einzelpreis** der Ware sowie der erwartete **Liefertermin** erwähnt werden.

1. *Nehmen Sie an, die Praxis Dr. Seher hat sich für das Röntgengerät der Firma Meditec & Co. KG RÖ 2000plus entschieden. Schreiben Sie eine Bestellung, in der Sie der Firma Meditec & Co. KG mitteilen, dass Sie deren Angebot unverändert annehmen. Bitten Sie um eine kurze Auftragsbestätigung.*

2. *Warum sollte eine Bestellung in Schriftform abgegeben werden?*

3. *Welche Möglichkeiten haben Sie, eine heute per Post versendete Bestellung noch rechtzeitig zu widerrufen?*

Exkurs

Privatkauf	Verbrauchsgüterkauf	Zweiseitiger Handelskauf
Keiner der Vertragspartner ist Kaufmann. Beide Vertragspartner sind Privatpersonen, von denen die eine etwas aus ihrem Eigentum an die andere verkauft. *Beispiel:* Die ZFA Lara Raaß verkauft ihr drei Jahre altes Cabriolet an die TFA Lena Wind.	Der Käufer ist eine Privatperson, der Verkäufer ist Kaufmann, d. h., er ist Inhaber eines Geschäfts. *Beispiel:* Die MFA Marie Hübsch kauft bei dem Gebrauchtwagenhändler Ludolf Luftikus einen fünf Jahre alten Pkw.	Beide Vertragspartner sind Kaufleute, d. h., beide sind Inhaber eines Geschäfts. *Beispiel:* Der Lebensmittelgroßhändler Essifix liefert dem Lebensmitteleinzelhändler Schulze 100 Flaschen Milch.

Wichtig: Wenn Ärzte, Zahn- oder Tierärzte etwas kaufen oder verkaufen, gelten sie als Privatperson. Bei Geschäften mit anderen Privatpersonen handelt es sich daher um einen Privatkauf; wenn sie etwas von einem Kaufmann kaufen, um einen Verbrauchsgüterkauf.

3.2.2 Inhalte des Kaufvertrags

Wie aus den Zeitungsanzeigen unten ersichtlich wird, gibt es eine Vielzahl von Kauf- und Dienstleistungsverträgen, die Verkäufer (Anbieter) und Käufer (Kunde) untereinander frei aushandeln können. Der Staat gibt lediglich den gesetzlichen Rahmen vor, innerhalb dessen die Verträge abgeschlossen werden müssen. Ansonsten mischt er sich nicht ein. Dies bezeichnet man als **Grundsatz der Vertragsfreiheit.**

Im Einzelnen bezieht er sich auf folgende Punkte:

- **Abschlussfreiheit:** Jeder kann im Prinzip mit jedem Verträge abschließen, ohne dass dies der Staat verbieten oder einschränken kann.

Beispiel: *Die Bundeskanzlerin schließt mit dem Zeitungsverkäufer Eddi Kohler einen Vertrag ab, ihr jeden Morgen um 07:00 Uhr die wichtigsten Tageszeitungen auszuhändigen.*

14. Diverse Kleinanzeigen

15. Grenzen der Vertragsfreiheit

- **Inhaltsfreiheit:** Verkäufer und Käufer können die Inhalte ihres Vertrags frei gestalten. Der Staat greift nicht ein, solange die Inhalte nicht gegen ein gesetzliches Verbot verstoßen.

Beispiel: *Die Tiermedizinische Fachangestellte Julia Juppie schließt mit dem Rechtsanwalt I. R. Tum einen Vertrag ab, dessen Pferd gegen zehn Reitstunden pro Monat zu versorgen und zu pflegen.*

- **Formfreiheit:** Der Staat gibt in den meisten Fällen keine gesetzliche Form vor, in der Verträge abgeschlossen werden müssen.

Beispiel: *Auf dem Flohmarkt verkauft der Händler Theo Schnapp eine Lederjacke für 200,00 EUR bar.*

Für **Patienten** ist der Grundsatz der Vertragsfreiheit gleich in dreierlei Hinsicht von Bedeutung:

- Als **Patient** kann er sich für die Diagnose und Behandlung seiner Krankheit einen Arzt seines Vertrauens aussuchen. Weder der Staat noch die Krankenkasse schreiben ihm vor, welchen Arzt er aufzusuchen hat. Bei Unzufriedenheit mit dem Arzt kann er grundsätzlich den Arzt wechseln (Krankenkassen verlangen allerdings oft eine Begründung, wenn ein Patient mitten im Quartal den Arzt wechselt). Ein Arztwechsel nach Quartalsende dagegen ist jederzeit und ohne Angabe von Gründen möglich.
- Als **Vertragspartner des Arztes** kann er von diesem nur die Diagnose und Behandlung nach dem Stand des ärztlichen Wissens verlangen. Es

16. Wer alles verspricht, dem traue nicht!

Exkurs

Wie der Staat den Käufer schützt

Ratenverträge/Verbraucherdarlehen (BGB §§ 491–498)

Anwendungsbereich
Kaufverträge mit Ratenzahlung

Voraussetzungen

Kaufvertrag muss:
- Schriftlich abgeschlossen werden
- Barzahlungspreis nennen
- Teilzahlungspreis nennen
- Anzahl, Summe und Fälligkeit der einzelnen Raten enthalten
- tatsächlichen Jahreszinssatz nennen

Verkäufer muss zusätzlich
- Käufer eine schriftliche Belehrung über sein Widerrufsrecht überreichen.

Käufer muss
- Beide Schriftstücke unterschreiben.

Widerrufsrecht des Käufers:
- Innerhalb von zwei Wochen
- Per Einschreiben mit Rückschein (Käufer trägt Beweislast)

Haustürgeschäfte/Kaffeefahrten Haustürwiderrufsgesetz (BGB, § 312)

Anwendungsbereich:

Kauf-, Werk- oder Dienstleistungsverträge, die folgendermaßen zustande kommen:
- Durch überraschenden Vertreterbesuch
- Auf der Straße
- Am Arbeitsplatz
- Auf Kaffeefahrten
- Mündlich

Voraussetzungen:
- Verkäufer kam unbestellt
- Betrag liegt über 40,00 EUR
- Rechnung wurde nicht sofort bezahlt
- Käufer unterschreibt schriftliche Belehrung über Widerrufsrecht

Widerrufsrecht des Käufers:
- Innerhalb von zwei Wochen
- Per Übergabe Einschreiben mit Rückschein (Kunde trägt Beweislast)

Ausnahme:
Gilt nicht für Versicherungsverträge

ist gesetzlich unzulässig, z. B. für den Arzt ein Erfolgshonorar auszuhandeln.

- Als **Mitglied einer gesetzlichen Krankenkasse** kann er seine Mitgliedschaft mit zwei Monaten Kündigungsfrist kündigen und die Mitgliedschaft in einer anderen gesetzlichen Krankenkasse beantragen. Allerdings kann er dann erst wieder nach 18 Monaten zu einer anderen Krankenkasse wechseln.

Durch diese Wahlfreiheit ist ein Konkurrenzkampf der Krankenkassen um junge, gesunde Mitglieder entbrannt.

Der Grundsatz der Vertragsfreiheit hat dort seine **Grenzen,** wo ein Vertragspartner einen anderen übers Ohr hauen will. In solchen Fällen ist ein Vertrag ungültig, auch wenn er von beiden Vertragspartnern unterschrieben wurde.

Dies kann der Fall sein, wenn einer der Vertragspartner bei einem Vertrag eine **Notlage** oder die **Unwissenheit** seines Vertragspartners zu seinem Vorteil ausnutzt.

Beispiel

Tom erklärt seiner im fünften Monat schwangeren Freundin Anke, sie nur dann zu heiraten, wenn sie für ihn eine Bürgschaft von 25 000,00 EUR unterschreibt.

Normalerweise ist der Verkäufer gegenüber dem Käufer in der besseren Position. Er ist nicht unbedingt auf den einzelnen Käufer angewiesen und kann weitgehend gleiche Vertragsinhalte für viele Käufer vorformulieren.

Dem Kunden bleibt oft nur noch die Wahl, die vorgegebenen allgemeinen Geschäftsbedingungen zu akzeptieren oder auf den Kauf zu verzichten.

1. *Auf welche drei Bereiche erstreckt sich der Grundsatz der Vertragsfreiheit?*
2. *Welche Bedeutung hat die Vertragsfreiheit für den Patienten?*
3. *Aus welchen Gründen hat der Staat Grenzen für die Vertragsfreiheit gesetzt?*
4. *Welche Gesetze schützen den Käufer vor ungerechtfertigter Benachteiligung?*

3.2.3 Die allgemeinen Geschäftsbedingungen (AGB)

„Das steht garantiert im **Kleingedruckten**!" Mit diesem Ausspruch hat schon so mancher überrascht reagiert, wenn er plötzlich feststellte, dass in einem Vertrag etwas geschrieben stand, mit dem er nicht gerechnet hatte. Denn das Kleingedruckte, unter das man in der Regel seine Unterschrift setzt, ohne es durchgelesen zu haben, hat es oft in sich. Es sind die sogenannten **allgemeinen Geschäftsbedingungen** (AGB).

In ihnen formuliert der Verkäufer oder Anbieter von Dienstleistungen einseitig Vertragsinhalte vor, die der Kunde normalerweise hinnehmen muss. Ein wichtiger Grund für die Verwendung von AGB ist, den Abschluss von Verträgen zu vereinfachen. Vertragsinhalte, die für Verträge mit allen Kunden gelten, sollen nicht extra in jedem Vertrag neu vereinbart werden müssen (z. B. Garantiezeit, Liefer- oder Zahlungsbedingungen).

Ein weiterer Grund liegt allerdings auch darin, dass sich derjenige, der AGB verwendet, damit bessere Bedingungen verschaffen möchte, als ihm gesetzlich zustehen. Für den Kunden ist damit die Gefahr verbunden, dass er gegenüber dem Verkäufer benachteiligt wird. Oft ist er sich bei Vertragsabschluss nicht über die Folgen der AGB vollends im Klaren (wenn er sie überhaupt durchliest). Auch kann er eine Änderung der AGB meist nicht durchsetzen. Ihm bleibt im Regelfall nur die Wahl, die AGB zu akzeptieren oder auf den Kauf bzw. die Dienstleistung zu verzichten.

Das führte in der Vergangenheit dazu, dass Verkäufer mit ihren AGB die Kunden oft unangemessen benachteiligten. Um dies zu verhindern, wurde 1976 das „Gesetz zur Regelung des Rechts der Allgemeinen Geschäftsbedingungen", eingeführt, das mittlerweile im **BGB** integriert wurde

17. Gekauft wie gesehen

(§§ 305–310). In ihm wird der Kunde insofern geschützt, als dass AGB nur unter ganz bestimmten Voraussetzungen gültig sind und bestimmte Formulierungen ganz verboten werden. AGB werden nur dann Vertragsbestandteil, wenn **drei Bedingungen** erfüllt sind:

- Der Käufer muss vor Vertragsabschluss ausdrücklich darauf **hingewiesen** werden, dass die AGB in den Vertrag mit einbezogen werden. Es reicht nicht aus, wenn z. B. der Möbelverkäufer D. Ünholz dem Kunden einen Vertrag vorlegt und sagt, da stehe alles Wichtige drin. Er muss ausdrücklich mitteilen, dass in diesem Vertrag AGB enthalten sind.
- Der Käufer muss die AGB in **zumutbarer Weise zur Kenntnis** nehmen können, d. h., sie müssen gut lesbar und zugänglich sein (kein versteckter Aushang). Es reicht nicht aus, wenn dem Käufer mitgeteilt wird, er solle die AGB mal schnell überfliegen und unterschreiben, da schon der nächste Kunde warte. Er muss genügend Zeit haben, sie gründlich durchzulesen und ggf. auch Nachfragen zu stellen.
- Der Käufer muss ausdrücklich damit **einverstanden** sein, dass die AGB Bestandteil des Vertrags werden. Dies bestätigt er in der Regel durch seine Unterschrift.

Selbst wenn sämtliche dieser drei Voraussetzungen gegeben sind, können AGB unter bestimmten Bedingungen ungültig sein:

- Für den Kunden **überraschende** Klauseln sind immer ungültig.

Das Geschäft für Unterhaltungselektronik B. Illig schreibt in seinen AGB, dass es während der Garantiezeit zwar defekte Geräte kostenlos repariere, der Käufer aber die Anfahrtskosten bezahlen müsse.

- **Unklare** AGB gehen immer zulasten des Verkäufers. Missverständliche Klauseln in den AGB werden also immer zum Vorteil des Käufers ausgelegt.

Die Firma T. Rehbein hat in ihren AGB die folgende Klausel stehen: „Im Falle des Zahlungsverzugs werden zwölf Prozent (12 ‰) Verzugszinsen fällig.“ Wenn der Käufer in Zahlungsverzug gerät, muss er lediglich den niedrigeren Zinssatz von zwölf Promille bezahlen.

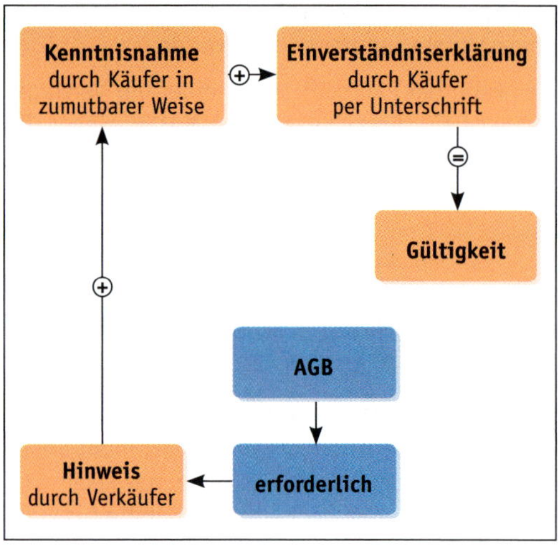

18. Gültigkeit von AGB

AGB, die den VERKÄUFER ungerechtfertigt bevorzugen	**AGB, die den KÄUFER ungerechtfertigt benachteiligen**
AGB zu den Lieferbedingungen • „Lieferung so bald wie möglich“ • „Falls der Verkäufer die vereinbarte Lieferfrist nicht einhalten kann, hat der Käufer eine Nachfrist von mindestens sechs Monaten zu gewähren.“	**Überraschende Klauseln in AGB** • „Die Automobilfirma ist berechtigt, den für den geleasten Pkw zu zahlenden Restbetrag um bis zu 10 % zu erhöhen. • „Mit dem Kauf des Sterilisators ist ein Wartungsvertrag (50,00 EUR/Jahr) verbunden.“
AGB zum Haftungsausschluss • „Für zugesicherte Eigenschaften wird keine Haftung übernommen.“ • „Der Käufer hat eventuelle Mängel unverzüglich bei Lieferung geltend zu machen. Spätere Ansprüche sind ausgeschlossen.“	**AGB-Klauseln, die gegen das Gebot von Treu und Glauben (gegen allgemein übliches Vorgehen) verstoßen.** • „Die AGB haben grundsätzlich Vorrang vor persönlichen Absprachen.“ • „Das Dentallabor lehnt jede Haftung für nicht passende Prothesen ab.“

19. Beispiele für ungültige AGB

Allgemeine Geschäftsbedingungen

1. Vertragsabschluss

Sämtliche Lieferungen und Leistungen erfolgen ausschließlich auf der Grundlage dieser Liefer- und Zahlungsbedingungen. Änderungen dieser Bedingungen müssen schriftlich festgelegt und bestätigt werden. Katalogangaben gelten nicht als Angebote im rechtlichen Sinne. Alle Angaben zu den angebotenen Waren (z. B. Abbildungen, Beschreibungen) sind freibleibend. Die AGB gelten auch dann, wenn sie durch den Käufer nicht ausdrücklich schriftlich bestätigt wurden.

2. Preise

Die angegebenen Preise verstehen sich ab unserer Geschäftsstelle Dortmund. Notwendige Installationen oder andere Nebenleistungen gehen zulasten des Käufers. Wir liefern in handelsüblichen Verpackungen. Die Kosten einer eventuellen Sonderverpackung oder Frachtversicherung übernimmt der Käufer. Bei vereinbarten Lieferfristen von mehr als vier Monaten werden die am Liefertag gültigen Preise berechnet. Die Preise dürfen vom Verkäufer auch dann angepasst werden, wenn sich das allgemeine Preisniveau um mehr als 2 % erhöht.

3. Zahlungsbedingungen

Zahlungen müssen innerhalb von 14 Tagen nach Rechnungsdatum rein netto, also ohne Skontoabzug, erfolgen. Die Annahme von Schecks erfolgt nur zahlungshalber, die Ware gilt erst dann als bezahlt, wenn der Rechnungsbetrag auf unserem Konto gutgeschrieben ist. Alle im Zusammenhang mit dem bargeldlosen Zahlungsverkehr entstehenden Kosten trägt der Käufer. Bei nicht rechtzeitiger Zahlung (Zahlungsverzug) sind wir berechtigt, Verzugszinsen in Höhe der uns entstandenen Kosten (Kreditkosten, Mahngebühren etc.) ab Fälligkeitstag zu berechnen. Zahlt der Käufer auch nach der dritten Mahnung durch den Verkäufer nicht, wird eine Vertragsstrafe in Höhe von 50 % der Kaufsumme fällig.

4. Lieferungsbedingungen

Lieferung erfolgt so schnell wie möglich. Die Lieferfrist gilt als eingehalten, wenn die Ware innerhalb der vereinbarten Lieferzeit unsere Geschäftsstelle verlassen hat. Wir sind auch zur Lieferung von Teilmengen berechtigt. Die Auswahl des Versandweges und der Versandart liegt in unserem Ermessen. Die Gefahr einer Beschädigung oder Zerstörung der Ware geht auf den Käufer über, sobald die Ware einem Transportunternehmen übergeben wurde oder die Ware unsere Geschäftsstelle verlassen hat. Durch seine schriftliche Empfangsbestätigung erklärt der Käufer den mangelfreien Empfang der Ware. Nimmt der Käufer die Ware nicht ordnungsgemäß an, sind wir berechtigt, den uns entstandenen Schaden einschließlich Lager- und eventueller Versteigerungskosten zuzüglich sonstiger Mehraufwendungen zu verlangen.

5. Eigentumsvorbehalt

Alle unsere Lieferungen erfolgen unter Eigentumsvorbehalt, die Ware bleibt also bis zur vollständigen Bezahlung unser Eigentum. Zahlt der Käufer die Ware ganz oder teilweise nicht, ist er nicht mehr berechtigt, über die Ware weiter zu verfügen. Wir können in diesem Fall vom Kaufvertrag zurücktreten und Herausgabe der Ware fordern.

6. Gewährleistung

Wir gewähren eine Garantie von zwölf Monaten nach Lieferung. Für Mängel aufgrund von Abnutzung oder unsachgemäßer Behandlung leisten wir keinen Ersatz. Wir haften auch nicht bei vorsätzlicher oder grob fahrlässiger Handlungsweise unserer Mitarbeiter. Ein Mangel an der Ware ist uns unverzüglich nach Entdeckung schriftlich anzuzeigen. Der Käufer hat alles zu tun, um den Schaden gering zu halten. Der Käufer hat die mangelhafte Ware auf seine Kosten an uns zu übersenden. Im Falle eines gerechtfertigten Mangels am Lieferungsgegenstand sind wir nach unserer Wahl berechtigt, eine Ausbesserung der Ware vorzunehmen oder neu zu liefern. Wir haben dabei das Recht, mindestens vier Ausbesserungsversuche vorzunehmen. Der Käufer trägt die Lohnkosten für maximal drei Arbeitsstunden pro Ausbesserungsversuch.

7. Erfüllungsort und Gerichtsstand

Erfüllungsort für die Lieferung und die Zahlung ist unsere Geschäftsstelle in Dortmund. Als Gerichtsstand für Käufer und Verkäufer wird das Amtsgericht/Landgericht in Dortmund vereinbart. Wir sind berechtigt, Kundendaten gemäß den Vorschriften des Bundesdatenschutzgesetzes zu verarbeiten und zu speichern.

Anmerkung: Ungültige Vereinbarungen sind blau hervorgehoben.

20. Beispiel für Verkaufs- und Lieferbedingungen

- AGB, die **gegen** das Gebot von **Treu und Glauben** verstoßen, sind immer ungültig. Dies ist dann der Fall, wenn der Käufer durch hinterlistige Formulierungen in den AGB betrogen wird.

Beispiel
Der Gebrauchtwagenhändler B. Trug & Co. KG verkauft einer alten Frau, die selbst keinen Führerschein besitzt, einen Pkw ohne Motor. Als sie mit ihrer Enkelin erscheint, der sie das Auto zur bestandenen Führerscheinprüfung schenken möchte, lässt er sich natürlich nicht starten. Der Autohändler verweist auf seine AGB, in denen es u. a. heißt: „Der Pkw wird gekauft wie gesehen."

- **Individuelle Absprachen** zwischen Verkäufer und Käufer haben immer **Vorrang** vor den AGB. Zur Beweissicherung sollte sich der Käufer diese allerdings schriftlich bestätigen lassen.

Wenn einzelne Klauseln von AGB gegen das AGB-Gesetz verstoßen, werden nur diese Klauseln unwirksam. Die anderen zulässigen Klauseln der AGB werden davon nicht betroffen, d. h., sie bleiben weiter wirksam.

Beispiel
In den AGB des Medizingeräte-Lieferanten DIAG-NOSTIC steht die Klausel: „Die Lieferung erfolgt etwa sechs Wochen nach Vertragsabschluss." Die Ärztin Claudia Klüver hatte aber vereinbart, dass die Lieferung vier Wochen nach Vertragsabschluss erfolgen müsse. Der Liefertermin beträgt damit vier Wochen.

1. *Was sind allgemeine Geschäftsbedingungen (AGB)?*
2. *Welchen Vorteil bieten AGB beim Abschluss von Verträgen?*
3. *Welche Gefahren sind für den Kunden mit den AGB verbunden?*
4. *Aus welchem Grund wurden die AGB-Bestimmungen eingeführt?*
5. *Welche drei Voraussetzungen müssen gegeben sein, damit AGB Bestandteil eines Vertrags werden?*
6. *Nennen Sie zwei Beispiele für verbotene AGB.*

Exkurs

Kauf per Internet

Wie werden Verträge per Mausklick geschlossen?

Ein Vertrag kommt auch hier durch zwei übereinstimmende Willenserklärungen zustande. Eine elektronisch übermittelte Willenserklärung ist genauso gültig wie eine schriftliche oder mündliche Willenserklärung.
Ausnahme: Verträge, bei denen eine notarielle Beurkundung vorgeschrieben ist, z. B. Grundstückskaufverträge, müssen vor einem Notar abgeschlossen werden.

Was kann ich als Käufer tun, wenn mir die Ware nicht gefällt?

- Der Käufer kann die Ware innerhalb von zwei Wochen nach Lieferung ohne Angabe von Gründen zurücksenden.
- Hat die Ware Fehler oder Mängel, gelten die gleichen Regelungen wie bei einer Schlechtleistung (mind. zwei Jahre Garantie; siehe Kapitel 3.3.2).

Wann kann ich als Käufer nicht vom Kaufvertrag zurücktreten?

- Bei Lieferung von CDs, DVDs oder Software, die entsiegelt wurden
- Bei Lieferung von Zeitschriften, Zeitungen und Illustrierten
- Bei Versteigerungen
- Bei einem Kauf bei eBay

Was kann ich als Käufer tun, wenn ich mich vertippt habe?

- Man kann den Vertrag genauso wegen Irrtums anfechten wie einen konventionell abgeschlossenen Vertrag.
- Allerdings muss man dem Vertragspartner einen eventuellen Schaden ersetzen.

Habe ich einen Anspruch, die im Internet angebotenen Waren zu erhalten?

Nein. Die Präsentation im Internet stellt wie die Schaufensterauslage in einem Kaufhaus noch kein rechtsverbindliches Angebot dar. Sie ist lediglich eine Aufforderung zum Kauf. Die erste – rechtsverbindliche – Willenserklärung gibt der Käufer ab. Der Verkäufer kann diese durch Lieferung oder eine Auftragsbestätigung annehmen (zweite Willenserklärung).

Welche Besonderheiten gibt es bei eBay?

Hier ist – anders als in sonstigen Fällen – ein Angebot für den Verkäufer grundsätzlich verbindlich. Hier gibt also der Verkäufer die erste Willenserklärung ab. Der Käufer nimmt dieses Angebot durch seine Willenserklärung (Kauf/ Versteigerungsgebot) an.

3.3 STÖRUNGEN DES KAUFVERTRAGS

3.3.1 Nicht-Rechtzeitig-Lieferung (Lieferungsverzug)

Wenn ein Verkäufer seiner gesetzlichen Pflicht nicht nachkommt, zum vereinbarten Zeitpunkt zu liefern, liegt Nicht-Rechtzeitig-Lieferung vor. Einzige Voraussetzung:

- Die Lieferung muss **fällig** sein, d. h., der Liefertermin muss überschritten sein.

Wann eine Lieferung fällig ist, hängt ganz entscheidend vom vereinbarten Liefertermin ab. Wenn der Zeitpunkt der Lieferung genau festgelegt ist (Fixkauf), liegt mit Ablauf des vereinbarten Liefertermins automatisch Nicht-Rechtzeitig-Lieferung vor.

Beispiel

Als Liefertermin wurde der 14. Mai 20.. vereinbart. Am 15. Mai 20.., 00:00 Uhr ist der Liefertermin überschritten, und es liegt Nicht-Rechtzeitig-Lieferung vor, ohne dass eine extra Mahnung nötig ist.

Wenn der Verkäufer selbst mitteilt, dass er nicht bzw. erst zu einem späteren Zeitpunkt liefern kann oder er die Lieferung verweigert, tritt ebenfalls Nicht-Rechtzeitig-Lieferung ein.

In allen anderen Fällen ist grundsätzlich eine **Mahnung mit einer Nachfristsetzung** nötig.

Beispiel

Ein Kaufvertag wird am 1. Oktober abgeschlossen. Als Liefertermin wird „ca. sechs Wochen" vereinbart. Ab Mitte November kann der Käufer die Lieferung anmahnen und eine Nachfrist zur Lieferung setzen.

Eine Nachfrist ist dann angemessen, wenn sie dem Verkäufer noch genügend Zeit lässt, die schon fertige Sache noch zu liefern. Er hat aber nicht das Recht, die Sache erst noch herzustellen.

Wichtig für den Käufer ist hierbei, dass bereits mit **Zugang der Mahnung** Nicht-Rechtzeitig-Lieferung eintritt (und nicht erst mit Ablauf der Nachfrist). Damit haftet der Verkäufer, falls die bestellte Sache z. B. durch Fahrlässigkeit beschädigt, zerstört oder gestohlen wird. Die Nachfrist ist für den Käufer dann wichtig, wenn er eigene Rechte geltend machen will. Denn wenn sie abgelaufen ist oder beim Fixkauf der genannte Liefertermin überschritten ist, hat der Käufer immer das Recht, entweder

- weiter auf der Lieferung zu bestehen oder
- vom Kaufvertrag zurückzutreten.

Es ist nicht nötig, dass den Verkäufer ein Verschulden an der Nicht-Rechtzeitig-Lieferung trifft.

Wenn der Käufer allerdings weitere Rechte, wie z. B. Schadenersatz, geltend machen will, muss als zweite Voraussetzung ein **Verschulden des Verkäufers** hinzukommen.

Ein Verschulden liegt vor, wenn der Verkäufer den Liefertermin fahrlässig oder vorsätzlich verstreichen lassen hat. Dies ist z. B. dann der Fall, wenn er zu viele Aufträge annimmt oder den Termin vergisst. Wenn hingegen sogenannte **höhere Gewalt** vorliegt, z. B. das Lager überschwemmt wird oder die Belegschaft streikt, trifft ihn kein Verschulden.

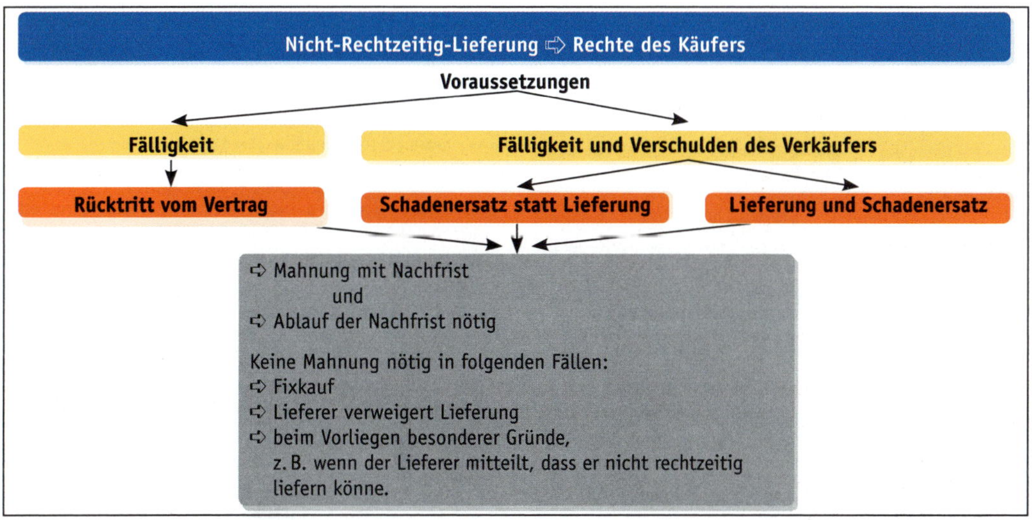

21. Die Rechte des Käufers bei nicht rechtzeitiger Lieferung

Unter den Voraussetzungen

- Fälligkeit der Lieferung,
- Verschulden des Verkäufers

muss sich der Käufer zunächst überlegen, ob er überhaupt noch ein Interesse an der Lieferung hat oder ob er auf die Lieferung verzichten möchte.

Wenn er sich dafür entscheidet, die Lieferung auch noch nach Ablauf der Nachfrist bzw. beim Fixkauf nach Überschreiten des genannten Liefertermins anzunehmen, kann er

- weiterhin die **Lieferung** verlangen **und zusätzlich**
- **Schadenersatz** verlangen, wenn er dadurch einen Verzögerungsschaden erlitten hat.

Beispiel: *Ein Zahnarzt eröffnet am 15. März seine neue Praxis. Er hatte zum „8. März fix" einen Behandlungsstuhl bestellt, der wurde aber weder am 8. März noch bis zum 15. März geliefert. Der Zahnarzt besteht aber auf der Lieferung und die Firma liefert am 18. März. Der Zahnarzt weist nach, dass ihm dadurch pro Tag 1 500,00 EUR Schaden entstanden sind. Er kann also für die drei Tage 4 500,00 EUR Schadenersatz verlangen.*

Es kann aber auch der Fall eintreten, dass der Käufer die Lieferung nicht mehr möchte. Dann kann er

- vom Kaufvertag **zurücktreten und zusätzlich**
- **Schadenersatz** verlangen.

Beispiel: *Ein Ehepaar hatte am 2. Mai ein Wohnmobil gekauft. Als Lieferzeit wurde „ca. 10 Wochen" vereinbart. Am 15. Juli ist das Wohnmobil immer noch nicht eingetroffen, das Paar sendet eine Mahnung mit einer Nachfrist „bis Ende Juli". Sie wollten am 1. August eine zweimonatige Südeuroparundreise antreten und hatten im Vertrauen auf die Lieferung schon Fährverbindungen für insgesamt 1 400,00 EUR gebucht.*
Doch auch am 1. August ist das Wohnmobil noch nicht geliefert, da die Firma offensichtlich zu viele Aufträge angenommen hatte. Das Ehepaar kann ab 1. August auf die Lieferung verzichten und gleich zweifach Schadenersatz fordern:

- *für entgangene Urlaubsfreuden (hier gibt es Pauschalsätze für jeden entgangenen Urlaubstag) und*
- *konkret als Ersatz für vergebliche Aufwendungen in Höhe von 1 400,00 EUR für die bereits gebuchten Fährverbindungen.*

Ein Verzicht auf die Lieferung und Schadenersatz kommt auch dann infrage, wenn der Käufer die Ware bei einem anderen Lieferanten einkaufen kann **(Deckungskauf)**, dafür aber einen höheren Preis zahlen muss. Die Mehrkosten müssen in diesem Falle als Schadenersatz erstattet werden.

Kann der Käufer die gleiche Ware bei einem anderen Lieferanten dagegen **billiger** beziehen, dann wird er nach Ablauf der Nachfrist die Lieferung durch den ursprünglichen Lieferer ablehnen, vom Vertrag zurücktreten und die günstigere Ware kaufen.

1. *Unter welcher Voraussetzung tritt Nicht-Rechtzeitig-Lieferung ein?*

2. *Wann kann ein Käufer vom Kaufvertrag zurücktreten:*
a) Beim Fixkauf?
b) Bei einem Liefertermin von „ca. sechs Wochen"?

3. *Wann kann ein Käufer zusätzlich Schadenersatz verlangen?*

Einwurf-Einschreiben Frankfurt am Main, 09.03. ...

Nicht-Rechtzeitig-Lieferung

Sehr geehrte Damen und Herren,

der bei Ihnen am ... bestellte Behandlungsstuhl ist bis heute noch nicht bei mir eingetroffen. Ich bestehe aber weiterhin auf Lieferung.

Da ich meine Praxis zum 15. März eröffne, weise ich Sie schon jetzt vorsorglich darauf hin, dass ich im Falle der Nicht-Lieferung bis 14. März ab dem folgenden Tage von Ihnen Schadenersatz für entgangene Einnahmen verlangen werde. Aufgrund der Erfahrungen in meiner vorherigen Praxis beziffern sich diese auf mindestens 1500,00 EUR pro ausfallenden Behandlungstag.

Ich erwarte Ihre Lieferung noch vor Eröffnung meiner Praxis.

Mit freundlichen Grüßen

Pia Pech

22. Schadenersatz wegen entgangenem Gewinn

Einwurf-Einschreiben Darmstadt, 15.07. ...

Nicht-Rechtzeitig-Lieferung

Sehr geehrte Damen und Herren,

wir hatten bei Ihnen am 2. Mai d. J. ein Wohnmobil der Marke „BigRoute" bestellt. Als Liefertermin wurde „ca. 10 Wochen" vereinbart. Dieser Zeitraum ist mittlerweile verstrichen, doch zu unserem Bedauern ist das Wohnmobil bis heute noch nicht bei uns eingetroffen.

Wir setzen Ihnen eine Frist zur Lieferung bis 31. Juli d. J.

Sollte das Wohnmobil auch bis dahin nicht geliefert werden, behalten wir uns auf jeden Fall sowohl Rücktritt vom Kaufvertrag als auch weiterhin Bestehen auf Lieferung vor.

Vorsorglich weisen wir Sie darauf hin, dass wir im Vertrauen auf Ihre rechtzeitige Lieferung bereits Fährverbindungen zum Preis von 1400,00 EUR gebucht haben.
Wir behalten uns vor, Ihnen diesen Betrag ggf. als Schadenersatz in Rechnung zu stellen.

Mit freundlichen Grüßen

23. Schadenersatz wegen vergeblicher Aufwendungen

3.3.2 Schlechtleistung (Mangelhafte Lieferung)

Eine Ware ist immer dann in der Sache mangelhaft, wenn der Käufer sie nicht oder nur eingeschränkt nutzen kann. Man unterscheidet zwischen folgenden Mängeln:

- **Mangelhafte Verwendbarkeit**

> Beispiel: *Der gelieferte Autoklav erreicht nicht die angegebene Betriebstemperatur.*

- **Mangelhafte Beschaffenheit**

> Beispiel: *Die Tür in einem Einbauschrank schließt nicht richtig.*

- **Ware ungleich Werbung**

> Beispiel: *In der Werbung wird versprochen, dass dieses Haarwasser Haarausfall stoppt.*

- **Falschlieferung**

> Beispiel: *Statt der bestellten Einweghandschuhe werden Einwegspritzen geliefert.*

- **Zuweniglieferung**

> Beispiel: *Statt der bestellten 500 Karteikarten werden nur 50 Karteikarten geliefert.*

- **Montagemangel**

> Beispiel: *Ein Elektrogeschäft hat einen neuen ISDN-Anschluss fehlerhaft ausgeführt.*

- **Mangelhafte Montageanleitung** („IKEA-Klausel")

> Beispiel: *Die Montageanleitung eines Regals ist so gestaltet, dass das danach aufgebaute Regal bei der geringsten Belastung zusammenbricht.*

Mängel, die der Käufer auf den ersten Blick erkennen kann (Beispiel Karteikarten), bezeichnet man als **offene Mängel.** Mängel, die der Käufer nicht sofort bemerken kann (Beispiel Autoklav), bezeichnet man als **versteckte Mängel.**

Die generelle Verjährungsfrist für Mängel beträgt zwei Jahre, d. h., der Käufer hat zwei Jahre Zeit, einen Mangel zu reklamieren. Für den Käufer ist es vorteilhaft, wenn er den Mangel innerhalb der ersten sechs Monate beanstandet. Dabei gilt immer die Vermutung, dass der Verkäufer den Mangel zu verantworten hat, sofern er dem Käufer nicht das Gegenteil beweisen kann. Danach dreht sich die Beweislast um: Ab dem siebten Monat muss der Käufer beweisen, dass der Verkäufer den Mangel zu verantworten hat und nicht er.

Beim zweiseitigen Handelskauf gilt jedoch die Besonderheit, dass offene Mängel sofort und versteckte Mängel unmittelbar nach Entdeckung reklamiert werden müssen (vgl. Abb. 24).

Wenn eine Sache einen Mangel aufweist, muss der Käufer dem Verkäufer zunächst eine Nacherfüllungsfrist setzten. Dabei hat der Käufer zunächst nur die Wahl zwischen folgenden Möglichkeiten:

- **Nachbesserung**, d. h. Beseitigung des Mangels oder

> Beispiel: *Die nicht schließende Tür im Einbauschrank wird durch eine neue ersetzt.*

Überblick über die Mängelarten

Mangelhafte Verwendbarkeit	→	Die Sache kann nicht zum gewünschten Zweck verwendet werden.
Mangelhafte Beschaffenheit	→	Die Sache weist Fehler auf.
Ware ungleich Werbung	→	In der Werbung werden Eigenschaften versprochen, die die Sache nicht besitzt.
Falschlieferung	→	Es wird eine andere als die gewünschte Sache geliefert.
Zuweniglieferung	→	Es wird weniger als gewünscht geliefert.
Montagemangel	→	Die Sache ist falsch zusammengebaut.
Mangelhafte Montageanleitung	→	Die Beschreibung des Zusammen- bzw. Aufbaus ist fehlerhaft.

24. Mängelarten

Rügefristen

• Bürgerlicher Kauf • Verbrauchsgüterkauf →	Offener Mangel Versteckter Mangel →	zwei Jahre
• Zweiseitiger Handelskauf →	Offener Mangel →	sofort
→	Versteckter Mangel →	unverzüglich nach Entdeckung, spätestens nach zwei Jahren

Besonderheit

Reklamation innerhalb von sechs Monaten →	Verkäufer trägt Beweislast.
Reklamation ab siebten Monat →	Käufer trägt Beweislast.

25. Rügefristen und Beweislast

- **Neulieferung**, d.h. Lieferung einer fehlerfreien Sache

Beispiel: *Der fehlerhafte Autoklav wird durch einen neuen ersetzt.*

Wenn für den Verkäufer die Nachbesserung oder Neulieferung jedoch mit unverhältnismäßig hohem Aufwand verbunden oder unmöglich ist, kann er wählen, welches Recht er dem Käufer zugesteht.

Beispiel: *Im Fall der nicht richtig schließenden Tür im Einbauschrank hat der Verkäufer das Recht, zunächst nachzubessern.*

Beispiel: *In einem Buch sind zwei Seiten unleserlich gedruckt. Der Verkäufer hat das Recht, ein neues Buch zu liefern statt nachzubessern.*

Dabei darf der Verkäufer dem Käufer keine Arbeits- oder Materialkosten berechnen.

Wenn dem Verkäufer der Mangel allerdings bekannt ist und er die Sache trotzdem verkauft, kann der Käufer zusätzlich noch

- Schadensersatz verlangen.

Beispiel: *Wegen der fehlerhaften Montageanleitung für ein Regal gab es schon öfter Reklamationen. Der Verkäufer versäumt es, den Käufer auf diesen Mangel aufmerksam zu machen, das Regal bricht zusammen und verletzt den Käufer am Auge. Die Taxikosten zum Arzt betragen 20,00 EUR, die Behandlungskosten 50,00 EUR. Der Verkäufer muss 70,00 EUR Schadensersatz zahlen.*

Erst wenn der Verkäufer den **Mangel** innerhalb einer vom Käufer gesetzten Frist **nicht behoben** hat oder eine **Nachbesserung zweimal fehlgeschlagen** ist, hat der Käufer folgende weitergehende Rechte:

- **Rücktritt vom Kaufvertrag**
  Der Käufer gibt die Sache zurück und erhält sein Geld zurück. Dies ist allerdings nicht möglich, wenn es sich nur um einen geringfügigen Mangel handelt.

Beispiel: *Auch der neue und ein dritter Autoklav erreichen nicht die geforderte Betriebstemperatur. Der Käufer verlangt sein Geld zurück und kauft den Autoklav bei einem anderen Händler.*

- **Minderung**
  Käufer und Verkäufer einigen sich darauf, den Verkaufspreis um einen bestimmten Betrag herabzusetzen. Dies ist auch bei einem geringfügigen Mangel möglich.

Beispiel: *Der Arzt behält die statt der Einweghandschuhe gelieferten Einwegspritzen für einen Preisnachlass von 10 %.*

- **Schadenersatz**
  Zusätzlich zu Rücktritt oder Minderung kann der Käufer noch Schadenersatz verlangen, wenn ihm durch den Mangel ein Schaden entstanden ist. Voraussetzung ist allerdings, dass der Verkäufer den Mangel zu vertreten hat.

Beispiel: *Auch zwei Versuche zur Nachbesserung des ISDN-Anschlusses schlagen fehl. Der Käufer kann die zusätzlichen ISDN-Anschlusskosten als Schadenersatz von der Installationsfirma verlangen.*

1. *Zwischen welchen Mängelarten unterscheidet man?*
2. *Zwischen welchen Rechten kann der Käufer einer mangelhaften Ware immer wählen?*
3. *In welchen Fällen kann der Käufer einer mangelhaften Sache Schadenersatz verlangen?*
4. *Wodurch unterscheiden sich die Rügefristen für a) einen Kaufmann, b) eine Privatperson?*

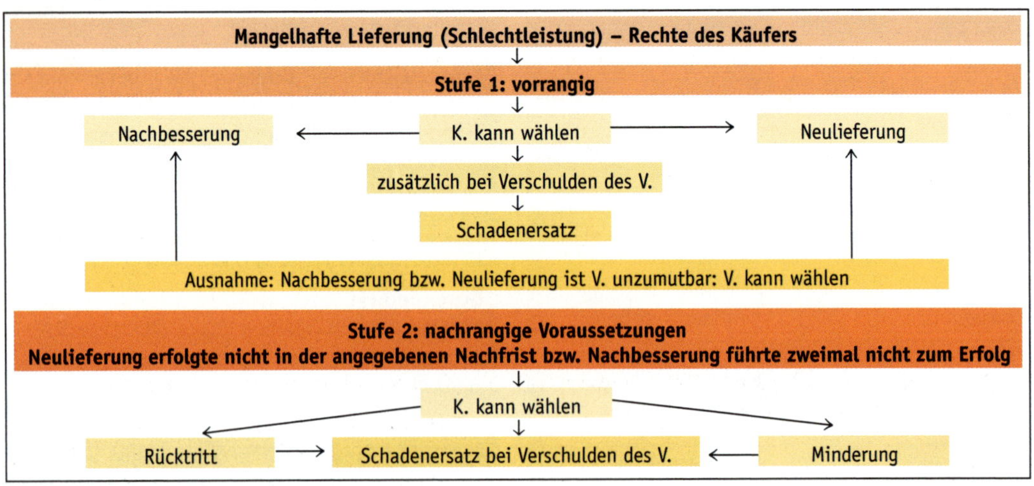

26. Rechte des Käufers bei mangelhafter Leistung

3.3.3 Nicht-Rechtzeitig-Zahlung (Zahlungsverzug)

Jeder, der eine Ware kauft oder eine Dienstleistung in Anspruch nimmt, muss dafür bezahlen. Wann er zahlen muss, hängt vom **Zahlungstermin** ab. Bei den meisten kleineren Einkäufen für den alltäglichen Bedarf bezahlt man direkt mit Bargeld, ec-Karte etc. und hat damit seine Zahlungspflicht erfüllt.

Anders ist dies, wenn der Schuldner für eine gekaufte Ware oder in Anspruch genommene Dienstleistung eine Rechnung erhält. Ist hier ein Zahlungstermin angegeben, muss der Schuldner bis zu diesem Termin gezahlt haben, sonst gerät er mit Ablauf dieses Termins in **Zahlungsverzug**.

Wenn in einer Rechnung kein Zahlungstermin genannt ist, gerät der Schuldner automatisch 30 Tage nach Fälligkeit und Zugang der Rechnung bzw. 30 Tage nach Fälligkeit und Empfang der Leistung in Verzug. Voraussetzung: Schuldner ist Kaufmann.

Beispiel

Der Spritzenhersteller „Spritzfix" liefert der Großhandelsfirma für Medizinbedarf „Meditonal" am 19. April 50 000 Einwegspritzen mit Rechnung. Der Betrag wird am 19. Mai fällig, ohne dass eine Mahnung nötig ist.

Ist der Schuldner Verbraucher, so muss er in der Rechnung ausdrücklich auf die 30-Tage-Frist hingewiesen werden. Sonst ist eine Mahnung mit Nachfrist nötig.

Wie bei der Nicht-Rechtzeitig-Lieferung gerät der Schuldner bereits mit Zugang der Mahnung in Verzug. Ab diesem Zeitpunkt ist der Gläubiger berechtigt, **Verzugszinsen** zu verlangen. Gegenüber Privatpersonen betragen diese 5 %, gegenüber Kaufleuten 9% über dem jeweils gültigen Basiszinssatz (z. B. 0,02%), also z. B. 5,02% gegenüber Privatpersonen und z. B. 9,02% gegenüber Kaufleuten.

Zusätzlich haftet er, falls die Sache durch Fahrlässigkeit oder höhere Gewalt beschädigt, zerstört oder gestohlen wird.

Beispiel

Herr Schluder erhält am 1. Juli eine Mahnung, in der ihm die Frist gesetzt wird, ein geliefertes Fahrrad bis spätestens 31. Juli zu bezahlen. Wenn das Fahrrad am 1. Juli oder später gestohlen wird, muss Herr Schluder dennoch zahlen.

Auch falls die gelieferte Sache nicht gestohlen wird – wie das Fahrrad im obigen Beispiel – ist der Verkäufer nach Ablauf der Nachfrist oder des in der Rechnung genannten Zahlungstermins (Fixgeschäft) berechtigt, sofort

- vom Kaufvertrag zurückzutreten.

Er kann in dem Fall die Sache zurückverlangen und auf Zahlung verzichten.

Wenn er weitere Rechte wie Schadenersatz verlangen will, muss der Schuldner schuldhaft in Zahlungsverzug geraten sein. Dies wird normalerweise der Fall sein. Ausnahmen: Der Käufer reklamiert z. B. einen Fehler an der gelieferten Sache oder die Sache ist noch nicht vollständig geliefert.

Hier hat der Verkäufer das Wahlrecht, entweder

- weiterhin die Zahlung **und zusätzlich Schadenersatz** zu verlangen

oder

- vom Kaufvertrag **zurücktreten und zusätzlich Schadenersatz** zu fordern.

Bei Privatliquidationen von Arzt- und Zahnarztpraxen werden manchmal keine genauen Zahlungstermine genannt. Es wird davon ausgegangen, dass der Liquidationsbetrag innerhalb einer angemessenen Frist (ca. 30 Tage) gezahlt wird. Ist dies nicht der Fall, muss der Arzt bzw. Zahnarzt eine **Mahnung** schicken und hierin eine **Frist zur Zahlung** setzen.

Wenn der Schuldner auch nach Ablauf der Nachfrist nicht zahlt, bleiben dem Gläubiger die Möglichkeiten,

- entweder einen Mahnbescheid gegen den Schuldner zu beantragen oder
- den Schuldner vor Gericht zu verklagen.

Eine Klage vor Gericht ist immer dann sinnvoll, wenn zu erwarten ist, dass der Schuldner sowieso nicht zahlen will oder kann.

1. *Wann muss ein Kaufmann eine Rechnung bezahlen, wenn*
a) ein genauer Zahlungstermin genannt wird,
b) kein Zahlungstermin genannt wird?

2. *Wann muss ein Verbraucher eine Rechnung bezahlen, wenn*
a) ein genauer Zahlungstermin genannt wird,
b) kein Zahlungstermin genannt wird?

3. *Wie verhalten Sie sich in Ihrer Praxis, wenn ein Patient eine Privatliquidation nicht zahlt?*

4. *Welche Kosten kommen auf den Schuldner zu, wenn er nicht rechtzeitig zahlt?*

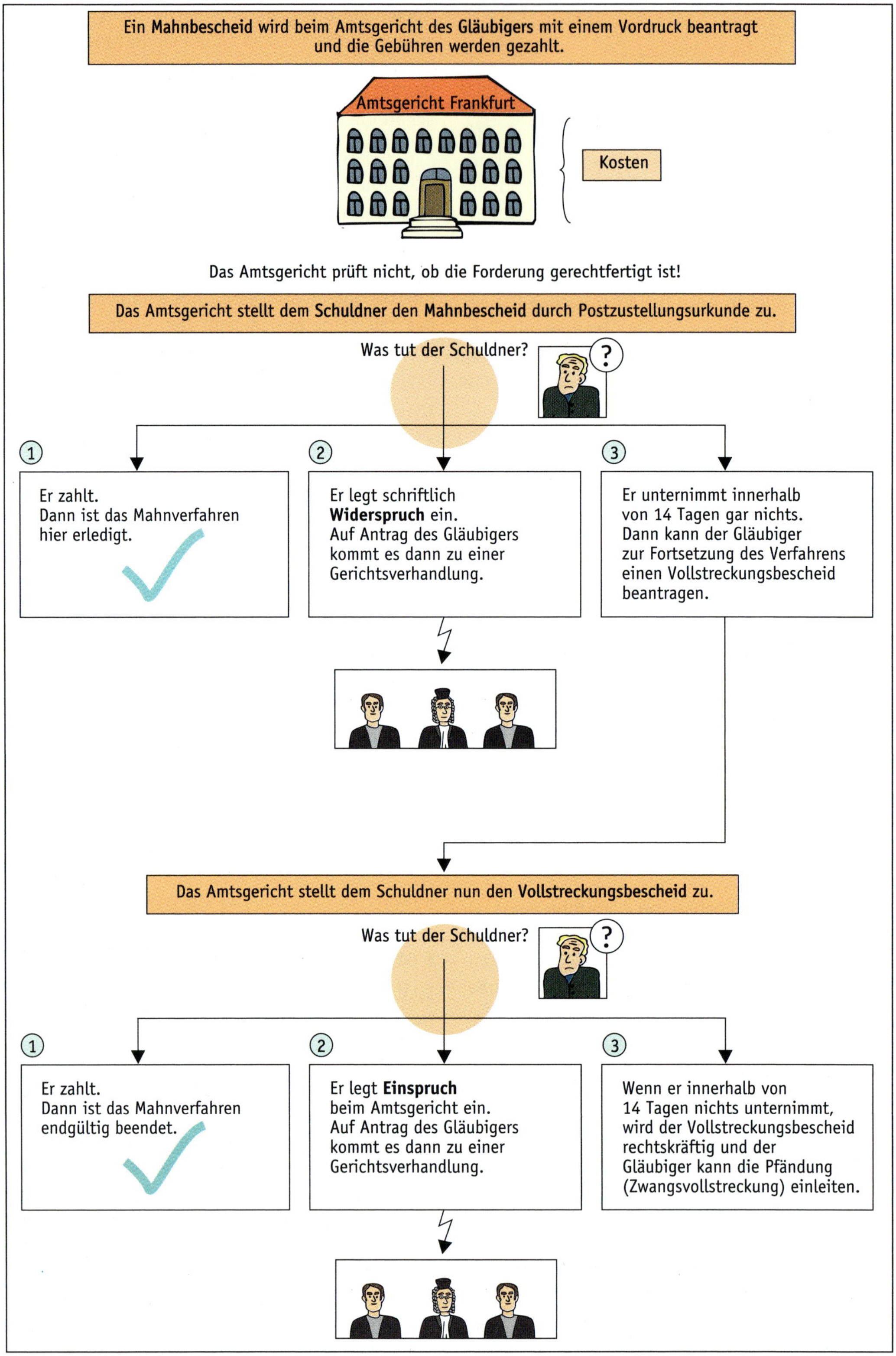

27. Das gerichtliche Mahnverfahren

Exkurse

1. Zinsrechnung

Bsp.: Der Privatpatient Harald H. erhält eine Liquidation über 2 501,23 EUR. Zahlungstermin war der 14.05.; er zahlt aber erst am 12.06. Die Praxis berechnet 4 % Verzugszinsen.

Wie viel Euro Verzugszinsen muss Harald H. zahlen?

Die Zinsformel lautet: $Z = \frac{K \times p \times t}{100 \times 360}$

K = Kapital (Gesamtbetrag in Euro)
p = Zinssatz (in %)
t = Tage (**Jeder** Monat wird mit 30 Tagen berechnet)

t = 14.05. – 30.05. = 16 Tage im Mai + 12 Tage im Juni = **28 Tage insgesamt**

$Z = \frac{2\,501{,}23\ (K) \times 4\ (p) \times 28\ (t)}{100 \times 360} = \mathbf{7{,}78\ EUR}$

2. Verbraucherinsolvenz

Wenn eine Privatperson oder ein Kleingewerbetreibender ihre/seine Schulden nicht mehr bezahlen kann, besteht die Möglichkeit der Verbraucherinsolvenz. Das Verfahren sieht folgende Schritte vor:

1. **Versuch der außergerichtlichen Einigung zwischen Schuldner und Gläubiger**
2. **Wenn alle Gläubiger zustimmen und Schuldner zahlt** → **o.k.**

   Wenn dies scheitert:
3. **Antrag bei Gericht auf Verbraucherinsolvenz**

   Der Schuldner genießt sechs Jahre lang Vollstreckungsschutz (es darf nichts gepfändet werden), **aber** der Schuldner darf in dieser Zeit nur das Einkommen bis zur Pfändungsgrenze behalten. Alles, was darüber hinausgeht, muss er an den Treuhänder zahlen, der es an die Gläubiger weiterverteilt.
4. **Nach sechs Jahren ist der Schuldner schuldenfrei; d. h., er kann nicht mehr gezwungen werden, seine Schulden zurückzuzahlen.**

3.3.4 Gerichtliches Mahnverfahren

Mahnbescheid

Wenn das außergerichtliche Mahnverfahren erfolglos bleibt, d. h. der Patient (Schuldner) weder auf eine Zahlungserinnerung noch auf ein Mahnschreiben hin zahlt, bleibt dem Arzt (Gläubiger) nur noch die Möglichkeit, seine Forderung vor einem Gericht einzuklagen.

Ein **Mahnbescheid** bietet für jeden, der Geld zu bekommen hat, hierbei den bequemsten Weg, weil man keinen Anwalt benötigt. Die Antragsformulare sind online oder in Schreibwarengeschäften erhältlich. Jeder kann sie selbst ausfüllen.

Das ausgefüllte Antragsformular muss der Antragsteller an das Amtsgericht senden, das für seinen Wohnsitz zuständig ist. Falls er noch Fragen hat oder Schwierigkeiten beim Ausfüllen hatte, kann er sich an die Rechtsberatungsstelle des Amtsgerichts wenden. Die dort zuständigen Fachleute helfen kostenlos.

Der Erlass eines Mahnbescheids, d. h. die Zusendung durch das Amtsgericht an den Schuldner, kostet allerdings Geld. Wie viel der Gläubiger dafür bezahlen muss, hängt vom sogenannten Streitwert ab. Hierbei handelt es sich um den Betrag, den der Antragsteller vom Schuldner zu bekommen hat. Je höher er ist, desto höher sind die Gebühren. Gegenwärtig sind mindestens 32,00 EUR zu zahlen. Wenn die Forderung gerechtfertigt ist, muss sie der Schuldner dem Gläubiger zusätzlich zu der eigentlichen Forderung und den Verzugszinsen zurückerstatten.

Das Gericht prüft aber bei der Zusendung des Mahnbescheids an den Schuldner noch nicht, ob die Forderung gerechtfertigt ist, d. h., jeder Mahnbescheid wird dem Schuldner zugestellt.

Das **gerichtliche Mahnverfahren** wird durch einen **Mahnbescheid** eingeleitet (vgl. Abb. 27, Seite 132). Der Gläubiger zahlt die Gebühr für den Bescheid und das zuständige **Amtsgericht** stellt dem Schuldner den Mahnbescheid zu.

Der Mahnbescheid ist lediglich eine Aufforderung an den Schuldner, dem Gläubiger eine gewisse Summe zu bezahlen. Der Gläubiger hat aber in diesem Stadium noch keine Möglichkeit, den Betrag zwangsweise eintreiben zu lassen. Der Schuldner kann auf einen Mahnbescheid mit drei Möglichkeiten reagieren:

1. Wenn der Schuldner den im Mahnbescheid geforderten Betrag zahlt, ist die Angelegenheit erledigt.
2. Wenn der Schuldner Widerspruch einlegt, kann der Gläubiger eine Gerichtsverhandlung beantragen, die mit einem Urteil endet.
3. Wenn der Schuldner innerhalb von 14 Tagen nichts unternimmt, kann der Gläubiger einen Vollstreckungsbescheid beantragen.

Fallbeispiel

Gespräch zwischen dem Zahnarzt Dr. med. dent. Bohrd und der Zahnmedizinischen Fachangestellten Sylvia Spring:

Dr. Bohrd: Also Frau Spring, jetzt reißt mir aber der Geduldsfaden, der Herr Baron von und zu Habenichts hat meine Liquidation über 15 000,00 EUR immer noch nicht bezahlt!

Sylvia: Ja, aber wir haben ihn doch schon mindestens zweimal angemahnt! Schämt der sich denn gar nicht?!

Dr. Bohrd: Dreimal so viel, Frau Spring! Aber so etwas wie Anstand hat der doch nicht. Lässt sich so gut wie alle Zähne neu machen, natürlich nur das Feinste vom Feinsten, der Herr ist ja selbstverständlich Privatpatient, aber zahlen – Pustekuchen!

Sylvia: Ja, Chef, wenn er auf unsere Mahnungen nicht reagiert, müssen wir eben ...

Welchen Rat erteilt Sylvia ihrem Chef Dr. Bohrd?

Das Amtsgericht stellt dem Schuldner den **Vollstreckungsbescheid** zu. Im Gegensatz zum Mahnbescheid hat er die gleiche Wirkung wie ein Gerichtsurteil. Er bietet dem Gläubiger die Möglichkeit, seine Forderung zwangsweise mithilfe des **Gerichtsvollziehers** einzutreiben. Der Schuldner hat nun wieder drei Möglichkeiten, zu reagieren:

1. Er zahlt den geforderten Betrag. Dann ist das gesamte Mahnverfahren endgültig beendet.
2. Er legt Einspruch beim Amtsgericht ein. In diesem Fall kann der Gläubiger eine Gerichtsverhandlung beantragen, in der der Sachverhalt geklärt wird. Sie endet mit einem abschließenden Urteil.
3. Wenn der Schuldner innerhalb von 14 Tagen nichts unternimmt, wird der Vollstreckungsbescheid rechtskräftig. Der Gläubiger kann die **Pfändung** (Zwangsvollstreckung) einleiten.

Die Zwangsvollstreckung

Auch wenn der Schuldner nach einem Gerichtsurteil, das ihn zur Zahlung verpflichtet, nicht zahlt, kann der Gläubiger die **Zwangsvollstreckung** beantragen, um zu seinem Geld zu kommen. Ebenso wie beim Mahnbescheid ist auch hier das Amtsgericht zuständig. Durchgeführt wird die Zwangsvollstreckung vom Gerichtsvollzieher. Er informiert den Schuldner über die drohende Zwangsvollstreckung und setzt ihm noch eine letzte Frist zur Zahlung. Wenn auch diese abgelaufen ist, ohne dass der Schuldner gezahlt hat, pfändet der **Gerichtsvollzieher** geeignete Vermögensgegenstände des Schuldners. Dies kann er auf verschiedene Weise tun:

- Er kann das **bewegliche Vermögen** (Geld, Wertpapiere, Schmuck, Wertgegenstände wie z. B. Stereoanlage) pfänden. Dabei hat er folgende Möglichkeiten:
  - Er kann ein **Pfandsiegel** („Kuckuck") auf geeigneten Gegenständen anbringen und einen Versteigerungstermin festsetzen.
  - Er kann einen Teil des **Gehalts** pfänden, d. h., der Arbeitgeber überweist dem Schuldner nur einen Teil seines Gehalts, den anderen Teil erhält der Gerichtsvollzieher, der ihn an den Gläubiger weiterleitet.
  - Er kann eine **Taschenpfändung** vornehmen, d. h., er kann dem Schuldner, wenn er ihn antrifft, Bargeld oder Schmuck an Ort und Stelle abnehmen. Dies kann der Gerichtsvollzieher auch dann tun, wenn er den Schuldner privat antrifft, z. B. in einem Restaurant oder in der Oper.

- Er kann das **unbewegliche Vermögen** (Häuser, Grundstücke) pfänden. Dabei hat er folgende Möglichkeiten:
  - Die **Zwangsverwaltung,** d. h., der Gerichtsvollzieher behält die Mieteinnahmen aus dem Haus des Schuldners ein und leitet sie so lange an den Gläubiger weiter, bis die Schulden bezahlt sind.
  - Die **Zwangsversteigerung,** d. h., das Haus oder Grundstück des Schuldners wird zwangsweise verkauft und aus den Einnahmen werden die Schulden und die Gerichtskosten bezahlt; was dann noch übrig bleibt, erhält der Schuldner.

Nicht gepfändet werden dürfen Gegenstände,
- die zu einer bescheidenen Lebensführung notwendig sind, z. B. ein monatliches Mindesteinkommen, Herd, Kühlschrank, Fernseher,
- die zur Fortsetzung der Erwerbstätigkeit notwendig sind, z. B. Geschäftsausstattung.

Besitzt der Schuldner wertvolle Gegenstände, die nicht gepfändet werden dürfen, kann der Gerichtsvollzieher eine **Austauschpfändung** vornehmen.

Beispiel

Der Gerichtsvollzieher kann einen neuen Lieferwagen im Wert von 35 000,00 EUR gegen einen gebrauchten für 10 000,00 EUR austauschen. Die Differenz erhält der Gläubiger nach Abzug der Gerichtskosten.

Gerichtliches Klageverfahren

Wenn schon beim außergerichtlichen Mahnverfahren (Zahlungserinnerung, Mahnung ...) erkennbar ist, dass der Schuldner die Forderung ganz oder teilweise nicht bezahlen will, wäre es Zeit- und Geldverschwendung, erst einen Mahnbescheid zu beantragen. In diesen Fällen ist es sinnvoll, den Schuldner gleich vor einem Gericht zur Zahlung zu verklagen.

Beispiel

Die Privatpatientin Melinda Mecker ist mit den eingesetzten Kronen nicht zufrieden. Sie erklärt der Zahnärztin Dr. med. dent. Sylvia Schick, dass sie die Liquidation über 7 783,00 EUR nicht bezahlen werde.

In einer **Gerichtsverhandlung** wird dann der Sachverhalt geklärt. Hierbei gibt es drei Möglichkeiten:
- Der Schuldner verweigert die Bezahlung aus einem berechtigten Grund.
  Urteil: Er muss nicht bezahlen.
- Die Weigerung des Schuldners ist zum Teil berechtigt.
  Urteil: Er muss einen Teil bezahlen.
- Die Weigerung des Schuldners ist unberechtigt.
  Urteil: Er muss den gesamten Betrag bezahlen.

Gegen jedes Urteil kann der Unterlegene allerdings noch eine **Berufung** einlegen, d. h., er kann das Gerichtsurteil von einem höheren Gericht überprüfen lassen.

Ist auch der hier Unterlegene mit dem Urteil dieses Gerichts nicht einverstanden, so kann er auch dieses Urteil nochmals von dem nächsthöheren Gericht überprüfen lassen. Dies nennt man dann

Zwangsversteigerung!!!
Am Samstag, den 31. Januar .., um 09:00 Uhr versteigere ich auf dem Gelände der Fa. [redacted] in [redacted] Orientteppiche (zu weiter reduzierten Preisen) gegen Meistgebot und sofortiger [redacted] Gerichtsvollzieher, ausschließlich **barer** Zahlung. [redacted]
☎ [redacted]

Zwangsversteigerung!!!
Amtsgericht Frankfurt am Main, [redacted] Einseitig angebautes 2-geschossiges Einfamilienhaus in Frankfurt am Main-Bockenheim, [redacted] Keller, Terrasse, Garten, Wohnfläche ca. 116 m², Baujahr 1937/38, Flur 22, Flurstück 599/50 = **376 m²,** Grundbuchamt von Frankfurt am Main, [redacted] **Festgesetzter Verkehrswert:** 285 000,00 EUR insgesamt; 142 500,00 EUR für jede ideelle Hälfte. **Eigentümer:** a) [redacted] b) [redacted] beide: [redacted]-Allee 60, [redacted] Frankfurt am Main. Zwangsversteigerung im Wege der Zwangsvollstreckung am Montag, den 16. Februar .., 09:00 Uhr, in Frankfurt am Main, Bau[redacted], Saal[redacted]. Bieter müssen damit rechnen, dass sie in Höhe von mindestens 10 % ihres Bargebots Sicherheit zu leisten haben. Erforderlich dafür ist Bargeld, von der Landeszentralbank bestätigter Scheck oder Bankbürgschaft.

Zwangsversteigerung!!!
Amtsgericht Frankfurt am Main, [redacted] 2 Grundstücke, [redacted] Frankfurt am Main-Bergen-Enkheim, 4085 und 403 m², gelegen zwischen [redacted] und [redacted]straße, Lagergelände mit Wohn- und Bürogebäude, gründliche Renovierung erforderlich, Außenanlagen stark verwahrlost. **Festgesetzter Verkehrswert:** 1 097 500,00 EUR. **Eigentümer:** [redacted] Frankfurt am Main. Zwangsversteigerung im Wege der Zwangsvollstreckung **am Freitag, dem 6. Februar .., 09:00 Uhr,** in Frankfurt am Main, Bau[redacted] Saal[redacted] Bieter müssen damit rechnen, dass sie in Höhe von mindestens 10 % ihres Bargebots Sicherheit zu leisten haben. Erforderlich dafür ist Bargeld, von der Landeszentralbank bestätigter Scheck oder Bankbürgschaft.

28. Beispiele für Zwangsversteigerungen

Revision. Das Urteil dieses dritten Gerichts ist dann aber für alle verbindlich.

Wenn der Schuldner zur Zahlung verurteilt wird und trotzdem nicht zahlt, kann der Gläubiger – wie beim Mahnbescheid – die **Zwangsvollstreckung** beantragen.

Falls mit dem Erlös aus der Zwangsvollstreckung die Schulden und Gerichtskosten nicht bezahlt werden können, kann der Gläubiger den Schuldner zur Abgabe einer **eidesstattlichen** Versicherung („Offenbarungseid") zwingen. Dabei muss der Schuldner ein Vermögensverzeichnis aufstellen und dessen Richtigkeit beeiden. Daraufhin trägt ihn das Amtsgericht in ein öffentlich geführtes **Schuldnerverzeichnis** ein.

29. Berufung möglich?

Außergerichtliches Mahnverfahren	**Gerichtliches Mahnverfahren**
1. Schritt: • Zweite Liquidation • Zahlungserinnerung	**1. Schritt:** • Mahnbescheid oder • Klage vor Gericht
2. Schritt: Erste Mahnung	**Folge:** Gerichtsurteil
3. Schritt: Zweite Mahnung (Fristsetzung zur Zahlung und Androhung des gerichtlichen Mahnverfahrens)	**Folge:** Zwangsvollstreckung (Pfändung, Zwangsversteigerung)
Auswirkungen auf die Verjährung	
Keine	Unterbrechung

30. Außergerichtliches und gerichtliches Mahnverfahren

Weigert sich der Schuldner, dieses Verzeichnis zu erstellen und zu beeiden, kann der Gläubiger ihn bis zur Abgabe dieser eidesstattlichen Versicherung in Haft nehmen lassen. Weil der Gläubiger die Kosten dafür bezahlen muss, kommt dies heute praktisch nicht mehr vor.

1. *Unter welchen Voraussetzungen ist eine Klage vor Gericht sinnvoller als die Zustellung eines Mahnbescheids?*
2. *Was versteht man unter einer „eidesstattlichen Versicherung"?*
3. *Wie kann es zur Zwangsvollstreckung kommen?*
4. *Welche Wirkung hat ein Vollstreckungsbescheid?*
5. *Welche Vermögensgegenstände dürfen nicht gepfändet werden?*

3.3.5 Verjährung von Forderungen

Eintritt der Verjährung

Verjährung bedeutet, dass ein Gläubiger gegenüber einem Schuldner eine Forderung, z. B. die Zahlung der Miete, nicht über einen unbegrenzten Zeitraum einfordern kann. Nach einer gewissen Zeit ist die Forderung verjährt. Der Schuldner kann die Zahlung verweigern, obwohl die Forderung weiter besteht.

Er hat ein **Leistungsverweigerungsrecht.**

Es gibt drei unterschiedlich lange Verjährungsfristen, je nachdem, um welchen Anspruch es sich handelt:

Für die meisten Ansprüche gilt die **regelmäßige Verjährungsfrist von drei Jahren.**

Darunter fallen u. a. Gehaltsforderungen, Forderungen von Ärzten, Zahnärzten und Tierärzten gegen Patienten, Forderungen von Kaufleuten an Privatpersonen, Miet-, Pacht- und Zinsforderungen.

Die Forderung beginnt am Ende des Jahres zu laufen, in dem der Anspruch entstand. Der Gläubiger hat dann drei Jahre Zeit, seinen Anspruch geltend zu machen. Sind die drei Jahre abgelaufen, ist die Forderung verjährt.

Beispiel

Die Zahnärztin Emine Dilek sendet mit Datum vom 28. Januar 2016 eine Liquidation an ihren Privatpatienten H. Wolf. Die Verjährungsfrist beginnt mit Ablauf des 31. Dezember 2016 und endet am 31. Dezember 2019 um 24:00 Uhr.

Für bestimmte Forderungen gelten jedoch längere Verjährungsfristen. Sie dienen dem Schutz der Gläubiger. So gilt bei Grundstücksangelegenheiten eine **verlängerte Verjährungsfrist von zehn Jahren.**

Die Verjährungsfrist beginnt, anders als bei der regelmäßigen Verjährungsfrist von drei Jahren, schon direkt mit der Entstehung des Anspruchs zu laufen.

Beispiel

Frau Y. Stumpf kaufte am 17. September 2015 ein Grundstück von Herrn H. Hörner zum Preis von 180 000,00 EUR. Die Verjährungsfrist begann am 17. September 2015 und endet am 17. September 2025.

Die **längste Verjährungsfrist** beträgt **30 Jahre.** Sie gilt für Gerichtsurteile, für familien- und erbrechtliche Ansprüche sowie für Ansprüche aus Vollstreckungsbescheiden. Auch hier beginnt die Verjährungsfrist schon mit der Entstehung des Anspruchs bzw. der Rechtskraft des Gerichtsurteils zu laufen.

Beispiel

Gegen Herrn Siegfried Säumig wurde am 10. Dezember 2015 ein Vollstreckungsbescheid verhängt. Der Vollstreckungsbescheid verjährt am 10. Dezember 2045.

Eine Ausnahme bilden jedoch Urteile und Vollstreckungsbescheide gegen regelmäßig wiederkehrende Leistungen. Hier gilt die regelmäßige Verjährungsfrist von drei Jahren.

Beispiel

Ein Mieter wird am 10. Dezember 2010 zur Zahlung der noch ausstehenden Mieten verurteilt. Die Verjährungsfrist beginnt mit Ablauf des 31. Dezember 2010 und endet am 31. Dezember 2013 um 24:00 Uhr.

Fallbeispiel

Dr. Müller stellt bei Durchsicht der noch offenen Liquidationen am 05.12. fest, dass die Patientin E. Mayer eine im Vorjahr ausgestellte Liquidation noch nicht beglichen hat.

Er mahnt den Betrag in Höhe von 568,50 EUR schriftlich an und setzt eine Zahlungsfrist bis 19.12. d.J.

Frau Mayer antwortet ihm, sie werde nicht mehr zahlen, da die Liquidation vom letzten Jahr und seine Forderung somit mittlerweile verjährt sei.

Ist Frau Mayers Weigerung berechtigt?

Unterbrechung der Verjährung

Wenn die Gefahr besteht, dass eine Forderung zu verjähren droht, gibt es für den Gläubiger zwei Möglichkeiten, eine Art Notbremse zu ziehen. Damit kann er sicherstellen, dass er den Anspruch auf sein Geld auch dann noch einklagen kann, wenn seine Forderung normalerweise verjährt wäre.

Eine Möglichkeit besteht darin, eine **Unterbrechung der Verjährung** zu erreichen. Dies bedeutet, dass die Verjährungsfrist genau ab dem Tag der Unterbrechung wieder **von vorne zu laufen beginnt.** Für den Gläubiger ist es immer dann sinnvoll, eine Unterbrechung der Verjährung anzustreben, wenn die Verjährung einzutreten droht und/oder zu erkennen ist, dass der Schuldner nicht bezahlen will oder kann.

Der Gläubiger kann eine Unterbrechung der Verjährung auf **zwei Wegen** erreichen:

1. Der **Schuldner erkennt die Schuld an.** Dies kann u.a. geschehen durch
   - Bitte des Schuldners um Stundung,
   - Abschlagszahlung des Schuldners,
   - Zinszahlung des Schuldners,
   - Ausstellung eines Schuldscheins.
2. Der **Gläubiger** leitet eine **gerichtliche oder behördliche Vollstreckung** gegen den Schuldner ein.

3 Jahre Ansprüche (regelmäßige Verjährungsfrist) → Beginn Ende des Jahres

- Auf Gehalt
- Von Ärzten, Zahn- und Tierärzten gegen Patienten
- Von Kaufleuten gegen Privatpersonen
- Von Kaufleuten untereinander
- Auf Miete, Pacht
- Auf Zinsen

10 Jahre Ansprüche → Beginn mit Entstehen des Anspruchs

- Aus Grundstücksgeschäften

30 Jahre Ansprüche → Beginn mit Entstehen des Anspruchs

- Aus Gerichtsurteilen
- Aus familien- und erbrechtlichen Gründen

31. Verjährungsfristen

Hemmung der Verjährung

Eine zweite Notbremse besteht darin, eine **Hemmung der Verjährung** zu erreichen. Sie bewirkt, dass sich der Ablauf der Verjährung **genau um den Zeitraum der Hemmung verlängert,** die Verjährungsfrist also nicht wie bei der Unterbrechung neu von vorne zu laufen beginnt, sondern sie sich lediglich nach hinten verschiebt.

Für den Gläubiger ist es immer dann sinnvoll, eine **Hemmung der Verjährung** anzustreben, wenn zu erkennen ist, dass der Schuldner in absehbarer Zeit bezahlen will, er aber im Moment nicht genug Geld hat. Eine Hemmung der Verjährung tritt bei folgenden Ereignissen ein:

- Der Gläubiger erhebt Klage gegen den Schuldner.
- Der Gläubiger beantragt einen Mahnbescheid gegen den Schuldner.
- Der Gläubiger stundet die Forderung.
- Der Schuldner verweigert die Zahlung aus einem berechtigten Grund.
- Innerhalb der letzten sechs Monate konnten keine gerichtlichen Verfahren durchgeführt werden.

1. *Der Tierarzt Dr. med. vet. Holz wird am 1. Juli 2016 wegen eines Kunstfehlers zu 7 500,00 EUR Schmerzensgeld verurteilt. Wann verjährt das Gerichtsurteil?*

2. *Die Medizinische Fachangestellte Mona Hachmi hat im Dezember 2016 kein ihr zustehendes Weihnachtsgeld bekommen. Wann verjährt ihr Anspruch?*

3. *Die Zahnärztin Dr. me6. dent. Anja Alles stundet am 23. Dezember 2016 einer P5tientin ihre Liquidation vom 5. Dezember 2015 für drei Monate. Wann verjährt ihre Forderung nun?*

3.3.6 Annahmeverzug

Fallbeispiel

Der Lebensmittelgroßhändler Egon Eisel aus Rostock liefert mit seinem Kühllaster dem Supermarkt Multi vereinbarungsgemäß am 6. Juli in dessen Zentrallager in Schwerin 80 000 Packungen Eis der Marke „Schlemmi". Als er das Eis dort abliefern möchte, teilt ihm der Leiter des Zentrallagers mit, er könne das Eis unmöglich annehmen. Seine Kühlfächer für Eis seien wegen des kalten Wetters und den dadurch bedingten unvorhergesehenen Absatzschwierigkeiten noch fast voll belegt.

Egon Eisel ist aber gezwungen, das Eis unbedingt abzuladen, weil er auf dem Rückweg von dem Schweriner Schweinezüchter Willi Watz 20 Schweinehälften mitnehmen und nach Berlin liefern muss. Wie soll sich Egon Eisel verhalten?

Annahmeverzug

Wenn der Käufer eine

- am vereinbarten Ort,
- zum vereinbarten Zeitpunkt und
- in einwandfreiem Zustand

gelieferte Ware oder Dienstleistung nicht annimmt, gerät er in **Annahmeverzug,** egal ob ihn ein Verschulden trifft oder nicht.

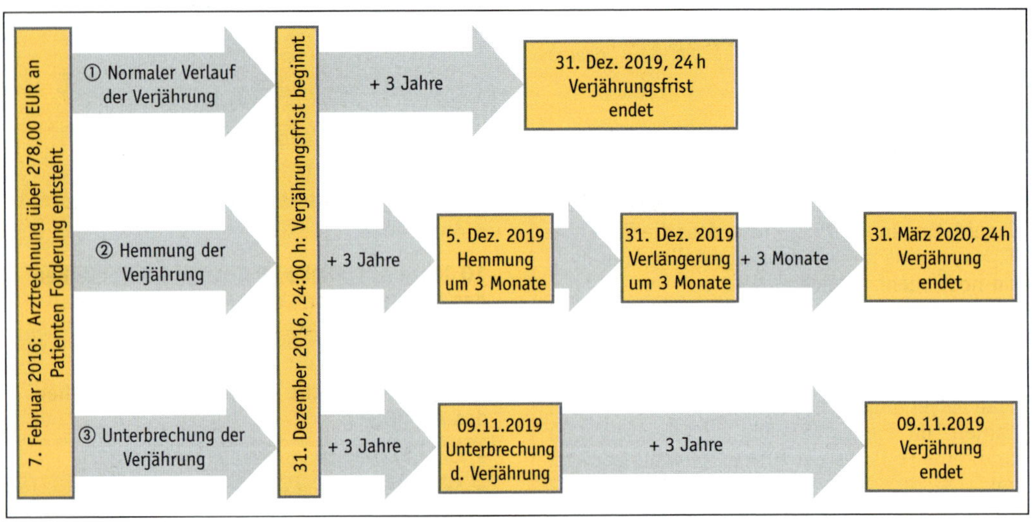

32. Verjährung, Hemmung und Unterbrechung am Beispiel einer dreijährigen Verjährungsfrist

Beispiel

Herr Rutsch kann die ordnungsgemäß gelieferten Möbel nicht annehmen, da er sich morgens beim Zeitungholen den Fuß gebrochen hat und im Krankenhaus liegt. Er ist in Annahmeverzug.

Selbsthilfeverkauf	Notverkauf
ist möglich bei nicht verderblichen Waren (Möbel, Kleider)	nur möglich bei verderblichen Waren (Obst, Gemüse)
Pflichten des Verkäufers: • Dem Käufer den Ort der Aufbewahrung mitteilen • Frist zum Abholen setzen • Ort und Zeitpunkt des Selbsthilfeverkaufs (Versteigerung) mitteilen • Den Käufer über das Ergebnis informieren	**Pflichten** des Verkäufers: • Den Käufer über das Ergebnis des Notverkaufs informieren
In beiden Fällen muss der Käufer dem Verkäufer die Kosten und die Differenz zum Mindererlös ersetzen. Ein eventueller Mehrerlös steht dem Käufer zu.	

33. Selbsthilfe- und Notverkauf

Wenn der Käufer in Annahmeverzug ist, kann der Verkäufer zwischen folgenden Rechten wählen:

- **Rücktritt** vom Kaufvertrag, wenn die Ware problemlos weiterverkauft werden kann, z. B. bei Massenartikeln (Gattungssachen)
- **Klage** auf Abnahme und Lagerung der Ware auf Kosten des Kunden. Dies ist der Fall, wenn die Ware nicht weiterverkauft werden kann, z. B. bei Sonderanfertigungen.
- **Selbsthilfeverkauf,** d. h. Versteigerung der Ware. Dies ist nur bei nicht verderblichen Waren möglich. Der Verkäufer muss dem Käufer erst noch eine Frist setzen, die Ware doch noch anzunehmen. Erst danach darf er die Sache versteigern.
- **Notverkauf,** d. h. schnellstmöglicher Verkauf der Ware, ohne dass der Verkäufer dem Käufer noch die Gelegenheit geben muss, die Ware anzunehmen. Dies ist nur bei verderblichen Sachen möglich (z. B. bei Lebensmitteln).

1. *Unter welchen Voraussetzungen gerät ein Käufer in Annahmeverzug?*
2. *Wodurch unterscheiden sich Selbsthilfe- und Notverkauf?*
3. *Welche Rechte und Pflichten hat ein Verkäufer, wenn sich der Käufer in Annahmeverzug befindet?*

Sehr geehrte Frau Meuser,

Sie hatten uns beauftragt, Ihre Wohnzimmer-Sitzkombination mit dem von Ihnen ausgewählten Stoff neu zu beziehen. Nach Fertigstellung hatten wir Lieferung am Vormittag des 14. Mai 20.. vereinbart. Als unser Lieferteam gegen 11 Uhr eintraf und bei Ihnen klingelte, öffneten Sie nicht die Tür. Stattdessen erklärten Sie aus dem geöffneten Fenster, dass Sie gerade die Geburtstagstorte für einen guten Freund vorbereiten würden und diese Tätigkeit jetzt nicht unterbrechen könnten. Trotz Schilderung der Rechtslage lehnten Sie nachhaltig eine Abnahme der Sitzgruppe ab.

Wir vereinbarten dann einen zweiten Termin am 20. Mai 20.. Bei unserem Eintreffen teilte uns nun Ihre Nachbarin mit, dass Sie kurzfristig in den Urlaub gefahren seien.

Unsere Geduld ist nun zu Ende. Wir setzen Ihnen heute **eine letzte Frist bis zum 27. Mai 20..,** innerhalb derer Sie uns mitteilen, wann wir die Ware nun liefern können. Sollten Sie die Frist nicht einhalten, werden wir Klage auf Abnahme einreichen. Die dann entstehenden Anwalts- und Gerichtskosten sowie die bisherigen Liefer- und Lagerkosten gehen zu Ihren Lasten.

34. Schreiben Annahmeverzug

Fit für die Prüfung!

1. Die Tierärztin Ilona Igel hat am 14. Mai bei der Firma Vet-Med-Bedarf acht neue Boxen für Kleintiere bestellt. Als Liefertermin wurde „ca. sechs Wochen" vereinbart. Am 1. Juli sind die Boxen immer noch nicht geliefert.

a) Zu welchem Zeitpunkt gerät die Firma Vet-Med-Bedarf in Lieferverzug?

b) Welches Recht würden Sie an Frau Igels Stelle in Anspruch nehmen, wenn sich die Firma in Lieferungsverzug befindet?

c) Wodurch könnte Frau Igel einen Anspruch auf Schadenersatz haben?

2. Diana Delmohl kaufte in dem Brautmodenhaus Eheglück ein Brautkleid Modell „Amore" zum Preis von 1 950,00 EUR. Als Liefertermin wurde „18. März 2016, fix" vereinbart. Als das Kleid am 19. März noch nicht geliefert ist, kauft Diana in einem anderen Kaufhaus ein vergleichbares Modell zum Preis von 2 250,00 EUR.

a) Wann geriet das Brautmodenhaus Eheglück in Lieferungsverzug?

b) Wie nennt man den Kauf, den Diana am 19. März getätigt hat?

c) Wie viel EUR kann sie als Schadenersatz geltend machen?

3. Karl Kummer sollten am 15. Dezember von STARHIFI ein neues Fernsehgerät und von einem Feinkostgeschäft ein kaltes Büfett geliefert werden. Am Vorabend muss er plötzlich in ein Krankenhaus eingeliefert werden. Beide Lieferanten stehen am 15. Dezember vor verschlossener Tür.

a) Befindet sich Herr Kummer im Annahmeverzug?

b) Was wird die Firma STARHIFI zunächst unternehmen?

c) Welches Recht wird die Feinkostfirma in Anspruch nehmen?

d) Welches Recht wird die Firma STARHIFI in Anspruch nehmen, wenn Herr Kummer den Fernseher auch zu einem späteren Zeitpunkt nicht annehmen kann?

4. Tülay Tekin kauft am 31. Oktober einen neuen PC. Für eine Studienkollegin schreibt sie eine Examensarbeit, wofür sie 750,00 EUR erhalten soll. Nachdem sie die Arbeit beendet hat, stürzt der PC am 18. Dezember ab und die gesamte Examensarbeit ist verschwunden.

a) Bis wann muss sie den Mangel spätestens rügen?

b) Welche Rechte kann Frau Tekin in Anspruch nehmen?

c) Hat sie Anspruch auf die 750,00 EUR Schadenersatz?

5. Herr Schlüter hat eine am 17. März fällige Rechnung über 18,00 EUR am 28. März noch nicht bezahlt.

a) Wie viel EUR kann der Gläubiger in einer Mahnung verlangen?

b) Was droht Herrn Schlüter, wenn er auch nach mehreren Mahnungen nicht bezahlt?

6. Die Privatpatientin Tina Seiters, wohnhaft in Erfurt, hat die Liquidation der Ärztin Dr. med. Gunda Gründlich, die ihre Praxis in Magdeburg betreibt, auch nach zweimaligen außergerichtlichen Mahnschreiben nicht bezahlt.

a) Welche Möglichkeiten hat Frau Dr. Gründlich, ihre Forderung über 223,00 EUR geltend zu machen?

b) Bei welchem Gericht müsste Frau Dr. Gründlich einen Mahnbescheid einreichen?

c) Welche zusätzlichen Kosten können hierbei für Frau Seiters anfallen?

d) Welche Möglichkeiten hat Frau Seiters, auf einen Mahnbescheid zu reagieren?

e) Welche Maßnahmen kann Frau Dr. Gründlich gegen Frau Seiters ergreifen, falls diese auf einen Mahnbescheid nicht reagiert?

7. Der Zahnarzt Dr. Bohr hat gegen Herrn Lebemann einen Vollstreckungsbescheid für seine Liquidation über 14 245,00 EUR erwirkt. Herr Lebemann hat als Angestellter ein monatliches Nettogehalt von 1 900,00 EUR. Er besitzt einen 1 Jahr alten Pkw im Wert von gegenwärtig 12 000,00 EUR.

a) Was könnte ein Gerichtsvollzieher pfänden?

b) Angenommen, der Gerichtsvollzieher findet, als er Pfandsiegel anbringen möchte, eine fast leere Wohnung vor. Auf die Frage, wo sich sein Pkw befinde, erklärt Herr Lebemann, diesen habe er verkauft und das Geld sei ihm gestohlen worden. Wozu kann der Zahnarzt Dr. Bohr Herrn Lebemann zwingen?

c) Was droht Herrn Lebenmann, wenn der Gerichtsvollzieher ihn antrifft, als er in seinen Pkw einsteigen möchte?

8. Der Zahnarzt Dr. Holz wird am 1. Juli 2015 von einem Gericht für einen begangenen Kunstfehler zur Zahlung von 5 000,00 EUR Schmerzensgeld verurteilt. Wann verjährt die Forderung der betroffenen Patientin?

9. Der Orthopäde Dr. med. Bruch merkt am 30. Dezember 2016, dass seine Liquidationsforderung gegenüber der Patientin Linda Langsam am 31. Dezember 2016 verjährt.

a) In welchem Jahr entstand die Liquidationsforderung?

b) Was kann er unternehmen, um sein Geld doch noch zu bekommen?

3.4 ZAHLUNGSABWICKLUNG

3.4.1 Entwicklung und Aufgaben des Geldes

Es war ein langer Weg bis zum europäischen Euroschein mit Hologramm und Wasserzeichen. Ursprünglich versorgten sich die in Großfamilien zusammenlebenden Menschen selbst mit dem Lebensnotwendigen. War etwas übrig, dann versuchte man jemanden zu finden, mit dem man diese Waren tauschen konnte **(Naturaltausch).** Es war aber oft schwierig, den richtigen Tauschpartner und das genaue Tauschverhältnis zu finden. Deshalb suchte man nach Tauschmitteln, die nur begrenzt vorhanden und allgemein begehrt waren (je nach Region waren dies z. B. Muscheln, Perlen, Waffen, Felle, Salz oder Gewürze). Mit diesem **Natural- oder Warengeld** konnte man dann den Warentausch abwickeln.

Beispiel

Ein Bauer verkaufte eine Ziege auf dem Markt und erhielt dafür 500 Gramm Salz, das als Tauschmittel anerkannt war. Für 100 Gramm Salz tauschte er zwei Tontöpfe ein, erstand noch ein Huhn für 50 Gramm und hob den Rest für spätere Käufe auf.

Je umfangreicher der Handel wurde, desto schwieriger wurde die Bezahlung mit Warengeld. In anderen Regionen galten andere Tauschmittel, die Haltbarkeit war begrenzt (z. B. bei Gewürzen) oder der Transport war umständlich. Solche Nachteile führten dazu, dass im Laufe der Zeit wertvolle Metalle (Gold, Silber, Kupfer) als Recheneinheit das Naturalgeld ablösten. Dieses **Metallgeld** war haltbar, gut zu transportieren und hatte auch in kleinen Mengen schon einen gewissen Wert.

Beim Kauf wurde eine entsprechende Menge des Metalls abgewogen und übergeben. Etwa ab dem 7. Jahrhundert v. Chr. wurden Münzen geprägt, die im Gewicht gleich waren. Dadurch entfiel das Wiegen. Man brauchte nur noch eine entsprechende Anzahl Geldstücke abzuzählen.

Bis ins letzte Jahrhundert hinein entsprach der auf der Münze angegebene Wert auch dem Wert des in ihr enthaltenen Edelmetalls. Solche Münzen werden als **Kurantmünzen** bezeichnet. Heute haben Münzen nur noch einen geringen Edelmetallanteil. Sie bestehen vielmehr aus haltbaren Metallmischungen mit relativ geringem Materialwert. Man bezeichnet diese Münzen als **Scheidemünzen.**

Auf der Insel Alba im Indischen Ozean haben die Menschen am 1. Juli versuchsweise das Bargeld abgeschafft. Am 3. Juli erschien folgender Brief in der Inselzeitung:

Sehr geehrte Redaktion!

Seit einigen Tagen ist das Bargeld abgeschafft worden. Doch ich habe das Gefühl, dass nicht alle Bürger die Rückkehr zu den Tauschformen unserer Vorväter schon ganz verstanden haben.

Als Beweis schildere ich Ihnen ein Erlebnis, das ich gestern in unserem Inselbus hatte:

Ich wollte ins Nachbardorf fahren und ging deshalb zur Haltestelle.

Weil ich im Nachbardorf viele Tauschgeschäfte machen wollte, nahm ich ein großes Tauschgut (früher hätten wir gesagt: einen großen Geldschein) mit auf den Weg, und zwar einen Elefanten.

An der Bushaltestelle verlangte ich eine Fahrkarte und wollte zugleich mein großes Tauschgut, den Elefanten, in kleinere Tauschgüter wechseln lassen.

Der Busschaffner tauschte meinen Elefanten gegen einen Fahrschein ein.

Der Elefant war jedoch viel mehr wert als die Fahrt. Also bekam ich etwas heraus, nämlich: 20 Tauben, 1 zahmen Tiger, 1 Fass Öl, 1 Ziege, 18 Hühner, 1 Kater und einige Puppen.

So weit, so gut. Doch als ich nun mit meinem kleineren Tauschgut in den Bus wollte, schimpften die Mitreisenden und auch der Schaffner wollte mich nicht hereinlassen.

Wir stritten miteinander. In dieser Zeit fing der Kater sich eine der Tauben und fraß sie. Die 19 anderen Tauben flogen ängstlich weg. Der Tiger schnurrte um meine Beine. Dabei kippte er das Fass Öl um. Als die Ziege im Öl stand, meckerte sie. Eines der Hühner legte ein Ei. Als ich es gerade vorsichtig aufheben wollte, fuhr der Bus ohne mich davon.

Nun stand mein Elefant, der mir nicht mehr gehörte, an der Bushaltestelle. Ich hatte einen Fahrschein und dazu einen zahmen Tiger, eine Ziege, 18 Hühner, einen satten Kater, Puppen und ein Ei. Um mich herum standen schimpfende Leute, die sich über das ausgelaufene Öl beschwerten. Und mit meinem Fahrschein konnte ich nichts anfangen, weil der Bus weg war.

Ich frage mich nun, warum früher, als wir noch das Bargeld hatten, bestimmte Geschäfte einfacher gingen.

Mit verzweifelten Grüßen

Franziska Mathenia

35. Leben ohne Bargeld

Viel später als die Münzen entwickelte sich das **Papiergeld,** unsere heutigen **Banknoten.** Erst etwa vom 17. Jahrhundert an gewann es an Bedeutung. Münzen waren in größeren Mengen schwer und nur relativ auffällig zu transportieren, was unpraktisch war und die Diebstahlgefahr erhöhte. Also hinterlegten Geschäftsleute die Münzen an sicherer Stelle (z. B. bei einem Goldhändler) und erhielten dafür eine Quittung über den Wert, die dann weitergegeben werden konnte: Die ersten Geldscheine waren entstanden!

Heute hat **Buchgeld (Giralgeld)** vielfach die Funktion als Zahlungsmittel übernommen. Dabei werden Guthaben auf Bankkonten durch eine einfache Umbuchung von Konto zu Konto übertragen, wofür kein Bargeld mehr benötigt wird (z. B. Überweisung oder Kartenzahlung).

Aufgaben des Geldes heute

Durch die hohe Arbeitsteilung in unserer Gesellschaft sind wir auf den Austausch von Gütern und Dienstleistungen angewiesen. Geld ermöglicht es, diese Vorgänge schnell und problemlos abzuwickeln. Dazu muss es aber von allen anerkannt, fälschungssicher und gut teilbar sein.

Geld als Tauschmittel. Durch die Verwendung von Geld als allgemein akzeptiertes Tauschmittel müssen wir uns nicht mehr mühsam auf die Suche nach Partnern begeben, um Güter und Dienstleistungen untereinander auszutauschen. Mit Geld können die Wünsche unmittelbar erfüllt werden, weil der Tauschvorgang „Ware gegen Geld" jederzeit und einfach abgewickelt werden kann.

Geld als Wertmaßstab und Recheneinheit. Mit den in Geld ausgedrückten Preisen für unterschiedliche Waren oder Dienstleistungen können diese miteinander verglichen werden. So lässt sich das günstigste Angebot auswählen und der Wert einer Ware einschätzen. Zahlungsvorgänge können gebucht und dokumentiert sowie Vermögenswerte vergleichbar gemacht werden.

Geld als gesetzliches Zahlungsmittel. Der Euro in Form von Banknoten und Münzen ist zum gesetzlichen Zahlungsmittel erklärt. Er muss daher zur Begleichung von Forderungen von jedermann angenommen werden (Ausnahmen siehe bei Barzahlung, Seite 143). Das Recht zur Ausgabe von Banknoten liegt bei der Europäischen Zentralbank (EZB). Münzen prägen die einzelnen Euroländer selbst, der Umfang der Münzausgabe muss jedoch mit der Europäischen Zentralbank abgestimmt werden.

Geld als Wertübertragungs- und Wertaufbewahrungsmittel. Geld ermöglicht es, einen bestimmten Wert auf einfache Art an andere zu übertragen (Bargeldübergabe, Kontoüberweisung). Dies kann für eine bestimmte Zeit geschehen (z. B. durch einen Kredit) oder dauerhaft (etwa durch eine Schenkung oder Erbschaft). Erhaltenes Geld muss nicht sofort wieder in Umlauf gebracht werden. Es kann problemlos aufbewahrt und angesammelt werden, z. B. als Geldanlage bei einer Bank für spätere Anschaffungen. Die Sicherheit einer Geldanlage und die Inflationsgefahr (Geldentwertung durch Preissteigerungen) sollte dabei aber beachtet werden.

Die Europäische Zentralbank (EZB)

Mit der Einführung des Euro hat die europäische Zentralbank (EZB) mit Sitz in Frankfurt am Main wichtige Aufgaben im Bereich der Geldpolitik übernommen. Nach dem Vorbild der Deutschen Bundesbank ist die EZB unabhängig von politischen Weisungen. Sie trägt die Verantwortung für die Stabilität der Währung im Euroraum und kann dazu geldpolitische Maßnahmen nach freiem Ermessen einsetzen. Um z.B. den Anstieg der Verbraucherpreise (Inflation) im Euroraum zu begrenzen, kann die EZB einer übermäßigen Geldvermehrung durch Regulierung der Geldmenge entgegenwirken. Entscheidungen trifft der Rat der EZB, dem die Direktionsmitglieder der EZB und die Präsidenten der einzelnen nationalen Notenbanken angehören (weitere Informationen unter www.ecb.int).

36. EZB mit Sitz in Frankfurt am Main

1. *Welche Vorteile ergaben sich durch die Ausgabe von Münzen und Geldscheinen?*

2. *Welche Aufgaben hat das Geld in der heutigen Wirtschaft?*

3. *Welche Hauptaufgabe hat die Europäische Zentralbank übernommen?*

3.4.2 Barzahlung

Bei der **Barzahlung** wird eine Zahlungsverpflichtung durch die direkte Übergabe von Banknoten oder Münzen erfüllt. Obwohl Bargeld gesetzliches Zahlungsmittel ist, besteht eine unbeschränkte Annahmepflicht nur für Geldscheine. Für Euro- und Cent -Münzen ist die Annahmepflicht auf 50 Münzen (max. 100,00 EUR) pro Zahlungsvorgang begrenzt. Die acht Münzwerte von 1 Cent bis 2,00 EUR unterscheiden sich in Größe, Farbe und Dicke. Sie zeigen auf der Vorderseite eine Landkarte von Europa, umgeben von den Sternen der Europäischen Union. Die Rückseiten dagegen zeigen in jedem Mitgliedsland unterschiedliche Motive. Sämtliche Münzen sind aber in allen Euroländern gültig. Für die sieben Banknoten zwischen 5,00 und 500,00 EUR gilt: je höher der Wert, desto größer die Banknote. Auf der Vorderseite sind europäische Baustile von der Klassik bis zur modernen Architektur als Fenster oder Tore abgebildet, zeigen allerdings keine bestimmten nationalen Denkmäler. Die Brücken auf der Rückseite sollen die Verbindung der Völker Europas untereinander und mit der übrigen Welt symbolisieren. Bestimmte fühlbare Merkmale der Geldscheine erleichtern sehbehinderten oder älteren Menschen die Unterscheidung der einzelnen Werte.

Bei der Annahme von Bargeld sollte die **Echtheit** der Münzen und Banknoten überprüft werden, denn Falschgeld wird bei der Entdeckung ohne Ersatz aus dem Verkehr gezogen. Durch bestimmte sicht- oder fühlbare Sicherheitsmerkmale können echte Banknoten gut erkannt werden (vgl. Abb. 38, Seite 144). Auch mit ultraviolettem Licht lassen sich zusätzliche Prüfmerkmale leicht erkennen.

Beschädigte oder unbeabsichtigt zerstörte Geldscheine können bei den Banken eingereicht und über diese ersetzt werden. Allerdings muss im Regelfall mindestens die Hälfte eines Geldscheines noch vorhanden sein. Bei größerer Beschädigung muss ein nachvollziehbarer Nachweis über die Zerstörung erbracht werden.

Die **Bargeldübermittlung** vom Zahlungspflichtigen zum Zahlungsempfänger kann erfolgen durch

- direkte Barzahlung oder Zahlung durch Boten,
- Einschaltung der Deutschen Post AG oder von Geldinstituten.

Fallbeispiel

Quittung? Wozu Quittung?

Michaela Krause hat nach bestandener Prüfung einen Motorroller auf Ratenzahlung gekauft und musste nun monatlich 150,00 EUR abzahlen. Da das Geschäft fast um die Ecke lag, ging sie immer persönlich am Monatsanfang dort vorbei und zahlte ihre Rate. Im August plante sie eine längere Urlaubsfahrt: Der neue Motorroller sollte mit einer Fahrt in den Süden eingeweiht werden. „Kannst du die 150,00 EUR beim Motorrad-Müller Anfang August einzahlen?“, bat sie ihren Bruder. „Geht klar“, brummelte der und steckte das Geld ein.

Von ihrer Reise zurückgekehrt findet sie ein Schreiben der Firma Müller: „... bitten wir Sie, die Rate für August umgehend einzuzahlen!“ „Wo sind die 150,00 EUR geblieben?“, fragt sie ihren Bruder. „Hab ich bei Müller bar eingezahlt“, antwortet er. „Und die Quittung?“ „Quittung? Welche Quittung? Von einer Quittung hast du nichts gesagt!“ „Oh, du ...!!“, entfuhr es ihr. Muss Michaela den Betrag nochmals bezahlen?

(1) Gezahlter Betrag (möglichst in Ziffern und Buchstaben)
(2) Name des Zahlenden
(3) Zahlungsgrund
(4) Empfangsbestätigung
(5) Ausstellungsort und -datum
(6) Unterschrift des Zahlungsempfängers (ggf. mit Stempel)

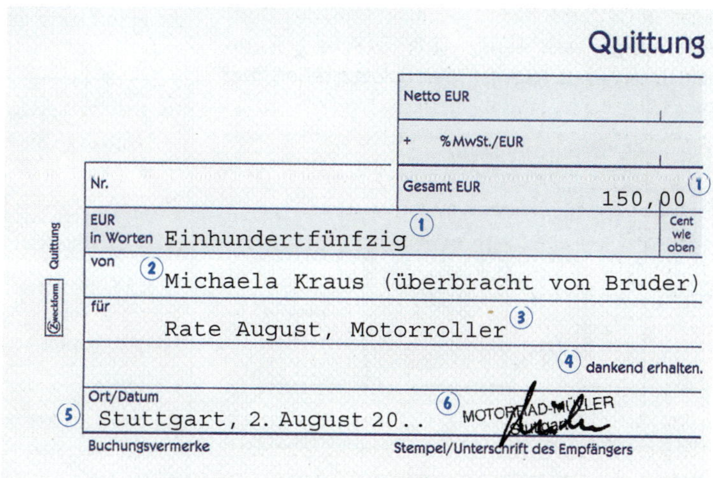
Quittung
Netto EUR
+ %MwSt./EUR
Nr.
Gesamt EUR 150,00 (1)
EUR in Worten Einhundertfünfzig (1) Cent wie oben
von (2) Michaela Kraus (überbracht von Bruder)
für Rate August, Motorroller (3)
(4) dankend erhalten.
Ort/Datum
(5) Stuttgart, 2. August 20..
(6) MOTORRAD-MÜLLER
Buchungsvermerke
Stempel/Unterschrift des Empfängers

37. Bestandteile der Quittung

Vor allem für die unmittelbare Begleichung kleinerer Beträge ist Barzahlung noch immer die schnellste und einfachste Zahlungsart.

Nach jeder geleisteten Zahlung hat der Zahlende Anspruch auf eine Zahlungsbestätigung, eine **Quittung** (vgl. Seite 143). Durch diese wird die Zahlung nachgewiesen (z. B. bei einer durchgeführten IGeL-Leistung), sie dient bei Rückgabe einer Ware, beim Umtausch oder bei Garantieansprüchen als Beweismittel und kann als Steuerbeleg verwendet werden. Daher sollte die Quittung eine gewisse Zeit als Zahlungsnachweis aufbewahrt werden.

Als Quittung dient ein unterschriebener Beleg (meist aus einem vorgedruckten Quittungsblock) oder Kassenbon, der die entsprechenden Angaben enthält. Auch ein handschriftlicher Quittungsvermerk, z. B. auf einer Liquidation, ist gültig.

Bei-spiel

Frau Semlic hat für die Behandlung ihres Hundes eine tierärztliche Liquidation über 135,00 EUR erhalten. Sie bezahlt diesen Betrag bar in der Praxis. Die Angestellte, Frau Weiß, quittiert die Zahlung direkt auf der Rechnung:

Betrag dankend erhalten.

Bad Homburg, 27. August 20..

Tierarztpraxis
Dr. Rolf Schubert
Thomasstraße 13
61348 Bad Homburg

Weiß

Im human-medizinischen Bereich besteht keine Mehrwertsteuerpflicht (vgl. Exkurs S. 159), daher muss diese auch nicht gesondert auf der Quittung ausgewiesen werden. Tierärztliche Leistungen unterliegen dagegen der Umsatzsteuer, hier ist bei einer Quittung über 150,00 EUR Gesamtbetrag die Mehrwertsteuer getrennt auszuweisen.

Wird an einen **Boten** bar bezahlt (z. B. bei Lieferung von Praxismaterial), muss gewährleistet sein, dass dieser zum Geldempfang berechtigt ist.

Barzahlung durch die Post oder Geldinstitute

Eine Übermittlung von Bargeld ohne Kontonutzung ist nur dann sinnvoll, wenn keine Möglichkeit der bargeldlosen Zahlung besteht oder keine Kontoverbindung vorhanden ist. Bei Inanspruchnahme dieses Zahlungswegs entstehen aufgrund der arbeitsintensiven Zahlungsabwicklung sehr hohe Kosten für die Geldübermittlung.

Mit dem **Western-Union-Bargeldtransfer** kann innerhalb kurzer Zeit im Inland und in mehr als 200 Länder Bargeld angewiesen und ausgezahlt werden. Der zu überweisende Betrag wird bei einer Western-Union Niederlassung, einem Postbank-Center oder einer größeren Postfiliale bar eingezahlt oder per Online-Banking transferiert. Dabei wird dem Einzahler eine Referenznummer genannt, die er dem Empfänger z. B. telefonisch mitteilt. Unter Nennung dieser Nummer und unter Vorlage eines Ausweises kann der genannte Empfänger dann kurze Zeit später das Geld direkt bei der Empfangsstelle an seinem Ort abholen.

Bei-spiel

Auf einer Tagung wird dem Arzt Dr. Kaminsky die Brieftasche mit seinem gesamten Bargeld und allen Zahlungsverkehrskarten gestohlen. Er ruft seine Frau an und bittet sie, ihm an das Postamt seines Tagungsortes 500,00 EUR mittels Bargeldtransfer zu übersenden.

Die Übersendung von Bargeld mit einer normalen Postsendung ist nicht versichert, sodass bei Verlust kein Ersatz geleistet wird.

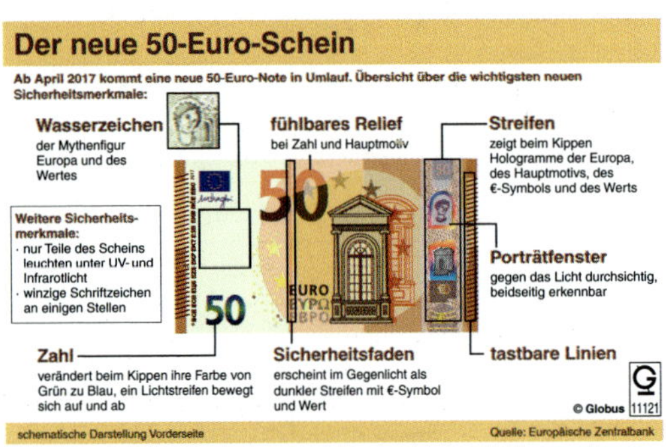

38. Echtheitskontrolle durch Sicherheitsmerkmale

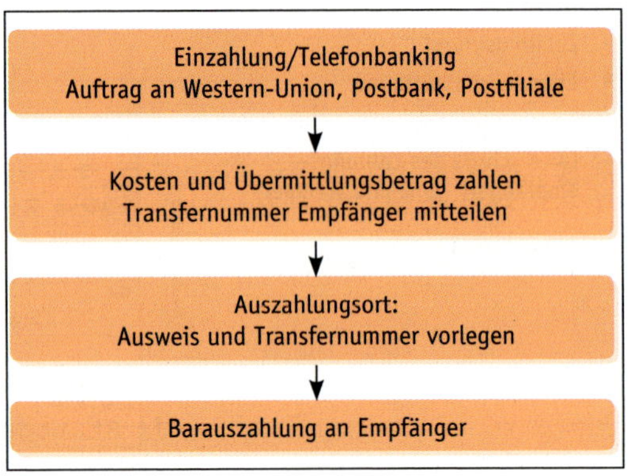

39. Abwicklung Bargeldtransfer

3.4.3 Kontoführung

Ohne Konto läuft heute nichts mehr, denn die Abwicklung des Zahlungsverkehrs ohne ein Girokonto ist fast undenkbar. Gehälter werden schon lange nicht mehr in der Lohntüte übergeben und Miete, Telefon oder Versicherungsbeiträge lassen sich schnell und sicher über ein Konto begleichen. Bereits im Schulalter werden die zukünftigen Kunden von den Banken und Sparkassen umworben und kostenlose „Taschengeldkonten" angeboten. Auch Auszubildenden oder Studenten wird für die Kontoführung meist nichts berechnet. Fallen später die Vergünstigungen weg, können bei intensiver Kontonutzung erhebliche **Gebühren** anfallen. Eventuell lohnt sich dann ein Kontowechsel, der von den Banken entsprechend dem **Zahlungskontengesetz** aktiv unterstützt werden muss (z. B. durch Information der laufenden Zahlungsempfänger bei Daueraufträgen oder Lastschriften).

Ein Girokonto kann von jeder natürlichen oder juristischen Person eröffnet werden. Voraussetzung ist allerdings die volle Geschäftsfähigkeit. Deshalb müssen bei Jugendlichen unter 18 Jahren die gesetzlichen Vertreter, in der Regel also die Eltern, der Kontoeröffnung zustimmen. Girokonten von Minderjährigen werden meist nur auf Guthabenbasis geführt. Lässt die Bank trotzdem Überziehungen zu, geschieht dies auf ihr Risiko.

Zunächst ist ein **Kontoeröffnungsantrag** auszufüllen. Er enthält Angaben zur Person des zukünftigen Kontoinhabers, die durch die Vorlage eines Ausweises kontrolliert werden müssen. Mit seiner Unterschrift erkennt der Antragsteller die Allgemeinen Geschäftsbedingungen des Geldinstituts an. Sie enthalten Regelungen über die Geschäftsbeziehungen zwischen Kunden und Bank. Zusätzlich erhält das Kreditinstitut die Erlaubnis, Daten über den Kontoinhaber bei der **Schufa** (vgl. Abb. 41) abzufragen und zu melden. Die Schufa ist eine Gemeinschaftseinrichtung von Kreditinstituten, Versandhäusern, Versicherungen und anderen Unternehmen. Ihre Aufgabe besteht darin, einerseits die beteiligten Firmen vor Verlusten bei der Kreditgewährung zu schützen und andererseits den Kunden vor einer übermäßigen Verschuldung zu bewahren.

Zusätzlich zum Kontoeröffnungsantrag muss der Kunde eine **Unterschriftsprobe** hinterlegen, damit das Kreditinstitut bei späteren Kontoverfügungen (z. B. einer Überweisung) feststellen kann, ob der Auftrag tatsächlich vom Kontoinhaber stammt. Auch andere Personen können zur Verfügung über das Konto bevollmächtigt werden, so z. B. der Ehepartner.

Nach Zuteilung einer **IBAN - Kontonummer** (IBAN = **I**nternational **B**ank **A**ccount **N**umber mit 22 Stellen, vgl. Seite 151) erhält der Kunde Vordrucke zur Nutzung seines Kontos und eine Zahlungsverkehrskarte, z.B. Girocard, mit der etwa Kontoabhebungen an Geldautomaten vorgenommen werden können.

Girokonto-Nutzung

- Bareinzahlung
- Barabhebung mit
  - Auszahlungsquittung
  - Barscheck
  - ec-Maestro-Girocard-Karte/Kreditkarte am Geldautomaten
- Überweisungen
- Daueraufträge
- Nutzung von Verrechnungsschecks
- Lastschriftabbuchung
- Bargeldlose Zahlung mit
  - Geldkarte
  - ec-Maestro-Girocard-Karte
  - Kreditkarte
- Bargeldlose Zahlungsabwicklung bei Auslandsaufenthalten
- Auslandsüberweisungen
- Onlinebanking
- Kurzfristige Kontoüberziehung
- Dispo-Kredit

40. Nutzungsmöglichkeiten des Girokontos

Exkurs

Die Schufa-Anfrage

Die „Schutzgemeinschaft für allgemeine Kreditsicherung", bereits 1927 gegründet, hat Informationen von rund 70 Millionen Personen gespeichert. Fast jeder erwachsene Einwohner Deutschlands mit Angaben zur Person, mit seiner Adresse und mit der Angabe zu Girokonten oder Kreditkarten erfasst. Denn wer ein Konto eröffnen will, muss die sogenannte Schufa-Klausel unterschreiben, die das Speichern der eigenen Daten bei der Schufa genehmigt. Die angeschlossenen Banken, Handelshäuser, Leasing- oder Telefongesellschaften können so aktuelle Informationen über die Kreditwürdigkeit (Bonität) ihrer Kunden erhalten, sie können Laufzeit und Höhe von Krediten, laufende Mahnverfahren, Zwangsvollstreckungen oder eidesstattliche Versicherungen in Erfahrung bringen. Jeder Registrierte kann allerdings gegen Gebühr seinen Datensatz bei der Schufa einsehen bzw. ausdrucken lassen und bei falschen Angaben Änderungen verlangen (Info über www.schufa.de).

41. Die Schufa-Anfrage

Mit Eröffnung eines Girokontos übernimmt das Geldinstitut die Verpflichtung zur ordnungsgemäßen Kontoführung und Ausführung der erteilten Aufträge bei Kontodeckung.

Der Kontoinhaber muss stets für ausreichende Kontodeckung sorgen, die bankublichen Vordrucke verwenden und die anfallenden Gebühren übernehmen.

Bei laufenden Zahlungseingängen und positiver Schufa-Auskunft räumen Kreditinstitute ihren Girokontokunden meist die Möglichkeit einer Kontoüberziehung bis zu mehreren Monatsgehältern ein. Dieser **Dispositionskredit** (vgl. Seite 168) kann dann ohne vorherige Ankündigung oder zusätzliche Sicherheiten in Anspruch genommen werden.

Durch einen **Kontoauszug** wird der Kunde über jede Veränderung auf seinem Girokonto informiert. Je nach Vereinbarung werden die Kontoauszüge in bestimmten Abständen gegen Gebühr übersandt oder beim Kreditinstitut abgeholt bzw. dort mittels Bankkarte und Kontoauszugsdrucker direkt ausgedruckt. Der Auszug gibt Auskunft über die Belastungen (= Soll, –) und Gutschriften (= Haben, +) auf dem Konto und weist den aktuellen Kontostand aus. Durch weitere Angaben (vgl. Abb. 42) kann kontrolliert werden, ob die Bank alle Aufträge wunschgemäß ausgeführt hat. In bestimmten Zeiträumen wird ein Kontoabschluss erstellt, dem die Kontogebühren zu entnehmen sind.

Direktbanken und Homebanking

Fast alle Kreditinstitute bieten Telefon- und Onlinebanking an. Dabei funktioniert der Kontakt zur Bank nur per Telefon/Mobiltelefon oder Internet. Rund um die Uhr kann so das Konto eingesehen, verwaltet und Bankgeschäfte abgewickelt werden. Beim Onlinebanking werden die Geldgeschäfte mittels Computer oder Mobiltelefon über eine Internetverbindung ausgeführt. So kann man von einem beliebigen Ort den Kontostand erfragen, Überweisungen tätigen oder Geldanlagen vornehmen.

Doch kostenlos ist dieser Service oft nicht. Einige Banken verlangen zwar keine Kontoführungsgebühren, die Online- oder Telefonkosten trägt aber der Kontonutzer. Und richtig teuer kann es werden, wenn man für jede Bargeldabhebung an fremden Geldautomaten Gebühren zahlen muss – denn Direktbanken haben keinen Schalter!

Wie schützt man sich vor unberechtigten Abhebungen? Um sicherzugehen, dass Fremde nicht das Konto plündern, erhält der Kontoinhaber oder Bevollmächtigte eine persönliche Identifikationsnummer (PIN). Bei jedem Bankkontakt wird diese abgefragt. Außerdem muss bei der Onlinekontoführung über das Internet zusätzlich eine Transaktionsnummer (TAN) eingegeben werden. Für jede Kontobewegung ist eine eigene TAN notwendig. Bei der m-TAN wird von der Bank eine TAN an eine hinterlegte Handynummer per SMS übersandt. Auch mit einem Smartphone und entsprechender App kann eine TAN erstellt werden (push-TAN). Manche Kreditinstitute geben auch ein kleines Gerät aus, das durch Einstecken der Kundenkarte und Internetverbindung eine TAN erstellt (chip-TAN / Smart-TAN).

Entsteht trotz dieser Vorsichtsmaßnahmen ein Schaden, dann muss der Kontoinhaber evtl. einen Teil des Verlusts übernehmen, wenn Sicherheitsvorschriften nicht ausreichend beachtet wurden.

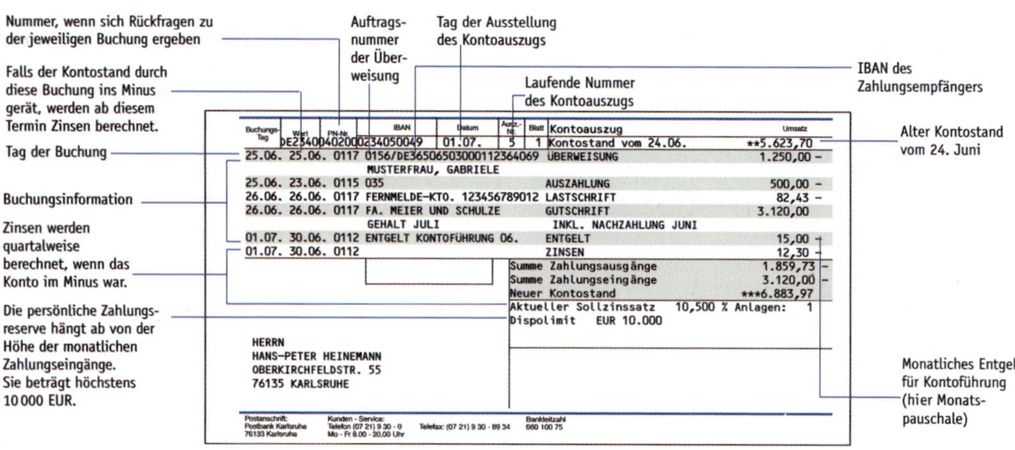

42. Beispiel eines Kontoauszugs

Zahlungsabwicklung über das Girokonto/ halbbare Zahlung

Insbesondere bei umfangreichem Bargeldeingang, z. B. in einer größeren Tierarztpraxis, ist es aus Sicherheitsgründen nicht empfehlenswert, die Einnahmen längere Zeit in der Praxis anzusammeln und aufzubewahren. Durch regelmäßige **Bareinzahlung** auf das Girokonto kann die Verlust- und Diebstahlgefahr vermindert werden. Selbst nach Geschäftsschluss ist z. B. durch eine Einzahlung am Geldautomaten eine sichere Verwahrung möglich.

Bareinzahlungen auf fremde Girokonten können bei Geldinstituten und Postämtern/Postbank vorgenommen werden. Der Einzahler füllt hierzu einen **neutralen SEPA-Zahlschein** aus (vgl. Abb. 44), zahlt das Geld ein und erhält dafür eine Quittung. Dem Empfänger wird der Zahlscheinbetrag auf dem angegebenen Girokonto gutgeschrieben und der Eingang im Kontoauszug vermerkt. Die Einzahlung von Bargeld mit einem Zahlschein ist allerdings teuer, denn Bank oder Post berechnen dem Einzahler hohe Gebühren.

Häufig sind z. B. Rechnungen vorgedruckte neutrale Zahlschein-/Überweisungsformulare beigelegt. Der Zahler kann diesen Vordruck dann entweder als Zahlschein zur Bareinzahlung oder als Überweisungsauftrag zur Abbuchung von seinem Girokonto verwenden. Bei der kostengünstigen Überweisung muss dann nur die eigene IBAN eingesetzt und der Auftrag unterschrieben werden.

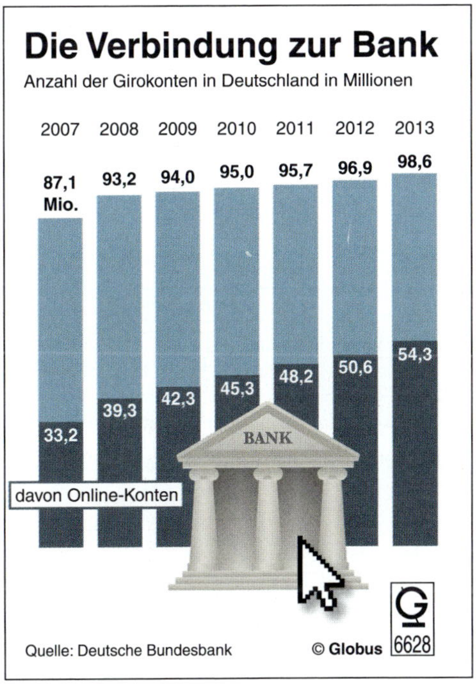

43. **Girokonten in Deutschland**

Mit einer **Nachnahmesendung** werden die Post oder Pakettransportunternehmen beauftragt, durch den Postzusteller vom Zahlungspflichtigen direkt Geld einzuziehen und es einem Konto gutzuschreiben.

Diese Form des Geldeinzugs wird trotz der hohen Gebühren oft z. B. bei Bestellungen über Internet gewählt, denn die Zusteller händigen die Ware erst aus, wenn der Rechnungsbetrag (Post max. 1 600,00 EUR, DHL bis 3 500 EUR) dem Überbringer gezahlt wurde. Wird nicht gezahlt, geht die Sendung an den Verkäufer zurück. Der Absender hat also die Sicherheit: entweder Geld oder die Ware zurück. Der Inkasso-Beleg für die Zahlungsabwicklung wird bereits vom Absender, also dem Zahlungsempfänger, ausgefüllt. Er gibt seine Kontoverbindung an, auf der dann bei Bezahlung das Geld eingeht. Der jeweilige Stand des Nachnahmevorgangs kann mittels einer Sendungsnummer im Internet verfolgt werden.

Nachteilig bei einer Nachnahmesendung ist für den Lieferungsempfänger, dass vor der Bezahlung keine Kontrolle des Inhalts vorgenommen werden kann. Wird nach Bezahlung und Aushändigung festgestellt, dass es sich um eine falsche oder fehlerhafte Ware handelt, muss man das Geld vom Lieferer direkt zurückfordern.

1. *Was wird mit der Unterschrift des Kontoeröffnungsvertrags anerkannt?*

2. *Warum muss beim Kreditinstitut eine Unterschriftsprobe hinterlegt werden?*

3. *Welche wichtigen Angaben enthält der Kontoauszug?*

4. *Warum werden bei Internetbestellungen Waren oft per Nachnahme versandt?*

5. *Beschreiben Sie die Sicherheitsvorkehrungen bei einer online erfolgenden Kontoführung.*

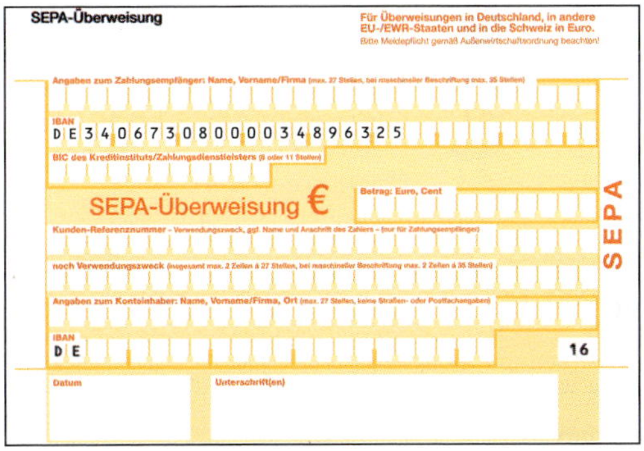

44. **Halbbare Zahlung mit neutralem SEPA-Zahlschein**

3.4.4 Scheckzahlung

Durch die zunehmende Kartenzahlung (vgl. Seite 152) hat die Zahlung mittels **Scheck** zwar an Bedeutung verloren, der Scheck wird aber in bestimmten Fällen noch immer zur Zahlung verwendet (z. B. wenn der Kontoinhaber nicht selbst in der Lage ist, Bargeld abzuheben). Ein Scheck ist allerdings im Gegensatz zum Bargeld kein gesetzliches Zahlungsmittel und muss deshalb vom Zahlungsempfänger nicht zwingend angenommen werden. Durch einen Scheck weist der Kontoinhaber bzw. Kontobevollmächtigte (Scheck**aussteller**) sein Geldinstitut an, von seinem Girokonto den auf dem Scheck genannten Betrag an den Vorleger des Schecks bar auszuzahlen **(Barscheck)** oder dessen Konto gutzuschreiben **(Verrechnungsscheck).**

Ein Barscheck ist wie Bargeld, denn der eingetragene Betrag kann – allerdings nur beim genannten Kreditinstitut und bei Kontodeckung – sofort bar ausgezahlt werden. Wer durch Barscheckübergabe bezahlt, hat seine Schuld erfüllt. Ein Verrechnungsscheck kann dagegen nur über ein Konto eingelöst werden (vgl. Seite 150). Hier hat der Zahlende seine Schuld erst dann erfüllt, wenn dem beabsichtigten Empfänger die Schecksumme tatsächlich gutgeschrieben wurde.

Beispiel

Für die Zahnbehandlung ihres Hundes hat Frau Wächter einen Verrechnungsscheck über 93,00 EUR ausgestellt und dem Tierarzt übergeben. Durch ein Versehen wird der Scheck vernichtet, bevor er bei der Bank vorgelegt werden kann. Frau Wächter muss deshalb entweder einen neuen Scheck ausstellen oder die Rechnung auf andere Art bezahlen.

Um am Scheckverkehr teilnehmen zu können, müssen verschiedene **Bedingungen** erfüllt sein:

- Der Scheckaussteller muss ein **Girokonto** besitzen und **voll geschäftsfähig** sein.
- Der Scheckbetrag muss durch ein entsprechendes **Kontoguthaben** oder einen eingeräumten Kredit gedeckt sein.
- Die „Bedingungen für den Scheckverkehr" müssen dem Geldinstitut gegenüber anerkannt werden.

Minderjährige erhalten lediglich in Ausnahmefällen mit Zustimmung der Erziehungsberechtigten Scheckvordrucke. Barabhebungen vom Girokonto können deshalb bis zur Volljährigkeit mit 18 Jahren nur mit einer „Auszahlungsquittung" oder am Geldautomaten erfolgen.

- Für die Ausstellung von Schecks sind nur die vom bezogenen Institut zugelassenen Scheckvordrucke zu verwenden; andernfalls besteht keine Einlösungsverpflichtung. Der Empfänger von Scheckvordrucken hat diese bei Empfang auf Vollständigkeit zu prüfen.
- Scheckvordrucke sind mit besonderer Sorgfalt aufzubewahren. Das Abhandenkommen von Scheckvordrucken ist der kontoführenden Stelle unverzüglich mitzuteilen. Unbrauchbar gewordene Vordrucke sind vom Kontoinhaber sofort zu vernichten.
- Scheckvordrucke sind deutlich und korrekt auszufüllen sowie sorgfältig zu behandeln (z. B. nicht knicken, lochen, beschmutzen). Der Scheckbetrag ist in Ziffern und Buchstaben so einzusetzen, dass nichts hinzugeschrieben werden kann.

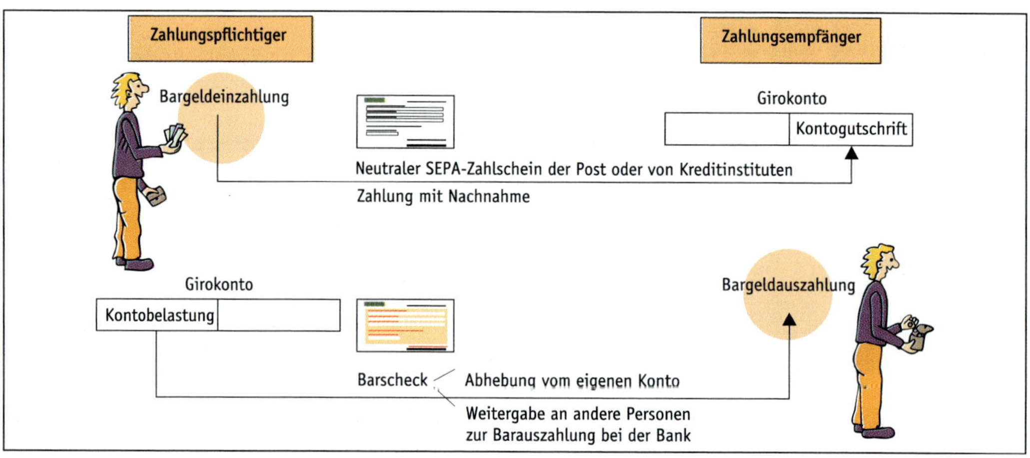

45. Ablauf bei halbbarer Zahlung

Die gesetzlich vorgeschriebenen Bestandteile des Schecks

Zur Scheckausstellung muss ein vom kontoführenden Geldinstitut ausgegebener **Scheckvordruck** verwendet werden, in den nur noch Betrag, Ort der Ausstellung, Datum und die Unterschrift einzufügen sind. Zusätzlich ist die Angabe eines Verwendungszwecks und des Zahlungsempfängers möglich. Die Scheckvordrucke weisen sogenannte gesetzliche und kaufmännische Bestandteile auf.

Nach dem Scheckgesetz muss ein Scheck **sechs gesetzliche Bestandteile** (siehe Scheck im Fallbeispiel unten) aufweisen. Fehlt einer dieser Bestandteile, ist der Scheck ungültig:

① **Bezeichnung „Scheck"**, zur Unterscheidung von anderen Urkunden

② Das Geldinstitut muss ohne Bedingungen angewiesen werden, **eine bestimmte Geldsumme** zu zahlen (es gilt immer der **in Worten** genannte Betrag)

③ **Name des Geldinstituts,** welches den Betrag auszahlen soll

④ **Zahlungsort,** an dem sich das auszahlende Geldinstitut befindet

⑤ **Ort und Tag,** an dem der Scheck ausgestellt wurde

⑥ Die handschriftliche **Unterschrift** des Scheckausstellers, wie sie beim Geldinstitut hinterlegt ist, muss übereinstimmend auf dem Scheck stehen. Bei größeren Abweichungen der Unterschrift kann die Einlösung verweigert werden.

Die kaufmännischen Bestandteile des Schecks

Neben den gesetzlich vorgeschriebenen Bestandteilen finden sich auf dem Scheckvordruck noch weitere Angaben, die den Geldinstituten die Abwicklung des Scheckverkehrs erleichtern (siehe Scheck im Fallbeispiel unten). Man bezeichnet diese als **kaufmännische Bestandteile**:

I Durch fortlaufende Nummerierung der Schecks kann anhand der **Schecknummer** z. B. bei Verlust eine Sperrung des Schecks erfolgen.

II Die IBAN – Kontonummer (Zusammenfassung von Kontonummer und Bankleitzahl) ermöglicht eine schnelle elektronische Bearbeitung durch das Geldinstitut und beschleunigt beim Verrechnungsscheck die Abrechnung der Geldinstitute untereinander.

III Die **Wiederholung des Scheckbetrags** in Ziffern dient der schnelleren Abwicklung bei der Verbuchung.

IV Die Angabe eines **Zahlungsempfängers** hat nur geringe Bedeutung, durch den Zusatz „oder Überbringer" wird der Scheckbetrag immer an denjenigen ausgezahlt, der den Scheck vorlegt (ohne Überprüfung der Personalien). Auch eine Streichung dieser **Überbringerklausel** ändert daran nichts, sie wird von der Bank nicht beachtet.

V Diese Zeile kann für **Mitteilungen an den Empfänger** genutzt werden (z. B. Zahlungsgrund, Rechnungsnummer).

VI In der **Codierzeile** am unteren Scheckrand sind die wichtigsten Scheckangaben in computerlesbarer Schrift eingetragen und ermöglichen so eine automatische Verbuchung des Schecks.

Fallbeispiel

Die Rentnerin Andrea Baum ist bettlägerig erkrankt, benötigt aber dringend Bargeld. So stellt sie ihrer Enkelin Maria einen Barscheck über 200,00 EUR aus und bittet sie, diesen Betrag bei ihrer Postbankzahlstelle abzuholen.

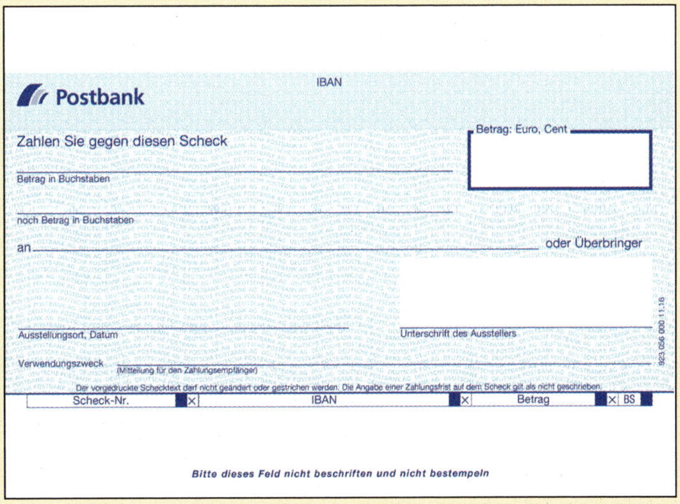
Postbank
IBAN
Zahlen Sie gegen diesen Scheck
Betrag: Euro, Cent
Betrag in Buchstaben
noch Betrag in Buchstaben
an
oder Überbringer
Ausstellungsort, Datum
Unterschrift des Ausstellers
Verwendungszweck
(Mitteilung für den Zahlungsempfänger)
Der vorgedruckte Schecktext darf nicht geändert oder gestrichen werden. Die Angabe einer Zahlungsfrist auf dem Scheck gilt als nicht geschrieben.
Scheck-Nr. | IBAN | Betrag | BS
Bitte dieses Feld nicht beschriften und nicht bestempeln

Schecks dienen dem Zahlungsverkehr und sollen wie ein Zahlungsmittel verwendet werden. Daher werden sie grundsätzlich **am Tag der Vorlage** beim Geldinstitut **ausgezahlt.** Man sagt deshalb, Schecks sind „bei Sicht" fällig. Dies gilt sogar dann, wenn der Scheck zeitlich vor dem angegebenen Ausstellungstag der Bank zur Auszahlung vorgelegt wird. Eine sogenannte Vordatierung von Schecks ist daher rechtlich wirkungslos.

Bei-spiel

Dr. Knauser übergibt am 01.12. als Weihnachtsgeld einen Scheck über 190,00 EUR an seine Auszubildende Claudia Froh. Auf dem Scheck gibt er als Datum den 15.12. an, weil er bis dahin mit größeren Geldeingängen rechnet und so die Zahlung von Überziehungszinsen bei einer früheren Auszahlung vermeiden möchte. Claudia reicht aber bereits am 05.12. den Scheck bei ihrer Bank ein, die ihn sofort ihrem Konto gutschreibt, weil der Scheckbetrag bei Vorlage des Schecks fällig ist (Zahlungsabwicklung siehe Abb. 46).

Im Scheckgesetz sind Vorlegefristen genannt, die eine schnelle Zahlungsabwicklung bewirken sollen:

- **8 Tage** bei im Inland ausgestellten Schecks
- **20 Tage** bei im europäischen Ausland ausgestellten Schecks (einschließlich der an das Mittelmeer angrenzenden Länder wie z. B. Marokko)
- **70 Tage** bei in anderen Erdteilen ausgestellten Schecks

Die Fristen beginnen mit dem auf dem Scheck eingetragenen Ausstellungsdatum. Wird ein Scheck erst **nach Ablauf der Vorlegungsfrist** zur Auszahlung vorgelegt, verliert er zwar nicht seine rechtliche Gültigkeit, das Geldinstitut ist allerdings nicht mehr zur Einlösung verpflichtet. Sofern der Scheck inzwischen nicht vom Aussteller gesperrt wurde, lösen die Geldinstitute Schecks aber auch nach Ablauf der Vorlegungsfrist noch ein, wenn Kontodeckung vorhanden ist.

Da ein Scheck von jedem Überbringer eingelöst werden kann, ist bei **Scheckverlust** sofort das bezogene Geldinstitut zu benachrichtigen, damit der Scheck gesperrt wird. Die Schecksperre gilt sechs Monate, kann bei Bedarf aber verlängert werden.

Der Verrechnungsscheck

Bei einem Barscheck besteht die Gefahr, dass der Scheckbetrag nach einem unbemerkten Diebstahl oder Verlust vom Girokonto abgehoben wird. Später kann dann nicht mehr festgestellt werden, wer das Geld geholt hat, denn durch die Überbringerklausel wird ein Barscheck an jeden Vorleger ohne Feststellung der Personalien ausgezahlt.

Um sich vor diesem Missbrauch zu schützen, kann man quer auf der Vorderseite des Barschecks den Vermerk **„Nur zur Verrechnung"** anbringen. Durch diesen Zusatz wird der Scheck unwiderruflich in einen **Verrechnungsscheck** umgewandelt. Barauszahlung ist dann ausgeschlossen. Eine nachträgliche Streichung des Verrechnungsvermerks ist ungültig und wird von den Geldinstituten nicht beachtet. Nach Umwandlung in einen Verrechnungsscheck kann dieser nur noch auf ein Girokonto eingereicht und gutgeschrieben werden. Durch Rückverfolgung des Abrechnungswegs (vgl. Abb. 46) lässt sich feststellen, wer den Scheck eingelöst hat. Beim Scheckversand per Post sollte aus Haftungsgründen nicht erkennbar sein, dass der Brief einen Scheck enthält. So sind deshalb z. B. Umschläge mit Klarsichtfenstern ungeeignet.

46. Ablauf des Zahlungsvorgangs beim Verrechnungsscheck

3.4.5 Überweisung

„Bargeld lacht", sagt man. Doch es hat immer weniger zu lachen, wenn man sich die Entwicklung des bargeldlosen Zahlungsverkehrs anschaut. Fast 90 % aller Geldbewegungen entfallen auf den bargeldlosen Zahlungsverkehr. Zahlungen werden nur durch Kontobewegungen vorgenommen, der Zahlungspflichtige wird belastet (Sollbuchung), der Zahlungsempfänger erhält eine Kontogutschrift (Habenbuchung).

Die **SEPA - Überweisung** ist die meistgenutzte Form der bargeldlosen Zahlung. Dies vor allem deshalb, weil sie vom Kunden einfach zu handhaben ist. Mit einer Überweisung beauftragt der Girokontoinhaber sein Geldinstitut, einen bestimmten Betrag von seinem Konto abzubuchen und dem angegebenen Konto des Zahlungsempfängers gutzuschreiben.

Überweisungen werden zunehmend **beleglos** abgewickelt, sei es von zu Hause aus per Onlinebanking oder direkt beim Geldinstitut mittels Eingabe der notwendigen Überweisungsdaten in ein Bankterminal. Bei handschriftlich ausgefüllten Überweisungsaufträgen sind Falschangaben zu vermeiden (vgl. Abb. 47), denn die Bank hat keine Kontrollpflicht. Es wird z. B. nicht überprüft, ob der Empfängername mit dem Empfängerkontoinhaber übereinstimmt. Einmal ausgeführte Überweisungen können anders als z. B. Lastschriften (siehe S. 151 f.) nicht mehr einfach widerrufen und zurückgebucht werden.

Die Laufzeit einer Überweisung darf bestimmte, gesetzlich festgelegte Fristen (BGB § 675) nicht überschreiten. Eine Überweisung innerhalb des Kreditinstituts muss unverzüglich, in der Regel noch innerhalb des Buchungstages, erfolgen. Bei Überweisungen innerhalb des europäischen Wirtschaftsraumes muss die Zahlung nach einem Banktag erfolgt sein. Für Überweisungen in Belegform ist ein zusätzlicher Tag erlaubt. Überschreitet die Bank diese Fristen, muss sie Strafzinsen an den Kunden zahlen.

Besondere Überweisungsformen

Wiederkehrende Zahlungsverpflichtungen können zeitsparend über das Girokonto ausgeführt werden, ohne dass dazu jeweils eine Überweisung ausgestellt werden muss.

Dauerauftrag. Die Einrichtung eines Dauerauftrags lohnt sich immer dann, wenn Zahlungen

- regelmäßig (monatlich, vierteljährlich etc.),
- immer in gleicher Höhe und
- an denselben Zahlungsempfänger

geleistet werden müssen. Der vereinbarte Betrag wird dann **fortlaufend** bis zu einer Änderung oder Aufhebung des Auftrags an den Zahlungsempfänger überwiesen. Der Kontoinhaber muss sich also nicht mehr selbst um die rechtzeitige Überweisung kümmern. Beispiele für die Einrichtung eines Dauerauftrags sind Mietzahlungen, Vereinsbeiträge oder monatliche Sparbeträge.

Lastschriftverfahren. Für Zahlungen, die in unregelmäßigen Abständen oder auch in wechselnder Höhe anfallen, ist die Einrichtung eines Dauerauftrages nicht sinnvoll. Solche Beträge können durch **Lastschrift** gezahlt werden. Bei diesem Verfahren wird das Prinzip des Dauerauftrags umge-

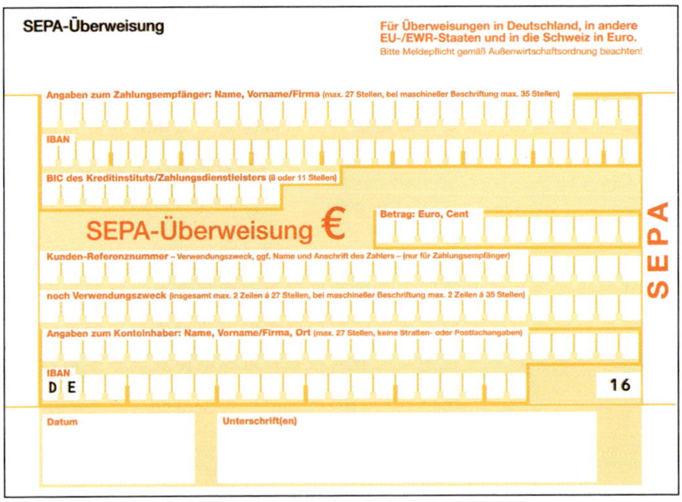
SEPA-Überweisung
Für Überweisungen in Deutschland, in andere EU-/EWR-Staaten und in die Schweiz in Euro.
Bitte Meldepflicht gemäß Außenwirtschaftsordnung beachten!
Angaben zum Zahlungsempfänger: Name, Vorname/Firma (max. 27 Stellen, bei maschineller Beschriftung max. 35 Stellen)
IBAN
BIC des Kreditinstituts/Zahlungsdienstleisters (8 oder 11 Stellen)
SEPA-Überweisung €
Betrag: Euro, Cent
Kunden-Referenznummer – Verwendungszweck, ggf. Name und Anschrift des Zahlers – (nur für Zahlungsempfänger)
noch Verwendungszweck (insgesamt max. 2 Zeilen à 27 Stellen, bei maschineller Beschriftung max. 2 Zeilen à 35 Stellen)
Angaben zum Kontoinhaber: Name, Vorname/Firma, Ort (max. 27 Stellen, keine Straßen- oder Postfachangaben)
IBAN
D E
16
Datum
Unterschrift(en)
SEPA

47. „Ich bin so unausgefüllt!" SEPA - Überweisung richtig ausfüllen

Diese Fehler beim handschriftlichen Ausfüllen sollten Sie vermeiden:

1. Nicht zwischen die Kästchen schreiben
2. IBAN - Ziffern nicht übereinander schreiben, jede Ziffer in ein Kästchen und Ziffer deutlich schreiben. Die BIC muss nur bei Auslandsüberweisung genannt werden.
3. Betrag links beginnen, für das deutlich zu schreibende Komma ein eigenes Kästchen verwenden
4. Unterschrift vergessen? Auftrag kann nicht ausgeführt werden

kehrt: Nicht mehr der Zahlungspflichtige sorgt für die rechtzeitige Überweisung, sondern der Zahlungsempfänger holt sich den fälligen Betrag direkt vom Konto des Kunden. Der Zahlungspflichtige muss selbstverständlich vorher seine Zustimmung zur Abbuchung der Beträge von seinem Girokonto gegeben haben.

Beispiele für Lastschriftzahlungen sind Telefongebühren, Stromkosten oder Versicherungsbeiträge. **Zwei Formen des Lastschriftverfahrens** lassen sich unterscheiden:

- Beim **SEPA - Basis - Lastschriftverfahren** genehmigt der Kontoinhaber **dem Zahlungsempfänger** schriftlich, fällige Zahlungen von seinem Konto einzuziehen (SEPA - Lastschriftmandat) und erteilt dabei auch dem Kreditinstitut gegenüber eine Abbuchungsgenehmigung (vgl. Abb. 48). Der Zahlungsempfänger holt sich einmalig oder in bestimmten Abständen Geld vom Girokonto des Kunden, ohne dass dieser jeweils vorher benachrichtigt wird. Der Zahlungspflichtige wird über die Abbuchung auf seinem Kontoauszug informiert. Der Kontoinhaber hat das Recht, nach der Kontobelastung ohne Angabe von Gründen der Abbuchung schriftlich zu widersprechen. Das Geldinstitut schreibt dann den abgebuchten Betrag wieder dem Konto gut. Der Widerruf einer Lastschrift muss **unverzüglich,** spätestens aber **acht Wochen** nach der Kontobelastung erfolgen. Bei einer nicht oder nicht mehr bestehenden Lastschriftgenehmigung (z.B. nach einem Widerruf) beträgt der Erstattungsanspruch sogar 13 Monate.

Beispiel

Ein schriftlicher Widerspruch an die Bank könnte so aussehen: „Am 26. Mai wurde eine Lastschrift der DUBIOSA-Versicherung über 140,20 EUR zulasten meines Kontos 111 011 200 eingelöst. Da ich die Versicherung bereits vor einem halben Jahr gekündigt und meine Einzugsermächtigung zurückgenommen habe, erhebe ich ***Widerspruch*** *gegen die Abbuchung und bitte Sie, den Betrag mit der Wertstellung des Abbuchungstags wieder meinem Konto gutzuschreiben."*

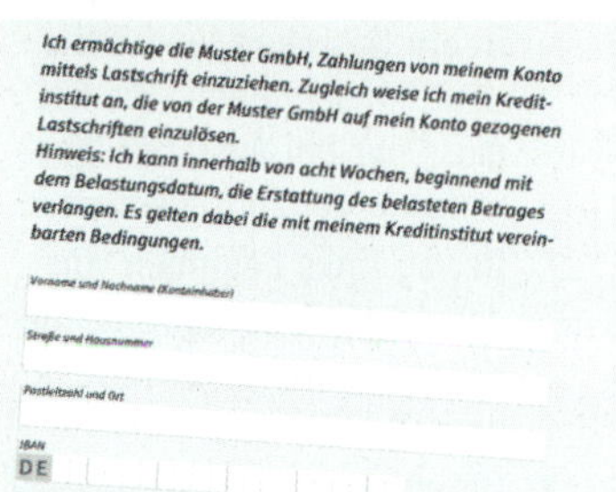
Ich ermächtige die Muster GmbH, Zahlungen von meinem Konto mittels Lastschrift einzuziehen. Zugleich weise ich mein Kreditinstitut an, die von der Muster GmbH auf mein Konto gezogenen Lastschriften einzulösen.
Hinweis: Ich kann innerhalb von acht Wochen, beginnend mit dem Belastungsdatum, die Erstattung des belasteten Betrages verlangen. Es gelten dabei die mit meinem Kreditinstitut vereinbarten Bedingungen.

Vorname und Nachname (Kontoinhaber)

Straße und Hausnummer

Postleitzahl und Ort

IBAN
DE

BIC (8 oder 11 Stellen)

48. Beispiel eines SEPA-Lastschriftmandats (auszugsweise)

Die dem Zahlungsempfänger erteilte Genehmigung zur Abbuchung kann jederzeit durch eine entsprechende Erklärung zurückgezogen werden.

- Die **SEPA-Firmen-Lastschrift** dient dem Einzug fälliger Forderungen zwischen zwei Firmen, im Vertragsverhältnis mit Verbrauchern ist diese Lastschriftform nicht zugelassen. Denn die Besonderheit ist, dass die Möglichkeit einer Rückbuchung des Abbuchungsbetrags ausgeschlossen ist. Zur Sicherheit muss jedoch das zahlungspflichtige Unternehmen vor der ersten Abbuchung seine Bank entsprechend über die Abbuchungsgenehmigung informieren.

Für den Zahlungsempfänger hat das Lastschriftverfahren allgemein den Vorteil, dass der Zahlungseingang beschleunigt wird und Mahnungen für vergessene Zahlungen entfallen. Der Zahlungspflichtige muss nicht mehr selbst an die Begleichung seiner Rechnungen denken und spart eventuelle Mahngebühren, muss aber für Kontodeckung sorgen. Außerdem sollten Anzahl und Höhe der vom Konto abgebuchten Beträge laufend überwacht werden.

1. *Beschreiben Sie die Möglichkeiten beim bargeldlosen Zahlungsverkehr.*

2. *Welche Fehler sollten Sie beim Ausfüllen eines Überweisungsformulars vermeiden?*

3. *Welcher Unterschied besteht zwischen Dauerauftrag und Einzugsermächtigung?*

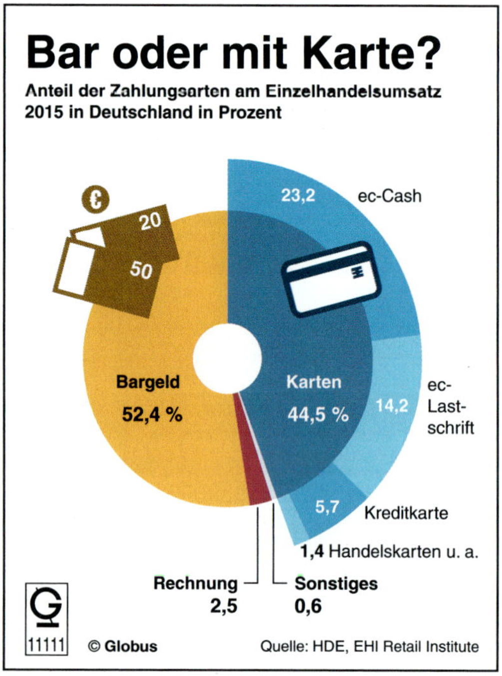

49. Zahlungsabwicklung beim Einkaufen

3.4.6 Kartenzahlung

Einen enormen Siegeszug hat die Zahlung mittels „Plastikgeld“ hinter sich. Immer mehr Kontoinhaber sind im Besitz einer Bankkarte/Girocard, viele verfügen zusätzlich noch über eine Kreditkarte oder zahlen kleinere Beträge mittels Geldkarte (vgl. Abb. 49, Seite 152).

Zahlung mit Bankkarte

Ob beim Tanken, beim Einkauf oder im Hotel, wer nicht bar bezahlen möchte, dem bietet sich fast überall im In- und Ausland die Möglichkeit zur bargeldlosen Zahlung mittels einer **Bankkarte.** Auch Bargeldabhebungen am Geldautomat der eigenen Bank oder fremden Automaten sind im Rahmen bestimmter Höchstgrenzen jederzeit möglich. Voll geschäftsfähige Girokontoinhaber und Kontobevollmächtigte können nach Prüfung der Kreditwürdigkeit (z. B. geregeltes Einkommen, positive Schufa-Anfrage, vgl. Abb. 41, Seite 145) eine mehrere Jahre gültige Bankkarte erhalten. Auf der Bankkarte ist die Bankverbindung, der Name sowie die IBAN - und Kartennummer aufgedruckt und auf dem Magnetstreifen und einem Chip gespeichert. Außerdem ist die Gültigkeitsdauer zu erkennen. Auf der Rückseite unterschreibt der Karteninhaber für die spätere Unterschriftskontrolle. Mit der Kartenübergabe wird eine vierstellige Geheimzahl mitgeteilt, kurz PIN (Persönliche Identifikationsnummer) genannt, die für die Automatennutzung und bargeldlose Zahlung notwendig ist.

Für die Zahlung mit Bankkarte gibt es zwei Möglichkeiten: das Electronic-Cash-Verfahren und das elektronische Lastschriftverfahren (ELV).

Beim **Electronic-Cash-Verfahren** (Bankkarte mit PIN-Eingabe) wird die Karte in ein Kartenterminal eingeführt und abgelesen. Vom Kassenterminal (POS - Kasse = **p**oint **o**f **s**ale, Ort des Verkaufs und der Zahlung) wird eine Verbindung zu einer zentralen Verrechnungsstelle hergestellt, die die Echtheit und Gültigkeit sowie den Verfügungsrahmen der Karte kontrolliert. Nach Eingabe und Überprüfung der Geheimzahl (PIN) wird festgestellt, ob keine Kartensperre vorliegt und die Zahlung gedeckt ist. Ist dies der Fall, wird der Betrag direkt vom Konto des Zahlenden abgebucht und dem Zahlungsempfänger gutgeschrieben. Eine Unterschrift des Zahlenden ist nicht notwendig. Der Zahlende erhält einen Quittungsbeleg und die Abbuchung erscheint später auf seinem Kontoauszug. Der Zahlungsempfänger hat bei diesem Verfahren eine **Zahlungsgarantie;** dafür berechnet die Verrechnungsstelle aber prozentuale Überprüfungsgebühren.

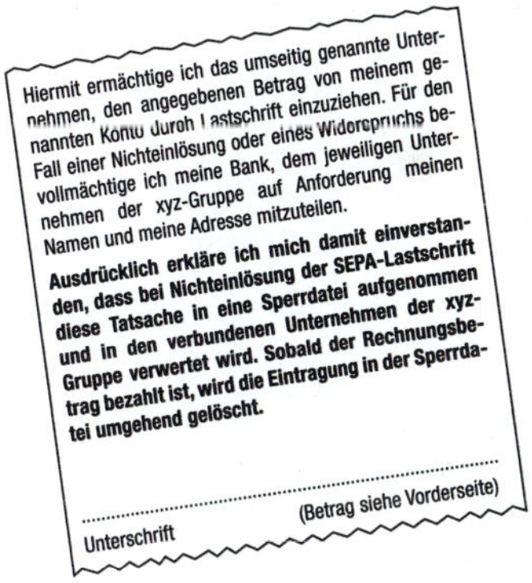
Hiermit ermächtige ich das umseitig genannte Unternehmen, den angegebenen Betrag von meinem genannten Konto durch Lastschrift einzuziehen. Für den Fall einer Nichteinlösung oder eines Widerspruchs bevollmächtige ich meine Bank, dem jeweiligen Unternehmen der xyz-Gruppe auf Anforderung meinen Namen und meine Adresse mitzuteilen.

Ausdrücklich erkläre ich mich damit einverstanden, dass bei Nichteinlösung der SEPA-Lastschrift diese Tatsache in eine Sperrdatei aufgenommen und in den verbundenen Unternehmen der xyz-Gruppe verwertet wird. Sobald der Rechnungsbetrag bezahlt ist, wird die Eintragung in der Sperrdatei umgehend gelöscht.

Unterschrift (Betrag siehe Vorderseite)

50. Abbuchungsermächtigung bei ELV-Zahlungen

Beim **elektronischen Lastschriftverfahren / ELV (Bankkarte mit Unterschrift)** dagegen kommt es zu keiner direkten Onlinebezahlung. Bei diesem **SEPA - Basis - Lastschriftverfahren** (vgl. Seite 152) wird die Bankkarte an der Kasse durch ein Lesegerät gezogen, das die Informationen auf dem Magnetstreifen bzw. dem Chip wie z.B. die Kontoverbindung (IBAN - und BIC - Nummern) und Gültigkeitsdauer auf einen Lastschriftbeleg überträgt. Durch die Unterschrift, die mit der auf der Bankkarte verglichen wird, ermächtigt der Karteninhaber den Zahlungsempfänger, den genannten Betrag von seinem Konto per SEPA - Lastschriftverfahren abzubuchen. Eine Bestätigung des Geldinstituts über die Kontodeckung findet also in die-

Exkurs

Umgang mit Bank- und Kreditkarten

„Die Freiheit nehm ich mir“ wirbt ein Kreditkartenunternehmen für sein Produkt. Da lassen auch Straftäter sich nicht lange bitten, denn sie kommen mit Bank- und Kreditkarten oftmals relativ leicht an fremdes Geld oder an Waren, die nicht sie bezahlen. Um Kartenmissbrauch vorzubeugen, sind einige **Sicherheitsvorschriften** zu beachten:

- Zahlungskarten sicher aufbewahren
- Geheimnummer (PIN) auswendig lernen, niemals zusammen mit der Karte aufbewahren. Auch ein Verstecken der Geheimzahl, z. B. als getarnte Telefonnummer, kann grob fahrlässig sein!
- Zahlungsbeleg nicht unachtsam wegwerfen, denn er enthält wichtige Angaben (z. B. die Kreditkartennummer)
- Darauf achten, dass Fremde das Eintippen der PIN nicht beobachten können
- Bei Verlust oder Diebstahl sofort reagieren: Unverzüglich die kontoführende Bank benachrichtigen, die Karte sperren lassen (zentrale Kartensperre 116 116, aus den Ausland 0049 voranstellen). Protokoll über den Kartenverlust anfertigen und Anzeige bei der Polizei erstatten

Die Banken und Kreditkartenunternehmen übernehmen nach Eingang der Verlustanzeige die entstehenden Schäden, vor dem Eingang haften sie nur dann, wenn nicht fahrlässig gehandelt wurde.

sem Fall nicht statt, weshalb die Einlösung der Lastschrift auch nicht garantiert ist. Trotzdem verwenden viele Firmen dieses System, weil dabei die Überprüfungsgebühren der zentralen Verrechnungsstellen gespart werden.

Als Sicherheit ermächtigt der Zahlungspflichtige seine Bank, bei Widerruf oder Nichteinlösung der Lastschrift Name und Adresse an den Zahlungsempfänger mitzuteilen (vgl. Abb. 50, Seite 153), damit dieser durch ein Mahnverfahren seinen Zahlungsanspruch durchsetzen kann. Bei Nichteinlösung der Lastschrift arbeiten größere Unternehmen (Kaufhäuser, Filialketten) mit internen Sperrdateien. Kunden, bei denen die Zahlung nicht erfolgte, werden herausgefiltert und vom ELV-System bis zur Zahlung der Rückstände ausgeschlossen.

Zahlung mit Kreditkarte

Die Kreditkarte ist ein weltweit verwendbares Zahlungsmittel, das die sichere und bequeme bargeldlose Bezahlung von Waren und Dienstleistungen bei Millionen von Vertragsunternehmen ermöglicht. Auch sind Barabhebungen an vielen Geldautomaten möglich, oft allerdings gegen hohe Gebühren. Die gewählte Kreditkartenorganisation (z. B. MasterCard, VISA) stellt nach Prüfung der Zahlungsfähigkeit des Kunden eine Kreditkarte aus, meist gegen eine Jahresgebühr. Wie bei der Bankkarte befindet sich der Name, eine Kartennummer und die Gültigkeitsdauer auf der Karte, die der Karteninhaber unterzeichnet. Die Zahlung erfolgt meist unter Einsatz der PIN oder als Abbuchungsgenehmigung unter Verwendung der Kreditkartennummer etc.

Monatlich übersendet die Kartengesellschaft dem Kunden eine Abrechnung, die eine Aufstellung der getätigten Käufe und Abhebungen enthält. Der Gesamtbetrag wird dann vom Girokonto abgebucht.

Beispiel *Die Zahnärztin Frau Dr. Rast kauft bei der Firma Foto-Blitz eine Fotoausrüstung für 600,00 EUR und zahlt mittels Kreditkarte (Zahlungsablauf vgl. Abb. 51).*

Die Vorteile der Kreditkarte gegenüber der Bankkarte liegen vor allem in ihrer weltweiten Nutzungsmöglichkeit und darin, dass die Abbuchung der Ausgaben erst zeitversetzt monatlich erfolgt, was die finanzielle Flexibilität erhöht. Teilweise sind auch kostenlose Versicherungen (z. B. Unfallversicherung) enthalten. Außerdem ist bei vielen Reservierungssystemen (z. B. Flug- oder Bahntickets, Mietwagen) oder Zahlungen im Internet eine Kreditkarte notwendig. Nachteilig für den Karteninhaber sind die oft hohen Jahresgebühren; für den Kartennehmer (z. B. Praxis, Einzelhändler) entstehen Bearbeitungsgebühren von ca. 0,3%, die vom Umsatz abgezogen werden.

Zahlung mit Geldkarte und Girogo

Auf den Bankkarten befindet sich ein Chip, auf dem ein Betrag von max. 200,00 EUR gespeichert werden kann. Dazu wird die Karte an einem Geldautomaten oder bei online - banking über einen Chipkartenleser unter Eingabe des gewünschten Betrages und der PIN-Nummer geladen, der gespeicherte Betrag wird dem Girokonto belastet. Beim Einkauf oder in der Praxis zahlt der Kunde durch Einschieben der Geldkarte in ein Bezahlterminal und bestätigt den Betrag, wodurch die Abbuchung vom gespeicherten Chipwert erfolgt. Die Eingabe einer Geheimnummer oder eine Unterschrift entfällt. Im Bezahlterminal

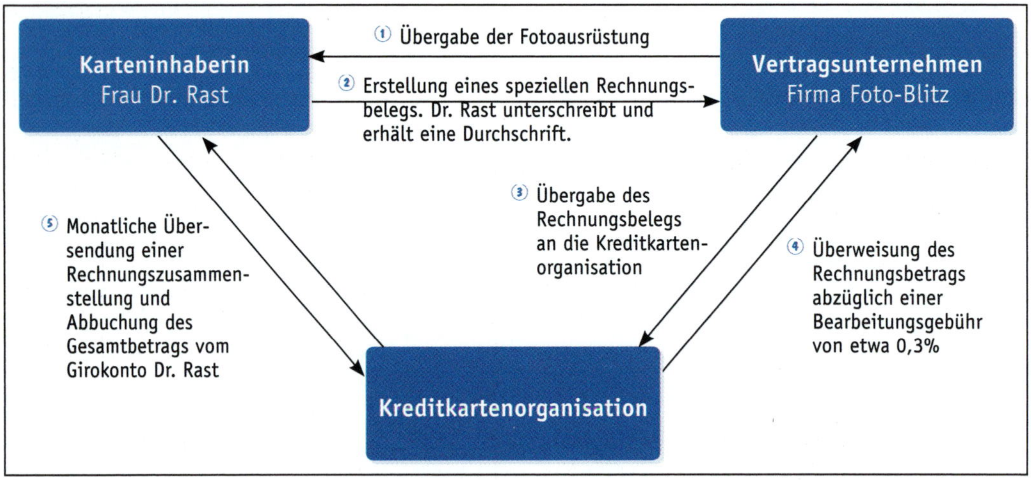

51. Ablauf bei Zahlung mit Kreditkarte

werden die Beträge gespeichert und dann als Gesamtbetrag auf das Händler-/Praxiskonto übertragen. Bei Verlust der Geldkarte wird kein Ersatz für den geladenen Betrag geleistet, denn der auf dem Chip gespeicherte Betrag kann nicht gesperrt werden. (weitere Informationen: www.geldkarte.de). Bankkarten mit dem **girogo-Zeichen** sind eine Weiterentwicklung der Geldkarte. Sie ermöglichen das Bezahlen von Kleinbeträgen durch **kontaktloses Vorbeiführen** der Karte an einem entsprechenden Bezahlterminal. Die Karte enthält einen Funkchip, über den die notwendigen Daten an das Terminal übertragen werden. Wie bei der Geldkarte muss aber vorher ein Guthaben geladen werden.

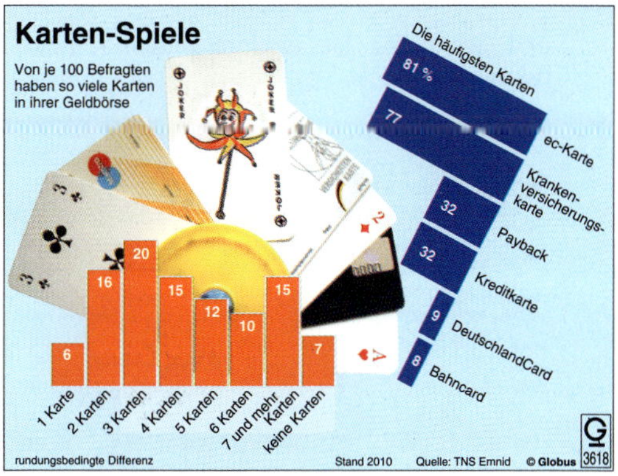

52. Bunte Kartenwelt

Fit für die Prüfung!

1. Angelika sammelt nach alter Tradition 1-Cent-Münzen zur Bezahlung ihrer Hochzeitsschuhe: Ihre Freundin Alice erklärt dazu: „Da wirst du aber bei der Bezahlung Schwierigkeiten bekommen." An welche Schwierigkeiten denkt Alice?

2. Welche Funktionen des Geldes werden bei der folgenden Schilderung angesprochen?
Nach bestandener Abschlussprüfung mit der Note „gut" erhält Camilla von ihrer ausbildenden Ärztin eine Prämie von 400,00 EUR. Dieses Geld verwendet sie wie folgt:
   a) Sie kauft sich einen Pullover für 80,00 EUR.
   b) Sie zahlt ihrer Mutter 100,00 EUR zurück, die sie sich von ihr geliehen hatte.
   c) Für ihre neue Frisur zahlt sie 90,00 EUR.
   d) Ihrem Bruder schenkt sie 50,00 EUR zu seinem 16. Geburtstag.
   e) Den Rest zahlt sie auf ihr Sparkonto ein.

3. Traudel Klein hat Kleider für 270,00 EUR ausgesucht. Nach der Bezahlung an der Kasse erklärt sie: „Die Quittung brauche ich nicht, ich habe ja mit Bargeld bezahlt und die Ware befindet sich in meinem Besitz." Welche Situationen sind denkbar, bei denen Traudel Klein eine Quittung benötigt?

4. Welche Mängel weist die abgebildete Quittung auf?

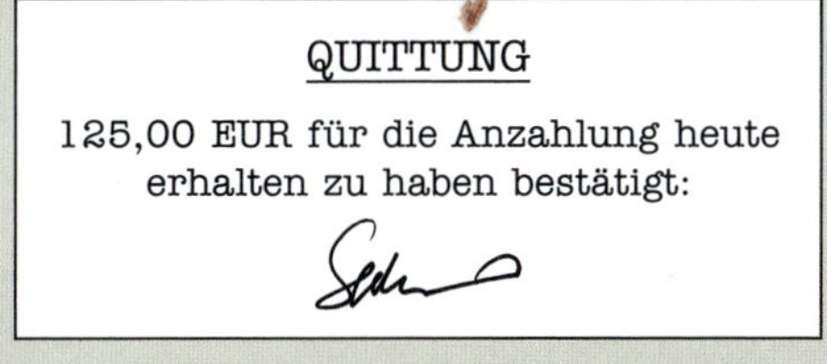
QUITTUNG

125,00 EUR für die Anzahlung heute erhalten zu haben bestätigt:

5. Nennen Sie Beispiele für Situationen, in denen die Übersendung von Bargeld durch die Post sinnvoll sein kann, und stellen Sie die Nachteile dieser Versandform dar.

6. Stellen Sie dar, was bei der Annahme von Bargeld zu beachten ist, und beschreiben Sie die Möglichkeiten der Geldprüfung.

7. Clarissa Schönborn hat ihre Ausbildung in der Praxis von Dr. Axel Schweiß begonnen. Da Dr. Schweiß die Ausbildungsvergütung überweisen möchte, bittet er Clarissa, ein Girokonto zu eröffnen. Erläutern Sie den Kontoeröffnungsvorgang und die Nutzung eines Girokontos.

8. Frau Carmen Schröder hat eine Privatliquidation über 482,75 EUR erhalten. Sie zahlt diesen Betrag bar auf das angegebene Konto des Arztes Dr. med. Finger ein. Sechs Wochen nach der Einzahlung erhält Frau Schröder eine Zahlungserinnerung des Arztes, in der er um die Begleichung seiner Rechnung bittet.
   a) Beschreiben Sie den Zahlungsvorgang bei der Verwendung eines SEPA-Zahlscheins.
   b) Was sollte Frau Schröder nach Eingang der Mahnung unternehmen?

9. Die Perserkatzen-Besitzerin Mechthild Bär kann aus Gesundheitsgründen ihre Wohnung nur schlecht verlassen. Sie ruft in der Tierarztpraxis Dr. Klauser an und bittet um Übersendung von 10 kg Diätfutter für ihre Katze. „Bitte senden Sie mir das Paket per Nachnahme zu, damit ich wegen des Geldes keine Laufereien habe", bittet Frau Bär.
   a) Welche Arbeitsvorgänge sind für die Abwicklung des Versandauftrags notwendig?
   b) Erklären Sie den Zahlungsablauf bei der Verwendung einer Nachnahme.

10. Ein Patient hat am 12. März .. zur Begleichung seiner Zahlungsverpflichtung den abgebildeten Scheck übersandt. Überprüfen Sie ihn auf Fehler

und geben Sie die entsprechenden Erläuterungen:

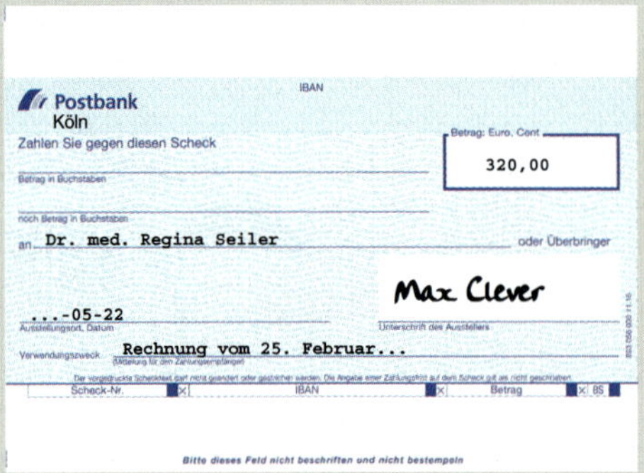
Postbank
Köln
IBAN
Zahlen Sie gegen diesen Scheck
Betrag: Euro, Cent
320,00
Betrag in Buchstaben
noch Betrag in Buchstaben
an Dr. med. Regina Seiler oder Überbringer
Max Clever
...-05-22
Ausstellungsort, Datum
Unterschrift des Ausstellers
Verwendungszweck Rechnung vom 25. Februar...
(Mitteilung für den Zahlungsempfänger)
Der vorgedruckte Schecktext darf nicht geändert oder gestrichen werden. Die Angabe einer Zahlungsfrist auf dem Scheck gilt als nicht geschrieben.
Scheck-Nr. | IBAN | Betrag | BS
Bitte dieses Feld nicht beschriften und nicht bestempeln

11. Welchen Betrag wird das Geldinstitut auszahlen und warum?

Zahlen Sie gegen diesen Scheck
Einhundertsiebenundzwanzig--------
Betrag in Buchstaben
noch Betrag in Buchstaben
DM od. EUR*
EUR
Betrag
172,00
*Bis zur Einführung des Euro (= EUR) nur DM; danach DM oder EUR.

12. An wen wird das Geldinstitut Auszahlung vornehmen und warum?

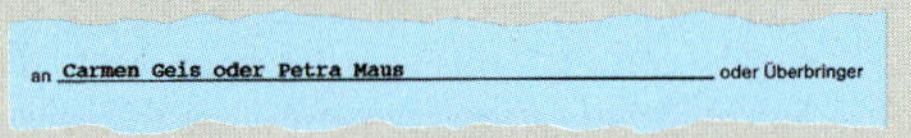
an Carmen Geis oder Petra Maus oder Überbringer

13. „Frau Schneider, haben Sie die 150,00 EUR für die Studienfahrt nach Holland dabei?", fragt der Lehrer. „Habe ich leider vergessen, aber ich schreibe Ihnen einen Scheck aus." Kurze Zeit später legt die Schülerin den abgebildeten „Scheck" vor. „Soll ich den etwa annehmen?", fragt der Lehrer erheitert. „Aber sicher. Er erhält doch alle Bestandteile, wie wir es bei Ihnen gelernt haben", erwidert Frau Schneider.

„Erstens stimmt das nicht ganz und zweitens könnte ich trotzdem nichts damit anfangen", beendet der Lehrer das Gespräch.

> An meine Bank in Berlin:
>
> Zahlen Sie gegen diesen Beleg einen Betrag von 150,00 EUR an meinen Lehrer aus.
>
> Meine IBAN ist DE22508500003246789322903
>
> 4. Oktober .. A. Schneider

a) Welche Bestandteile muss ein Scheck enthalten, welche fehlen auf dem abgebildeten „Scheck"?

b) Wozu dienen kaufmännische Scheckbestandteile? Stellen Sie an zwei Beispielen die Bedeutung der kaufmännischen Bestandteile dar.

c) Warum lehnt der Lehrer die Annahme des Schecks ab, selbst wenn alle vorgeschriebenen Bestandteile vorhanden wären?

14. Ein in der Praxis ausgeschriebener Scheck trägt als Ausstellungsdatum den 7. November ..

a) Bis zu welchem Datum sollte der Scheck eingelöst werden?

b) Welche Folgen kann eine verspätete Vorlage bei der Bank haben?

15. Violetta soll für ihre Großmutter 300,00 EUR bei der Bank holen. Sie erhält einen unterschriebenen Barscheck. Mit dem Fahrrad macht sie sich auf den Weg zur Bank, trifft aber unterwegs ihre Freundin Carla und geht mit ihr einen Kaffee trinken. Als sie wieder aufbrechen will, stellt sie fest, dass der Scheck nicht mehr da ist. Was sollte Violetta jetzt unternehmen?

16. Für die Behandlung seines Hundes hat Herr Brauer in der Tierarztpraxis einen Verrechnungsscheck über 170,00 EUR ausgestellt. Die Tiermedizinische Fachangestellte bittet die Auszubildende, den Vermerk „Nur zur Verrechnung" auf dem Scheck durchzustreichen und das Geld bar bei der angegebenen Bank in der Stadt abzuheben.

a) Wie würden Sie als Auszubildende auf diese Bitte reagieren?

b) Beschreiben Sie den Zahlungsvorgang bei der Einlösung eines Verrechnungsschecks.

17. Marion Erdling erhält von ihrem ausbildenden Arzt einen Barscheck über 850,00 EUR mit der Bemerkung: „Schicken Sie den mal an die Firma Bauer zur Begleichung der letzten Rechnung." Wie wickelt Marion den Zahlungsvorgang ordnungsgemäß ab?

18. Welche Überweisungsform schlagen Sie bei den folgenden Beispielen vor:

a) Monatliche Zahlung an eine Bausparkasse: 50,00 EUR

b) Versicherungsbeitrag Kfz-Versicherung: Jahresbeitrag derzeit 383,00 EUR

c) Monatsmiete für die Wohnung: 450,00 EUR

d) Telefongebühren April: 35,24 EUR

e) Rechnung Fa. Schön für Pkw-Inspektion: 320,00 EUR

19. Empört berichtet Luisa ihrer Freundin: „Obwohl ich die Mitgliedschaft im Automobilclub rechtzeitig gekündigt habe, wurde nochmals ein Jahresbeitrag von meinem Konto abgebucht. Das Geld ist weg – nie mehr erteile ich eine Abbuchungsgenehmigung!" Die Freundin beruhigt Luisa: „Die Sache ist ganz klar. Du musst nur ..." Was muss Luisa in diesem Fall tun?

20. In diesem Sommer möchte Silvana Conti eine Rundreise durch Südfrankreich unternehmen. Sie sucht ein sicheres und bequemes Zahlungsmittel. Welche Empfehlung können Sie ihr geben?

21. Marianne kann sich schlecht Zahlen merken, sie notiert sich die PIN für ihre Bankkarte in ihr Telefonverzeichnis. Ihre Freundin Carola erklärt dazu: „Das würde ich nicht machen, weil ..."

a) Vervollständigen Sie den Satz von Carola mit einer entsprechenden Begründung.

b) Im Zusammenhang mit der Verwendung der Bankkarte ist vom Electronic - Cash - und ELV-Verfahren die Rede. Erläutern Sie den Unterschied.

c) Marianne möchte auf Onlinebanking über Internet umsteigen. Erklären Sie, wie die Zahlungsabwicklung dann stattfindet und welche Vor- oder Nachteile diese Art der Kontoführung hat. Holen Sie dazu auch Informationen von verschiedenen Kreditinstituten ein und stellen Sie diese dar.

22. Die Tierarztpraxis Dr. Kleinvogel hat besonders an Operationstagen einen recht hohen Kassenbestand. Der Aufwand bei Barzahlung ist außerdem erheblich. Dr. Kleinvogel überlegt, ob er die Bezahlung mittels Bankkarte und/oder Kreditkarte einführen soll.

a) Beschreiben Sie den Zahlungsablauf beim Einsatz der Kartenzahlung.

b) Stellen Sie Vor- und Nachteile der bargeldlosen Kartenzahlung zusammen.

c) Beschreiben Sie die Vorteile der bargeldlosen Kartenzahlung gegenüber der Barzahlung. Was verbessert sich dadurch?

d) Entwerfen Sie eine Kurzinformation für die Klienten der Tierarztpraxis, in der diesen die Zahlungsumstellung erläutert wird und sie geschickt darauf gelenkt werden, zukünftig bargeldlos zu zahlen.

3.4.7 Rechnungserstellung

Ärztliche bzw. zahnärztliche Leistungen werden bei Mitgliedern der gesetzlichen Krankenversicherung nicht direkt mit dem Patienten abgerechnet. Der behandelnde Arzt rechnet vielmehr auf der Grundlage einer Gebührenordnung mit der Kassenärztlichen/Kassenzahnärztlichen Vereinigung die Behandlung ab. Bei Privatpatienten bzw. tierärztlichen Klienten werden die erbrachten Leistungen dagegen detailliert auf einer ärztlichen/tierärztlichen Rechnung (Liquidation) erfasst und dem Patienten bzw. Klienten direkt in Rechnung gestellt. Dieser zahlt den Abrechnungsbetrag dann selbst und reicht die Liquidation gegebenenfalls bei seiner privaten Krankenversicherung (oder Tierkrankenversicherung, vgl. Exkurs, Seite 48) zur Erstattung ein. Die Besonderheit dieser Rechnungserstellung ist, dass sie aufgrund einer gesonderten **Gebührenordnung** erfolgt. Grundlage ist dabei

- im ärztlichen Bereich die Gebührenordnung für Ärzte (GOÄ, § 12),
- im zahnärztlichen Bereich die Gebührenordnung für Zahnärzte (GOZ, § 10),
- im tierärztlichen Bereich die Gebührenordnung für Tierärzte (GOT, § 6).

Die Vergütung für die ärztliche Leistung wird erst durch Übersendung einer ordnungsgemäßen Rechnung fällig, welche die inhaltlichen Anforderungen der Gebührenordnung erfüllen muss. Neben dem jeweiligen Behandlungsdatum müssen die entsprechende Abrechnungsnummer, die genaue Bezeichnung der berechneten Leistung, der hierfür angesetzte Betrag und der Steigerungssatz angegeben werden (vgl. Abb. 55, Seite 158). Durch den **Steigerungssatz** hat der Arzt die Möglichkeit, den einfachen Gebührensatz je nach Schwierigkeitsgrad und Zeitaufwand in einem bestimmten Rahmen zu erhöhen. Überschreitet der Gebührensatz dadurch einen festgelegten Schwellenwert, so muss der Arzt den Grund für die erhöhte Gebührenberechnung besonders erläutern (z. B. besonders schwierige Behandlung oder erhöhter Zeitaufwand). Auch für den gesonderten Ansatz von z. B. Wegegeld oder Auslagen sieht die Gebührenordnung Sonderregelungen vor (vgl. Abb. 53 und 54, Seite 158).

Neben diesen besonderen Angaben bei der Abrechnung ärztlicher Leistungen sollte die Rechnung noch weitere kaufmännische Bestandteile enthalten sowie – insbesondere bei der Berechnung von Umsatzsteuer, z. B. bei Gutachtenabrechnung oder tierärztlichen Rechnungen gesetzlichen Vorgaben entsprechen. Dies sind u. a.

- der vollständige Name sowie die Anschrift des abrechnenden Arztes und des Rechnungsempfängers,
- das Ausstellungsdatum der Rechnung,
- eine fortlaufende Rechnungsnummer,
- bei Umsatzsteuerberechnung die vom Finanzamt erteilte Steuernummer sowie Steuersatz und Steuerbetrag.

Durch die Angabe einer Zahlungsfrist und der Bankverbindung kann der Zahlungseingang beschleunigt werden. Bei Überschreitung einer solchen Zahlungsfrist befindet sich der Zahlungspflichtige automatisch in Verzug (vgl. Kapitel 3.3.3, Seite 131).

Beispiel

„Wir bitten um Überweisung des Rechnungsbetrages bis zum 23.04. unter Angabe der obigen Rechnungsnummer auf unser Bankkonto bei der Deutschen Apotheker- und Ärztebank, IBAN: DE98 5089 0643 0104 5387 23

§ 12
Fälligkeit und Abrechnung der Vergütung; Rechnung

(1) Die Vergütung wird fällig, wenn dem Zahlungspflichtigen eine dieser Verordnung entsprechende Rechnung erteilt worden ist.

(2) Die Rechnung muss insbesondere enthalten

1. das Datum der Erbringung der Leistung,
2. bei Gebühren die Nummer und die Bezeichnung der einzelnen berechneten Leistung einschließlich einer in der Leistungsbeschreibung gegebenenfalls genannten Mindestdauer sowie den jeweiligen Betrag und den Steigerungssatz,
3. bei Gebühren für vollstationäre, teilstationäre sowie vor- und nachstationäre privatärztliche Leistungen zusätzlich den Minderungsbetrag nach § 6a,
4. bei Entschädigungen nach den §§ 7 bis 9 den Betrag, die Art der Entschädigung und die Berechnung,
5. bei Ersatz von Auslagen nach § 10 den Betrag und die Art der Auslage; übersteigt der Betrag der einzelnen Auslage 25,56 EUR, ist der Beleg oder ein sonstiger Nachweis beizufügen.

53. Auszug aus der GOÄ (Arztabrechnung)

§ 10
Fälligkeit und Abrechnung der Vergütung; Rechnung

(1) Die Vergütung wird fällig, wenn dem Zahlungspflichtigen eine dieser Verordnung entsprechende Rechnung erteilt worden ist.

(2) Die Rechnung muss insbesondere enthalten

1. das Datum der Erbringung der Leistung,
2. bei Gebühren die Nummer und die Bezeichnung der einzelnen berechneten Leistung einschließlich einer verständlichen Bezeichnung des behandelten Zahnes sowie den jeweiligen Betrag und den Steigerungssatz,
3. bei Gebühren für stationäre privatzahnärztliche Leistungen zusätzlich den Minderungsbetrag nach § 7,
4. bei Wegegeld nach § 8 den Betrag und die Berechnung,
5. bei Ersatz von Auslagen nach § 9 den Betrag und die Art der einzelnen Auslage sowie Bezeichnung, Gewicht und Tagespreis verwendeter Legierungen,
6. bei nach dem Gebührenverzeichnis gesondert berechnungsfähigen Kosten Art, Menge und Preis verwendeter Materialien.

54. Auszug aus der GOZ (Zahnarztabrechnung)

Hautarztpraxis Dr. med. Werner Schrader
Facharzt für Haut- und Geschlechtskrankheiten
Allergologie – Umweltmedizin
Seilerring 108–110, 60331 Frankfurt am Main
Tel. 069 86895523

Frau
Gerda Hesselbach
Goetheallee 6
60345 Frankfurt am Main

Bitte bei Bezahlung angeben:
Rechnungsnummer: 16412
Rechnungsdatum: 14.11.20..

LIQUIDATION

Für ärztliche Leistungen erlaube ich mir gemäß unten stehender Aufstellung zu berechnen:

Rechnungsbetrag: 77,78 EUR

Diagnose: Akne papulopustulosa, Akne comedonica

Datum	GOÄ-Nr.	Leistung	Faktor	Betrag EUR
07.11...	743	Schleifen oder Peeling der Haut	2,3	10,05
	741	Verschorfung mit heißer Luft oder heißen Dämpfen, je Sitzung	2,3	10,19
	758	Sticheln oder Öffnen und Ausquetschen von Aknepusteln, je Sitzung	2,3	10,05
	209	Auftragen von Externa (Salbe, Lösung, Lotion) auf einer Körperregion	2,3	20,10
		Auslagen für Material		17,20
	748	Hautdrainage	2,3	10,19
			Summe:	**77,78**

Ich bitte um Überweisung des Rechnungsbetrags innerhalb von 30 Tagen auf folgende Bankverbindung:
Postbank Frankfurt IBAN: DE23 5001 0060 0337 6668 50 BIC: PBNKDEFF

55. Beispiel für eine ärztliche Liquidation

Eine Rechnungsübersendung kann grundsätzlich nach jeder erbrachten ärztlichen Leistung erfolgen, ein Behandlungserfolg bzw. das Behandlungsende muss dabei nicht unbedingt abgewartet werden. Um einen falschen Eindruck bei Patienten zu vermeiden („Dem Doktor scheint es aber finanziell schlecht zu gehen, weil er mir gleich die Rechnung schickt."), sollte jedoch ein gewisser zeitlicher Rahmen eingehalten werden. Die Liquidation wird deshalb oft am Behandlungs- oder Quartalsende versandt.

Besonderheiten bei der tierärztlichen Abrechnung

Der Tierarzt rechnet fast immer direkt mit dem Tierbesitzer/Klienten ab. Die tierärztliche Liquidation erfolgt dabei gemäß der Gebührenordnung für Tierärzte/GOT (1- bis 3-facher Gebührensatz ist je nach den Umständen des Einzelfalles möglich) und sollte mindestens enthalten (vgl. Abb. 57, Seite 159): Datum der Leistungserbringung, Tierart, Diagnose, berechnete Leistung, Rechnungsbetrag zuzüglich Umsatz-/Mehrwertsteuer. Daneben können zusätzlich in der Rechnung ausgewiesen und abgerechnet werden:

- Wegegeld bei eigenem Fahrzeug oder Reiseentschädigung bei öffentlichen Verkehrsmitteln
- Entgelte für Arzneimittel gemäß der Arzneimittelpreisverordnung
- Barauslagen, z. B. für fremde Laborkosten, Porto
- Verbrauchsmaterial, z. B. Einmalspritzen, Nahtmaterial

Die abgerechnete tierärztliche Leistung kann pauschal angegeben werden. Insbesondere bei Leistungen in geringem Umfang in Verbindung mit direkter Barzahlung ist dies üblich.

Beispiel

Zahnsteinentfernung bei Hund Schlaffi: 89,59 EUR inkl. 19 % MWSt.

Auf Verlangen des Tierbesitzers muss jedoch die Leistung entsprechend den Einzelpositionen der Gebührenordnung aufgeschlüsselt werden. Bei größeren Rechnungen empfiehlt es sich, dies grundsätzlich so zu handhaben und die einzelnen Leistungen mit GOT-Nummer, Steigerungssatz und Einzelbetrag aufzulisten sowie die zusätzlichen Kosten detailliert aufgegliedert anzugeben. Für den Tierhalter wird der Rechnungsbetrag dadurch durchschaubarer, Rückfragen und Auseinandersetzungen bezüglich der Höhe des Gesamtbetrags sind seltener. Außerdem entspricht diese Rechnung den inhaltlichen Anforderungen, die bei einer evtl. späteren gerichtlichen Geltendmachung der Forderung vorausgesetzt werden.

1. *Was versteht man unter einem „Steigerungssatz"?*
2. *Stellen Sie fest, zu welchem Zeitpunkt in Ihrer Ausbildungspraxis die Liquidationen abgeschickt werden und warum dies so vorgenommen wird.*
3. *Welche Besonderheiten können bei der tierärztlichen Abrechnung berücksichtigt werden?*

Exkurs

Die Berechnung der Umsatzsteuer (Mehrwertsteuer) im Gesundheitsbereich

Während Gesundheitsleistungen (z. B. Arzt- oder Zahnarztbehandlungen) bis auf wenige Ausnahmen mehrwertsteuerfrei sind, muss bei Medikamenten und tierärztlichen Leistungen die 19 %ige Umsatzsteuer (USt.) berechnet werden. Ausnahme: Beim Verkauf von Tiernahrung durch die Tierarztpraxis sind nur 7 % USt. anzusetzen.

Der Tierarzt sammelt die vereinnahmte Umsatzsteuer und teilt dem Finanzamt meist vierteljährlich den Gesamtbetrag mit. Umsatzsteuer, die der Tierarzt selbst gezahlt hat (z. B. beim Kauf von Praxis-/Büromaterial oder beim Einkauf von Tiernahrung), kann er von den selbst vereinnahmten Mehrwertsteuerbeträgen abziehen (Vorsteuerabzug). Die Differenz zwischen der vereinnahmten Umsatzsteuer und der selbst gezahlten Umsatzsteuer (Vorsteuer) muss der Tierarzt dann an das Finanzamt abführen. Der zu zahlende Betrag wird als Zahllast bezeichnet.

Beispiel:

in Rechnung gestellte Umsatzsteuer 1. Quartal	6 000,00 EUR
selbst gezahlte Umsatzsteuer 1. Quartal	1 500,00 EUR
tatsächliche Umsatzsteuerschuld (Zahllast) =	4 500,00 EUR

§ 6
Gebühren- und Rechnungsbestandteile

(1) Die allgemeinen Praxiskosten und die durch die Anwendung von tierärztlichen Instrumenten und Apparaturen entstehenden Kosten werden mit den Gebühren abgegolten, soweit nicht etwas anderes bestimmt ist.

(2) Neben den Gebühren für Grundleistungen, besondere Leistungen und Leistungen nach Organsystemen können die Tierärzte nur Entschädigungen, Barauslagen, Entgelte für Arzneimittel sowie für verbrauchtes oder abgegebenes Material berechnen.

(3) Die Rechnung soll mindestens enthalten:
1. das Datum der Erbringung der Leistung;
2. die Tierart, für die die Leistung erbracht worden ist;
3. die Diagnose;
4. die berechnete Leistung;
5. den Rechnungsbetrag;
6. die Umsatzsteuer.

Entschädigungen, Barauslagen, Entgelte für Arzneimittel und verbrauchtes oder abgegebenes Material nach Absatz 2 sowie Wegegelder sind, soweit sie nicht in den Gebührensätzen des Gebührenverzeichnisses enthalten sind, gesondert auszuweisen. Im Übrigen ist die Rechnung auf Verlangen des Zahlungspflichtigen aufzugliedern.

57. Auszug aus GOT (Tierarztabrechnung)

56. Tierärztliche Abrechnung möglich?

3.4.8 Abrechnung individueller Gesundheitsleistungen (IGeL)

Nicht immer werden von den Patienten gewünschte und ärztlich empfehlenswerte Leistungen von den gesetzlichen Krankenkassen übernommen. Die Krankenversicherungen bzw. die Beihilfe bei Beamten übernehmen nur die Kosten medizinisch notwendiger Leistungen. Dabei muss es sich u. a. um wissenschaftlich anerkannte Vorsorge-, Untersuchungs- oder Behandlungsmethoden bzw. Arzneimittel handeln. Eine darüber hinausgehende gewünschte ärztliche Versorgung unterliegt nicht der Leistungspflicht der Krankenkassen und kann daher nur im Rahmen einer Privatbehandlung mit dem Patienten direkt aufgrund einer Privatliquidation abgerechnet werden.

Diagnose- und Behandlungsmethoden, die nicht Bestandteil der gesetzlichen Krankenversicherung sind, die aber im Einzelfall für den Patienten sinnvoll oder nützlich sein können bzw. die aufgrund eines geäußerten Patientenwunsches ärztlich vertretbar sind, werden unter dem Sammelbegriff **IGeL** (**I**ndividuelle **Ge**sundheits**l**eistungen) zusammengefasst. Dieser IGeL-Katalog (vgl. Abb. 59) umfasst mittlerweile rund 300 Zusatzleistungen. Dem Patienten bietet sich so die Möglichkeit, zusätzliche ärztliche Leistungen nach seinen speziellen Bedürfnissen zu erhalten. Für die Praxis ist die Erbringung einer solchen Leistung eine zusätzliche Einnahmequelle. Allerdings dürfen IGeL laut ärztlicher Gebührenordnung (§1 Abs. 2 GOÄ) nur auf Verlangen des Patienten angeboten werden. In der Praxis sprechen deshalb viele Ärzte die Patienten nicht direkt an, sondern informieren sie über Aushänge, Plakate oder Broschüren.

Jetzt NEU Jetzt NEU Jetzt NEU Jetzt NEU

Unsere Praxis bietet an:
Gestalten Sie Ihre Wartezeit angenehmer – wählen Sie eine Wartezimmer-Leistung!!
Bitte **kreuzen Sie an** (in Klammern: Zuzahlung):
Wartezimmerplatz mit ...

Neuen Zeitschriften	(1,00 EUR)	❑
Alten Zeitschriften	(0,50 EUR)	❑
Kochzeitschriften	(1,00 EUR)	❑
Frauenzeitschriften	(1,50 EUR)	❑
Musik (Kopfhörer)	(1,00 EUR)	❑
Espresso	(1,50 EUR)	❑
Milchkaffee	(2,50 EUR)	❑
Schwarztee	(2,00 EUR)	❑
Kräutertee	(2,00 EUR)	❑
Orangensaft	(2,50 EUR)	❑
Persönliche Abholung	(1,00 EUR)	❑

Jetzt NEU Jetzt NEU Jetzt NEU Jetzt NEU

58. Auch IGeL?

Individuelle Gesundheitsleistungen (IGeL) (Auszug aus dem Leistungskatalog)

1. **Vorsorge-Untersuchungen**
   - Fachbezogene Gesundheitsuntersuchung auf Wunsch des Patienten („Facharzt-Check“)
   - Umfassende ambulante Vorsorge-Untersuchung („General-Check“)
2. **Freizeit, Urlaub, Sport, Beruf**
   - Reisemedizinische Beratungen und Impfungen
   - Sportmedizinischer Fitness-Test
   - Eignungsuntersuchungen (z.B. beim Tauchsport)
3. **Medizinisch-kosmetische Leistungen**
   - Ästhetische Operationen, z. B. Nasen- Lid- oder Brustkorrektur
   - Entfernung von Tätowierungen
4. **Umweltmedizin**
   - Umweltmedizinische Wohnraumbegehung oder Schadstoffmessung
5. **Psychotherapeutische Angebote**
   - Selbstbehauptungstraining
   - Stressbewältigungstraining
   - Verhaltenstherapie bei Flugangst
6. **Alternative Heilverfahren**
   - Akupunktur, z. B. zur Allergiebehandlung
7. **Ärztliche Serviceleistungen**
   - Raucherentwöhnung
   - Gruppenbehandlung bei Adipositas
8. **Labordiagnostische Wunschleistungen**
   - Blutgruppenbestimmung auf Wunsch
   - Zusatzdiagnostik bei Schwangerschaft
9. **Sonstige Wunschleistungen**
   - Injektion, z. B. von Vitamin- und Aufbaupräparaten
   - Vorhautbeschneidung ohne medizinische Indikation
10. **Neuartige Untersuchungs- und Behandlungsverfahren**
    - Bright-Light-Therapie der saisonalen Depression
    - Apparative Schlafprofilanalyse zur Diagnostik von Schlafstörungen

(Vgl. IGEL - Individuelle Gesundheitsleistungen [www.e-bis.de, dort IGeL aufrufen])

59. IGeL-Liste

Bei den IGeL kann man folgende **Hauptgruppen** unterscheiden:

- **Medizinische Leistungen**, die im Einzelfall eine sinnvolle Maßnahme darstellen, von der Krankenkasse jedoch nicht übernommen werden. Hierunter fallen z. B. sportmedizinische Beratung und Untersuchung, Beratung und Impfung vor Fernreisen, Berufseingangsuntersuchung oder Eignungsuntersuchungen wie z. B. für die Ausübung des Tauchsports.
- **Vorsorgeuntersuchungen**, die im Leistungskatalog der Kassen nicht enthalten sind, z. B. zusätzliche jährliche Gesundheitsuntersuchungen (Intervall check), sonografischer Check-up der inneren Organe, Prostatauntersuchungen mittels PSA-Bestimmung.
- **Medizinisch-kosmetische Leistungen**, für die keine akute Notwendigkeit besteht, wie z. B. ästhetische Operationen (Facelift, Brustkorrektur u. a.), Beseitigung von Besenreiser-Varizen, Entfernung von Tätowierungen.
- **Bisher nicht anerkannte Behandlungsverfahren**, bei denen ein medizinischer Nutzen nicht konkret nachgewiesen ist. Hierbei handelt es sich z. B. um bestimmte Akupunkturbehandlungen, Ozon-Therapie oder Eigenblutbehandlungen zur Stärkung der Immunabwehr.
- **Sonstige ärztliche Serviceleistungen** wie z. B. Ausstellung von Bescheinigungen für den Besuch des Kindergartens oder der Schule, Diätberatung ohne Vorliegen einer Krankheit oder Raucherentwöhnung.

Die Inanspruchnahme von IGeL basiert auf einem gesondert abzuschließenden schriftlichen **Behandlungsvertrag** zwischen Arzt und Patient. Es besteht die Verpflichtung, vor Vertragsabschluss über die Leistung ausreichend zu informieren und zu beraten. Die schriftliche Einwilligungserklärung des Patienten muss sich auf einen konkreten Einzelfall beziehen und folgende **Mindestinhalte** aufweisen (vgl. Abb. 60):

- Vereinbarte Einzelleistung mit GOÄ-Ziffer und Steigerungssatz
- Vermutliche Honorarhöhe
- Erklärung, dass die Behandlung auf eigenen Wunsch durchgeführt wird
- Bestätigung über die Aufklärung, dass die Behandlung nicht in den Leistungskatalog der Krankenkasse gehört und auch nicht mit ihr abgerechnet werden kann

Die IGeL-Kosten können sich zwar von Praxis zu Praxis unterscheiden, sie dürfen jedoch vom behandelnden Arzt nicht willkürlich festgelegt werden. Die **Vergütung** richtet sich nach der amtlichen Gebührenordnung für Ärzte (GOÄ). Neben dem einfachen oder 2,3-fachem Satz kann bei besonderer Schwierigkeit oder erhöhtem Zeitaufwand mit entsprechender Begründung auch der 3,5-fache Höchstsatz berechnet werden.

Das Angebot von IGeL hat in den letzten Jahren stark zugenommen. IGeL gelten aus der Sicht vieler Ärzte als eine der wenigen Möglichkeiten, zusätzliche Einnahmequellen zu erschließen, um Umsatzverluste auszugleichen. Es gibt aber auch kritische Stimmen, welche die Rolle des Arztes als Gesundheitsverkäufer ablehnen. Und viele Krankenkassen weisen darauf hin, dass IGeL meist überflüssig, medizinisch umstritten und manchmal sogar gesundheitlich bedenklich seien (vgl. z. B. www.aok-bv.de).

Bietet die Praxis IGeL an, dann kommen auf das **Praxispersonal** neue kommunikative Aufgaben zu. Gefragt ist eine kompetente und professionelle IGeL-Beraterin, die sich bei den Zusatzleistungen auskennt und diese glaubhaft empfehlen

Dr. med. Fritz Steinbach, Arzt für Allgemeinmedizin
Sodastraße 60, 20456 Hamburg

Patientenerklärung über die Inanspruchnahme von individuellen Gesundheitsleistungen (IGeL)

Ich, *Maria Huana, geb. 12.03.1975, Kieler Allee 128, 20435 Hamburg*, wünsche, durch den behandelnden Arzt Dr. Steinbach die folgenden Leistungen gemäß GOÄ in Anspruch zu nehmen:

Leistungen:
Malaria-Prophylaxe, Beratung, Schutzimpfung

Hierfür wird ein Honorar (2,3-facher Satz) über voraussichtlich 89,35 EUR vereinbart.
Es ist mir bekannt, dass die Krankenkasse, bei der ich versichert bin, eine im Sinne des Gesetzes ausreichende Behandlung gewährt und vertraglich sichergestellt hat. Ich wünsche dennoch die oben aufgeführten Leistungen.
Mir ist weiter bekannt, dass über die oben aufgeführten individuellen Gesundheitsleistungen privat gemäß GOÄ abgerechnet wird und der Liquidationsbetrag von mir selbst zu tragen ist.
Mir ist außerdem bekannt, dass ich gegenüber meiner gesetzlichen Krankenkasse oder Beihilfestelle keinen Erstattungsanspruch habe.

Hamburg, 29.09.20..

Dr. Steinbach	M. Huana
Unterschrift Dr. med. Steinbach	Unterschrift Frau Huana

60. IGeL-Patientenerklärung und Honorarvereinbarung

kann. Der Patient erwartet kein Vorlesen des Infomaterials, sondern Fachwissen und überzeugende Präsentation. Er will am Ende wissen, welchen speziellen Nutzen er von der Leistung hat, und von der Qualität des Angebots überzeugt sein.

1. *Fassen Sie zusammen, was man unter einer IGeL versteht.*

2. *Warum können IGeL nicht über die Krankenkassen abgerechnet werden?*

3. *Wählen Sie eine IGeL aus und erläutern Sie diese (Nutzen für den Patienten, Kosten etc.).*

3.4.9 Überwachung des Zahlungseingangs

Jede Praxis muss – genauso wie ein Wirtschaftsunternehmen – darauf achten, dass die Kosten durch die Einnahmen gedeckt werden und Möglichkeiten für zukünftige Investitionen (z. B. moderne Behandlungsgeräte) geschaffen werden. Dazu ist es notwendig, dass abgerechnete Tätigkeiten des Arztes möglichst umgehend der Praxis finanziell zufließen. Die erbrachten Leistungen für Mitglieder der gesetzlichen Krankenkassen werden über die kassenärztliche bzw. kassenzahnärztliche Verrechnungsstelle abgerechnet und der Praxis gutgeschrieben. Nach Prüfung der sachlich-rechnerischen Richtigkeit und einer Wirtschaftlichkeitsprüfung verteilen die Verrechnungsstellen die Gesamtvergütung der Krankenkassen an die Praxen. Eine individuelle Überprüfung des Zahlungseingangs ist hier nicht notwendig (vgl. Abb. 61).

Anders sieht es aus bei der **Abrechnung mit Privatpatienten** oder bei der Abrechnung gesondert erbrachter Leistungen, die nicht von der gesetzlichen Krankenversicherung übernommen werden. Hier wird die Liquidation direkt dem Patienten zugestellt, der selbst dafür zu sorgen hat, dass die Zahlung an den Arzt erfolgt. Besteht eine private Krankenversicherung, reicht der Patient seine Rechnung dort ein und erhält nach Prüfung eine entsprechende Kostenerstattung. Auch Beamte erhalten eine Privatliquidation; hier zahlt die private Krankenversicherung nur einen Teil, den anderen Teil (je nach den persönlichen Verhältnissen mindestens 50 % des Liquidationsbetrags) überweist die Beihilfestelle des öffentlichen Arbeitgebers an den Patienten. Wie auch

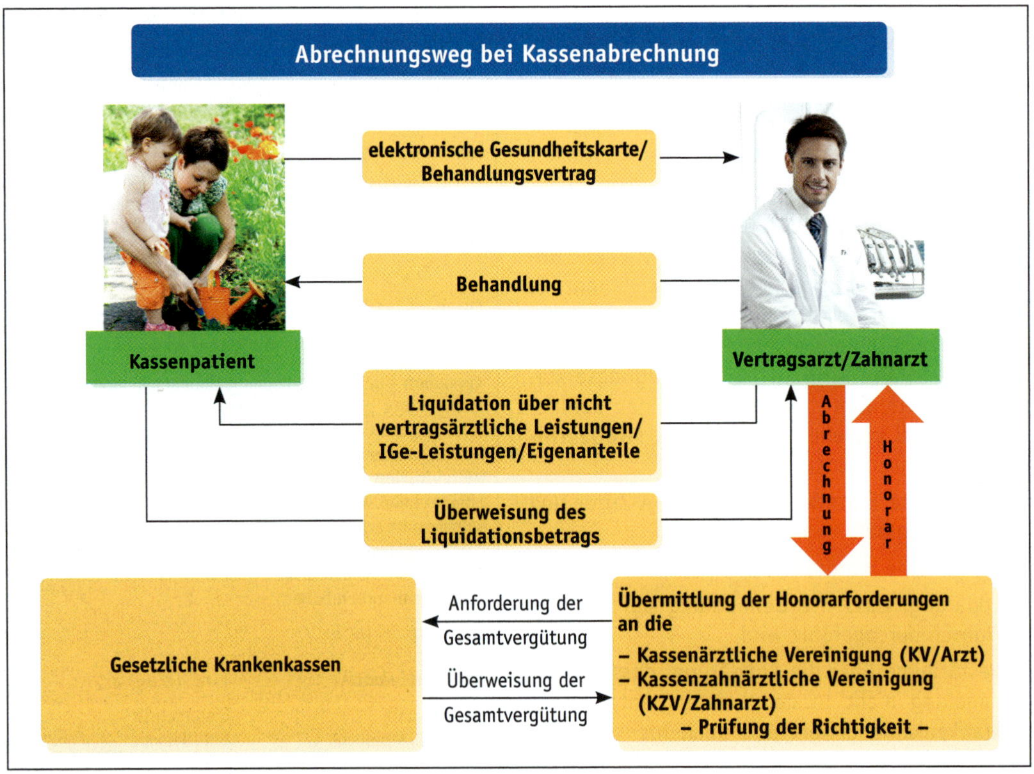

61. Kassenabrechnung

immer die Kostenerstattung durch private Versicherungen im Einzelfall geregelt ist, stets ist bei einer Privatliquidation der Patient der Zahlungspflichtige, der die Leistung des Arztes persönlich vergüten muss (vgl. Abb. 62). Dies ist gleichfalls bei allen tierärztlichen Abrechnungen mit dem Tierbesitzer/Klienten der Fall.

Ein schneller Zahlungseingang sichert die Zahlungsfähigkeit der Praxis, vermindert die Kosten für Überbrückungskredite und erspart hohe Mahnkosten. Deshalb sollte in jeder Praxis ein funktionierendes Rechnungs- und Mahnwesen vorhanden sein. Am Anfang steht immer die **Überwachung des Zahlungseingangs**. Kurzfristig muss auf eine zügige Abwicklung hingearbeitet werden, z. B. durch Angabe von Zahlungsfristen wie „Zahlbar innerhalb von 30 Tagen nach Rechnungserhalt". Ein Abzug von Skonto für vorzeitige Zahlung der Rechnung ist für ärztliche Leistungen jedoch nicht zulässig. Langfristig muss zusätzlich beachtet werden, dass ausstehende Zahlungen nach einer gewissen Zeit nicht mehr durch gerichtliche Zwangsmaßnahmen eingefordert werden können (Verjährung) und damit in der Regel verloren sind (vgl. Kapitel 3.3.5, Seite 136 ff.).

Eine erste organisatorische Maßnahme zur **Kontrolle des Zahlungseingangs** ist die Sammlung der Liquidationsdurchschriften in einem gesonderten Ordner. Oft wird die Kontrolle auch per Computer durchgeführt (Offene-Posten-Buchhaltung). Nach Rechnungserstellung wird eine Kopie in diesem Debitorenordner abgelegt. Debitoren – dieser Begriff wird von der lateinischen Bezeichnung „debet" = „er schuldet" abgeleitet – sind Rechnungsschuldner der Praxis. Die Ablage erfolgt in numerischer (nach Rechnungsnummern) oder in chronologischer (zeitlicher, datumsmäßiger) Reihenfolge. Auch eine Ablage nach dem Namen des Rechnungsschuldners (alphabetisch) ist möglich. Nach Zahlungseingang durch direkte Bezahlung in der Praxis oder Überweisung auf das Praxiskonto wird die offene Liquidation mit einem Bezahlvermerk versehen und für die weitere Bearbeitung und Verbuchung z. B. an den Steuerberater weitergereicht.

Eine einfache und kostensparende Art der Zahlungseingangskontrolle ist die **Überwachung mittels Reiter** auf den Karteikarten der Patienten. Zwar kann man sofort ersehen, welcher Patient noch eine offene Liquidation hat, Einzelheiten wie Forderungshöhe oder Zahlungsfristen sind jedoch zunächst nicht erkennbar und müssen zusätzlich festgestellt werden (z. B. durch einen Blick in den Debitorenordner). Manche

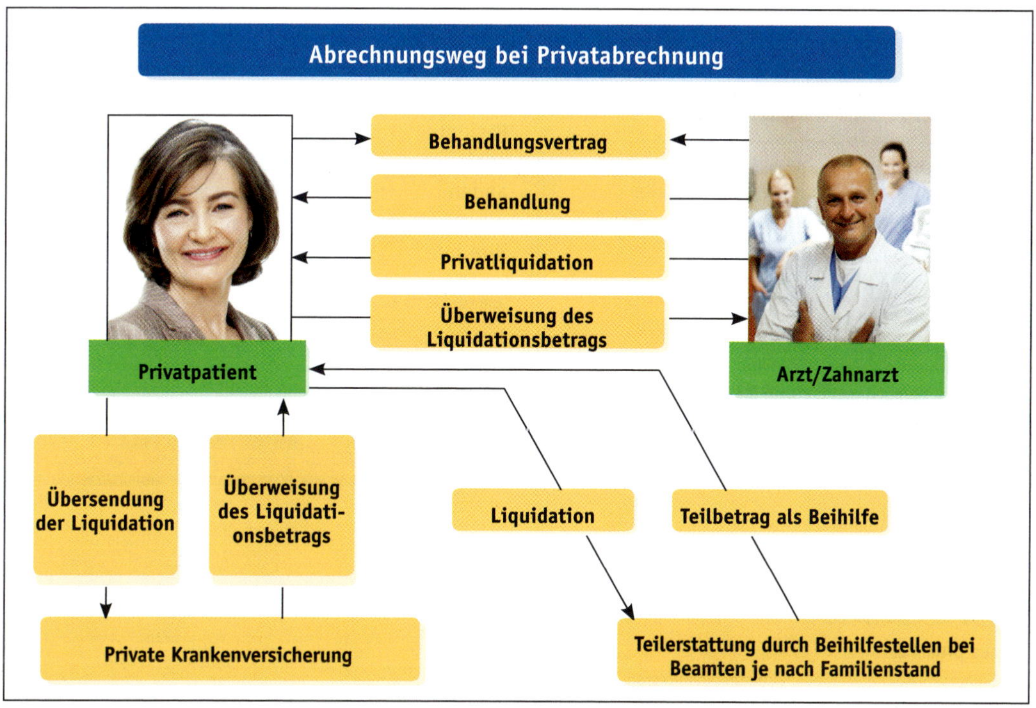

62. Privatabrechnung

Karteikarten bieten die Möglichkeit, ein handschriftliches Konto über den Patienten zu führen. In diese Kontoübersicht werden die an ihn übersandten Liquidationen mit Datum und Betrag eingetragen und Zahlungen oder Mahnungen werden entsprechend registriert. Die Reiterkontrolle bietet die Möglichkeit, bei persönlichen Vorsprachen des Patienten an die Bezahlung der noch offenen Rechnung/-en zu erinnern und so Kosten für ein schriftliches Mahnverfahren zu sparen. Unbedingt zu beachten ist die Entfernung der Reiter bei Bezahlung, weil ungerechtfertigte Zahlungsaufforderungen bei den Patienten eine überaus negative Wirkung haben können.

Etwas mehr Aufwand erfordert die Führung eines getrennten **Rechnungskontrollbuchs,** in das ausgehende Liquidationen unter einer fortlaufenden Rechnungsnummer mit Rechnungsdatum und -betrag eingetragen werden. Nach Verbuchung eingegangener Zahlungen kann man aktuell erkennen, welche Liquidationsforderungen noch ganz oder teilweise offen sind bzw. in welcher Phase sich ein evtl. Mahnverfahren befindet. Computergesteuerte Praxisverwaltungsprogramme bieten die Möglichkeit, schnell und ohne langwierige Zusatzarbeit offenstehende Liquidationen anzuzeigen. In dieser **Offene-Posten-Liste** sind ähnlich wie beim Rechnungskontrollbuch die fälligen, aber noch unbezahlten Forderungen aufgelistet und die Mahnstufe ist zu erkennen (vgl. Abb. 64).

Genehmigung der Abrechnung über eine privatärztliche Verrechnungsstelle

Hiermit erkläre ich ausdrücklich mein Einverständnis zur Weitergabe meiner erforderlichen personenbezogenen Daten an die privatärztliche Verrechnungsstelle XY zum Zwecke der Einziehung der ärztlichen Honorarforderung.

Meine Daten werden an die

Ärztliche Verrechnungsstelle XY
Ärztliche Gemeinschaftseinrichtung
Phantasieweg 3–5
66676 Musterstadt

übermittelt.
Ich bin darauf hingewiesen worden, dass diese Einwilligung freiwillig erteilt wird und sie jederzeit widerrufen werden kann.

Klaus Brummer

Klaus Brummer

63. Zustimmungserklärung zur Honorarabrechnung über eine Abrechnungsstelle

Einschaltung einer privat(zahn)ärztlichen Verrechnungsstelle

In Praxen mit einem großen Anteil an Privatpatienten oder vielen IGe-Leistungen entsteht ein hoher zusätzlicher Organisations- und Verwaltungsaufwand für die Rechnungserstellung und die Überwachung des Zahlungseingangs. Ärztliche und gewerbliche Verrechnungsstellen bieten dem Arzt die Möglichkeit, durch Übernahme dieser Tätigkeiten Organisations- und Verwaltungskosten zu sparen. Sie übernehmen die Erstellung und Versendung der Arztrechnung an den Patienten und sorgen in eigener Verantwortung und auf eigenes Risiko für die Bezahlung des Honorars. Neben der Kosteneinsparung werden der Arzt und das Praxispersonal zeitlich entlastet, was der Patientenbetreuung und damit längerfristig der Bindung an die Praxis zugutekommen kann. Für ihre Abrechnungs- und Überwachungsleistungen berechnet die Verrechnungsstelle dem Arzt eine auf die Forderungshöhe bezogene prozentuale Grund- und Bearbeitungsgebühr.

Beispiel: *Höhe der Privatliquidation 350,00 EUR, Grund- und Bearbeitungsgebühr 5,2 % = 18,20 EUR, Zahlung an die Praxis 331,80 EUR*

Ob sich eine privat organisierte Abrechnung für die Praxis rechnet oder nicht, ist abhängig von verschiedenen Faktoren, z. B. Umfang der Privatleistungen, Zahlungsverhalten der Patienten, Liquidität der Praxis und nicht zuletzt auch von der Patientenstruktur. Manchen Patienten dürfte es egal sein, von wem sie eine Liquidation erhalten, andere legen Wert auf eine persönliche Rechnungserstellung und Zahlungsabwicklung, damit ihre persönlichen Daten nicht die Praxis verlassen.

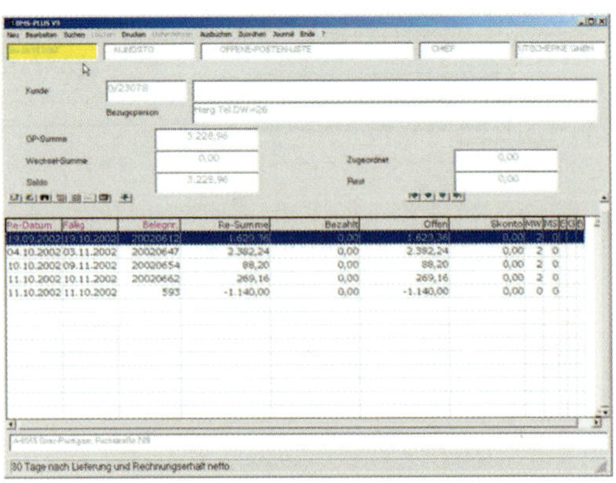

64. Darstellung einer Offene-Posten-Liste aus einem Arzt- oder Zahnarzt-Abrechnungsprogramm

Zusätzlich sind bei der Abrechnung über eine Verrechnungsstelle gesetzliche Vorschriften, z. B. über die ärztliche Schweigepflicht, zu beachten. Deren Nichteinhaltung stellt einen Verstoß gegen die ärztliche Berufsordnung dar und kann auf Antrag zudem nach § 203 Strafgesetzbuch strafrechtlich verfolgt werden. Der Arzt darf persönliche Daten über Patienten, über deren Erkrankungen und Behandlungen nicht unbefugt an Dritte weitergeben. Zur Erstellung einer Liquidation sind diese Angaben und evtl. zusätzliche Begründungen zur Höhe der Steigerungssätze aber notwendig und müssen daher an die Abrechnungsgesellschaft übermittelt werden. Eine **Einwilligung des Patienten** zur Weitergabe ärztlicher Behandlungsunterlagen an eine privatärztliche Abrechnungsstelle ist deshalb auch nach höchstrichterlicher Rechtsprechung des Bundesgerichtshofs unbedingt erforderlich, um den Arzt vor strafrechtlichen Konsequenzen und negativen finanziellen Folgen zu schützen. Der Patient muss auf diese Abrechnungsform hingewiesen werden, und seine Einwilligung hierzu sollte immer **schriftlich** vorliegen. Dies kann mithilfe eines Vordrucks geschehen, den der Patient bei seinem ersten Behandlungstermin in der Praxis unterschreibt (vgl. Abb. 63, Seite 164).

1. *Durch welche Maßnahmen kann der Zahlungseingang beschleunigt werden?*

2. *Welche Möglichkeiten zur Rechnungseingangskontrolle gibt es?*

3. *Was ist bei der Einschaltung einer Verrechnungsstelle unbedingt zu beachten?*

3.4.10 Außergerichtliches Mahnverfahren

Wird beim Erstellen einer Liquidation ein konkreter Zahlungstermin genannt oder ausdrücklich auf die Regelung des BGB bezüglich der Zahlungsfrist hingewiesen (30-Tage-Regelung, vgl. Seite 131), dann kommt der Zahlungspflichtige bei Überschreitung des Zahlungstermins automatisch in Zahlungsverzug. Ihm jetzt unmittelbar mit dem Anwalt oder einer gerichtlichen Geltendmachung der Forderung zu drohen, wäre unangemessen, denn selbst zahlungswillige Patienten/Klienten können die Bezahlung einer Liquidation unbeabsichtigt vergessen oder den Zahlungstermin übersehen haben. Deshalb wird bei einer Nichtzahlung zunächst ein abgestuftes **außergerichtliches Mahnverfahren,** auch **kaufmännisches Mahnverfahren** genannt, in Gang gesetzt. Dieses besteht aus einem Schriftwechsel mit dem Zahlungspflichtigen, der zunächst in Form einer höflichen **Zahlungserinnerung** zur Begleichung der Liquidation aufgefordert wird (vgl. Abb. 65). Eine Rechnungskopie und ein am besten bereits ausgefülltes Überweisungsformular können dem Anschreiben beigelegt werden. Kommt keine Reaktion, wird mit Nachdruck und schärfer formulierten Schreiben bis hin zur Androhung gerichtlicher Maßnahmen versucht, den Schuldner zur Zahlung zu bewegen. Die inhaltliche Gestaltung der Mahnschreiben und die Anzahl der Zahlungserinnerungen können von Praxis zu Praxis je nach der Art der Forderung oder der Patientenpersönlichkeit unterschiedlich sein. Meist wird jedoch ein **dreistufiges Mahnverfahren** gewählt. Eine Durchnummerierung der Mahnungen im Mahnschreiben, z. B. im Betreff („1. Mahnung", „2. Mahnung" usw.) ist nicht zu empfehlen, da der Zahlungsschuldner dies als Hinweis ansehen könnte, dass er auf die nachfolgende Zahlungsaufforderungen noch warten kann.

1. Mahnung

Zahlt der Patient nach Übersendung einer Zahlungserinnerung nicht, ergeht eine erste Mahnung. In ihr wird auf die Fälligkeit der Schuld hingewiesen bzw. spätestens jetzt ein konkreter Zahlungstermin genannt und nachdrücklich zur Zahlung aufgefordert.

Sehr geehrte Frau Hesselbach,

in der Hektik unserer Zeit kann es schon mal vorkommen, dass Zahlungen einfach vergessen werden. Deshalb erlaube ich mir, Sie an meine offene Liquidation vom 14.11.20.., Rechnungsnummer 16412, mit einem Gesamtbetrag von

77,78 EUR

zu erinnern. Eine Rechnungskopie lege ich für Sie bei.

Bitte überweisen Sie den offenen Betrag bis zum 22.12.20.. Einen bereits vorbereiteten Überweisungsbeleg füge ich bei.

Mit freundlichem Gruß

Dr. Schrader

Dr. med. Werner Schrader

65. Zahlungserinnerung

2. Mahnung

Der Schuldner ist nun auf jeden Fall im Zahlungsverzug. In der Mahnung wird die Zahlungsaufforderung schärfer formuliert und darauf hingewiesen, dass Verzugszinsen und Mahnkosten berechnet werden können. Ob hier schon eine konkrete Berechnung erfolgt, muss im Einzelfall entschieden werden. Bei Privatliquidationen ist eine Berechnung von Verzugszinsen in Höhe von 5 % über dem von der Europäischen Zentralbank jeweils für ein halbes Jahr festgelegten Basiszinssatz zulässig (Zinssatz über www.bundesbank.de). Höhere Zinsen können verlangt werden, wenn der Arzt selbst Zinsen, z. B. aufgrund einer Kontoüberziehung, zahlen muss.

Beispiel

Es wird ermittelt, dass der Basiszinssatz 0,5 % beträgt. Ohne Nachweis dürfen dem Schuldner Zinsen in Höhe von 5,5 % berechnet werden. Zahlt der Arzt aufgrund einer Kontoüberziehung bei seiner Bank einen Sollzinssatz von 11,75 %, dann kann er diesen Satz dem Schuldner berechnen. Allerdings muss hier ein Nachweis über die Höhe der Sollzinsen erbracht werden, z. B. über eine entsprechende Bankbescheinigung.

Mahnkosten, z. B. für Porto, Telefonkosten oder Materialaufwand, können zusätzlich berechnet werden.

3. Mahnung

Als letzte Aufforderung zur Zahlung wird dem Schuldner nun eine erneute, aber kurze Zahlungsfrist gesetzt und für den Fall ihrer Nichteinhaltung werden weitere Schritte angekündigt.

Zahnarzt holt sich Gebiss zurück

Ein Zahnarzt hat einer Patientin mitten in einem Restaurant das Gebiss weggenommen, weil die Patientin ihren Eigenanteil an der Prothese trotz mehrerer Mahnungen nicht gezahlt hatte. Der Arzt stürmte nach Aussage der Frau am Samstag von der anderen Straßenseite in das Restaurant, zog ihren Kopf nach unten und riss ihr die Prothese aus dem Mund. Nach Angaben der Polizei floh der Zahnarzt anschließend mit dem Zahnersatz. Erst nach dem Diebstahl sei es zu einem Vergleich gekommen, teilte die Polizei mit. Der Zahnarzt hat der Frau das Gebiss wiedergegeben, nachdem er das Geld erhalten hatte. Die geschockte Patientin erstattete Anzeige wegen Körperverletzung.

67. Unzulässige Forderungseintreibung

66. Letzte Mahnung?

Dies kann die Einbeziehung eines Inkassoinstituts (siehe Exkurs) oder die Einschaltung eines Rechtsanwalts sein. Ferner kann dem säumigen Patienten mit der Androhung einer Klage oder eines gerichtlichen Mahnverfahrens der Ernst der Lage vor Augen geführt werden. Ein Hinweis auf die von ihm zu übernehmenden hohen Kosten der Zwangsbeitreibung sollte nicht fehlen. Außerdem werden sämtliche bis hierher entstandene Kosten einschließlich der Hauptforderung aufgelistet.

Gleichzeitig ist auch eine telefonische Kontaktaufnahme in Betracht zu ziehen. Gemeinsam kann geklärt werden, warum bisher keine Zahlung erfolgte, und es kann nach einem Weg gesucht werden, wie die Forderung beglichen wird. Teilzahlungsmöglichkeiten, z. B. monatliche Raten oder Stundungsvorschläge, verknüpft mit einem Schuldanerkenntnis, sind hier oft Erfolg versprechend.

Führt dieses außergerichtliche Mahnverfahren nicht zum Ziel, bleibt nur die Geltendmachung der Forderung durch gerichtliche Maßnahmen (vgl. gerichtliches Mahnverfahren, Seite 134 f.).

1. *Warum wird trotz Fälligkeit einer Zahlung ein außergerichtliches Mahnverfahren durchgeführt?*
2. *Welche Vorteile hat eine telefonische Kontaktaufnahme vor dem gerichtlichen Mahnverfahren?*
3. *Welche Kosten entstehen für den Schuldner aufgrund des außergerichtlichen Mahnverfahrens?*

Exkurs

Inkassounternehmen

Vielen freiberuflich Tätigen, wie z. B. Ärzten, Zahnärzten oder Tierärzten, ist es zu lästig, Privatpatienten, die ihre Rechnungen nicht bezahlen, umfangreich mit vielen Mahnschreiben und Aufforderungen anzumahnen.

Ihnen bieten **Inkassobüros** ihre Dienste gegen eine Inkassogebühr an. Sie führen für den Gläubiger (z. B. Tierarzt) das Mahnverfahren durch, denn sie sind darauf spezialisiert, von säumigen Schuldnern Geld einzutreiben. Außerdem übernehmen sie das Mahnverfahren im Auftrag des Arztes. Der Gläubiger tritt dabei seine Forderung, die er gegen den Schuldner hat, an das Inkassobüro durch eine Vertragsvereinbarung ab. In diesem Falle erhält seinen Forderungsbetrag dann vom Inkassounternehmen sofort unter Abzug von ca. 10–30 % Vergütung. Das Inkassobüro hat damit die Forderung dem Tierarzt „abgekauft“ und übernimmt dann komplett den Forderungseinzug auf eigene Rechnung.

3.4.11 Kreditaufnahme und Kreditfinanzierung

Die üblichen Praxiskosten und die meisten privaten Geldausgaben sollten durch die laufenden Einnahmen oder vorhandenen Rücklagen gedeckt sein. Manchmal jedoch sind die Ausgaben größer als die aktuellen finanziellen Möglichkeiten, z. B. bei hohen finanziellen Außenständen oder bei größeren Anschaffungen. Dann stellt sich die Frage nach einer Kreditfinanzierung.

Nach der **Art der Verwendung** unterscheidet man:

- **Produktivkredit:** Er dient zur Finanzierung betrieblich genutzter Güter, z. B. eines Behandlungsstuhls, eines Röntgengeräts oder der sonstigen Praxiseinrichtung.
- **Konsumkredit:** Er dient zur Finanzierung privater Dinge, z. B. einer Wohnungseinrichtung, eines Pkw, einer Urlaubsreise.

Kreditvertrag

Der Begriff „Kredit“ ist abgeleitet aus den lateinischen Begriffen „creditum“ (= das Anvertraute) und „credere“ (= glauben). Der Kreditgeber vertraut dem Kreditnehmer einen Teil seines Geldes in der Hoffnung an, dass eine Rückzahlung entsprechend den vertraglichen Bedingungen vorgenommen wird. Um dieses Vertrauen nicht zu enttäuschen und um nicht selbst bei der Rückzahlung in Schwierigkeiten zu geraten, sollte man zunächst errechnen, welche monatliche Belastung tragbar ist.

Ein Kreditvertrag kann rechtsgültig nur von voll geschäftsfähigen Personen abgeschlossen werden. Kredite an Jugendliche unter 18 Jahren sind nur in Ausnahmefällen erlaubt. Die Eltern und auch das Vormundschaftsgericht müssen in diesem Fall ihre Zustimmung erteilen. Ohne diese Einwilligung ist die Kreditvereinbarung nichtig, was z. B. bedeuten kann, dass keine Zinsen gezahlt werden müssen.

Im **Bürgerlichen Gesetzbuch (BGB)** ist geregelt, dass alle Kreditverträge, die länger als drei Monate laufen und in mindestens zwei Raten zurückgezahlt werden, **schriftlich** abgeschlossen werden müssen. Der Vertrag muss Angaben über die Kreditsumme, Laufzeit, Höhe der Zinsen sowie die monatlichen Raten enthalten. Außerdem müssen der **effektive Jahreszins** (tatsächliche Verzinsung) und alle sonstigen Kosten und Gebühren angegeben werden.

Wichtig ist, dass der Kreditvertrag **innerhalb von zwei Wochen widerrufen** werden kann. Diese Frist beginnt erst dann zu laufen, wenn der Kreditnehmer

schriftlich über sein Widerrufsrecht informiert worden ist.

Alle Daten über Bankkredite werden bei der **Schufa** (Schutzgemeinschaft für allgemeine Kreditsicherung) gespeichert. Dort wird auch vermerkt, ob es bei der Rückzahlung zu Problemen oder Verzögerungen gekommen ist. In diesem Fall kann eine Ablehnung bei einem späteren Kreditantrag die Folge sein. Ist ein Kredit ordnungsgemäß zurückgezahlt, müssen die Daten bei der Schufa gelöscht werden (vgl. Seite 145).

Fallbeispiel

Nach bestandener Abschlussprüfung will Carina sich endlich ein eigenes Auto kaufen. 1 500,00 EUR hat sie bereits angespart, die restlichen 2 500,00 EUR zum Kauf eines gebrauchten Pkws will sie als Kredit aufnehmen. In ihrer Tageszeitung liest sie folgende Anzeige:

Bargeld sofort – bis 10 000,00 EUR ohne besondere Sicherheit!!

Unsere Vorteile:
- Schnelle und unbürokratische Bearbeitung
- Niedrige Gebühren und Zinsen
- Günstige Rückzahlungsraten
- Auch für Ausländer und Arbeitslose

Vertrauen Sie uns!
Wir vertrauen Ihnen!
Wir helfen weiter!
Rufen Sie noch heute an!

Carina errechnet ihre monatlich mögliche Kreditrate anhand einer „Haushaltsüberschussrechnung":

	EUR
Monatliches Nettoeinkommen	1 600,00
Miete einschließlich Nebenkosten	– 600,00
Ernährung, Kleidung, Kultur, Reisen	– 450,00
Pkw: Steuer, Versicherung, Benzin	– 250,00
Sparen, Versicherungen, Sonstiges	– 100,00
Frei verfügbarer Monatsbetrag	200,00

Unter Berücksichtigung einer Sicherheitsreserve für Unvorhergesehenes bleibt Carina ein Betrag von ca. **125,00 EUR** als monatliche Rückzahlungsrate.

Bei einer angenommenen Kreditlaufzeit von zwei Jahren könnte Carina mit diesem monatlichen Betrag einen Kredit von rund 2 500,00 EUR (= 24 Monate × ca. 125,00 EUR Rückzahlungsrate einschließlich Zinsen) finanzieren. Ob sie aber das Zeitungsangebot annimmt oder zu einer Geschäftsbank geht, sollte sie von den gesamten Kreditkosten (Zinsen, Gebühren, eventuell Versicherungsgebühren etc.) abhängig machen.

Kreditarten

Bei der Wahl einer angemessenen Kreditart müssen folgende Punkte bedacht werden:

- Laufzeit des Kredits
- Rückzahlungsvereinbarungen
- Höhe der Zinsen und Nebenkosten
- Geforderte Sicherheiten

Die im Bereich der Konsumkredite meist gewählten Kreditarten sind der **Dispokredit** (Überziehungskredit auf dem Girokonto) und der **Ratenkredit** (Anschaffungskredit).

- **Dispokredit.** Inhaber von Girokonten erhalten auf relativ einfache Weise einen Kredit, wenn auf ihrem Konto regelmäßige Eingänge (z. B. Gehalt) zu verzeichnen sind. Die Bank erlaubt dem Kontoinhaber die Überziehung des Girokontos, ohne dass jedes Mal ein besonderer Kreditvertrag ausgeschrieben oder eine vorherige Mitteilung gemacht werden muss. Meist wird eine Überziehungsmöglichkeit von **bis zu drei Monatsgehältern** eingeräumt.

  Der Dispokredit ist besonders für den **kurzfristigen** Geldbedarf die geeignete Kreditform, denn Zinsen werden nur für die jeweilige tägliche Überziehung berechnet und weitere Kosten fallen nicht an (vgl. Abb. 68, Seite 169).

  Allerdings hat diese Kreditform auch **Nachteile:**
  - Die Kreditmöglichkeit ist in ihrer Höhe auf zwei bis drei Monatsgehälter beschränkt.
  - Die Zinshöhe ist nicht für die gesamte Laufzeit festgelegt und kann sich je nach der allgemeinen Zinssituation ändern.
  - Bei Überschreitung der eingeräumten Kreditgrenze berechnen die Banken eine zusätzliche Überziehungsprovision.
  - Die Möglichkeit der problemlosen Kontoüberziehung kann zu schlecht überlegten Geldausgaben verleiten.

- **Ratenkredit.** Für die längerfristige Finanzierung größerer Anschaffungen wie Auto oder Möbel ist diese Kreditart die meistgenutzte. Bereits zu Beginn wird mit der Bank vereinbart, in welcher Zeit und zu welchem festgelegten Zinssatz das aufgenommene Geld zurückzuzahlen ist. In gleichbleibenden monatlichen Teilbeträgen wird der Ratenkredit dann abbezahlt, die Belastung ist also relativ gut überschaubar. Aber auch beim Ratenkredit ist Vorsicht geboten:
  - Von Bank zu Bank gibt es oft große Unterschiede bei der Verzinsung. Vor Vertragsabschluss sollte ein Angebotsvergleich durchgeführt und die Effektivverzinsung verglichen werden.

- Eine vorzeitige Rückzahlung ist nur eingeschränkt, mit finanziellen Verlusten, möglich.
- Für einen nur vorübergehenden Kreditbedarf ist diese Kreditart relativ teuer.
- Bei langen Laufzeiten können Rückzahlungsprobleme durch unvorhersehbare Ereignisse entstehen (z. B. bei Krankheit oder Arbeitslosigkeit).

Innerhalb von zwei Wochen nach Vertragsabschluss kann schriftlich der Rücktritt vom Kreditvertrag erklärt werden.

Kreditsicherheiten

Welche Sicherheiten die Bank für ihre Kreditgewährung verlangt, richtet sich meist nach der Darlehenshöhe. Für den **Dispokredit** reicht in der Regel ein regelmäßiger Zahlungseingang auf dem Girokonto. Beim **Ratenkredit** dient oft die mit dem Kredit gekaufte Ware als Sicherheit.

Auch Bausparverträge, Sparbücher oder Wertpapiere können als Sicherheit dienen. Verbreitet ist auch die Abtretung der zukünftigen Lohn- oder Gehaltsansprüche. Gerät der Kreditnehmer in Zahlungsrückstand, kann die Bank Teile des Gehalts pfänden lassen. Beim Kauf oder Bau von Häusern oder Eigentumswohnungen oder bei größeren An- oder Umbauten ist meist eine langfristige Finanzierung notwendig. Zu ihrer Absicherung wird im Grundbuch (dort sind beim Amtsgericht alle Grundstücke und Gebäude erfasst) eine **Hypothek** bzw. **Grundschuld** zulasten des Grundeigentums eingetragen. Zahlt der Eigentümer seine regelmäßigen Rückzahlungsraten nicht wie vereinbart, kann die Bank das Anwesen versteigern lassen und den Verkaufserlös zur Darlehensrückzahlung verwenden.

Besondere Vorsicht ist bei einer Bürgschaft angebracht, denn der sich verpflichtende Bürge (z. B. Freundin, Bekannter) haftet meist unmittelbar und oft unbegrenzt für die Schulden der Person, für die die Bürgschaft übernommen wurde.

Fallbeispiel

In finanzieller Not

Als der Facharbeiter (23) und die Verkäuferin (19) heirateten, verfügten sie über ein gemeinsames monatliches Einkommen von 2450,00 EUR. Im Bewusstsein dieser finanziellen Sicherheit nahmen sie einen Kredit über 15000,00 EUR auf. Davon bezahlten sie die Wohnungseinrichtung, die Kaution für die Wohnung und einen Gebrauchtwagen. Nach der Geburt des ersten Kindes musste die Verkäuferin ihren Beruf aufgeben. Als das Baby aus dem Gröbsten heraus war und sie wieder arbeiten gehen wollte, wurde sie unerwartet ein zweites Mal schwanger.

Der junge Vater verlor unverschuldet seinen Arbeitsplatz. Bald wurde klar, dass das Arbeitslosengeld (950,00 EUR) für die laufenden Kosten der Wohnung (550,00 EUR), den Kredit (225,00 EUR), Ernährung und Kleidung nicht ausreichte. Die Familie behalf sich mit Bestellungen bei Versandhäusern. Als der Vermieter kündigte, blieb nur noch der Weg zum Sozialamt. Fünf Jahre sind seitdem vergangen. Das Ehepaar hat jetzt noch ein drittes Kind zu versorgen. Der Facharbeiter verdient bei einem neuen Arbeitgeber 1600,00 EUR. Dazu erhält die Familie Wohngeld und in geringem Umfang ergänzende Sozialhilfe.

Die Schulden haben sich durch Zinsen und Zwangsvollstreckungsversuche auf 32000,00 EUR summiert. Allein die monatlichen Zinsen machen 163,00 EUR aus. Die Familie versucht jetzt, Kleinstbeträge an die Gläubiger zurückzuzahlen.

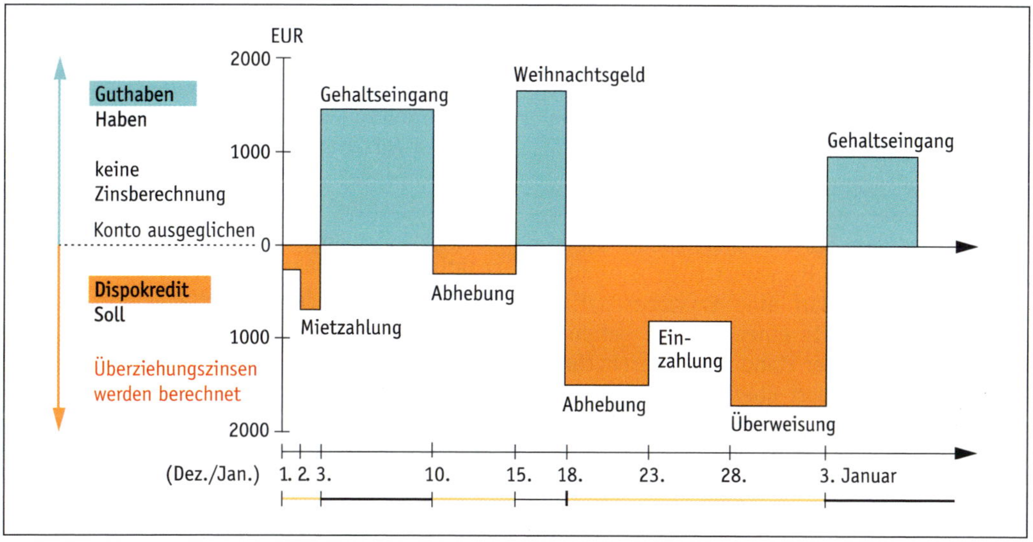

68. Zinsberechnung beim Dispokredit

Schwierigkeiten bei der Kreditrückzahlung sollten rechtzeitig mit der Bank besprochen werden. Meist ist eine Pause bei der Ratenzahlung möglich. In schwierigen Fällen helfen auch die Verbraucherberatungen und Schuldnerberatungsstellen weiter (siehe Exkurs).

1. *Welche grundsätzlichen Fragen sind bei der Auswahl eines Kredits zu beachten?*
2. *Wodurch unterscheiden sich Dispo- und Ratenkredit?*
3. *Beschreiben Sie zwei Kreditsicherheiten.*

Exkurs

Eine **Überschuldung** stellt eine außerordentliche Belastung für die ganze Familie dar, die sich nicht nur im finanziellen Bereich auswirkt, sondern ebenso durch die große psychische Belastung weitere familiäre Probleme nach sich ziehen kann. Es wäre falsch, nun einfach zu resignieren und den Dingen ihren Lauf zu lassen. Stattdessen sollten sich Überschuldete mit der Bitte um Rat und Unterstützung an diejenigen wenden, die in dieser Situation wirklich weiterhelfen können: die Schuldnerberatungsstellen ... Anlaufstellen sind z. B. die Arbeiterwohlfahrt, der Caritasverband, das Diakonische Werk sowie einige Verbraucherzentralen und gemeinnützige Vereine mit ihren angeschlossenen Beratungsstellen in den einzelnen Städten. Anlaufstellen sind u. a. auch die Sozialämter. Kommunale und regionale Beratungsstellen können bei den jeweiligen Gemeinden, Stadtverwaltungen und Sozialämtern erfragt werden ... Es besteht ein Rechtsanspruch auf kostenlose Schuldnerberatung. Beraten werden kann jeder, der hilfebedürftig ist ... Sozialpädagogen, Sozialarbeiter, Juristen, Bankkaufleute und Haushaltswissenschaftler helfen Ihnen in finanzieller Not, indem sie versuchen, die Schuldensituation in den Griff zu bekommen: Sie sprechen bei Kreditinstituten und Inkassofirmen vor und geben Hilfestellungen bei wirtschaftlichen, rechtlichen und sozialen Fragen. Darüber hinaus können Schuldnerberater Impulse zur Bewältigung der mit der Überschuldung einhergehenden vielschichtigen familiären und psychischen Probleme geben ...

(Quelle: Auszug aus „Was mache ich mit meinen Schulden?“, in: Broschüre des Bundesministeriums für Familie, Senioren, Frauen und Jugend, Bonn 1996, S. 13 ff.)

3.5 BESCHAFFUNG UND LAGERHALTUNG

3.5.1 Beschaffungsplanung

Der Arzt erbringt seine Leistung aufgrund seines persönlichen Einsatzes und dem seiner Angestellten. Um jedoch einen ungestörten Behandlungsablauf zu gewährleisten, muss zusätzlich eine materielle Ausstattung vorhanden sein. Neben der langlebigen Praxisausstattung, wie Einrichtungsgegenständen und Medizingeräten, zählt dazu insbesondere ein Vorrat an notwendigem **Verbrauchsmaterial,** auf den permanent zurückgegriffen werden kann. Der Bestand an Instrumenten, Medikamenten (insbesondere in der Tierarztpraxis, hier auch zusätzlich Futtermittel), dem notwendigen Sprechstundenbedarf bis hin zu Büromaterial und Hygieneartikeln muss überwacht und bei Bedarf eine Ersatzbeschaffung eingeleitet werden. In einer schlecht geführten Praxis kann es bei der Planung der Beschaffung, sofern eine solche dort überhaupt systematisch stattfindet, leicht zu Engpässen oder gar zu fehlendem Material kommen. Die Arbeiten müssen dann zeitlich verschoben werden, oder ein mit hohen Beschaffungskosten verbundener Noteinkauf wird notwendig.

Zur Planung einer **systematischen Vorratshaltung** ist zunächst der kurz- und mittelfristige zukünftige **Materialbedarf** an Verbrauchsmaterial zu ermitteln. Dazu müssen Überlegungen zur voraussichtlichen Entwicklung der Patientenzahl und zum Materialverbrauch angestellt werden. Grundlage können Erfahrungen der Vergangenheit (z. B. Patientenrückgang im August, Anstieg im Dezember) oder Zukunftserwartungen (z. B. Gefahr einer Grippeepidemie) sein. Die Planung muss sorgfältig durchgeführt werden, denn aufgrund von Fehleinschätzungen können sich für die Praxis negative Auswirkungen auf die Praxisorganisation und finanzielle Nachteile ergeben:

- Wurde der **Bedarf zu hoch** eingeschätzt, entstehen große Lagerbestände, die während der langen Lagerzeit Kosten verursachen und „totes Geld“ bedeuten. Je nach der Verfallszeit kann Material verderben oder überaltern und damit unbrauchbar werden.

- Wurde **zu wenig** beschafft, kann es zu Engpässen kommen, die eine überteuerte Schnellbeschaffung notwendig machen oder wegen Wartezeiten und Terminverschiebungen zur Verärgerung bei den Patienten führen. Kommt es häufiger zu Problemen, kann dies zur Patientenabwanderung beitragen.
- Bei **kurzfristiger Ersatzbeschaffung** fehlt häufig die Zeit, günstige Bezugsquellen zu ermitteln und Angebotsvergleiche zu erstellen. Zwar arbeiten die meisten Praxen oft lange Zeit mit den gleichen Lieferanten, doch sollte zumindest von Zeit zu Zeit festgestellt werden, ob mittlerweile günstigere Vergleichsanbieter vorhanden sind und sich ein Wechsel lohnt. Zumindest kann ein Angebotsvergleich (vgl. Seite 118 f.) als Grundlage herangezogen werden, um mit dem bisherigen Lieferer z. B. höhere Rabatte auszuhandeln.

Eine umfangreiche **Beschaffungsplanung** sorgt auf der einen Seite für kostengünstigen und rationellen Warenbezug, auf der anderen Seite verursacht die Planung, Überwachung und Lagerung auch Kosten. Der Praxiseinkauf sollte daher nicht nach dem Gießkannenprinzip organisiert werden, sondern es muss immer überlegt werden, für welches Beschaffungsmaterial sich der Aufwand einer genauen Planung überhaupt lohnt. Zu unwirtschaftlichem Handeln kann es immer dann kommen, wenn der Aufwand der Beschaffungsplanung höher ist als die eingesparten Kosten. Deshalb ist es insbesondere in größeren Praxen mit erheblichem Bestellumfang sinnvoll, den Anteil der Materialien am Gesamtbestellwert zu ermitteln und sich bei einer ausführlichen Materialplanung und Lagerhaltung zunächst auf die Waren zu konzentrieren, die einen hohen Jahreswert erreichen. So hat man festgestellt, dass oft nur rund 20 % der Warenmenge 80 % des Gesamtbestellwerts ausmachen. Für die anderen Materialen ist im Einzelfall zu prüfen und zu entscheiden, ob sich umfangreiche Bestellplanungen rentieren. Bei Materialien mit der geringsten Bedeutung (z. B. Büroklammern) kann der Bedarf oberflächlich ermittelt und spontan bestellt werden.

1. Was ist bei der Planung einer Vorratshaltung zu beachten?

2. Welche Folgen kann eine mangelhafte Beschaffungsplanung haben?

3. Beschreiben Sie das 20-zu-80-Prozent-Verhältnis.

Exkurs

Vorratshaltung und Verkauf von Tiernahrung in der Tierarztpraxis?

Gegen den Verkauf von Tiernahrung in den Praxisräumen wird oft argumentiert, dass die Praxis keine Futtermittelhandlung sei. Dem gegenüber steht das Argument, dass bei einer Befragung rund 70 % der Tierhalter angaben, dass sie es für sinnvoll halten würden, wenn sie insbesondere Spezialfutter (z. B. Diätfutter) in der Tierarztpraxis erstehen könnten. Der Klient ist also dankbar für eine Praxisempfehlung aufgrund entsprechender Beratung. Hier kann die kompetente Tiermedizinische Fachangestellte mit speziellen, auf das jeweilige Tier abgestimmten Produktinformationen oder einer zusätzlichen Prophylaxeberatung eine stärkere Kundenbindung erreichen und zusätzliche Umsatzergebnisse erzielen. Außerdem verhilft sie dem Tier durch die Fütterung von Produkten mit bester Qualität womöglich zu einer höheren Lebenserwartung und einer Besserung der Krankheitssymptome, was die Patientenzufriedenheit und eine positive Praxisbeurteilung verstärkt. Bei entsprechender Planung und Sortimentspflege kann bereits auf relativ geringer Stellfläche ein breites Sortiment vorgehalten werden. Entscheidend für einen Verkaufserfolg wird aber immer eine kompetente und überzeugende Beratung sein.

69. Tiernahrung in der Tierarztpraxis?

3.5.2 Beschaffung des Sprechstundenbedarfs

Einen Teil der in der Praxis eingesetzten Materialien und Arzneimittel können Vertragsärzte als Sprechstundenbedarf, je nach regionaler KV-Regelung, zulasten der gesetzlichen Krankenkassen auf einem entsprechenden Verordnungsblatt beziehen. Diese Regelung basiert auf Verträgen, die zwischen den Verbänden der gesetzlichen Krankenkassen und den Kassenärztlichen Vereinigungen (KV) auf Landesebene abgeschlossen werden (Beispiel unter www.vdak.de). Was zulasten der Krankenkasse auf deren Kosten beschafft werden darf, ist genau in einer Liste der verordnungsfähigen Mittel festgelegt (vgl. Abb. 70, Seite 172). Es handelt sich dabei um Mittel, die ihrer Art nach bei **mehr als einem Krankenversicherten** im Rahmen der ambulanten Behandlung Anwendung finden, die bei Notfällen zur Verfügung stehen müssen, oder um bestimmte Impfstoffe.

Nicht in die Beschaffung des Sprechstundenbedarfs dürfen Materialien und Arzneimittel einbezogen werden, die

- mit den abrechnungsfähigen Leistungen gemäß der Gebührenordnung abgegolten sind (z. B. Einmalspritzen),
- unter die allgemeinen Praxiskosten fallen (z. B. Geräteanschaffungen),
- nur für einen Patienten bestimmt sind und direkt verordnet werden können,
- dem Patienten gesondert in Rechnung gestellt werden müssen (z. B. Impfungen bei privaten Auslandsaufenthalten),
- für Privatpatienten verwendet werden.

Bei der Verordnung und Verwendung ist der Grundsatz der Wirtschaftlichkeit zu beachten. Dies bedeutet z. B., dass preisgünstige Packungsgrößen gewählt werden und, wenn der Bezug nicht über die Apotheke erfolgen muss, nach Möglichkeit direkt beim Hersteller oder Großhandel bestellt wird (z. B. Nahtmaterial).

Die **Grundausstattung** der Praxis mit Sprechstundenbedarf hat der Arzt bei Aufnahme der vertragsärztlichen bzw. vertragszahnärztlichen Tätigkeit zunächst auf seine Kosten zur Verfügung zu stellen.

Als Sprechstundenbedarf verordnungsfähige Mittel*, z. B.

- Verband- und Nahtmaterial:
  z. B. Brandbinden, Wundpflaster, Mullbinden, Nahtmaterial, Tampons, Tupfer, Verbandwatte
- Arzneimittel für Anästhesieleistungen und Schmerzbehandlung:
  z. B. Mittel zur Lokalanästhesie und Narkosevorbereitung, Mittel zur intravenösen Narkose
- Desinfektions- und Reinigungsmittel zur Anwendung am Patienten:
  Desinfektionsmittel für Haut, Schleimhäute und Wunden, Wundbenzin, desinfizierende Tinkturen
- Diagnostische und therapeutische Hilfsmittel:
  Augen-, Ohren-, Nasentropfen Einmal-Infusionsbestecke, Gummifingerlinge, Holzspatel
- Arzneimittel für Notfälle:
  schmerzstillende, krampflösende und beruhigende Mittel, Mittel zur Blutstillung
- Impfstoffe: (besondere Anforderung)
  Impfstoffe für Schutzimpfungen gemäß den Empfehlungen der ständigen Impfkommission, Impfstoffe im Rahmen der kurativen Behandlung

* Anmerkung: Kann je nach KV/KZV-Bezirk leicht abweichen

70. Sprechstundenbedarf

Anschließend erfolgt die Anforderung und Auffüllung des Sprechstundenbedarfs immer vierteljährlich rückwirkend als Ersatzbeschaffung. Ausnahme: Impfstoffe können mit einem gesonderten Verordnungsblatt auch im laufenden Quartal bezogen werden.

Einige kassenzahnärztliche Vereinigungen haben auf eine pauschalisierte Vergütung des Sprechstundenbedarfs im Verhältnis zu den abgerechneten Leistungen umgestellt.

Sprechstundenbedarf für Privatpatienten und Verbrauch im Zusammenhang mit Arbeitsunfällen muss der Arzt auf eigene Kosten beschaffen und anteilig dem Patienten bzw. dem Unfallversicherungsträger in Rechnung stellen.

3.5.3 Überwachung und Erfassung des Wareneingangs

Eine funktionierende Warenbeschaffung und Lagerhaltung erfordert die Terminüberwachung ausstehender Bestellungen, eine sorgfältige Warenabnahme, Waren- und Rechnungsprüfung sowie anschließende ordnungsgemäße Einlagerung.

Nach der Vorbereitung und Übermittlung der Bestellung an den Lieferanten müssen die **Liefertermine** überwacht werden. Wurde kein datumsmäßig festgelegter Liefertermin vereinbart, muss nach den gesetzlichen Bestimmungen der Lieferant umgehend liefern, es sei denn, der Kaufvertrag enthält vonseiten des Verkäufers eine entsprechende Einschränkung (z. B. Lieferung innerhalb von vier Wochen). Bei dringend oder zu bestimmten Terminen benötigten Waren sollte ein konkreter Liefertermin vereinbart werden (vgl. Fixkauf, Seite 114, Abb. 8). Die Terminüberwachung kann z. B. durch Abheftung der Bestelldurchschriften in einen Ordner, der fortlaufend kontrolliert wird, oder mittels

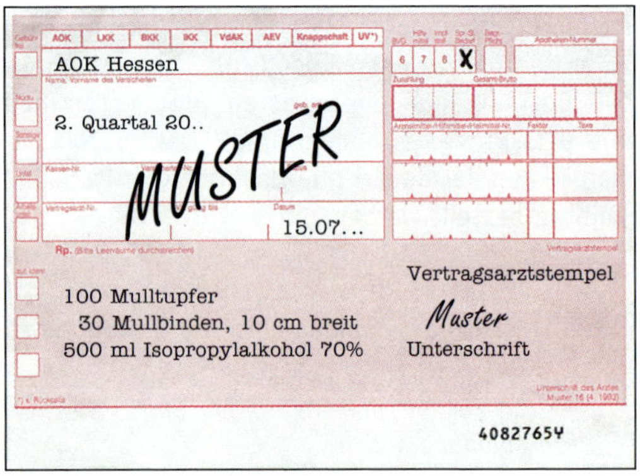
AOK | LKK | BKK | IKK | VdAK | AEV | Knappschaft | UV
AOK Hessen
2. Quartal 20..
MUSTER
15.07...
Rp.
100 Mulltupfer
30 Mullbinden, 10 cm breit
500 ml Isopropylalkohol 70%
Vertragsarztstempel
Muster
Unterschrift
40827654

71. Anforderung von Sprechstundenbedarf

Einlage in eine Wiedervorlagenmappe organisiert werden. Bei computerunterstützten Bestellsystemen erfolgt die Terminüberwachung automatisch durch Anzeige und Ausdruck der fälligen Lieferungen. Die Terminkontrolle sorgt dafür, dass rechtzeitig Maßnahmen zur Anmahnung ausstehender Lieferungen erfolgen.

Beim Wareneingang ist zunächst eine **äußere Prüfung** notwendig, die möglichst noch in Anwesenheit des Überbringers erfolgen sollte:

- **Absender- und Anschriftenprüfung:** Wurde beim Absender überhaupt bestellt? Ist die Sendung für die Praxis?
- **Äußerer Zustand:** Sind Verpackungsschäden erkennbar? Lassen sie auf eine Beschädigung der Ware schließen (z. B. austretende Feuchtigkeit, auffällige Geräusche)?
- **Bei mehreren Sendungen:** Stimmt die Anzahl der in den Begleitpapieren genannten Pakete mit der Lieferung überein?

Ergeben sich bei der Kontrolle **Mängel,** dann muss der Überbringer diese schriftlich bestätigen bzw. bei offensichtlicher Falschlieferung die Ware gleich wieder mitnehmen. Bei ordnungsgemäßer Anlieferung kann der Empfang der Ware quittiert werden.

Die **angenommene Ware** wird ausgepackt und unverzüglich überprüft. Art, Menge, Beschaffenheit und Qualität müssen mit der Bestellung und dem Lieferschein übereinstimmen. Mängel müssen unverzüglich gegenüber dem Lieferanten geltend gemacht werden (vgl. Kapitel 3.3.2, Seite 129 f.). Ist die Ware fehlerfrei, wird sie eingelagert. Hinweise zur sicheren Behandlung und Lagerung bestimmter Materialien sind oft einem beigefügten **Sicherheitsdatenblatt** zu entnehmen (siehe z.B. www.bgw-online.de, Stichwort Sicherheitsdatenblatt). Abschließend erfolgt die Rechnungsprüfung. Sie besteht zunächst aus einer sachlichen Prüfung durch Vergleich der Bestellungsdurchschrift und des Lieferscheins mit der Rechnung. Anschließend wird eine rechnerische Prüfung des Einzel- und Gesamtpreises einschließlich vereinbarter Rabattabzüge und der Berechnung von Lieferkosten durchgeführt. Die Ermittlung des endgültigen Rechnungsbetrags unter Berücksichtigung möglicher Skontoabzüge schließt sich an. Je nach Zahlungsziel wird die Rechnung dann am Fälligkeitstermin überwiesen.

72. Fristgerechte Lieferung?

3.5.4 Lagerhaltung

Die Lagerhaltung in der Praxis hat zunächst die Aufgabe, die zum Praxisbetrieb und für die Durchführung der Behandlungen notwendigen Materialien oder Arzneimittel stetig zur Verfügung zu stellen sowie diese sicher und bestimmungsgemäß zu lagern. Dazu müssen Schwankungen im Verbrauch ausgeglichen sowie Verzögerungen aufgrund von langen Lieferfristen oder unvorhergesehenen Wartezeiten abgefangen werden.

Anzustreben ist stets eine möglichst **wirtschaftliche Lagerhaltung.** Hierzu sollten die Lagerbestände so gering wie möglich gehalten werden und die

Grundsätze der Lagerhaltung

- Nur kontrollierte und ordnungsgemäße Ware ist zu lagern
- Zu- und Abgänge in einer Lagerkartei festhalten
- Lagerung nur in hygienisch und klimatisch unbedenklichen Räumlichkeiten bzw. Aufbewahrungseinrichtungen; große Feuchtigkeit, Hitze oder Kälte vermeiden
- Kenntnisnahme und Beachtung von Gefahrenhinweisen auf der Verpackung
- Lagerung stets am bestimmten Platz, evtl. in einem zentralen Lagerplan dargestellt
- Ware übersichtlich lagern, eine sichere und schnelle Entnahme muss möglich sein
- Lagerung nur in geeigneten Vorratsbehältern mit entsprechender äußerer Kennzeichnung
- Neue Ware hinter der bereits gelagerten einordnen
- Regelmäßige Kontrolle der Lagerbestände, Aussortierung und sachgerechte Entsorgung verdorbener oder abgelaufener Waren, leicht verderbliche Stoffe öfter prüfen
- In bestimmten Zeitabständen eine Bestandskontrolle (Inventur) durchführen. Das, was nach den Unterlagen vorhanden sein soll, mit dem, was tatsächlich im Lager vorhanden ist, vergleichen und Differenzen klären

73. Lagerungsgrundsätze

Lagerdauer sollte kurz bemessen sein. Hohe Lagerbestände und lange Lagerzeiten binden Kapital, denn die Waren wurden ja bereits bezahlt und haben die flüssigen Mittel der Praxis (z. B. Guthaben auf dem laufenden Girokonto) vermindert. Erst durch den Einsatz und Verbrauch im Rahmen der Behandlung und der sich anschließenden Abrechnung fließt das Geld der Praxis mit einer entsprechenden zeitlichen Verzögerung wieder zu. Bei langen Lagerperioden besteht die Gefahr von Wertverlust durch Veralterung, Verderben oder Ablauf des Mindesthaltbarkeitsdatums. Außerdem erhöhen sich Mengenverluste durch Bruch oder Diebstahl. Nicht zuletzt spielen auch die **festen Lagerkosten** (Lagerfixkosten) eine Rolle, denn auch sie steigen oder fallen mit dem Umfang der Lagerhaltung. Hierbei handelt es sich um Kosten für die notwendigen Räumlichkeiten (z. B. Anteil des Lagerraums an der Praxismiete), deren Einrichtung mit Regalen, Schränken usw., Beleuchtung, Heizung, Instandhaltung, Brandschutz oder Reinigung. Zusätzliche Kosten entstehen durch die Lagerung von Medikamenten, für die Sondervorschriften gelten (vgl. Kapitel 3.5.5, Seite 175 f.).

Lagerhaltung ist aber gleichzeitig auch die Basis für mögliche **Einsparungen** bei den Kosten der Materialbeschaffung. Aufgrund einer Zusammenfassung vieler kleiner und häufiger Bestellungen zu größeren Bestellmengen können Verpackungs- und Transportkosten gespart, Mengenrabatte erzielt oder Bonusgrenzen überschritten werden.

Bei-spiel

Ein Lieferant gewährt der Praxis einen nachträglichen Bonus von 10 %, wenn der Jahresbestellbetrag 5 000,00 EUR überschreitet. Im Dezember fehlen zum Erreichen dieser Grenze noch 600,00 EUR. Bei ausreichender Lagerkapazität kann in dieser Höhe bestellt werden, womit der Bonusbetrag von 500,00 EUR gesichert wird und die Lieferung tatsächlich nur 100,00 EUR kostet.

Zusätzlich wird die Fachangestellte entlastet, weil die Bestellvorgänge in längeren Zeitabständen stattfinden und damit insgesamt weniger Bearbeitungszeit und Überwachungsaufwand erfordern.

Für eine optimale und kostengünstige Lagerhaltung spielen der Lagerhöchstbestand, der Meldebestand und der Lagermindestbestand eine entscheidende Rolle. Der **Lagerhöchstbestand** ist die maximale Materialmenge, die im Lager vorrätig sein soll. Sie wird individuell für einzelne häufig verwendete Waren oder Warengruppen festgelegt und richtet sich nach der Häufigkeit der Warenentnahme, der Größe der vorhandenen Lagerfläche und der Art der Ware. Der **Meldebestand** gibt die Materialmenge an, bei der eine Neubestellung erfolgen muss, damit die eiserne Be-

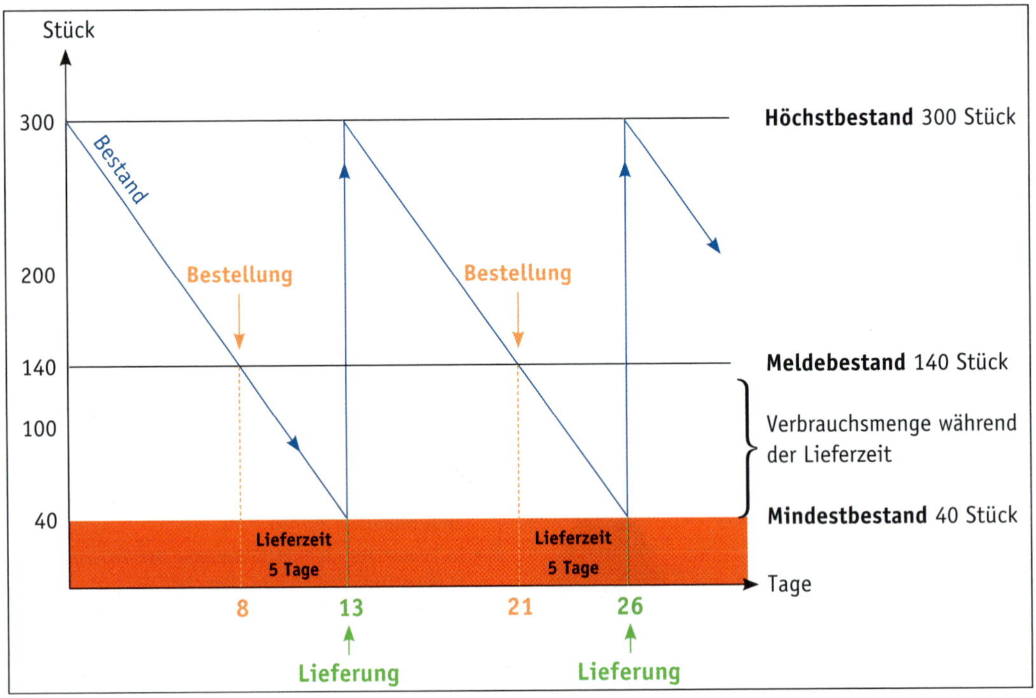

74. Lagerhaltung

standsreserve nicht angegriffen werden muss. Der **Lagermindestbestand** bildet die Untergrenze, die nicht unterschritten werden sollte, damit bei unvorhersehbaren Ereignissen (z. B. Lieferantenausfall, plötzlicher Materialmehrbedarf) eine Überbrückung möglich wird. Den Zusammenhang zwischen diesen Größen verdeutlicht das unten stehende Beispiel in Verbindung mit dem Schaubild (vgl. Abb. 74, Seite 174). In der Praxis schwanken aber oft die täglichen Verbrauchszahlen, sodass der Meldebestand dann nur einen Anhaltspunkt liefert und Bestellungen flexibel gehandhabt werden müssen.

1. *Erstellen Sie eine Stichwortliste, die Aufgaben und Vorteile einer praxisinternen Lagerhaltung enthält.*

2. *Erläutern Sie an einem selbst gewählten Beispiel die Begriffe „Lagerhöchstbestand", „Meldebestand" und „Lagermindestbestand".*

Beispiel zur Festlegung des Meldebestands
(Grafische Darstellung siehe Abb. 74, Seite 174)

In einer Zahnarztpraxis gelten folgende Vorgaben:
- Durchschnittlicher täglicher Verbrauch an Einmalspritzen: 20 Stück
- Nach Bestellung ist mit einer Lieferzeit von fünf Tagen zu rechnen.
- Ein Mindestbestand von 40 Stück soll nicht unterschritten werden.
- Ein Höchstbestand von 300 Stück soll aus Kostengründen nicht überschritten werden.

Nach Eingang der bestellten Einmalspritzen ist der Lagerhöchstbestand und damit auch die maximale Spritzenmenge mit 300 Stück erreicht. Täglich werden nun 20 Spritzen entnommen. Erreicht der Spritzenvorrat den Meldebestand, ist der Bestellzeitpunkt für eine neue Warenlieferung erreicht. Der Meldebestand muss so groß sein, dass die Lieferung neuer Einmalspritzen spätestens dann eintrifft, wenn der Lagermindestbestand (eiserner Bestand) erreicht ist. Der **Meldebestand** errechnet sich in dem Beispiel wie folgt:

  (Tagesverbrauch 20 Stück × fünf Liefertage)
+ Mindestbestand 40 Stück
= Meldebestand 140 Stück

Ist der Meldebestand mit 140 Stück erreicht, müssen so viele Einmalspritzen bestellt werden, dass nach erfolgter Lieferung der Lagerhöchstbestand wieder vorhanden ist. Die **Bestellmenge** beträgt somit:

  Höchstbestand 300 Stück
− Mindestbestand 40 Stück
= 260 Stück

Nach fünf Tagen trifft diese Lieferung ein, sodass zusammen mit dem dann erreichten Mindestbestand wieder 300 Einmalspritzen auf Lager sind.

75. Berechnung Meldebestand

3.5.5 Lagerung von Arzneimitteln

Für die Aufbewahrung und Lagerung der Medikamente in der Praxis gelten besondere Vorschriften. Grundsätzlich sollten Medikamente geschützt vor großer Hitze oder Frost, vor Feuchtigkeit und starker Lichteinwirkung gelagert werden. Bei größeren Praxen (insbesondere auch Tierarztpraxen) geschieht dies oft in einem separaten Raum. Die Lagerung der Medikamente erfolgt **getrennt** von den übrigen Materialien in einem hygienisch einwandfreien, stabilen, abschließbaren Arzneimittelschrank. Für kühl zu lagernde Arzneimittel (z. B. Impfstoffe) muss ein – ebenfalls verschließbarer – Arzneimittelkühlschrank vorhanden sein und die Temperatur überwacht werden. Eine Lagerung etwa zusammen mit Lebensmitteln ist unzulässig. **Betäubungsmittel** sind in einem nur diesem Lagerungszweck dienenden, fest verankerten Schrank mit besonderer Schließung aufzubewahren. Der Zugriff muss hier zusätzlich durch eine gesonderte Verwahrung des Schlüssels, in der Regel durch den Arzt selbst, gesichert werden. Zu- und Abgänge werden in einem **Betäubungsmittelbuch** erfasst.

Die Einordnung der Arzneimittel erfolgt meist entweder alphabetisch oder nach Wirkungsbereichen getrennt, denkbar ist aber auch eine Unterteilung

76. Aufbewahrung von Arzneimitteln

nach Applikationsformen (z. B. Tabletten, Kapseln, Salben). Neue Medikamente mit dem längsten Verfallsdatum werden hinten eingeordnet, angebrochene Packungen oder Flaschen stehen vorn. Regelmäßig und in kurzen Abständen sind die **Verfallsdaten,** angegeben in Monat und Jahr, zu kontrollieren und abgelaufene Medikamente auszusortieren. Die Entsorgung verfallener Medikamente kann über den Hausmüll erfolgen. Es muss dabei aber sichergestellt sein, dass Praxisfremde (z. B. Kinder) keinen Zugriff auf diese Medikamente erlangen können. Bei Bedenken oder größeren Mengen ist auch die Rückgabe an die Apotheke zur sachgerechten Entsorgung möglich.

3.5.6 Abfallvermeidung und -entsorgung

Schon im Rahmen der Beschaffungsplanung werden die Weichen für eine Verminderung der Abfallmengen und einen schonenden Umgang mit der Umwelt gestellt. Denn jeder anfallende Abfall muss wieder umweltgerecht und oft kostenintensiv entsorgt werden. **Oberstes Ziel** einer praxisinternen Abfallorganisation muss es also sein, Abfälle zu vermeiden und damit die Notwendigkeit einer umweltgerechten Entsorgung gar nicht erst entstehen zu lassen. Die Reduzierung des Abfalls, die Einsparung von Rohstoffen und Energie und damit die Verringerung von Umweltbelastungen spart in Verbindung mit wiederverwertbaren Materialien Kosten und Zeitaufwand. Bei der Auswahl und dem Einsatz von Praxisprodukten ist deshalb zu prüfen:

- Wie können Abfälle vermieden oder reduziert werden (vgl. Abb. 78, Seite 177)?
- Gibt es mehrfach verwendbare Alternativprodukte (z. B. wiederbefüllbare Druckpatronen)?
- Ist eine umweltgerechte Wiederverwertung möglich (z. B. Recycling von Elektronikschrott)?
- Ist eine Entsorgung als Restabfall oder Bioabfall möglich?
- Muss der Abfall als Sonderabfall besonders sorgfältig behandelt werden (z. B. Amalgamabfälle)?

Kann trotz aller Maßnahmen Abfall nicht vermieden oder verwertet werden, ist eine Entsorgung zu gewährleisten, von der keine Gefährdung der Gesundheit, der Umwelt oder der öffentlichen Sicherheit und Ordnung ausgeht. Für die Entsorgung der Abfälle sind die Praxen selbst verantwortlich, oberstes Gebot ist immer der Personenschutz. Bei unangemessener Beseitigung haftet der Praxisinhaber. Die Maßnahmen zur Abfallentsorgung sind im Hygieneplan der Praxis festzulegen. Die Abfälle sind getrennt nach Abfallarten in geeigneten Einmalbehältnissen zu sammeln, die je nach Inhalt z. B. stich- und bruchfest oder flüssigkeitsdicht sein müssen. Insbesondere beim Umgang mit verletzungsträchtigem Material oder pathogenen Erregern sind besondere Sicherheitsvorkehrungen zum Schutz des mit der Entsorgung betrauten Personals zu treffen (z. B. Sicherheitshandschuhe, -brille, Mundschutz).

Die **rechtlichen Grundlagen** für den Umgang mit Abfall bilden das Kreislaufwirtschafts- und Abfallgesetz sowie die **Abfallverzeichnisverordnung** – AVV – (Europäisches Abfallverzeichnis). Für den Gesundheitsbereich einschließlich veterinärmedizinischer Einrichtungen gilt die **Vollzugshilfe zur Entsorgung von Abfällen aus Einrichtungen des Gesundheitsdienstes** (www.rki.de). Für die Beseitigung von tierischen Abfällen ist daneben das **Tierische Nebenprodukte-Beseitigungsgesetz** (TierNebG) zu beachten. Es regelt die hygienisch einwandfreie und möglichst unschädliche Entsorgung oder Verwertung von tierischem Abfall, wozu dieser in drei Hygienegruppen eingeteilt wird.

Beispiel

Unter die Kategorie 1 mit dem höchsten Gefährdungsgrad fallen z. B. tote Heim-, Zoo- oder Zirkustiere oder Wildtiere bei einem Verdacht auf übertragbare Krankheiten. Hier ist eine Verbrennung in einer Sonderabfall-Verbrennungsanlage vorgeschrieben. Kategorie-3-Material (z. B. Schlachtnebenprodukte) kann dagegen normal entsorgt (Verbrennung) oder unter bestimmten Bedingungen auch weiterverarbeitet werden (z. B. zu Heimtierfutter).

Die Vollzugshilfe (s. o.) gibt praktische Ratschläge zur fachgerechten Entsorgung von Praxisabfällen. Die Abfälle werden entsprechend des europäischen Abfallverzeichnisses (AVV) zugeordnet. Dies geschieht mithilfe einer sechsstelligen Schlüsselnummer. Dabei wird zwischen gefährlichen und nicht gefährlichen Abfällen unterschieden.

Hausmüllähnlicher Abfall, der keine besonderen Maßnahmen zur Infektionsverhütung braucht, sowie Wertstoffe wie Glas, Papier oder Verpackungen werden über die normalen Müll- und Wertstofftonnen entsorgt. Auch extrahierte Zähne können aufgrund ihres geringen Abfallaufkommens dort eingebracht werden.

Nicht gefährlicher Abfall gemäß AVV erfordert beim Sammeln, Lagern und bei der Beseitigung Maßnahmen zur Infektions- oder Verletzungsverhütung. Scharfe oder spitze Gegenstände wie Kanülen oder Skalpelle müssen in stich- und bruchfesten Einwegbehältern entsorgt werden. Wund- und Gipsverbände, Einwegkleidung, alte Arzneimittel, Röntgenkontrastmittel und Infusionslösungen können einer Verbrennung, meist im Rahmen der Siedlungsabfallbeseitigung durch den örtlichen Entsorgungsträger, zugeführt werden. Dies gilt auch für Körperteile und Organe einschließlich Blutbeutel und Blutkonserven. Bei kleineren Flüssigkeitsmengen ist auch eine Entleerung in die Kanalisation unter Beachtung der örtlichen Abwassersatzung zulässig.

Bei **gefährlichen** bzw. besonders überwachungsbedürftigen **Abfällen** (im Abfallschlüssel durch ein Sternchen (*) gekennzeichnet) ist zu unterscheiden zwischen einer Verbrennung in hierfür zugelassenen Anlagen und der Entsorgung durch einen entsprechenden Fachbetrieb. Der Verbrennung zugeführt werden Gegenstände, die mit meldepflichtigen Erregern behaftet bzw. kontaminiert sind, wie z. B. AIDS/HIV-infiziertes Blut, kontaminierte Abfälle sowie Körperteile oder Organe entsprechend erkrankter Personen. Chemikalien, die aus gefährlichen Stoffen bestehen oder solche enthalten, wie z. B. Säuren, Laugen, Fixier- und Entwicklerlösungen, sind durch einen Fachbetrieb mit Entsorgungsnachweis zu entsorgen bzw. werden vom Hersteller zur Verwertung zurückgenommen. Dies gilt auch für Amalgamabfälle und extrahierte Zähne mit Amalgamfüllung.

77. Zulässige Abfallentsorgung?

Tipps zur Abfallvermeidung

- Auf Mehrwegverpackungen achten
- Pfandflaschen benutzen
- Batterien durch Akkus ersetzen
- Energiesparlampen verwenden
- Einwegartikel vermeiden (aber nur dann, wenn der Reinigungsaufwand bei Mehrweg gering ist!)
- Einmalhandtücher aus Recyclingpapier verwenden
- Miniverpackungen vermeiden, Großgebinde wählen
- Eigene Einkaufstaschen verwenden
- Pumpsprays benutzen
- Recyclingpapier für Kopierer und Drucker
- Leere Papierrückseiten als Notizzettel verwenden
- Nachfüllpackungen und Konzentrate kaufen
- Unerwünschte Werbeprospekte abweisen (Hinweis „Bitte keine Werbung" auf Briefkasten anbringen)

78. Tipps zur Abfallvermeidung

1. *Durch welche Maßnahmen wird schon bei der Beschaffung das Prinzip der Abfallvermeidung eingehalten?*

2. *Welche Unterscheidung wird bei speziell in einer Praxis anfallenden Abfällen vorgenommen?*

3. *Stellen Sie fest, welche besonderen Abfälle in Ihrer Ausbildungspraxis anfallen und erläutern Sie, wie diese zu entsorgen sind.*

3.5.7 Umgang mit Medizinprodukten

Medizinprodukte sind Instrumente, Apparate, Vorrichtungen, Stoffe und Zubereitungen aus Stoffen oder andere Gegenstände einschließlich der notwendigen Software, die für medizinische Zwecke wie die Erkennung, Verhütung, Überwachung, Behandlung oder Linderung von Krankheiten, Verletzungen oder Behinderungen und zur Empfängnisregelung bestimmt sind und deren Hauptwirkung im oder am menschlichen Körper – im Gegensatz zu den Arzneimitteln – nicht auf pharmakologischen, immunologischen oder metabolischem Weg erreicht wird.

(Definition gemäß § 3 Medizinproduktegesetz)

Die Beschaffung, Verwaltung, Nutzung und Entsorgung von Medizinprodukten ist eine alltägliche Aufgabe der Fachangestellten. Der sichere Umgang mit komplizierten medizintechnischen Produkten in der Praxis erfordert eine intensive Benutzerschulung, sorgfältige Instandhaltung und Pflege und eine sachgerechte Anwendung. Denn fast zwei Drittel aller Unfälle mit Medizinprodukten resultieren durch Fehler bei der Anwendung und Bedienung. Der Gesetzgeber hat zum Schutz der Patienten und Benutzer sowie aller sonst an medizinischen Vorgängen beteiligten Personen zwei Regelwerke erstellt, die den sicheren Einsatz von Medizinprodukten in den Praxen gewährleisten sollen:

- Im **Medizinproduktegesetz (MPG)** wurden europäische und nationale Regelungen zusammengefasst mit dem Zweck, „den Verkehr mit

Medizinprodukten zu regeln und dadurch für die Sicherheit, Eignung und Leistung der Medizinprodukte sowie die Gesundheit und den erforderlichen Schutz der Patienten, Anwender und Dritter zu sorgen" (§ 1 MPG).

- Diese Grundsätze gelten auch für die **Medizinprodukte-Betreiberverordnung (MPBetreibV)**, die dem MPG angegliedert wurde und die zentralen Bestimmungen für den Betrieb und Umgang mit Medizinprodukten enthält. Sie ist somit das eigentliche zentrale Regelwerk und fasst alle für den Umgang in der Praxis besonders zu beachtenden Anwenderpflichten zusammen.

Die Beschreibung der Medizinprodukte nach § 3 MPG ist sehr umfangreich ausgefallen. Von der Prävention bis zur Rehabilitation wird eine Vielzahl von Produkten durch die gesetzlichen Vorschriften erfasst.

Beispiel

Verbandstoffe, Reagenzien, Instrumente, Dentalprodukte, Spritzen, Infusionsbestecke, Sehhilfen, Produkte zur Empfängnisregelung (z. B. Spirale), Implantate, Dialyseprodukte und selbstverständlich alle medizinisch-technischen Geräte vom Blutdruckmessgerät über das EKG bis hin zum Kernspintomograf.

Nicht unter das Gesetz fallen z. B. Arzneimittel, kosmetische Mittel, Produkte aus menschlichem Blut, Transplantate, persönliche Schutzausrüstungen sowie Produkte zur ausschließlichen Verwendung in der Veterinärmedizin.

Jedes Medizinprodukt muss ein **CE-Zeichen** tragen. Damit ist sichergestellt, dass es den europäischen Gefahrenschutzrichtlinien entspricht und entsprechend geprüft wurde. Vom Hersteller wird das Produkt einer von vier **Risikoklassen** zugeteilt. Je höher die angegebene Zuordnung, desto größer ist das angenommene Risiko für Anwender und Patient (vgl. Abb. 79). Entsprechend der Medizinprodukte-Betreiberverordnung dürfen Medizinprodukte nur für den in der Gebrauchsanweisung beschriebenen Zweck verwendet werden. So gibt es bei bestimmten Geräten z. B. Alters- oder Gewichtsbeschränkungen, was bei der Behandlung von Kindern zu beachten ist. Ein sicherer Einsatz ist vor allem aber abhängig von der entsprechenden **Qualifikation des Geräteanwenders**. Jeder Anwender, also z. B. die Fachangestellte, muss die dafür erforderliche Ausbildung bzw. entsprechende Kenntnisse und ausreichende Erfahrung haben. Dieses Wissen muss durch Schulungen und praktische Einweisungen vorhanden sein, ansonsten darf ein Einsatz am Gerät nicht erfolgen. Wird dies übergangen und kommt es zu Schädigungen, dann haftet der Anwender bzw. Betreiber voll.

Vor der ersten Inbetriebnahme bestimmter, in der Regel strombetriebener Medizingeräte muss vor Ort eine Funktionsprüfung und Ersteinweisung durchgeführt werden. Dies ist zu dokumentieren und bei einer späteren Kontrolle nachzuweisen. Vor jeder weiteren Anwendung ist eine Funktionssicherheitsprüfung durchzuführen und der ordnungsgemäße Zustand zu kontrollieren (vgl. Abb. 80, Seite 179).

Für alle aktiven, d. h. mit Energie betriebenen Geräte muss ein **Bestandsverzeichnis** angelegt werden. Grundlage dafür kann ein Wareneingangsbuch mit der Ablage der Rechnungen bzw. Lieferscheine in zeitli-

Risikoklassen bei Medizinprodukten			
Risikoklasse I	**Risikoklasse IIa**	**Risikoklasse IIb**	**Risikoklasse III**
Niedriges Risikopotenzial • Geringer Hautkontakt • Nur vorübergehende Anwendung (unter 60 Minuten)	Mittleres Risikopotenzial • Kurzzeitige Anwendungen in chirurgisch geschaffenen Körperöffnungen	Erhöhtes Risikopotenzial • Bestimmte medizinische Geräte • Langzeitanwendungen	Hohes Risikopotenzial • Aktive implantierbare Medizinprodukte • Invasive Empfängnisverhütung
Medizinprodukte, z. B.: • Ärztliche/zahnärztliche Instrumente • Rollstühle • Verbandmittel • Lesebrillen	**Medizinprodukte,** z. B.: • Dentalmaterialien (z.B. Zahnfüllungen) • Einmalspritzen • Kontaktlinsen • Zahnkronen	**Medizinprodukte,** z. B.: • Anästhesie-, Beatmungs- oder Bestrahlungsgeräte • Blutbeutel • Zahnprothese	**Medizinprodukte,** z. B.: • Künstliche Gelenke (z.B. Hüftprothese) • Brustimplantate • Spirale mit Arzneimittelwirkstoff

79. Risikoklassen bei Medizinprodukten

cher (chronologischer) Reihenfolge sein. Im Bestandsverzeichnis sind für jedes Medizinprodukt unter einer laufenden Nummer folgende **Inhalte** zu erfassen:

- Bezeichnung, Art und Typ, Seriennummer und Anschaffungsjahr
- Name und Anschrift des Herstellers bzw. Lieferanten
- CE-Kennnummer und eine eventuell zugeteilte betriebliche Identifikationsnummer
- Gerätestandort und seine betriebliche Zuordnung
- Fristen für sicherheits- und messtechnische Kontrollen

Zusätzlich schreibt der Gesetzgeber die Führung eines **Medizinproduktebuchs** vor. Dieses begleitet das Gerät von der erstmaligen Inbetriebnahme bis zu seiner Stilllegung. Darüber hinaus müssen die Aufzeichnungen noch fünf Jahre aufbewahrt werden. Es ist so zu deponieren, dass es genauso wie die Gebrauchsanweisung während der Arbeitszeit zugänglich ist, also möglichst in Gerätenähe. Welche Inhalte einzutragen sind, ist gesetzlich vorgeschrieben (§ 7 MPBetreibV), die Form dagegen frei gestaltbar (vgl. Abb. 81).

Die Einhaltung der gesetzlichen Vorschriften und das ordnungsgemäße Führen der Verzeichnisse kann vor Ort von den zuständigen Behörden, z. B. dem staatlichen Gewerbeaufsichtsamt, kontrolliert werden. Verstöße werden mit erheblichen Bußgeldern und sogar Freiheitsstrafen geahndet.

Checkliste Zustands- und Funktionsprüfung:

- Grundsätzlich: Sind meine Kenntnisse über das Produkt ausreichend?
- Fallen äußere Beschädigungen auf?
- Ist der hygienische Zustand einwandfrei?
- Sind notwendige Zusatzteile vorhanden?
- Ist die Verpackung unversehrt?
- Ist das Verfallsdatum noch nicht erreicht?
- Muss die sicherheitstechnische Kontrolle erneuert werden?
- Muss die messtechnische Kontrolle erneuert werden?
- War ein Probelauf erfolgreich?

Kein Produkteinsatz, wenn nicht alle Checkpunkte positiv ausfallen!

80. Kontrolle vor Produkteinsatz

81. Eintragungen in das Medizinproduktebuch gemäß Medizinprodukte-Betreiberverordnung (§ 7)

Fit für die Prüfung!

1. Die neue Auszubildende Rosanna schaut Ihnen beim Erstellen von Privatrechnungen über die Schulter. Dabei bittet sie um die Beantwortung folgender Fragen: Was bedeutet …
   a) Liquidation?
   b) Gebührenordnung?
   c) Steigerungssatz?
   d) Wegegeld?
   e) Warum sollte die Praxis auf einen schnellen Zahlungseingang achten und wie kann dies erreicht werden?
2. Eine Patientin stellt in einer ruhigen Minute die folgende Frage: „Was mich schon immer mal interessiert hat: Wie kommt denn der Doktor an sein Geld? Von mir bekommt er doch immer nur meine Krankenkassenkarte.“ Erläutern Sie der Patientin in wenigen Sätzen die Durchführung der Kassenabrechnung.
3. Der Zahnarzt Dr. Helm überlegt, ob er die Erledigung der Privatrechnungen, die bisher in der Praxis geschrieben und weiterbearbeitet wurden, an eine private Verrechnungsstelle übergeben soll. Er bittet Sie, Vor- und Nachteile einer solchen Abrechnungsbearbeitung einmal übersichtlich zusammenzustellen.
4. In einer zweiten Mahnung für eine offene Liquidation über 186,70 EUR findet sich folgender Satz: „Da Sie sich in Zahlungsverzug befinden, berechnen wir Ihnen ab heute Zinsen in Höhe

des derzeit banküblichen Zinssatzes von 14,5 % und außerdem zusätzliche Mahnkosten für unseren Schreibaufwand von pauschal 10,00 EUR, dazu kommen noch die Portokosten für dieses Einschreiben." Überprüfen Sie, ob der Satzinhalt den rechtlichen Rahmenbedingungen bei einem außergerichtlichen Mahnverfahren entspricht.

5. Der Patient Norbert Groll wird bei einem Besuch in der Zahnarztpraxis Dr. Helm darauf hingewiesen, dass seit langer Zeit noch eine Liquidation über einen Eigenanteil von 1 234,70 EUR offen ist. Der Betrag wurde bereits mehrfach angemahnt und man müsse – falls er jetzt immer noch nicht zahle – das gerichtliche Mahnverfahren einleiten. Herr Groll erklärt, dass er keine Mahnungen bekommen habe und außerdem ein gerichtliches Verfahren erst gestartet werden könne, wenn mindestens drei Mahnungen nachweislich zugestellt wurden.
   a) Klären Sie Herrn Groll über den tatsächlichen Sachverhalt bezüglich der Mahnungen sachlich auf.
   b) Wie hätte die Praxis Dr. Helm einen Nachweis über den Zugang zumindest der dritten und letzten Mahnung erhalten können?
   c) Welche Maßnahmen sind vor der Einleitung eines gerichtlichen Mahnverfahrens noch möglich, wenn der Schuldner Mahnungen unbeachtet lässt?

6. Marina, 17 Jahre alt, hat zum 1. August eine Ausbildung als Zahnmedizinische Fachangestellte begonnen. Kurz vor Weihnachten stellt sie fest, dass ihr Kontoguthaben nicht zum Kauf der Weihnachtsgeschenke ausreicht. Also bittet sie ihre Bank um einen Dispokredit in Höhe von 500,00 EUR. Ihr Wunsch wird jedoch abgelehnt.
   a) Beschreiben Sie die Besonderheiten eines Dispokredits.
   b) Warum wurde der Kreditwunsch von Marina abgelehnt, obwohl der Betrag relativ gering war?

7. In einem Kreditantrag findet sich folgender Satz: „Ich bin damit einverstanden, dass die Kreditgewährung der Schufa gemeldet wird." Welche Bedeutung hat diese Einverständniserklärung?

8. Hatice steht kurz vor ihrer Hochzeit. Sie und ihr zukünftiger Mann besuchen ein Möbelhaus und bestellen Schlaf- und Wohnzimmereinrichtung für 8000,00 EUR. 3000,00 EUR können sie selbst aufbringen, für den Rest bietet ihnen das Möbelhaus die Vermittlung eines Ratenkredits an. „Nur 14 % Zinsen, ein gutes Angebot", erklärt der Verkäufer. Also unterschreiben sie den Kreditvertrag. Auf dem Nachhauseweg kommen sie an einer Bank vorbei und lesen dort erstaunt: „Achtung! Zinssenkung! Ratenkredite jetzt nur noch 11,5 %!" „So ein Mist!", brummelt Hatice, „hätten wir das nur vorher gewusst!"
   a) Beschreiben Sie die Besonderheiten eines Ratenkredits.
   b) Welche Inhalte müssen im Kreditvertrag genannt werden?
   c) Besteht die Möglichkeit, doch noch den günstigen Bankkredit zu bekommen?

9. Die Medizinische Fachangestellte Franziska möchte ihren neuen Kleinwagen (Kaufpreis 14 000,00 EUR) über die Bank finanzieren lassen. Als sie sich dort informiert, wird sie gefragt: „Welche Sicherheiten haben Sie?"
   a) Welche Sicherheiten könnte Franziska eventuell anbieten?
   b) Welche Gefahr besteht bei einer Bürgschaft?

10. Immer mehr Käufe werden nicht vom Ersparten, sondern auf Pump getätigt.
   a) Welche Gefahr kann sich daraus ergeben?
   b) Wie kann man Probleme vermeiden?
   c) Welches Verhalten ist zu empfehlen, wenn droht, dass der Überblick über die Schulden verloren geht?

11. Die Vorratshaltung in der Praxis soll einer kritischen Beurteilung unterzogen werden. Sie sind beauftragt, die Vor- und Nachteile einer Lagerhaltung zusammenzustellen. Erläutern Sie dazu zunächst die Vorteile einer vorausschauenden Beschaffungsplanung. Erläutern Sie dann Vorteile einer Lagerhaltung und weisen Sie abschließend noch auf die Nachteile bei einer fehlerhaften Planung der Vorratshaltung hin.

12. Die Auszubildende Mareike erhält erstmalig den Auftrag, Sprechstundenbedarf anzufordern. Sie bittet Sie, ihr das Verfahren zu erläutern und insbesondere ihre Fragen zu beantworten:
   a) Was genau ist Sprechstundenbedarf?
   b) Wer übernimmt dessen Kosten?
   c) Wo wird er angefordert?
   d) Wie und wann wird er angefordert?

13. Warum ist es besonders wichtig, bestellte Ware bei ihrer Lieferung zu überprüfen und welche Maßnahmen sind hierbei zu beachten?

14. Welche Besonderheiten sind bei der Lagerhaltung im Gesundheitsbereich zu beachten?

15. Im Rahmen einer Überarbeitung des Praxis-Hygieneplans soll auch die Entsorgung von Abfällen besser geregelt werden. Geben Sie dazu an, wie folgende Abfälle zu entsorgen sind.
   a) Benutzte Einmalspritzen
   b) Blutreste
   c) Abgelaufene Arzneimittel
   d) Gezogene Zähne mit und ohne Amalgamfüllung
   e) Benutztes Verbandmaterial

4 PRAXISABLÄUFE ORGANISIEREN

4.1 GESTALTUNG DER PRAXISORGANISATION

4.1.1 Aufgaben

Der Erfolg einer Praxis hängt nicht nur von den Fähigkeiten des Arztes, sondern auch vom Verhalten der Medizinischen Fachangestellten ab. Da diese ein sehr umfangreiches Aufgabenfeld haben, ist eine optimale Organisation der Praxisabläufe unbedingt notwendig.

In welchem Umfang die Praxisorganisation zum Praxiserfolg beiträgt, kann man am Erreichen folgender Ziele feststellen:

- **Ziel der ärztlichen Tätigkeit/Praxis**
  Ziel der ärztlichen Tätigkeit muss die Heilung oder Linderung der Erkrankung der Patienten sein. Dabei stellt auch die Prophylaxe ein wichtiges Element dar.
- **Leistungsfähigkeit**
  Damit ein Behandlungs- bzw. wirtschaftlicher Erfolg erzielt werden kann, ist eine optimale Leistungsfähigkeit der Praxis notwendig. Dazu zählt neben der Erbringung und Qualitätssicherung der medizinischen Leistung eine gute Praxisorganisation und Maßnahmen der Qualitätssicherung, die einerseits den Fähigkeiten der Angestellten möglichst gerecht werden, andererseits den wirtschaftlichen Notwendigkeiten Rechnung tragen. Personaleinsatz und Arbeitsabläufe müssen vernetzt geplant und Arbeitsergebnisse optimiert, Patientengewinnung und Praxisbindung durch entsprechendes Praxismarketing gefördert und nicht zuletzt die Zusammenarbeit mit anderen Institutionen (Krankenkassen, andere Praxen, Lieferanten) gepflegt werden.
- **Soziale Kompetenz**
  Neben der fachlichen Qualifikation steht im täglichen Praxisablauf der Umgang der Mitarbeiter mit dem Patienten, dem Arzt und selbstverständlich auch untereinander im Mittelpunkt. Eine hohe soziale Kompetenz der Praxismitarbeiter erhöht den Erfolg der Praxis.

4.1.2 Praxisgestaltung

Meist verfügen auch Einzelpraxen über mehrere Behandlungsräume, damit bei einem Patientenwechsel der Arzt ohne großen Zeitverlust die Behandlung der Patienten durchführen kann. Daneben sind **Funktionsräume** vorhanden, die nicht dem Beratungsgespräch dienen, sondern für apparative Diagnostik und Therapie, als Verbands-, Injektions- oder Infusionsraum usw. genutzt werden. Die Anordnung der Praxisräume stellt einen wichtigen Baustein dar, um einen optimalen Praxisablauf zu gewährleisten. Dabei sollte das **Prinzip der kurzen Wege** beachtet werden, z. B.:

- Empfangsbereich (Anmeldung) als zentrale Stelle in der Praxis
- Innendurchgang zu einzelnen Sprechzimmern
- Räumliche Nähe zwischen Patienten-WC und Labor, Durchreiche sinnvoll
- Verbindung zwischen Sprechzimmer und Behandlungsraum

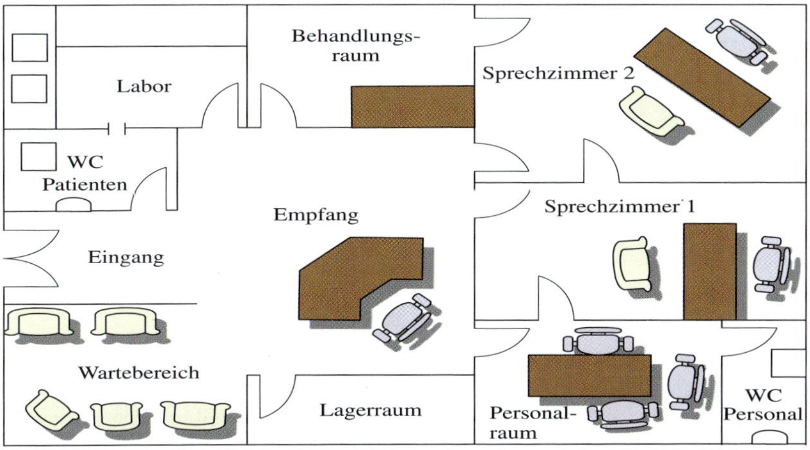

1. Beispiel einer Praxis – Planung einer Schülergruppe

Bereits beim Betreten der Praxis sollte der Patient von einer harmonischen und einladenden Atmosphäre empfangen werden, die auf ihn beruhigend und freundlich wirkt. Durch gestalterische oder Lichtelemente wird er zum Herz der Praxis, dem **Empfangsbereich,** geleitet, der die Visitenkarte der Praxis darstellt und den ersten Eindruck von der Praxis vertieft. Obwohl sich hier die zentrale Kommunikationsstelle befindet, erwartet der Patient freundliche Mitarbeiter/-innen, die sich ruhig und ohne Hektik mit der gebotenen Diskretion um ihn kümmern. Für die Angestellten ist es wichtig, dass sie durch eine entsprechend großzügige und offene Raumanordnung möglichst viele Handlungsabläufe vom Empfangsbereich aus verfolgen können. Ideal wäre eine ringförmige Anordnung, die sich den Arbeitsabläufen in der Praxis anpasst.

Ein weiterer Baustein für die Zufriedenheit ist die Ausstattung des **Wartezimmers** und der Service während der Wartezeit. Neben der üblichen Auswahl von Zeitschriften ist auf eine freundliche Atmosphäre zu achten, Wasser kann kostenlos angeboten werden. Die Wände können mit Bildern, Plakaten oder Zeichnungen versehen werden, welche die Fantasie des Betrachters anregen und ablenkend wirken. Auch **Farb- oder Lichtimpulse** können zur Gefühlsbeeinflussung eingesetzt werden. Rot sollte als aggressive Farbe vermieden werden, Blau dagegen kann Ruhe und Entspannung fördern. Gelb wird mit Sonne und Wärme in Verbindung gebracht, ist heiter und sanft anregend. Grün als Farbe der Natur werden entspannende Eigenschaften zugesprochen, es strahlt Ruhe und Harmonie aus.

Bei der **Möblierung** ist die Verwendung körpergerechter, natürlicher Materialien vorzuziehen, die Möglichkeiten der Pflege und die Einhaltung der Hygienevorschriften stehen aber bei der Auswahl im Vordergrund. Eine Anordnung zu kleinen Sitzgruppen ist je nach den räumlichen Möglichkeiten zu überlegen, ebenso die Einrichtung eines zweiten Wartebereichs (z. B. mit/ohne Musik-/Fernsehbereich, in der Tierarztpraxis zur Trennung der Tiere). Wichtig ist auch, eine **Beschäftigungsmöglichkeit für Kinder** mit Bild- und Lesematerial und Spielzeug vorzusehen.

Nicht vergessen werden sollte, dass die Wartezone auch die Funktion eines Servicebereichs haben und somit **Marketingzwecken** dienen kann. Über eine Informationswand (auch elektronisch) und/oder entsprechendes Material können z. B. Öffnungs- und Urlaubszeiten, zusätzliche Leistungsangebote (IGeL) oder aktuelle ärztliche Informationen mitgeteilt werden. Allgemein wird ein kleines Getränkeangebot während der Wartezeit gerne angenommen, ebenso ein Schale mit frischem Obst, verknüpft eventuell mit zusätzlichen Informationen zur gesunden Ernährung.

Ob der Einsatz von Fernseh-, Video- oder Computereinrichtungen eine Verbesserung der Patientenbindung an die Praxis bewirkt, ist dagegen umstritten. Auch stellt sich hier die Frage, ob die dabei aufzuwendenden Kosten diese Einrichtung rechtfertigen würden.

Die Patienten sollten während der Wartezeit auch immer wieder darüber unterrichtet werden, wie lange sie noch warten müssen. Bei unvorhersehbaren längeren Wartezeiten, die sich durch Notfälle oder unvorhergesehene Behandlungen von anderen Patienten ergeben, ist ebenfalls eine Erklärung der Situation durch die Mitarbeiterin hilfreich.

Durch eine entsprechende Praxisgestaltung können die Ängste des Patienten beim Arztbesuch verringert werden. Ein freundliches und kompetentes Auftreten der Angestellten verstärkt diesen Effekt. Wenn der Patient beinahe vergessen hat, dass er sich in einer Arztpraxis befindet, ist das Optimum erreicht.

4.1.3 Aufgabenverteilung und -zuordnung in der Praxis

Bei der Organisation der Praxis wird unterschieden zwischen der Aufbauorganisation und der Ablauforganisation. Bei der **Aufbauorganisation** wird der Gesamtbereich einer Praxis in Aufgaben- und Verantwortungsbereiche untergliedert. Man will damit eine sinnvolle Aufspaltung in Teilaufgaben und Einzelbereiche erreichen und erhält eine genaue Übersicht, wer für was zuständig ist und Verantwortung trägt. Instrumente der Aufbauorganisation sind z. B. das Organigramm und die Stellenbeschreibung.

Die **Ablauforganisation** schließt sich daran an und zeigt auf, wie die einzelnen Teilaufgaben, z. B. durch Arbeitsanweisungen oder Checklisten, konkret bewältigt werden können.

4.1.3.1 Das Organigramm

Mit einem **Organigramm** lassen sich die Verantwortungen und Befugnisse in einer Praxis überschaubar gegliedert darstellen. Wie in einem Stammbaum sind dabei die einzelnen Tätigkeiten aufgelistet und die Rangordnungen festgelegt.

Durch Verbindungslinien wird die Stellung im Praxisteam erkennbar. So ist auf einen Blick zu sehen, wer für was zuständig ist (vgl. Abb. 2). Ein großer Vorteil ist dabei die **Übersichtlichkeit**. Problemlos ist die Struktur der Praxis erkennbar, man kann ohne Umwege die zuständige Mitarbeiterin ansprechen und Antworten wie „Bei mir sind Sie falsch, dafür ist leider meine Kollegin zuständig" gehören der Vergangenheit an. In das Organigramm können zusätzlich **externe Verbindungen** wie z. B. Labor, Apotheke, ambulante Pflegedienste oder in der Tierarztpraxis z.B. das Tierheim aufgenommen werden. Ein Organigramm für eine Kleinpraxis macht natürlich wenig Sinn, in Praxisgemeinschaften, Gemeinschaftspraxen, medizinischen Versorgungszentren, Praxiskliniken oder Tierarztkliniken leistet es jedoch wertvolle Hilfe.

4.1.3.2 Die Stellenbeschreibung

Das Organigramm gibt einen ersten Überblick über den Aufbau der Praxis und die Zuständigkeiten. Um eine Tätigkeit bzw. einen Arbeitsplatz genauer zu beschreiben, verwendet man die **Stellenbeschreibung**. In ihr werden schriftlich die **Aufgaben und Kompetenzen** in einer knappen Form erfasst und aufgelistet. Jeder Aufgabenbereich erhält eine eigene Stellenbeschreibung und kann somit von anderen abgegrenzt werden. Alle Praxismitarbeiter wissen daher ganz genau, welche Kerntätigkeiten von ihnen auszuführen sind und welche Weisungsbefugnisse sie haben. Missverständnissen und Doppelarbeiten wird vorgebeugt. Im Vertretungsfall kann eine Stellenbeschreibung dazu beitragen, die Einarbeitungszeit zu verringern und reibungsloser zu gestalten. Vorteilhaft ist sie insbesondere auch bei einer **Stellenneubesetzung**. Durch ihre eindeutige Aufgabenabgrenzung kann bereits eine Stellenanzeige im Bedarfsfall schwerpunktmäßig formuliert werden, die Personalsuche wird beschleunigt und das Bewerbungsgespräch erleichtert. Auch die Gehaltsfindung oder -erhöhung ist konfliktfreier abzuwickeln, denn eine Zuordnung, z. B. zu den einzelnen Tätigkeitsgruppen der Tarifverträge, ist leichter möglich. Und nicht zuletzt lassen sich mit einer Stellenbeschreibung schlecht oder gar nicht ausgeführte Aufgaben leichter nachweisen, wenn es zu einer Abmahnung oder Kündigung kommen sollte. Da Aufgabengebiete sich im Zeitverlauf verlagern oder ändern können, sollten Stellenbeschreibungen von Zeit zu Zeit aktualisiert werden.

4.1.4 Die Organisation der Arbeitsabläufe

4.1.4.1 Bestellsystem und Terminplanung

Ein ganz wichtiger Punkt im Rahmen des Praxismanagements ist die **Terminplanung der Sprechstunden.** Je nach Arztpraxis werden Patiententermine unterschiedlich festgelegt, wobei folgende **Bestellsysteme** unterschieden werden:

- **Sprechstundensystem.** Hier erscheinen die Patienten ohne Voranmeldung und werden der Reihenfolge oder der Dringlichkeit nach behandelt.
- **Patientenbestellsystem.** Die Patienten erhalten bei der Voranmeldung mündlich oder schriftlich

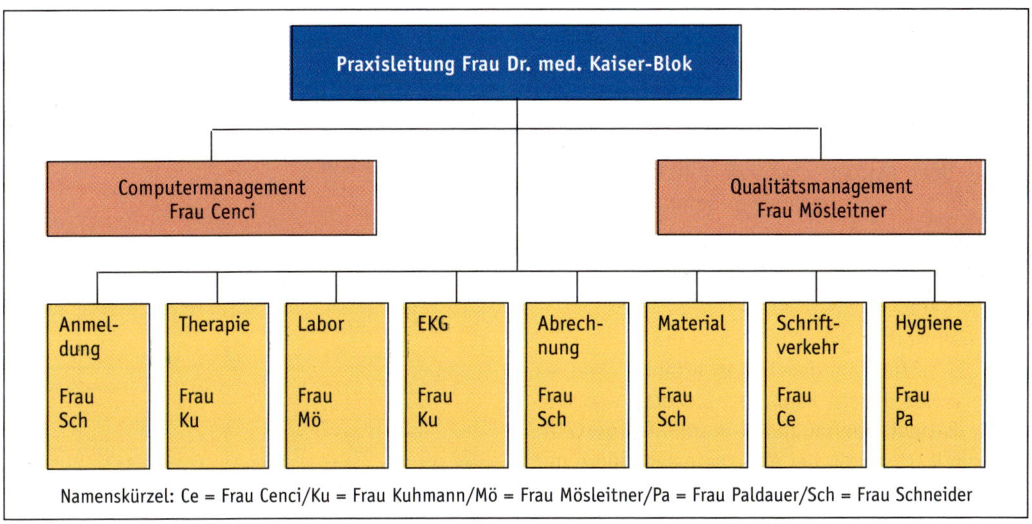

2. Organigramm der Praxis Dr. Kaiser-Blok

einen zeitlich genau bestimmten Behandlungstermin (vgl. Abb. 3).

- **Gemischtes System.** Nur zu bestimmten Zeiten findet das Patientenbestellsystem Anwendung (z. B. für Vorsorgeuntersuchungen, Labormaßnahmen oder Operationen), ansonsten wird das Sprechstundensystem durchgeführt.

Die beste Steuerung des Arbeitsanfalls lässt sich mit dem Patientenbestellsystem durchführen. Auch können hier die Wartezeiten der Patienten in der Regel relativ gering gehalten werden. Dazu ist es aber notwendig, dass bestimmte **Grundsätze bei der Planung der Patientenbehandlung** beachtet werden:

- Spezialuntersuchungen sollten geblockt an bestimmten Tagen erfolgen (z. B. Vorsorgeuntersuchungen bei Kindern nur vormittags oder Blutabnahme dienstags und donnerstags um 07:00 Uhr).
- Für unvorhergesehene Überschreitungen der Behandlungszeit oder Notfälle müssen Pufferzeiten (Zeitreserven) eingeplant werden.
- Bei der Führung des Terminbuchs ist bereits die Erkrankung oder Behandlungsart des Patienten einzutragen.
- Eine Überwachung der Einhaltung der Termine ist notwendig. Wer ohne Termin oder verspätet kommt, muss mit Wartezeiten rechnen.
- Das gewählte Zeitraster für die Behandlung der Patienten muss regelmäßig auf seine Wirksamkeit überprüft werden und eventuell veränderten Bedingungen angepasst werden.
- „Terminkillern" wie Langtelefonaten, unangemeldeten Besuchen von Pharmareferenten oder Patienten, die einfach mal so vorbeikommen, sollte durch klare Regelungen begegnet werden.
- Bei vielen telefonischen Anfragen oder einer Häufung von Akutpatienten könnte eine Telefon- oder Akutsprechstunde mit kurzen Taktzeiten und entsprechender Behandlungsdauer eingeführt werden.
- Auf pünktlichen Praxisbeginn und genaue Einhaltung der Pausen muss geachtet werden.

Niemand wartet gerne, selbst wenn er bereits beim Eintreffen in der Praxis erfährt, dass es „noch etwas dauern kann, bis Sie drankommen". Durch Patientenbefragungen wurde festgestellt, dass die Wartezeiten bei Allgemeinmedizinern mit bis zu über 50 Minuten am längsten sind, die bei Chirurgen mit etwa 20 Minuten dagegen bedeutend kürzer. Sicher liegt dies mit am hohen Anteil der Akutkranken, der kaum vorhersehbar und zu steuern ist. Im Einzelfall sollten hier Überlegungen (z. B. die bereits genannte Akutsprechstunde) angestellt werden. Auch wäre denkbar, bei sich abzeichnenden Wartezeitenverlängerungen telefonisch noch zu erreichende Patienten entsprechend auf andere Termine zu verschieben. Auf jeden Fall aber sollten bei akuten zeitlichen Verzögerungen die im Wartebereich anwesenden Patienten informiert werden.

Wie lange die Behandlungsdauer bei der Terminplanung anzusetzen ist, ist je nach Fachrichtung und Art der Behandlung unterschiedlich. Bestell- und Terminbücher oder computergestützte Bestellsysteme bieten die Möglichkeit, flexible Behandlungszeiten einzutragen.

Beispiel

Ausführliche Gesundheitsuntersuchung ca. 30 Minuten, Vorsorgeuntersuchung U4 bei Kindern ca. 20 Minuten, halbjährliche routinemäßige Untersuchung der Zähne durch den Zahnarzt ca. 15 Minuten, Impfung eines Hundes gegen Staupe und Beratung des Patientenbesitzers ca. 5 Minuten usw.

Ist ein erneuter Praxisbesuch notwendig, sollte der Patient auf jeden Fall eine **Terminkarte** erhalten, auf der gut sichtbar die neue Besuchszeit eingetragen ist. Zusätzliche Angaben, z. B. „Bitte nüchtern erscheinen", können außerdem hinzugefügt werden. Bereits aufgedruckte Ankreuzmöglichkeiten beschleunigen dabei die Ausstellung.

Bei größeren Behandlungen ist es sinnvoll, den Patienten noch einmal an den Termin zu erinnern, damit kein Leerlauf im Praxisablauf entsteht.

Terminplan 17. Woche

für Montag, den . .-04-23

Uhrzeit	00	10	20	30	40	50
08:00	H. Braun	Fr. Stümpel	(Erstpat.)	Fr. Schatz	H. Matum	Fr. Schütz
09:00	H. Hang	H. Schlei	Fr. Singer	H. Reichert	(Erstpat.)	PUFFER
10:00	Fr. Metzger	H. Masberg	H. Dachs	Fr. Fiedler	H. Botz	Fr. Tabaro
11:00	Fr. Masala	Fr. Freitag	(Erstpat.)	H. Bingöl	Fr. Urban	PUFFER
12:00	H. Michel	(Erstpat.)	Fr. Mey	Fr. Dr. Golz	H. Daum	H. Aurich
15:00	•••	•••	•••	•••	•••	•••
16:00	•••	•••	•••	•••	•••	•••
17:00	•••	•••	•••	•••	•••	•••

3. Beispiel für einen Terminplan

Zu Vorsorge- und Prophylaxemaßnahmen kann man die Patienten mit deren ausdrücklicher Zustimmung, am besten schriftlich und natürlich auf freiwilliger Basis, auch in ein **Recall-System** einbinden. Dabei werden die Patienten kurz vor der routinemäßigen Prophylaxe oder Vorsorgeuntersuchung telefonisch, per E-Mail oder per SMS noch einmal an den Termin erinnert.

Wie aus Abbildung 4 zu ersehen ist, wechselt ein großer Teil der Patienten den Arzt wegen zu langer Wartezeiten oder aus Unzufriedenheit mit der Praxis. Die Unzufriedenheit muss nicht allein ihre Ursachen in der Behandlungsart des Arztes haben, sondern kann auch durch das Verhalten der Praxisangestellten gegenüber den Patienten begründet sein. Diese wollen sich geborgen fühlen und von einem kompetenten Arzt behandelt wissen. Daraus ergeben sich bestimmte **Erwartungen des Patienten** an die Praxis:

- Sachkenntnis des Arztes und des Personals
- Ausreichende, aber umfassende Aufklärung
- Klare und dem jeweiligen Patienten angemessene und verständliche Sprache
- Klare Diagnosen und verständliche Anweisungen zur Therapie
- Der Krankheit des Patienten angemessener Einsatz von Untersuchungen und Geräten
- Bereitschaft des Arztes, auch als Hausarzt mit Hausbesuchen tätig zu werden
- Freundliche Behandlung durch Arzt und Fachangestellte
- Angenehme, möglichst entspannte Atmosphäre
- Verbindliche Termine ohne lange Wartezeiten
- Eingehen auf die Bedürfnisse des Patienten
- Hilfsbereitschaft

4.1.4.2 Planung des Personaleinsatzes

Da die Fachangestellte ein sehr umfangreiches Aufgabenfeld zu erfüllen hat, ist es notwendig, für die einzelnen Arbeitsgebiete genaue Festlegungen zu treffen. Diese werden durch einen Dienst- oder Personaleinsatzplan mit der dazugehörigen Arbeitsplatzbeschreibung vorgenommen.

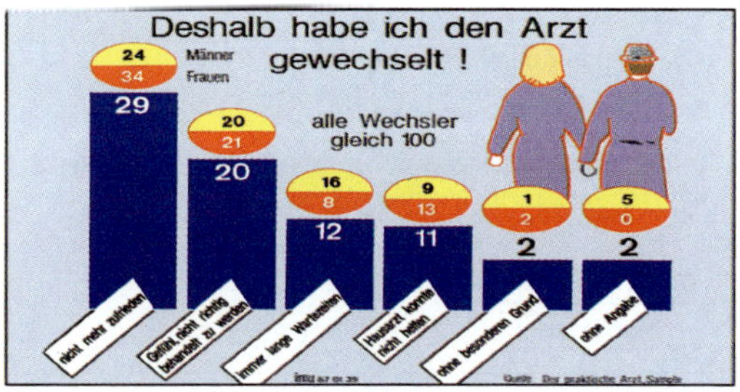

4. Deshalb habe ich den Arzt gewechselt

In der **Arbeitsplatzbeschreibung** ist genau festgelegt, welche Aufgaben von der Angestellten durchgeführt werden müssen. Während bei der Stellenbeschreibung die Aufgaben und Kompetenzen nur knapp beschrieben werden, enthält eine Arbeitsplatzbeschreibung detaillierte Arbeitsanweisungen und konkrete Arbeitsschritte für die jeweils durchzuführende Tätigkeit. Die komplexen Tätigkeiten eines Arbeitsplatzes werden aufgespalten in übersichtliche und der Arbeitsabwicklung folgende Teilaufgaben. So wird erkennbar, welche **konkreten Aufgaben** mit einem bestimmten Arbeitsplatz verbunden sind. Die Angestellte ist für die ordnungsgemäße Erfüllung der Aufgaben in diesem eindeutig festgelegten Arbeitsbereich eigenverantwortlich. Dies stärkt ihre Kompetenz und führt zu einer Erhöhung der Arbeitszufriedenheit. Arbeitsüberschneidungen bzw. Kompetenzüberschreitungen lassen sich schnell klären und beseitigen. Beim Einsatz von Arbeitsplatzbeschreibungen sollten in gewissen Zeitabständen Überlegungen erfolgen, ob der jeweilige Arbeitsbereich neu festgelegt werden muss oder Arbeitsschritte sich geändert haben und anders ausgeführt werden müssen, weil z. B. durch Gesetzesänderungen oder Angebotserweiterungen neue Praxisaufgaben hinzugekommen (z. B. IGeL) oder andere weggefallen sind.

Für die Beschreibung der einzelnen Arbeitsschritte hat sich die Verwendung von **Checklisten** (vgl. Abb. 6, Seite 186) als sinnvoll erwiesen. Gerade bei immer wiederkehrenden Verrichtungen verhindern sie, dass Arbeitsschritte vergessen werden. Fehler und Behinderungen im Praxisablauf können dadurch weitgehend vermieden werden. Die einzelnen Arbeitsschritte werden in der Check-

5. Notfälle können die Wartezeit verlängern!

liste entsprechend ihrem Arbeitsablauf bis ins Detail aufgegliedert und auf einen einheitlichen Vordruck übernommen. Die Teilaufgaben werden dann nacheinander abgearbeitet und ihre Durchführung wird bestätigt. So wird die Arbeit effektiver und eine gleichbleibende Qualität gesichert. Darüber hinaus sind Checklisten Arbeitsnachweise, welche die ordnungsgemäße Durchführung einer bestimmten Tätigkeit belegen und damit bei Kontrollen (z. B. Hygieneplan) oder Rechtsstreitigkeiten als Beweismittel dienen können.

Beim **Erstellen** von Checklisten ist zunächst zu überlegen, welche Arbeitsverrichtungen sich zur Standardisierung eignen. Anschließend werden die einzelnen Arbeitsschritte genau festgelegt und beschrieben. Nach dem Vier-Augen-Prinzip sollte anschließend noch eine Schlüssigkeits-/Ablaufkontrolle erfolgen, bevor die Liste dann zum Einsatz kommt. In bestimmten Zeitabständen müssen die Checklisten überprüft und bei Bedarf ergänzt oder verändert werden.

Die **Vorteile** des Checklisteneinsatzes liegen neben den bereits geschilderten darin, dass sie auf die speziellen Praxisvorgänge abgestimmt werden können. Die Einarbeitungszeit von neuen Mitarbeiterinnen wird reduziert und Angestellte, die in anderen Bereichen tätig sind, können schnell zusätzliche Aufgaben übernehmen, wenn dies z. B. im Krankheits- oder Urlaubsfall notwendig wird. Bei Zusammenfassung von z. B. Organisationsplänen, Arbeitsplatzbeschreibungen und Checklisten in einem **Handbuch** können sich etwa neue Auszubildende einen schnellen Überblick über die in der Praxis anfallenden Aufgaben und ihre Ausführung verschaffen. Dies gilt auch für Kontrollen, z. B. im Rahmen eines Qualitätsmanagements (vgl. Seite 195 f.).

Während in Kleinpraxen häufig eine Angestellte alle Aufgaben erledigt, wird bei größeren Praxen mit mehreren Beschäftigten eine Arbeitsteilung vorgenommen. Damit Arbeiten nicht doppelt erledigt oder vergessen werden und immer ausreichend Personal in der Praxis vorhanden ist, ist es sinnvoll, einen Personaleinsatzplan und Dienstplan zu erstellen. Der **Personaleinsatzplan** ergibt sich aus der Stellen- und Arbeitsplatzbeschreibung und legt fest, wer wann für welche Praxisaufgaben verantwortlich ist. Die Personaleinsatzplanung zielt auf eine Optimierung der Praxisabläufe ab. So können z. B. ein schwankender Personalbedarf (etwa bei Stoßzeiten an bestimmten Wochentagen oder zu bestimmten Jahreszeiten) und Personalengpässe (z. B. bei Teilzeitarbeitskräften) bereits bei der Planung vorab berücksichtigt werden. Die Zuordnung der Mitarbeiter erfolgt nach ihren Fähigkeiten und den Anforderungen des Arbeitsplatzes, die individuellen Interessen und Neigungen sollten dabei jedoch berücksichtigt werden.

Um die Akzeptanz des Personaleinsatzplans zu erhöhen, sollten die Beschäftigen bei der Erstellung eingebunden werden. Dabei sind folgende Punkte zu berücksichtigen:

1. Anrufbeantworter ausschalten und abhören
2. Büroschränke aufschließen
3. Computer anstellen
4. Terminplan für den Tag kontrollieren
5. Patientenkarteien der bestellten Patienten heraussuchen
6. Wartezimmer auf ordentlichen Zustand kontrollieren und Zeitschriften ordnen
7. Vorbereitungen für eventuelle Patientenanrufe treffen (Notizzettel bereitlegen)
8. Notizen des Vortages durchsehen und eventuell Patienten telefonisch benachrichtigen
9. Ablage durchführen
10. Schriftverkehr abwickeln
11. Posteingang und Postausgang bearbeiten
12. Telefonanrufe entgegennehmen
13. Termine vergeben
14. Einhaltung der Termine kontrollieren

6. Checkliste für die Anmeldung

Checkliste Laboreinweisung

Einweisung in folgende Sicherheitsmaßnahmen:
- Schutzkleidung, Schutzhandschuhe
- Umgang mit infektiösem Material
- Benutzung und Entsorgung von Kanülen und Spritzen
- Vorbereitung von Spritzen, Punktionen, Infusionen
- Strahlenschutzverordnung
- Schutzimpfungen Mitarbeiterin
- Notfallplan

In die Sicherheitsmaßnahmen wurde ich eingewiesen:

Darmstadt, 26.05.20..

J. Rauscher

(Unterschrift)

7. Checkliste Mitarbeitereinweisung mit Bestätigung

* Spezielle Fähigkeiten und Fertigkeiten der Angestellten (z. B. Röntgenschein)
* Wünsche der Beschäftigten bei der Aufteilung der anfallenden Arbeiten, wobei Arbeiten, die von allen Beteiligten nicht gerne übernommen werden, möglichst gleichmäßig verteilt werden
* Notwendige Mehrarbeit, z. B. wegen Erkrankung oder Urlaub, gleichmäßig auf die Beschäftigten verteilen, um eine übermäßige Belastung Einzelner zu verhindern. Bei längerfristigen Erkrankungen ist die Reaktivierung von Personalreserven ratsam, z. B. Einsatz ehemaliger Angestellter, die nur noch stundenweise arbeiten wollen.

Jede Beschäftigte kann nach dem Prinzip „Bei uns kann jede alles" wechselweise in allen Arbeitsbereichen eingesetzt werden. Daraus ergeben sich folgende **Vorteile**:

* Eine kurzfristige Vertretung erkrankter Kolleginnen ist ohne lange Einarbeitung möglich.
* Bei unterschiedlichem Arbeitsanfall ist ein bereichsübergreifender Einsatz möglich.
* Die praxisinterne Kommunikation wird durch die Kenntnis der einzelnen Arbeitsabläufe verbessert.

Der **Dienstplan** der Praxis legt fest, wann genau welche Mitarbeiterin in der Praxis anwesend sein muss. Dies kann in Tages-, Wochen- oder Monatsdienstplänen geschehen. Grundlage der Einteilung ist die vertragliche oder tariflich vereinbarte Wochen- oder Monatsarbeitszeit. Voraussehbare und vereinbarte Überstunden, Zeiten eines Notfall-, Wochenend- oder Bereitschaftsdienstes sollten rechtzeitig in den Dienstplan eingebaut werden. Weiter berücksichtigt werden müssen z. B. Mutterschutz- und Jugendarbeitsschutzvorschriften (z. B. Berufsschulbesuch) sowie die Bestimmungen des Arbeitszeitgesetzes (vgl. Kapitel 5). Der Dienstplan muss schließlich noch mit dem Personaleinsatzplan abgestimmt werden, damit eine ordnungsgemäße fachliche Arbeitsbewältigung gewährleistet ist. Entsprechende Computerprogramme berücksichtigen dies und unterstützen damit die Erstellung der Dienstpläne. Das Programm liefert z. B. einen schnellen Überblick über sämtliche Einsatzzeiten. Es kann darauf hinweisen, wenn Überstunden eingeplant wurden und individuelle Mitarbeiterpläne lassen sich schnell ausdrucken.

Für Notfälle, z. B. bei plötzlicher Erkrankung einer Mitarbeiterin, sollte ein **Vertretungsplan** vorhanden sein. In ihm kann geregelt werden, wer welche Aufgaben der ausgefallenen Kollegin übernehmen soll, ob z. B. bestimmte Arbeiten auf später verschoben werden können und wie gewährleistet wird, dass Informationen für die fehlende Kollegin dokumentiert werden.

Die Planung des Personaleinsatzes ermöglicht meist einen reibungslosen Praxisablauf. Daneben ist es jedoch notwendig, für die Urlaubszeit oder bei Ausfall von Mitarbeiterinnen (z. B. wegen Krankheit) gesonderte Maßnahmen ergreifen zu können, ohne dass der gesamte Praxisablauf mehr als notwendig gestört wird. Eine Möglichkeit bie-

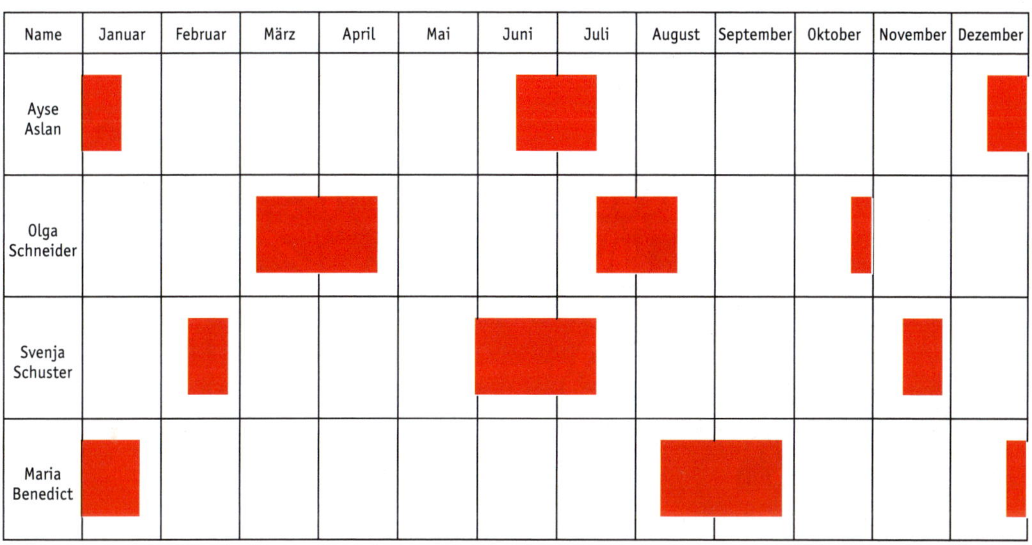

8. Urlaubsplan

tet dabei die Erstellung eines **Urlaubsplans** (vgl. Abb. 8). In ihm werden folgende Festlegungen getroffen:

- Wann ist die Praxis wegen Urlaub geschlossen?
- Welche Mitarbeiterin hat wann und wie lange Urlaub?

Bei der Planung und Eintragung des Urlaubs sind folgende Fragen zu prüfen:

- Muss der Urlaub in den Schulferien liegen, weil die Mitarbeiterin schulpflichtige Kinder hat?
- Gibt es Auszubildende, die ihren Jahresurlaub in den Ferien nehmen sollen?
- Ist der Partner der Mitarbeiterin an bestimmte Urlaubszeiten gebunden?
- Überschneiden sich die verschiedenen Urlaubswünsche? Ist für ausreichend Personal gesorgt?
- Wurde eine zeitliche Abstimmung mit Nachbarpraxen vorgenommen, damit durch Vertretung die ärztliche Versorgung gewährleistet ist?

Deshalb sollte der Urlaubsplan frühzeitig erstellt werden, möglichst in den letzten Monaten des Vorjahres, spätestens aber zum Jahresbeginn.

4.1.5 Konfliktmanagement in der Praxis

Gerade im täglichen Praxisablauf können Konflikte verstärkt auftreten. Die **Ursachen** dafür liegen oft im praxisinternen Bereich oder gehen von den Patienten aus, z. B.:

- Patienten bzw. Patientenbesitzer, die sich benachteiligt oder nicht ausreichend betreut fühlen
- Aggressive Patienten

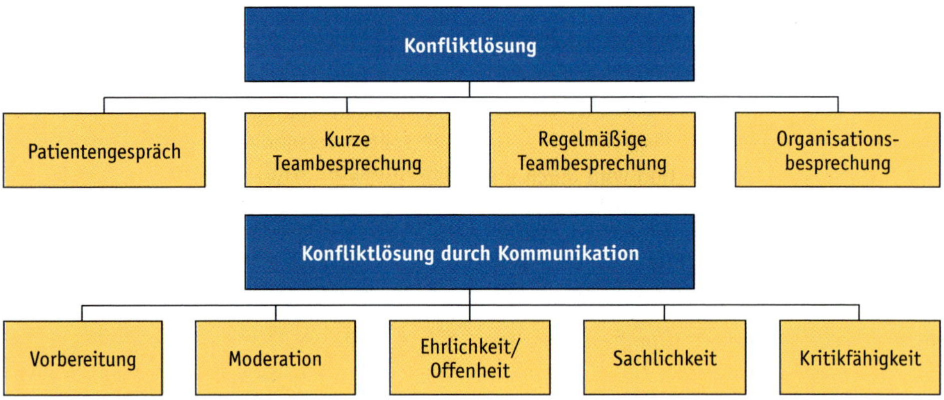

9. Grundsätze der Konfliktlösung

10. Konfliktlösung: nicht so, sondern so

- Überarbeitung der Kolleginnen
- Unklare Arbeitsabläufe
- Missverständliche Anweisungen durch Kolleginnen oder Arzt/Ärztin
- Überlastung durch hohe Patientenzahl und Überstunden

Um diese Konflikte erst gar nicht aufkommen zu lassen oder um sie zu lösen, ist es notwendig, den Anlass und die Ursache dafür deutlich und klar zu benennen. Auch müssen die Eigenheiten der Betroffenen berücksichtigt und persönliche Animositäten im Sinne der Praxis zurückgestellt werden. Nur dann lässt sich eine **Konfliktlösungsstrategie** erarbeiten. Denn Konflikte kosten Zeit und Kraft!

Die Konfliktlösungsstrategie kann, je nach Art des Konflikts, wie folgt aussehen:

- **Patientengespräch**
  Hierbei sollte versucht werden, dem Patienten die jeweilige Situation zu erklären und, wenn möglich, Vorschläge zur Lösung des Konflikts erarbeitet werden.
- **Kurze Teambesprechungen**
  Bei Missverständnissen oder kurzfristiger Überlastung sollten möglichst zeitnah, entweder in der Mittagspause oder im Anschluss an die Sprechstunde, Teambesprechungen stattfinden.
- **Regelmäßige Teambesprechungen** (vgl. Seite 202 f.)
  Im Sinne einer guten Zusammenarbeit in der Praxis sind regelmäßige Teambesprechungen zu festen Terminen sinnvoll, um alle Probleme des Praxisalltags zur Sprache zu bringen und über Verbesserungen nachzudenken.
- Organisationsbesprechungen
  Diese dienen einerseits dem Kennenlernen der einzelnen Arbeitsbereiche, andererseits können dabei auch Vorschläge zur möglichst sinnvollen Gestaltung oder Änderung der Arbeitsaufgaben und -gebiete sowie der Arbeitsabläufe erfolgen.

Bei allen Gesprächen sollte beachtet werden: Am Ende der Diskussion muss immer ein von den Beteiligten akzeptiertes Ergebnis stehen, das Ergebnis muss in eine Handlung umgesetzt werden und ein Erfolg sollte später festzustellen sein.

Damit diese Konfliktlösungsstrategien erfolgreich sein können, sind folgende Voraussetzungen zu schaffen:

- Die Besprechung muss gut vorbereitet sein.
- Es sollte ein Moderator vorhanden sein, der unvoreingenommen die Rolle des Vermittlers übernimmt. Gemeinsam und konsequent sollte nach Lösungen gesucht werden.
- Probleme sind immer offen und ehrlich anzusprechen. Es sollte klar benannt werden, was stört und welche Veränderung erwartet wird.
- Die Art und der Ton sollten immer freundlich und angemessen sein. Persönliche Beleidigungen oder gar Drohungen sind absolut tabu.
- Persönliche Abneigungen müssen zurückgestellt werden, faires Verhalten und Sachlichkeit sind geboten.
- Berechtigte Kritik muss sachlich ausgesprochen werden können, ohne dass dadurch persönliche oder berufliche Nachteile entstehen.

Bei Einhaltung dieser Regeln ist eine Konfliktlösung innerhalb der Praxis zum Vorteil des Arbeitsklimas möglich.

4.2 PRAXISMARKETING

4.2.1 Gesetzliche Vorschriften

Grundsätzlich gilt für alle ärztlichen Berufe ein eingeschränktes Werbeverbot, d. h., es darf nicht für den Service des Arztes, Zahn- oder Tierarztes oder besondere Behandlungsmethoden bzw. -erfolge geworben werden. Geregelt ist dies in gesetzlichen Vorschriften (vgl. Abb. 11, Seite 190) und insbesondere in den Berufsordnungen der jeweils zuständigen Kammer. „Werbung" ist nur dann erlaubt, wenn sachlich über berufsbezogene Informationen berichtet wird. Jede irreführende, anpreisende oder vergleichende Werbung ist berufswidrig und widerspricht den Standesregeln.

Beispiel

Werbemäßige Bezeichnungen wie „international anerkannter Spezialist für ...", „modernste Praxis der Stadt" oder Vergleiche mit anderen Praxen wie „Wir sind den anderen immer ein ganzes Stück voraus" fallen unter das Werbeverbot. Untersagt sind auch etwa die Veröffentlichung von Dankschreiben („Danke für mein strahlendes Gebiss, Herr Dr. Zahn") oder marktschreierische bzw. Preis-Leistungs-Werbung („Diese Woche Kastrationen nur 50,00 EUR!"). Auch die Abbildung des Arztes bei der Arbeit, z. B. mit weißer Berufskleidung, ist unzulässig.

Berufsgerichtliche Strafen wie Abmahnungen, Geldbußen oder als letzte Konsequenz sogar der

Ausschluss aus der jeweiligen Kammer können für solche Verstöße verhängt werden. Allerdings wurden die Vorschriften in letzter Zeit gelockert. So ist die genaue Größenfestlegung des Praxisschildes entfallen, es muss sich nun nur noch den örtlichen Gepflogenheiten anpassen (Zahnarztpraxis) bzw. unterliegt so gut wie keinen Größenvorschriften mehr. Auch in Bezug auf die Schaltung von Praxisanzeigen haben höchstrichterliche Urteile dazu geführt, dass eine Lockerung eingetreten ist. Durfte z. B. in der örtlichen Zeitung früher nur zu bestimmten Anlässen wie Urlaub, Renovierung usw. eine Annonce der Praxis erscheinen, so ist dies heute auch ohne Anlass zulässig, ja theoretisch sogar bundesweit möglich. Und auch Rundfunk- und Fernsehwerbung oder das Internet steht den Praxen offen, wobei selbstverständlich auch hier die Standesregeln einzuhalten sind und auf allgemeine Rechtsvorschriften bezüglich Internetauftritten geachtet werden muss (z. B. Angabe eines Impressums). Trotz des Wegfalls vieler Werbeeinschränkungen sollte aber bei der Werbegestaltung darauf geachtet werden, dass die Erbringung von Gesundheitsleistungen etwas anderes ist als etwa der Verkauf von Handys oder Kaffee. Trikot- und Bandenwerbung, z. B. beim örtlichen Fußballverein, bleibt deshalb noch immer verboten, eine gewisse Zurückhaltung und seriöses Auftreten ist angeraten.

4.2.2 Möglichkeiten der Praxispräsentation

Das Praxismarketing wird insbesondere im Rahmen des zukünftigen Konkurrenzkampfes um Patienten/Selbstzahler von IGe-Leistungen bzw. Klienten in den Arzt-, Zahnarzt- und Tierarztpraxen eine zunehmende Bedeutung erlangen.

Ein gutes Praxismanagement zeichnet sich durch die konsequente Umsetzung eines internen Praxismarketings zugunsten der Praxis und der Patienten aus.

Damit dieses Praxismarketing auch erfolgreich praktiziert werden kann, ist es notwendig, dass alle in der Praxis Beschäftigten ihr Verhalten, ihre Arbeitsweise und ihre Tätigkeit den **Zielen** der Praxis unterordnen. Hierzu zählen insbesondere die Zufriedenheit der bisherigen Patienten, die Gewinnung neuer Patientengruppen und neuer Privatpatienten.

Einer der wichtigsten Bausteine zur Umsetzung der Ziele stellt das Image, d. h. das Ansehen der Praxis, dar. Neben der **Kompetenz** des Arztes und der Fachangestellten spielt hierbei besonders das Auftreten der Mitarbeiterin gegenüber den Patienten bzw. Klienten eine große Rolle. Die Angestellte hat dem Patienten dabei den Eindruck zu vermitteln, dass ihm das gesamte Interesse der Praxis gilt. Im Mittelpunkt steht hierbei die **Patientenbetreuung.** Besonders wichtig ist, dass der Patient mit seinen Problemen und Erkrankungen ernst genommen wird und nicht das Gefühl bekommt, als Weichling oder Simulant abgestempelt zu werden. Dazu gehört vor allem die Fähigkeit, dem Patienten zuzuhören, ohne ihn sofort zu unterbrechen. Auch sollte sichergestellt sein, dass der Patient die Erklärungen oder Hinweise auf das weitere Vorgehen verstanden hat und eventuelle Missverständnisse erst gar nicht aufkommen. Eine dem Patienten angemessene Sprache und Erklärungsweise baut bei diesem Ängste und Unsicherheiten ab, was wiederum die Zufriedenheit des Patienten mit der Praxis erhöht. Besonders in Zeiten großer Hektik und starken Patientenandrangs tragen diese Eigenschaften zur Image-

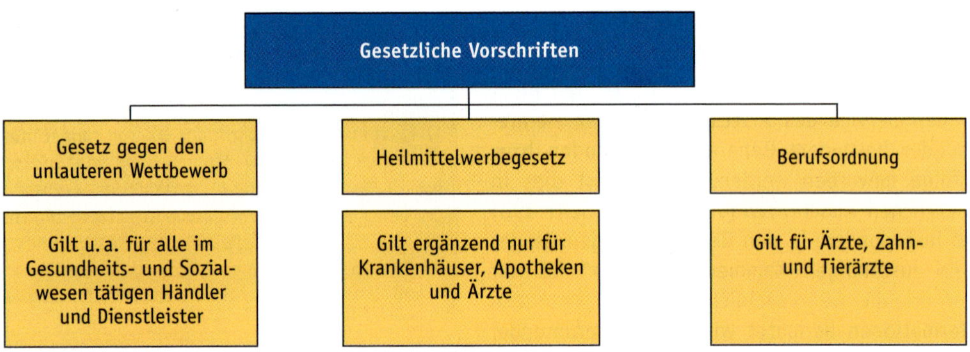

11. Gesetzliche Vorschriften für das Praxismarketing

hebung der Praxis bei, denn keine noch so intelligent geplante und umgesetzte Werbung kann die Empfehlung von zufriedenen Patienten ersetzen (Mund-zu-Mund-Propaganda).

„Gutes erfährt das Haus, das Schlechte das ganze Viertel", sagt man und meint damit, dass schlechte Erfahrungen einen viel größeren Verbreitungskreis haben als gute und Negatives länger in Erinnerung bleibt.

Praxisinformationen als Marketinginstrumente zu nutzen ist jedoch trotz der Werbeeinschränkung auch im Gesundheitsbereich möglich. Kreative Ideen sind gefragt, um Patienten zu informieren und die Praxisbindung zu erhöhen. Marketingmaßnahmen könnten z. B. sein:

§ 27
Erlaubte Information und berufswidrige Werbung

(1) Zweck der nachstehenden Vorschriften der Berufsordnung ist die Gewährleistung des Patientenschutzes durch sachgerechte und angemessene Information und die Vermeidung einer dem Selbstverständnis der Ärztin oder des Arztes zuwiderlaufenden Kommerzialisierung des Arztberufs.

(2) Auf dieser Grundlage sind Ärztinnen und Ärzte sachliche berufsbezogene Informationen gestattet.

(3) Berufswidrige Werbung ist Ärztinnen und Ärzten untersagt. Berufswidrig ist insbesondere eine anpreisende, irreführende oder vergleichende Werbung. Ärztinnen und Ärzte dürfen eine solche Werbung durch andere weder veranlassen noch dulden. Werbeverbote aufgrund anderer gesetzlicher Bestimmungen bleiben unberührt.

(4) Ärztinnen und Ärzte können
1. nach der Weiterbildung erworbene Bezeichnungen,
2. nach sonstigen öffentlich-rechtlichen Vorschriften erworbene Qualifikationen,
3. Tätigkeitsschwerpunkte
und
4. organisatorische Hinweise

ankündigen.

Die nach Nr. 1 erworbenen Bezeichnungen dürfen nur in der nach der Weiterbildungsordnung zulässigen Form geführt werden. Ein Hinweis auf die verleihende Ärztekammer ist zulässig.

Andere Qualifikationen und Tätigkeitsschwerpunkte dürfen nur angekündigt werden, wenn diese Angaben nicht mit solchen nach geregeltem Weiterbildungsrecht erworbenen Qualifikationen verwechselt werden können.

...

(Quelle: § 27 der (Muster-)Berufsordnung für die deutschen Ärztinnen und Ärzte [Stand 2015], Bundesärztekammer [www.bundesaerztekammer.de])

12. Muster-Berufsordnung Ärzte

- Praxisschild mit Bild/Porträt des Arztes/der Ärztin versehen (ohne Berufskleidung), Angaben wie Telefonnummer oder E-Mail-Adresse hinzufügen
- Flyer oder Praxiszeitung mit Vorstellung des Praxisteams, eine Übersicht über das Leistungsangebot der Praxis usw. den Besuchern persönlich überreichen oder auslegen
- Erstattung von Parkgebühren beim Arztbesuch, wenn nur wenige Praxisparkplätze vorhanden sind
- Klienteninformation über gesunde Tierernährung, Angebot von Diät-Futtermitteln mit Lieferservice
- Praxiswegweiser erstellen mit Adresse, Leistungsangebot, Parkplatzmöglichkeiten oder Anfahrtswegen (wegen „Copyright" keinen vorgegebenen Plan verwenden, sondern z. B. einen selbst gezeichneten)
- kleine Geschenke oder Belobigungen, z. B. für „tapferes Verhalten", ausgeben, etwa Kinderzahnbürste oder Anstecker
- Praxisschild bei Dunkelheit beleuchten
- Name, Anschrift, Homepage, Praxislogo etc. auf allen nach außen gehenden Vordrucken anbringen (Visitenkarten, Terminzettel, Kurzinformationen etc.)
- Gratulation zum Geburtstag, Kartengrüße zu anderen Anlässen
- Kunstausstellungen in der Praxis organisieren
- Besondere Sprechstunden (z. B. abends für Berufstätige, am Samstag) anbieten

Veröffentlichungen medizinischen Inhalts in **Zeitungen** und **Zeitschriften** durch Ärzte sind

13. Modernes Praxismarketing?

dann zulässig, wenn sie sich auf die sachliche Information beschränken. Gleiches gilt für Reportagen im Fernsehen oder Radio.

Bei-spiel *In der Zeitung erscheint ein Artikel über Akupunktur. Dr. Müller beschreibt dabei die Vorgehens- und Einsatzmöglichkeiten, mit denen er in seiner Praxis Erfolge erzielt hat.*

Bei-spiel *Im Fernsehen wird eine Reportage über die Behandlung eines erkrankten Kois (Japanischer Zierkarpfen) in einer Tierarztpraxis gezeigt.*

Bei-spiel *Im regionalen Radiosender wird eine Sendung zur Zahnprophylaxe bei Kindern übertragen. Der niedergelassene Zahnarzt Dr. Schneider beantwortet als Experte Fragen.*

Vorträge über **medizinische Themen** bei Volkshochschulen, Veranstaltungsreihen o. Ä. bieten ebenso eine gute Möglichkeit, auf die eigenen Behandlungsmethoden hinzuweisen.

Eine Besonderheit stellt die **Homepage im Internet** dar. Beginnen sollte der Internetauftritt mit der Darstellung des **Praxisleitbildes**, in dem die zentralen Werte und Qualitätsgrundsätze der Praxis dargestellt und Ziele definiert werden (z. B. Patienten- und Teamorientierung, ganzheitliche Vorgehensweisen, Umweltschutzmaßnahmen). Danach kann der Arzt seine Praxis mit den verschiedenen Behandlungsschwerpunkten, speziellen Kenntnissen und der medizinischen Ausstattung vorstellen. Auch Erläuterungen, z. B. über die Behandlung bestimmter Erkrankungen, sind möglich. Eine vergleichende Werbung mit anderen Ärzten ist aber auch hier strikt untersagt. Auch ein Gästebuch, in dem sich Patienten eintragen können, ist nicht zulässig.

Praxisziele	Patienten-betreuung	Werbung	Warte-zimmer
Neue Zielgruppen gewinnen	Angstabbau	Verkehrsgünstige Lage	Freundliche Atmosphäre
Verbesserung des Images	Freundlicher Umgang	kostenlose Parkplätze	Kinderecken
Gewinnung von Privatpatienten	Patienten nicht bevormunden, sondern ernst nehmen	Sprechzeiten für Berufstätige	Unterhaltungsangebote

14. Bereiche des Praxismarketing

Rechtlich noch nicht eindeutig geklärt ist, ob eine medizinische Beratung der Patienten über das Internet erlaubt ist, da dies mit der Unmittelbarkeit der Behandlung durch den Arzt (geregelt in der Berufsordnung) nur schwer in Einklang zu bringen sein wird.

Im Rahmen des vorgeschriebenen Qualitätsmanagements bei niedergelassenen Ärzten und Zahnärzten wird die Veröffentlichung im Internet über den Qualitätsbericht der jeweiligen Praxis eine Vergleichbarkeit der Praxen ermöglichen. Im Falle eines positiven Abschneidens kann dies ein gutes Marketinginstrument sein.

Zwei weitere Marketingmaßnahmen zur Verstärkung der Patientenbindung sollten nicht unerwähnt bleiben:

Bei-spiel *Die Zahnarztpraxis erinnert ihren Patienten an den nächsten Prophylaxetermin, der Arzt an die Impfauffrischung und der Tierarzt an die anstehende jährliche Entwurmung der Katze.*

Recall-Service (Erinnerungsservice)

Seit der Lockerung der Werbebeschränkungen im Gesundheitsbereich haben Praxen die Möglichkeit, ihre Patienten oder Klienten über Telekommunikationsmittel anzusprechen. Hat sich eine Praxis hierzu entschieden, steht zunächst am Anfang, die Patienten auf diese Recall-Möglichkeit durch eine in der Praxis übermittelte Information hinzuweisen. Am besten geschieht dies in Verbindung mit einem Fragebogen, bei dem die Patienten den Übertragungsweg ankreuzen und ihre Verbindungswünsche dazu bereits eintragen können. Möglichkeiten bieten sich per Telefon, durch Serienbriefe, E-Mails oder mittels SMS-Nachricht auf das Mobiltelefon. Die Praxis ist rechtlich abgesichert, wenn sie sich vom Patienten eine **Einwilligung** über die Teilnahme am Recall-Service geben lässt. Außer den genannten Beispielen wären Erinnerungen an Vorsorgeuntersuchungen, Laborkontrollen und andere wiederkehrende Leistungen denkbar. Vor der Einführung sollte aber nicht vergessen werden, dass ein solches System Kosten verursacht, Zeit beansprucht und – einmal eingeführt – auch funktionieren muss, weil der Patient sich dann auf den Recall-Service verlässt.

Corporate Identity

Dieser Begriff stammt aus der Wirtschaft und besagt, dass eine Firma durch ihr Auftreten sich unverwechselbar und einprägsam für den Kunden darstellt und damit einen großen Wiedererkennungswert und hohe Kundenbindung erreicht. Beispiele sind hier z. B. im Fast-Food-Bereich, im Automobil- oder Einzelhandel zu finden. Umgesetzt für eine Praxis bedeutet dies, dass ein bestimmtes individuelles **Erscheinungsbild** vorhanden ist, das sich in der Erinnerung des Patienten abspeichert. Eine abgestimmte farbliche Gestaltung von Fußboden, Wänden und Mobiliar, gemeinschaftliche Praxiskleidung, Namensschilder für die Mitarbeiterinnen und ein einheitliches Praxislogo auf Briefpapier, Termininformationen oder Visitenkarten als denkbare Möglichkeiten sollen das Praxispersonal als Team darstellen. Die Praxis soll dadurch in der Erinnerung des Patienten als etwas Besonderes und Angenehmes haften bleiben und sich von anderen Arztpraxen positiv abheben.

4.3 QUALITÄTSSICHERUNG IN DER PRAXIS

Den Begriff „Qualität" wird man nicht unbedingt zuerst mit einer Arztpraxis in Verbindung bringen, sondern eher an materiellen Dingen festmachen. Dabei ist der Arzt durch seine Berufsausübung schon früh (z. B. Eid des Hippokrates, ca. 400 v. Chr.) die Verpflichtung eingegangen, die Erhaltung und Wiederherstellung der Gesundheit seiner Patienten als oberstes Gebot seines Handelns anzusehen. Durch eine Vielzahl ethischer, rechtlicher und sich aus der Berufsordnung ergebender Regelungen ist er zu einem hohen Qualitätsstandard verpflichtet. Bereits im „Kodex Hammurabi", ca. 1760 v. Chr. vom gleichnamigen babylonischen König erlassen, werden ärztliche Qualitätsmängel hart bestraft: „Wenn ein Arzt ... den Tod eines Bürgers verursacht, so soll man ihm die Hand abhacken." Glücklicherweise sind solche drakonischen und inhumanen Maßnahmen heute nicht mehr denkbar. Der Qualitätsgedanke erhält aber auch im Gesundheitswesen einen immer höheren Stellenwert. Zu freiwilligen **Qualitätssicherungsmaßnahmen** kommen mehr und mehr gesetzgeberische und berufsständische Vorgaben hinzu. Und stärker als bisher wird die Qualität der ärztlichen Leistung darüber mitentscheiden, welcher Vergütungsrahmen angesetzt werden kann und wie sich die wirtschaftliche Lage der Praxis entwickelt. Durch Kostendruck und den zunehmenden Konkurrenzkampf auch im Gesundheitsbereich werden nur Praxen eine Chance haben, die ihre Patienten durch beste Qualität und effektives Arbeiten zufriedenstellen können.

Dabei genügt es nicht, wenn der Arzt eine qualitativ hochwertige medizinische Leistung erbringt. Vielmehr muss das **Qualitätsmanagement** von

PDCA-Zyklus „Wir wollen effektiver arbeiten"

Die Phasen des PDCA-Zyklus:

P = Darstellung eines aktuellen Problems, daraus abgeleitet konkrete Zielsetzungen zur Verbesserung, Maßnahmen/Tätigkeiten zur Problemlösung festlegen

D = Umsetzung und Dokumentation der konkreten Maßnahmen, bei der Ausübung in der Praxis auf neue Verfahrensweisen und Verantwortungsbereiche achten

C = regelmäßige Überprüfung, ob die Maßnahmen zu den gewünschten Verbesserungen geführt haben, Vergleich der Ergebnisse mit der Zielsetzung und Dokumentation des Erreichten

A = Erfolgreiches als neuen Arbeitsablauf festlegen, bei nicht zufriedenstellenden Ergebnissen erneut Maßnahmen zur Verbesserung überlegen und neuen Durchlauf beginnen

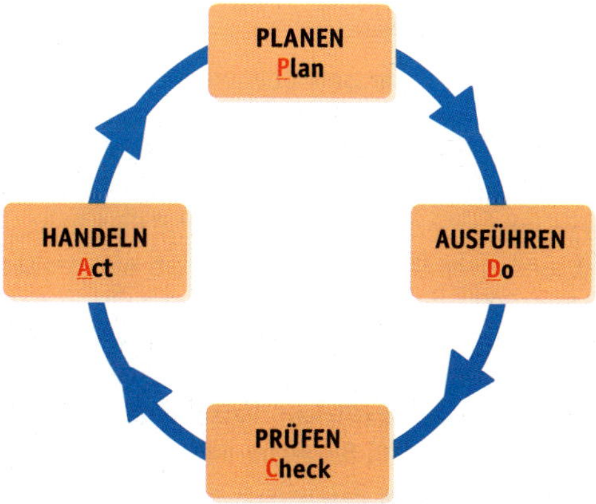

15. PDCA-Zyklus zur Qualitätsverbesserung

allen Praxismitgliedern getragen sein und als dauernder Verbesserungsprozess erkannt werden. „Wer aufhört, besser zu werden, hat aufgehört, gut zu sein", besagt ein Sprichwort, das zur Beschreibung dessen passt, was unter „Qualitätsmanagement" verstanden werden kann:

Unter Qualitätsmanagement ist die kontinuierliche und systematische Durchführung von Maßnahmen zu verstehen, mit denen eine anhaltende Qualitätsförderung und -verbesserung erreicht werden soll. Qualitätsmanagement bedeutet konkret, dass Organisation, Arbeitsabläufe und Ergebnisse einer Einrichtung regelmäßig überprüft, dokumentiert und gegebenenfalls verändert werden.

(Quelle: Qualitätsmanagement-Richtlinie vertragszahnärztlicher Versorgung, § 1 vom 17.11.2006)

Die ständige Verpflichtung zur Verbesserung der praxisbezogenen Abläufe kommt am besten durch den Regelkreis „Plan – Do – Check – Act" **(PDCA-Zyklus)** des Amerikaners W. E. Deming (1900–1993) zum Ausdruck. Dieser **Qualitätskreislauf** beschreibt die einzelnen Phasen im Prozess einer ständigen Verbesserung. Er ist so aufgebaut, dass jede Leistung und Tätigkeit in der Praxis zunächst einer genauen Analyse unterzogen wird, um Fehlerquellen oder Schwachpunkte festzustellen. Daraus abgeleitet werden konkrete Änderungsmaßnahmen vereinbart und diese dann konsequent ausgeführt. Anschließend wird überprüft, ob die neuen Maßnahmen erfolgreich waren oder erneut verbessert werden müssen (vgl. Abb. 15, Seite 193). In den Richtlinien des gemeinsamen Bundesausschusses zum Qualitätsmanagement in der ärztlichen und zahnärztlichen Versorgung wird der Einsatz eines solchen Systems der ständigen Verbesserung ausdrücklich gefordert.

4.3.1 Die unterschiedlichen Qualitätsbereiche

Wenn Qualität gemessen oder verbessert werden soll, ist zunächst wichtig, in welchem Qualitätsbereich günstige Bedingungen vorhanden sind oder sich Probleme ergeben. Der Patient wird vor allem daran interessiert sein, dass er qualifiziert behandelt und geheilt wird. Der Arzt hat ein großes Interesse an einem reibungslosen und ihn unterstützenden Praxisablauf, und die Kostenträger und Leistungszahler wünschen eine möglichst hohe Wirksamkeit der ärztlichen Versorgung. Qualität kann deshalb in **drei Bereiche** unterteilt werden:

- **Strukturqualität** beinhaltet alle Voraussetzungen, die notwendig sind, um eine medizinische Leistung überhaupt zu erbringen. Hierzu zählen z. B. die Qualität der medizinischen und technischen Praxisausstattung, die fachliche Qualifikation und Weiterbildung des Arztes und seiner Mitarbeiter sowie die räumliche Ausstattung und Einrichtung, z. B. mit medizinischen Geräten. Verbesserungen der Strukturqualität sind u. a. möglich durch verstärkte Fortbildungsangebote, Arbeitsplatz- oder Stellenbeschreibungen und eine moderne Praxisausstattung.
- Die **Prozessqualität** untersucht die Verfahren, Methoden und Techniken von Diagnose- und Behandlungsprozessen. Erfasst werden alle Arbeitsabläufe, die notwendig sind, um eine ärztliche Leistung zu erbringen. Von der Anamneseerhebung bis zur begleitenden Nachversorgung werden somit alle Prozesse einbezogen, die der Patientenversorgung dienen. Befunderhebung und -dokumentation, Zahnbehandlungen oder auch Hygienemaßnahmen zählen hierzu. Verbesserungsmaßnahmen könnten z. B. Checklisteneinsatz, Recall-Aktionen, Verkürzung der Wartezeiten oder optimierte Hygienepläne sein.
- **Ergebnisqualität** kann sich sowohl an der Verbesserung des Gesundheitszustandes aufgrund der Behandlung oder Beratung in der Praxis als auch an der Patientenzufriedenheit und der wirtschaftlichen Praxisentwicklung orientieren. Eine Erfolgsbeurteilung ist oft schwierig, wenn der Patient nach Behandlungsende nicht mehr

(Vgl. Frank, Matthias, Qualitätsmanagement in der Arztpraxis, 2. Aufl., Stuttgart, Schattauer Verlag 2005, Seite 26)

16. Qualitätsmanagement – Aufgaben und Ziele

die Praxis aufsucht. Behandlungsfortschritte und Heilungsdauer, später notwendige Nachbehandlungen oder anonyme Patientenbefragungen können hierzu aber Informationen liefern. Durch die Reduzierung von Komplikationsquellen oder ein verbessertes Beschwerdemanagement sind Qualitätsverbesserungen möglich.

Ein umfassendes Qualitätsmanagement mit dem Ziel weitgehender Fehlervermeidung und Ergebnisoptimierung erfasst und verbindet alle drei Bereiche. Begleitende Maßnahmen unterstützen dabei das Ziel einer optimalen Patientenbetreuung und dauerhaften Praxisbindung.

4.3.2 Qualitätssicherung und Qualitätsmanagement

Wenn der Patient die Praxis aufsucht, möchte er qualifiziert und mit der nötigen Wertschätzung behandelt werden. Verlässt er sie wieder, dann sollten diese individuellen Ansprüche erfüllt worden sein. Die **Patientenorientierung** ist ein Aspekt, der in den letzten Jahren immer mehr in den Vordergrund gerückt wurde, denn nicht zuletzt bestimmt sie über den wirtschaftlichen Erfolg einer Praxis mit. Die Praxis kann ihre „Kunden", also die Patienten, nur dann zufriedenstellen und langfristig an sich binden, wenn bekannt ist, welche Erwartungen sie haben und was für sie einen guten Arzt bzw. eine gute Praxis ausmacht. Die wesentlichen Qualitätsfaktoren dieser Patientenzufriedenheit müssen also erkannt und in der täglichen Praxisarbeit umgesetzt werden.

Hauptaufgabe des **Qualitätsmanagements** ist die kontinuierliche Erhaltung und Verbesserung der Qualität der ärztlichen Versorgung. Eine auf dem aktuellen Stand der Wissenschaft basierende medizinische Versorgung einschließlich umfassender Beratung gehört genauso dazu wie eine funktionierende Praxisorganisation mit optimierten Sprechstundenzeiten, freundlichem Umgangston und kurzen Wartezeiten.

Beispiel

Patienten können über das Internet (z. B. www.patienten-information.de oder www.bmg.bund.de) Checklisten und Informationsbroschüren herunterladen, deren Qualitätskriterien dabei helfen sollen, einen guten Arzt auszuwählen bzw. die Qualität des bereits behandelnden Arztes zu ermitteln (vgl. auch Abb. 19, Seite 196).

Aber nicht nur die Patientenzufriedenheit als Ergebnis der Praxisarbeit soll durch die Maßnahmen im Rahmen eines Qualitätsmanagements gefördert werden, auch die **Qualität der Arbeitsabläufe** in der Praxis selbst soll sich verbessern. Im Vordergrund steht dabei nicht mehr nur die reine Fehlersuche (eine Qualitätssicherung im engeren Sinne). Es sollen darüber hinaus vielmehr Verbesserungsmöglichkeiten erkannt und umgesetzt werden, um das Entstehen zukünftiger Fehler bereits vorab zu verhindern. Das Erkennen von Schwachstellen und deren Beseitigung mithilfe einer Aufgliederung und Überprüfung der einzelnen Arbeitsabläufe führt dazu, diese effizienter

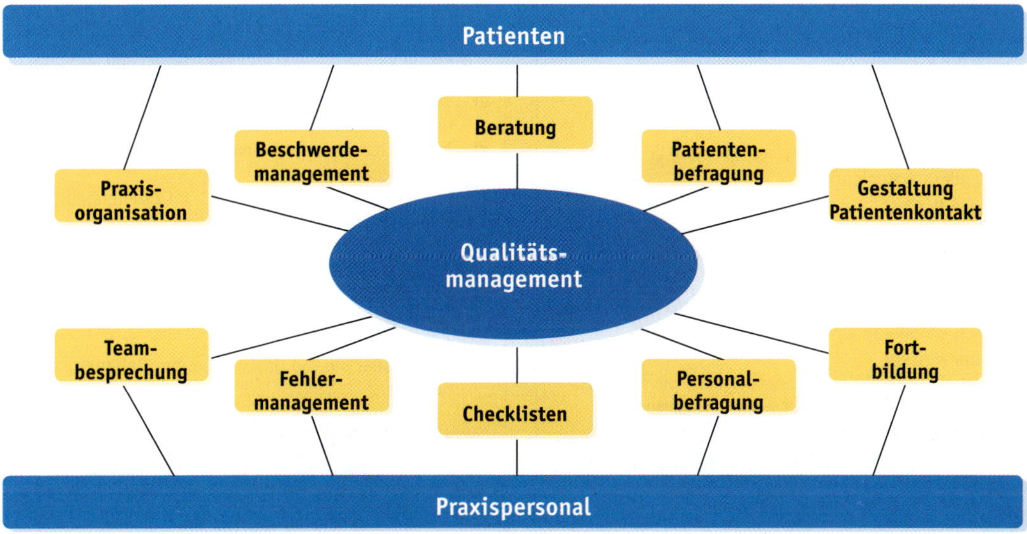

17. Bestandteile des Qualitätsmanagements

zu gestalten und bessere Ergebnisse in der täglichen Arbeit zu erzielen. Die Eigeninitiative und ein verstärktes Verantwortungsbewusstsein der Fachangestellten werden damit unterstützt und ein besserer Beitrag zur Optimierung der Praxisziele wird angeregt. Die Arbeitszufriedenheit der Mitarbeiter erhöht sich. Gefördert werden müssen diese Prozesse durch begleitende Mitarbeiterschulungen und die Möglichkeit zur beruflichen Fortbildung. Nicht zuletzt sind die Einführung und Weiterentwicklung eines Qualitätsmanagements und die Dokumentation der Ergebnisse aufgrund **gesetzlicher Vorgaben** zukünftig zumindest für vertragsärztlich tätige Ärzte vorgeschrieben und werden kontrolliert.

Ein medizinisches Qualitätsmanagementsystem sollte also mindestens **drei Ebenen** umfassen:

- Erfüllung der Patientenerwartungen und damit Verbesserung der Patientenzufriedenheit
- Verbesserung der praxisinternen Verfahren und Arbeitsabläufe, permanente Mitarbeiterschulung und Erhöhung der Arbeitszufriedenheit
- Erfüllung gesetzlicher Vorgaben, Dokumentation, Überprüfung und Fortschreibung der durchgeführten Maßnahmen

Zusammenfassend kann man die Verbindung zwischen Qualitätssicherung und Qualitätsmanagement folgendermaßen beschreiben:

Qualitätssicherung bedeutet die Einhaltung eines festgelegten Qualitätsniveaus. So muss z. B. der Zahnarzt nach den Vorschriften für gesetzlich Versicherte eine mindestens zweijährige Gewähr für Füllungen und die Versorgung mit Zahnersatz übernehmen. Mit entsprechenden Kontrollen ist festzustellen, ob – einfach gesagt – alles so gemacht wurde, wie es gemacht werden soll, damit es richtig gemacht ist. Fehler müssen aufgespürt, analysiert und möglichst dauerhaft beseitigt werden. Damit ein bestimmtes Niveau eingehalten oder sogar übertroffen werden kann, müssen Organisation, Arbeitsabläufe und Ergebnisse der Praxistätigkeit regelmäßig und systematisch nach bestimmten Vorgaben dokumentiert, überprüft und bei Bedarf verändert werden. Dies ist Aufgabe eines **Qualitätsmanagements.**

1. *Welche Bedeutung hat die Patientenorientierung für die Praxis?*

2. *Nennen Sie die Hauptaufgaben einer Qualitätssicherung.*

3. *Welche Maßnahmen sollten oder müssten im Rahmen einer Qualitätssicherung durchgeführt werden?*

Denken wir daran, ...

... ***der Patient***
kommt freiwillig zu uns mit seinen Problemen, er sucht Linderung und Heilung.

... ***der Patient***
will ernst genommen werden und erwartet Verständnis.

... ***der Patient***
beweist uns sein Vertrauen; er hätte ja auch eine andere Praxis aufsuchen können.

... ***der Patient***
ist also nicht von uns abhängig, sondern wir von ihm.

... ***der Patient***
stört uns nicht, ist keine Belästigung, denn er ist die Grundlage unserer Arbeit.

... ***der Patient***
ist Mittelpunkt der Praxistätigkeit, um ihn muss sich alles drehen, er ist am wichtigsten.

... ***der Patient***
sollte also so behandelt werden, wie wir als Patienten auch behandelt werden möchten, denn Patienten könnten woanders auch wir selbst sein!

18. Orientierung am Patienten

„Checkliste Gute Arztpraxis" im Überblick

- ☑ Nimmt der Arzt mich und mein spezielles gesundheitliches Problem ernst?
- ☑ Erhalte ich eine ausführliche und verständliche Aufklärung?
- ☑ Erhalte ich von meinem Arzt Hinweise auf weiterführende Informationsquellen und Beratungsangebote?
- ☑ Werde ich von Arzt und Praxispersonal freundlich und respektvoll behandelt?
- ☑ Erhalte ich ohne Probleme Zugang zu meinen Patientenunterlagen?
- ☑ Akzeptiert mein Arzt, dass ich im Zweifelsfall eine zweite Meinung einholen möchte?
- ☑ Wird in der Praxis der Schutz meiner Person und Intimsphäre gewahrt?
- ☑ Wird in der Praxis der Schutz meiner persönlichen Daten gewahrt?
- ☑ Kann ich erkennen, ob und wie sich Arzt und Praxispersonal um die Qualität meiner Behandlung bemühen?

(Quelle: Broschüre „Woran erkennt man eine gute Arztpraxis?"; Checkliste für Patientinnen und Patienten. Hrsg. vom Ärztlichen Zentrum für Qualität in der Medizin, 3. Auflage 2008, zuletzt abgerufen am 03.12.2012 unter http://www.aezq.de/mdb/edocs/pdf/schriftenreihe/schriftenreihe34.pdf)

19. Woran erkenne ich eine gute Arztpraxis?

4.3.3 Gesetzliche Rahmenbedingungen der Qualitätssicherung

Die Pflicht zur Qualitätssicherung bzw. zur Einrichtung eines Qualitätsmanagements besteht nach den Vorschriften des **Sozialgesetzbuches (SGB V)** für alle Einrichtungen im Gesundheitswesen, also für Krankenhäuser genauso wie für Arzt- und Zahnarztpraxen. Qualitätssicherung in der tierärztlichen Praxis ist nicht gesetzlich vorgeschrieben, setzt sich aber im Zuge einer stetigen Kundenbindung, einer Erhöhung der Wirtschaftlichkeit und einer Verbesserung der Rechtssicherheit bei Streitigkeiten immer mehr durch.

Für die vertragsärztliche Versorgung sowohl in Arzt- als auch in Zahnarztpraxen regeln insbesondere die Paragrafen 135a SGB V (Verpflichtung der Leistungserbringer zur Qualitätssicherung) sowie 136 SGB V (Richtlinien des Gemeinsamen Bundesausschusses zur Qualitätssicherung) und 136a SGB V (...Qualitätssicherung in ausgewählten Bereichen) eine **grundsätzliche Verpflichtung zur Qualitätssicherung** und zum Aufbau eines Qualitätsmanagements (vgl. Abb. 20). Danach gilt:

- Vertragsärztliche Praxen sind zur Sicherung und Weiterentwicklung der Qualität der von ihnen erbrachten Leistungen verpflichtet.
- Leistungen sind nach dem aktuellen Wissenschaftsstand zu erbringen.
- Leistungen müssen in einer fachlich gebotenen Qualität erbracht werden.
- Praxen müssen sich an übergreifenden Maßnahmen der Qualitätssicherung beteiligen.
- Ein Qualitätsmanagement ist einzuführen und weiterzuentwickeln.

Durch Richtlinien eines gemeinsamen **Bundesausschusses** (Richtlinientext unter www.g-ba.de) werden diese Verpflichtungen konkretisiert und die Einführung eines Qualitätsmanagementsystems in Praxen der vertragsärztlichen und -zahnärztlichen Versorgung sowie Krankenhäusern einheitlich vorgeschrieben. Die zuständige Kassenärztliche Vereinigung hat die Aufgabe, stichprobenartig die Einführung und Gestaltung des Qualitätsmanagements zu kontrollieren. Praxen mit mehr als drei Vollzeitfachangestellten müssen eine für das Qualitätsmanagement zuständige Mitarbeiterin bestellen. Ziel sämtlicher Maßnahmen soll dabei immer sein:

- Sicherung und Verbesserung der medizinischen Qualität
- Orientierung an den Patienteninteressen
- Erhöhung der Arbeitszufriedenheit der Beschäftigten
- Konkrete Zielvorgaben für die Praxisarbeit
- Aufzeichnung wichtiger Praxisabläufe
- Messung und Darstellung der Praxisergebnisse, z. B. durch Patientenbefragungen

Regelungen im Sozialgesetzbuch (SGB)
Fünftes Buch (V)
– Gesetzliche Krankenversicherung –
zur Qualitätssicherung im Rahmen der ärztlichen Versorgung

§ 135a
Verpflichtung der Leistungserbringer zur Qualitätssicherung. (1) Die Leistungserbringer sind zur Sicherung und Weiterentwicklung der Qualität der von ihnen erbrachten Leistungen verpflichtet. Die Leistungen müssen dem jeweiligen Stand der wissenschaftlichen Erkenntnisse entsprechen und in der fachlich gebotenen Qualität erbracht werden.
(2) Vertragsärzte, medizinische Versorgungszentren, zugelassene Krankenhäuser ... sind ... verpflichtet,
1. sich an einrichtungsübergreifenden Maßnahmen der Qualitätssicherung zu beteiligen, die insbesondere zum Ziel haben, die Ergebnisqualität zu verbessern und
2. einrichtungsintern ein Qualitätsmanagement einzuführen und weiterzuentwickeln.

§ 136
Richtlinien des Gemeinsamen Bundesausschusses zur Qualitätssicherung
Der Gemeinsame Bundesausschuss bestimmt für die vertragsärztliche Versorgung und für zugelassene Krankenhäuser durch Richtlinien nach § 92
1. die verpflichtenden Maßnahmen der Qualitätssicherung ... sowie die grundsätzlichen Anforderungen an ein einrichtungsinternes Qualitätsmanagement und
2. Kriterien für die indikationsbezogene Notwendigkeit und Qualität der durchgeführten diagnostischen und therapeutischen Leistungen; dabei sind auch Mindestanforderungen an die Struktur-, Prozess- und Ergebnisqualität festzulegen...

...

§ 136a
Richtlinien des Gemeinsamen Bundesausschusses zur Qualitätssicherung in ausgewählten Bereichen
...
(4) Der Gemeinsame Bundesausschuss hat auch Qualitätskriterien für die Versorgung mit Füllungen und Zahnersatz zu beschließen. ...
Der Zahnarzt übernimmt für Füllungen und die Versorgung mit Zahnersatz eine zweijährige Gewähr. Identische und Teilwiederholungen von Füllungen sowie die Erneuerung und Wiederherstellung von Zahnersatz einschließlich Zahnkronen sind in diesem Zeitraum vom Zahnarzt kostenfrei vorzunehmen. ...

20. Gesetzliche Regelung der Qualitätssicherung

4.3.4 Praxisorganisation und Qualitätsmanagement

Qualitätsmanagement ist ein fortlaufender Prozess, bei dem man sich nicht auf dem einmal erreichten Qualitätsstandard ausruht. Er erfordert vielmehr eine dauerhafte Überprüfung und Weiterentwicklung. Die Initiative geht zunächst von der Praxisleitung aus: Sie muss den Anstoß geben, Leitlinien entwickeln, messbare Qualitätsziele vorgeben und den Mitarbeitern die Konzepte erläutern, deren Vorteile darstellen und sie so zur Teilnahme motivieren. Hilfreich ist dabei die Formulierung eines **Praxisleitbilds**, in dem die Zielvorstellungen der Praxis dargestellt werden (Wer sind wir? Was sind unsere Ziele? Wie wollen wir diese erreichen?) Eine konkrete Umsetzung der Zielvorgaben in der Praxis könnte wie folgt aussehen:

Zunächst werden die Zuständigkeiten in der Praxis durch ein **Organigramm** festgelegt und anschaulich gemacht. Alle wesentlichen **Arbeitsabläufe** im Rahmen der Praxistätigkeit werden erfasst und dokumentiert. In **Checklisten** werden diese Arbeiten exakt beschrieben. Diese Arbeitshilfen decken nicht nur die medizinischen Einzelleistungen wie z. B. Anlegen eines Verbandes, Zahnsteinentfernung oder die Vorbereitung einer Vorsorgeuntersuchung ab, sondern enthalten auch genaue Arbeitsanweisungen für die organisatorischen und verwaltungsbedingten Tätigkeiten (z. B. Arbeiten beim Patientenempfang, Hinweise zur Ablage von Praxisunterlagen). Die Beschreibungen werden zusammengefasst und bilden als **Handbuch** die Arbeitsgrundlage der Praxisarbeit. In regelmäßigen Abständen stehen Überprüfungen an, ob und wie diese Arbeitsabläufe verbessert werden können, um Leerläufe, Fehler, hohe Kosten und unnötige Arbeitsschritte zu vermeiden. In regelmäßigen **Teamsitzungen** sollen die Mitarbeiter ihre Beobachtungen und Vorschläge einbringen. Besondere Bedeutung hat dabei das Fehler- und Konfliktmanagement. Jeder entdeckte Fehler trägt beim richtigen Umgang mit seiner Behebung zur Verbesserung der Dienstleistungsqualität bei. Nicht den Schuldigen an den Pranger stellen, sondern nach Lösungen suchen, wie Fehler zukünftig vermieden werden können, schafft ein positives und angstfreies Arbeitsklima. Praxisinterne und -externe **Fortbildungsmaßnahmen** unterstützen den Entwicklungsprozess und sorgen für einen immer aktuellen Kenntnisstand. Als ein weiteres Mittel zur Qualitätskontrolle wird eine laufende **Befragung der Patienten** über die Zufriedenheit mit den Praxisleistungen und der Praxisorganisation durchgeführt. Durch ein **Beschwerdemanagement** werden Fehler behoben und die Patientenbindung erhöht.

Die Arzt-, Zahn- oder Tierarztpraxis kann sich bei der Einführung eines Qualitätsmanagement-Systems

<table>
<tr><th colspan="7">Mögliches Grundkonzept für ein zahnärztliches Praxismanagement-System (Z-PMS)</th></tr>
<tr><th colspan="2">1. Stufe</th><th>2. Stufe</th><th colspan="4">3. Stufe</th></tr>
<tr><td rowspan="3">Praxis-Handbuch</td><td rowspan="3">Auslegepflichtige Praxisvorschriften
Gefährdungsanalyse
Unterweisungen
Organisation Erste Hilfe und Notfallmaßnahmen
Hygienemaßnahmen
Gefahrstoffe/Gefahrenstoffverzeichnis
Med. techn. Geräte/Medizinprodukte
Elektrische Anlagen und Betriebsmittel
Brandschutz
Betrieb von Röntgeneinrichtungen
Betrieb von Lasereinrichtungen
Entsorgung
Biostoffverordnung
Ausbildungsverordnung ZMF
Einsatzrahmen zahnärztliches Fachpersonal
Relevante Arbeitsrechtsregelungen
Arbeitsmedizinische Vorsorge
Bestimmungen Praxislabor</td><td rowspan="2">Muster-Dokumentation für Organisationsabläufe als Beispiel und Hilfestellung zur Schaffung von Transparenz</td><td rowspan="3">Umfassendes, systematisches Z-PMS</td><td>Mitarbeiter-orientierung</td><td>Kommunikation (sprechende Zahnheilkunde)</td><td rowspan="3">Leitbild der Praxis</td></tr>
<tr><td>Betriebswirtschaftliche Kostenrechnung</td><td>Führungsgrundsätze/-verantwortung</td></tr>
<tr><td>Praxisorganisation</td><td>Ressourcen-Management</td><td>Patientenerwartungen/-zufriedenheit</td></tr>
</table>

21. Qualitätsmanagement-System für Zahnarztpraxen

professionell unterstützen lassen und dabei aus einer Vielzahl von auf dem Markt angebotenen Systemen auswählen.

> Beispiel
> - **Qualitätsmanagement - Syteme, z.B.**
>   - **DIN EN ISO 9001** *(**D**eutsches **I**nstitut für **N**ormung)*
>   - **KTQ**® *(**K**ooperation für **T**ransparenz und **Q**ualität im Gesundheitswesen) für den niedergelassenen Bereich/Praxen*
> - **EFQM** *Dental Excellence (**E**uropean **F**oundation for **Q**uality **M**anagement) für Zahnarztpraxen*
> - **QEP** *(**Q**ualität und **E**ntwicklung in **P**raxen), entwickelt von der Kassenärztlichen Bundesvereinigung*
> - **Z-PMS** *(Zahnärztliches Praxismanagement-System), entwickelt von Bundes- und Landes-Zahnärztekammern*

Bei einigen Systemen ist anschließend eine **Zertifizierung** möglich. Im Rahmen des Zertifizierungsverfahrens besuchen neutrale, beruflich erfahrene und besonders geschulte Visitoren die Praxis. Durch eine ausführliche Praxisbegehung und Dokumentenprüfung wird festgestellt, ob die vorgeschriebenen Qualitätsziele erreicht wurden. In einer Urkunde wird ausgewiesen, dass die Praxis bestimmte Qualitätskriterien erfolgreich eingeführt und umgesetzt hat (vgl. Abb. 22). Die Praxis erhält so ein Gütesiegel, an dem der Patient erkennen kann, dass in der Praxis ein hohes Qualitätsbewusstsein vorhanden ist und bestimmte Qualitätsanforderungen erfüllt werden. Damit wird eine Zertifizierung nicht zuletzt auch zu einem wichtigen Marketinginstrument. Vielen Praxen sind allerdings die zusätzlichen Kosten und der Arbeitsaufwand zu hoch, sodass sie sich bisher nur zaghaft durchgesetzt hat. Hinzu kommt, dass eine Zertifizierung derzeit noch freiwillig ist und damit keine gesetzliche Verpflichtung zu ihrer Durchführung besteht.

TÜV CERT

ZERTIFIKAT

Die TÜV CERT-Zertifizierungsstelle
der TÜV Rheinland Industrie Service GmbH
bescheinigt gemäß
TÜV CERT-Verfahren, dass das Unternehmen

Zahnarztpaxis Harald Haldan
Humboldtring 17
D - 26384 Wilhelmshaven

für den Geltungsbereich

Durchführung von restaurativen und korrektiven Zahnbehandlungen;
Kinder- und Erwachsenenprophylaxe

ein Qualitätsmanagementsystem eingeführt hat und anwendet.
Durch ein Audit, Bericht Nr. 070894
wurde der Nachweis erbracht, dass die Forderungen der
DIN EN ISO 9001:2000
erfüllt sind.
Dieses Zertifikat ist gültig bis 2010-06-11
Zertifikat-Registrier-Nr. 01 100 070894

TÜVRheinland®

TÜV CERT-Zertifizierungsstelle der TÜV Rheinland Industrie Service GmbH

www.tuv.com

22. Zertifizierungsurkunde

4.3.5 Patientenbefragung

Die Ausrichtung der Praxisziele an den Interessen und Wünschen der Patienten soll ein hohes Maß an Patientenzufriedenheit gewährleisten. Zufriedene Patienten bleiben der Praxis treu (hohe Patientenbindung) und empfehlen sie weiter an Freunde und Bekannte. Nur über eine hohe Qualität kann die Praxis in einem zunehmenden Wettbewerb bestehen. Werbeveranstaltungen oder gar Sonderpreisaktionen sind im Gesundheitsbereich nicht möglich. Um die eigene Konkurrenzfähigkeit zu er-

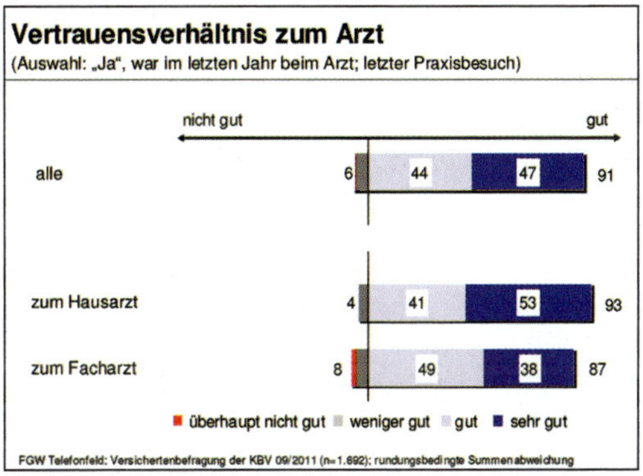

23. Vertrauen zum Arzt

24. Patientenerwartung nicht erfüllt

höhen, muss die Zufriedenheit der Patienten festgestellt und – als dauernde Aufgabestellung – nach Möglichkeiten ihrer Verbesserung gesucht werden. Nichts ist so gut, dass es nicht noch besser werden könnte (vgl. PDCA-Zyklus, Seite 193). Dazu muss zunächst einmal ermittelt werden, was dem Patienten an der Praxis besonders gefällt, worauf er besonderen Wert legt, was er in der Praxis vermisst und was ihn an der Praxis und deren Organisation stört. Eine **Patientenbefragung** bietet die Möglichkeit, diese Analyse der Kundenzufriedenheit in regelmäßigen Abständen durchzuführen und damit die Stärken und Schwächen der Praxis aus der Sicht des Patienten zu erkennen. Die Befragung muss selbstverständlich anonym sein und dem Patienten durch einen entsprechenden Einführungstext das Gefühl geben, dass er wichtig genommen wird. Vor Beginn sollte das Praxisteam gemeinsam überlegen, welche Praxisbereiche in die Befragung einbezogen werden sollen. Dabei muss beachtet werden, dass die Befragung nicht dazu dient, lediglich eine allgemeine Zufriedenheit des Patienten festzustellen. Vielmehr sollen die Ergebnisse einer **konkreten Verbesserung** der medizinischen Versorgung, der Beseitigung von Schwachstellen, der Aufnahme zusätzlicher Angebote (IGeL) und damit insgesamt einer Qualitätsverbesserung dienen.

Für die Befragung der Patienten kann auf bereits vorgedruckte **Fragebögen** zurückgegriffen werden (vgl. Abb. 25), die eventuell entsprechend auf die eigenen Bedürfnisse zugeschnitten werden können. Aussagekräftiger, aber auch zeitaufwendiger ist die Entwicklung eines eigenen Fragebogens mit Berücksichtigung der Praxisbesonderheiten (Inhalte siehe Exkurs). Hierzu ist zunächst zu entscheiden, ob eine **offene Fragestellung** mit freier Antwortmöglichkeit eingesetzt wird oder ob **vorgegebene (gebundene) Auswahlantworten** (z. B. Ja-Nein, Multiple Choice, Noten, Punkte) verwendet werden. Die Fragestellung muss jedoch immer klar verständlich, eindeutig zu beantworten und einfach auszuwerten sein. Eine starke Ausdifferenzierung der Antwortmöglichkeiten ist zu vermeiden, weil weniger entscheidungsfreudige Menschen hiermit Schwierigkeiten haben. Bei der Einschätzung der Zufriedenheit hat sich die Schulnotenskala von 1 bis 6 bewährt, denn diese entspricht der Erfahrungswelt der Befragten. Der Bogen sollte mit Schreibmaterial persönlich überreicht werden, um eine entsprechend hohe Rücklaufquote zu erreichen. Für aussagekräftige Ergebnisse muss diese auf jeden Fall über 50 % liegen. Wichtiger als punktuelle Ergebnisse sind **Trends,** die man durch eine Wiederholung der Befragung in regelmäßigen Abständen ermitteln kann. Die Wünsche und Vorschlä-

Der Patientenfragebogen

Liebe Patientin, lieber Patient,

Ihre Meinung ist uns wichtig: Schließlich sind Sie unser wichtigster Partner, wenn es darum geht, Ihre Gesundheit zu schützen und zu erhalten.

Aus diesem Grund möchten wir Sie heute bitten, diesen Fragebogen über unsere Praxis auszufüllen, damit wir uns noch besser auf Ihre Wünsche und Bedürfnisse einstellen können. Für Ihre Mühe danken wir Ihnen.

Ihr Praxis-Team

· Allgemeine Informationen

Wie haben Sie unsere Praxis gefunden?

- ❑ kenne die Praxis schon lange
- ❑ bin überwiesen worden
- ❑ Empfehlung
- ❑ Zeitungsbericht
- ❑ Telefon- oder Branchenbuch
- ❑ Internet, und zwar ____________
- ❑ Arzt-Suchdienst, und zwar ____________
- ❑ über meine Krankenkasse
- ❑ Sonstiges: ____________

Wie oft waren Sie schon in unserer Praxis zur Behandlung?

- ❑ bin zum ersten Mal dort gewesen
- ❑ bin zum zweiten Mal dort gewesen
- ❑ bin schon mehrmals dort gewesen
- ❑ bin regelmäßig dort seit ____________

Weshalb haben Sie uns aufgesucht?

- ❑ akute Beschwerden
- ❑ habe Fragen zu meiner Gesundheit
- ❑ zur Routine unter suchung
- ❑ um eine zweite Meinung einzuholen
- ❑ ____________

Wie beurteilen Sie das allgemeine Erscheinungsbild unserer Praxis?

❑ sehr gut ❑ akzeptabel
❑ gut ❑ schlecht

Wie beurteilen Sie unsere Internetseite?

❑ sehr gut ❑ akzeptabel
❑ gut ❑ schlecht

Wie beurteilen Sie die Freundlichkeit und Hilfsbereitschaft unseres Praxispersonals?

❑ sehr gut ❑ akzeptabel
❑ gut ❑ schlecht

Wie zufrieden waren Sie insgesamt?

❑ sehr gut ❑ akzeptabel
❑ gut ❑ schlecht

Hatten Sie für Ihren Besuch einen Termin?

❑ Ja ❑ Nein

Wenn ja, wie beurteilen Sie die Wartezeit auf diesen Termin?

❑ sehr gut ❑ akzeptabel
❑ gut ❑ schlecht

Wie beurteilen Sie die Dauer der Wartezeit in der Praxis?

❑ sehr gut ❑ akzeptabel
❑ gut ❑ schlecht

25. Patientenfragebogen (Auszug)

Exkurs

Folgende Punkte können Sie in den Fragebogen aufnehmen:

- Praxisorganisation, z. B. Erreichbarkeit, Terminvergabe, Wartezeit
- Atmosphäre, Ausstattung und Zustand der Praxis
- Praxispersonal, vor allem Freundlichkeit und fachliches Können
- Service- und Informationsangebote, z. B. Erinnerung an Impftermine oder Ernährungstipps
- Zusatzleistungen und Gesundheitsangebote

In Bezug auf die **ärztliche Behandlung** kann abgefragt werden:

- Freundlichkeit und das Interesse des Arztes
- Zeit bei der Konsultation
- Erlebte Gründlichkeit der Untersuchung
- Verständlichkeit der Erklärung
- Information zur Erkrankung und Medikation
- Beratung zum weiteren Vorgehen und zu Behandlungsalternativen

(Vgl. Hartig, Katharina, Anleitung für Ihren Fragebogen, in: Der Allgemeinarzt, Ausgabe 17/2005, Seite 30 f.)

ge der Patienten müssen möglichst umgehend in der täglichen Praxisarbeit umgesetzt werden. Eine Information über die Befragungsergebnisse und die sich daraus ergebenden Änderungen, z. B. durch einen Aushang im Wartezimmer, erhöht die Wertschätzung für zukünftige Befragungen.

4.3.6 Beschwerdemanagement

Ein funktionierendes Qualitätsmanagement soll dazu beitragen, dass Fehlerquellen frühzeitig erkannt und ausgeschaltet werden, bevor sie zur Unzufriedenheit führen oder Schäden verursachen. Technische Fehler können z. B. durch regelmäßige Wartung (Wartungsverträge) vermindert werden. Schwieriger ist es bei personengebundenen Fehlern, die zu Unzufriedenheit der Patienten mit der Erbringung einer ärztlichen Leistung oder mit den Serviceleistungen des Praxisteams führen. Während die Bearbeitung von **Reklamationen,** die Schadenersatzansprüche oder gerichtliche Auseinandersetzungen nach sich ziehen können, meist auch von der Praxisleitung unterstützt wird, werden andere **Beschwerden** oft nicht ernst genommen oder als Nörgelei abgetan.

Als Grundsatz muss aber gelten, dass jede Beschwerde kompetent und mit Beherrschung angenommen und unmittelbar bearbeitet wird. In einer Beschwerde sollte die Chance gesehen werden, die

26. Bearbeitung von Beschwerden

Regeln für den Umgang mit Patientenbeschwerden

- Unterbrechen Sie den Beschwerdeführenden nicht bei seiner Problemschilderung und signalisieren Sie ihm zwischendurch, dass Sie noch zuhören.
- Nehmen Sie eine offene, zugewandte Körperhaltung ein, bleiben Sie entspannt.
- Bleiben Sie sachlich und reagieren Sie nicht emotional. Versuchen Sie hinter die Aufregung zu schauen, das hilft auch dabei, sich nicht persönlich angegriffen zu fühlen.
- Zeigen Sie dem Beschwerdeführer durch Zustimmung, Nachfragen und Blickkontakt, dass Sie sein Anliegen ernst nehmen.
- Sichern Sie durch Nachfragen ab, dass Sie den Grund der Beschwerde erfasst haben.
- Zeigen Sie bei der Problemlösung Ihre Wertschätzung und beziehen Sie den Patienten mit ein; suchen Sie gemeinsam nach Lösungen.
- Vermeiden Sie auf jeden Fall die „Killerphrasen“ wie: „Das geht ja gar nicht“; „Das gab es ja noch nie“; „So läuft das bei uns nicht“ o. Ä.

Aber: Persönliche Beleidigungen oder Drohungen muss sich niemand gefallen lassen. Vermeiden Sie jedoch, sich zu rechtfertigen oder zurückzuschreien. Machen Sie nicht den gleichen Fehler! Zeigen Sie Ihrem Gegenüber vielmehr in sachlichem Ton Ihre Betroffenheit. Um die Luft rauszunehmen, kann als letzte Lösung auch eine Weitergabe des Gesprächs an eine Kollegin oder Ihren Chef helfen.

Qualität der Praxisleistung zu verbessern. Beschwerden sind Resultat einer Beurteilung durch den Patienten, also von außen. Sie können dem Praxisteam Hinweise auf Qualitätsdefizite geben, die im Rahmen eines eingefahrenen Tätigkeitsablaufs oft gar nicht mehr gesehen werden.

Beispiel

Reklamationen können aufgrund vermeintlicher Behandlungsfehler, wie z. B. mangelhafte Risikoaufklärung, Operationsfehler oder fehlerhafter Abrechnung bei Privatliquidationen, entstehen. Beschwerden werden geäußert über lange Wartelisten, unfreundliche Behandlung, zu lange Wartezeiten oder unbequeme Wartezimmer.

Jede ernst genommene Beschwerde und deren zufriedenstellende Bearbeitung, z. B. verknüpft mit einer Entschuldigung, gibt dem Patienten das Gefühl, mit seinen Problemen angenommen zu werden. Dies trägt zur Verstärkung der Patientenbindung bei. Wird mit Beschwerden oberflächlich oder gar abwehrend umgegangen, führt dies neben oft lautstarken Auseinandersetzungen in der Praxis zur Verärgerung des Patienten – der sich ja im Recht fühlt – bis hin zu seiner Abwanderung. Das Beschwerdemanagement hat also zusammenfassend folgende **Aufgabe:** Fehler erfassen, dokumentieren, analysieren, korrigieren und Fehlerwiederholungen vorbeugen (vgl. Beschwerderegeln, Seite 201).

Zu einem funktionierenden Beschwerdemanagement gehört eine standardisierte **Bearbeitung** der Beschwerde. Hierzu kann ein Beschwerdeformular entwickelt werden, in dem die Beschwerde erfasst und beschrieben wird und das die Abwicklung bis hin zur endgültigen Erledigung begleitet. Grundsätzlich erleichtert eine eindeutige Regelung der Arbeitsverteilung in der Praxis das Beschwerdemanagement. Ein **Organigramm** (vgl. Abb. 2, Seite 183) gibt einen schnellen Überblick über die Zuständigkeitsbereiche in der Praxis, gerade auch für Praxisfremde oder Neupatienten. Intern schaffen regelmäßige Teambesprechungen ein Forum, Beschwerden zu diskutieren und einer positiven Lösung zuzuführen.

4.3.7 Teambesprechung

Regelmäßige Gesprächsrunden der Praxisleitung und der Mitarbeiter sollten Bestandteil eines jeden Qualitätsmanagement-Systems sein. Voraussetzung für den Erfolg ist eine gründliche Planung und Vorbereitung der Teambesprechung (vgl. auch Seite 189). Dazu gehört, dass die Besprechung zu störungsfreien Zeiten, aber noch innerhalb der bezahlten Arbeitszeit stattfindet.

27. Teambesprechung, wie sie nicht sein sollte!

So ist die Beteiligung aller Mitarbeiter möglich und die Wichtigkeit wird betont. In welchen Zeitabständen die Teamsitzungen stattfinden, muss je nach Praxissituation festgelegt werden, **regelmäßige Termine** sind jedoch anzustreben. Mindestens monatliche Treffen haben sich bewährt, längere Zeitabstände können dazu führen, dass man trotz Protokoll den Faden verliert. Planung, Vorbereitung und Durchführung der Teambesprechung sollten mittels einer **Checkliste** standardisiert werden:

- Zeitpunkt, angemessene Sitzungsdauer einschließlich Zeitlimit festlegen
- Themen sammeln, Tagesordnung erstellen und Leitung festlegen (kann untereinander wechseln)
- Zu Beginn über Umsetzung von Beschlüssen/Arbeitsaufträgen der letzten Sitzung berichten
- Zu Kritik ermutigen, darauf achten, dass diese auf die Sache und nicht auf die Person bezogen wird
- Wir-Gefühl entwickeln, gerechtfertigtes Lob aussprechen
- To-do-Listen für die Durchführung von Arbeitsaufträgen erstellen (was soll gemacht werden, wer macht es, wie und bis wann soll es gemacht werden)
- Wichtige Ergebnisse und Vereinbarungen schriftlich in einem Protokoll festhalten
- Nächstes Treffen festlegen

1. *Welche Bedeutung hat eine Patientenbefragung für die Praxis?*

2. *Was ist bei der Bearbeitung von Beschwerden zu beachten?*

3. *Welche Aufgabe hat ein Organigramm?*

4. *Was ist für die zeitliche Planung einer Teambesprechung zu beachten?*

4.4 SCHRIFTGUTBEARBEITUNG

Eine Praxis ist ein sehr kommunikativer Ort: Von der Terminvereinbarung bis zur Verabschiedung des Patienten werden eine Vielzahl von Informationen ausgetauscht. Dies geschieht überwiegend durch mündliche, direkte Kommunikation per Telefon oder in persönlichen Gesprächen zwischen Patient und Arzt bzw. der Fachangestellten. Genauso wie bei der unmittelbaren Kommunikation bestimmte Regeln zu beachten sind, gibt es auch bei der **schriftlichen Kontaktaufnahme** bestimmte Grundsätze, deren Beachtung den Umgang miteinander erleichtert. Bei der Textverarbeitung, insbesondere beim Briefverkehr, sollte die DIN-Norm 5008 eingehalten werden, welche die Gestaltung des Briefinhalts regelt. So ist optisch ein immer gleicher Briefaufbau gewährleistet. Nicht zu vergessen ist auch, dass die äußere Gestaltung eines Briefs (z. B. Briefkopf) das Erscheinungsbild der Praxis in der Öffentlichkeit mit beeinflusst. Im **Innenverhältnis** dient die schriftliche Kommunikation der Informationsweitergabe und Dokumentation. Bestimmte Arbeitsabläufe werden durch Checklisten festgelegt, Protokolle halten Arbeitsergebnisse fest und mündliche Informationen werden durch Akten- oder Telefonnotizen schriftlich weitergeleitet. Hier ist es notwendig, dass die Information kurz und übersichtlich erfolgt (vgl. Abb. 28, Seite 204).

Schriftliche Kommunikation wird immer dann eingesetzt, wenn z. B.

- Inhalte später konkret nachprüfbar sein sollen,
- ein Beweismittel benötigt wird (z. B. bei einem Kaufvertrag, Arbeitsvertrag),
- allgemeine Regeln vereinbart und festgehalten werden sollen,
- umfangreiche und schwierige Zusammenhänge darzustellen sind,
- Informationsschreiben an Patienten bzw. Mitarbeiter auszugeben sind,
- Mitarbeiter über gesetzliche Änderungen, neue Sachverhalte oder sonstige Vorschriften zu informieren sind.

Darüber hinaus gestattet die schriftliche Kommunikation eine gewissenhafte Vorüberlegung und Ausformulierung der Inhalte. Nicht zuletzt ist der Verfasser für den Inhalt verantwortlich und steht als kompetenter Ansprechpartner für Auskünfte und Nachfragen zur Verfügung.

Wenn auch die schriftliche Kommunikation über das Internet per E-Mail aufgrund der Schnelligkeit und Kostenersparnis immer mehr zum Einsatz kommt und Faxgeräte in fast allen Praxen vorhanden sind, so ist doch noch in vielen Fällen die Übermittlung schriftlicher Mitteilungen durch die Post oder andere Anbieter ein angemessenes Mittel.

Für die Deutsche Bundespost galt lange ein sogenanntes Postmonopol. Dies bedeutete, dass nur sie allein schriftliche Mitteilungen gegen Gebühr befördern durfte. Privaten Anbietern war eine Postbeförderung untersagt. Um mehr Wettbewerb zuzulassen, wurde durch Gesetzesänderungen die Bundespost in mehrere Privatunternehmen aufgespalten:

Die **Deutsche Post AG** ist zuständig für Brief- und Frachtdienste (DHL), die **Deutsche Telekom AG** betreibt elektrische Kommunikationsnetze und die **Deutsche Postbank AG** wurde in ein eigenständiges Geldinstitut umgewandelt.

Nach einer Übergangszeit soll eine völlige Freigabe der Postbeförderung erfolgen. Bei sämtlichen Briefformen ist dann auch eine Beförderung durch Privatunternehmen zulässig. Das Beförderungsmonopol für Briefe unter 50 Gramm besteht bereits seit 2008 nicht mehr.

Telefonnotiz

- wichtig
- eilig
- vertraulich

Datum:________ Uhrzeit: ________
Angenommen von: ________________________________
Name, Vorname des Anrufers: ____________________
Telefonnummer des Anrufers: ____________________
Betreff: ______________________
Inhalt des Telefonats:

Der Anrufer erwartet:

- Erledigung
- Stellungnahme
- Klärung/Information mündlich
- Klärung/Information schriftlich
- Rückruf
  - heute
  - am________
  - Uhrzeit:_________
- Weiterleitung an
- Das Problem konnte wie folgt gelöst werden:

Handzeichen/Unterschrift

28. Telefonnotiz

In vielen deutschen Großstädten und Ballungsräumen alternative Briefdienste tätig, die vor allem Geschäftskunden mit einem entsprechenden Mindestaufkommen an Briefen ihren Beförderungsservice günstiger als die Deutsche Post AG anbieten. Alle Postdienste müssen aber weiter das **Postgeheimnis** beachten:

Das Grundgesetz schreibt bei der Nachrichtenübermittlung eine Schweigepflicht vor. Über den Inhalt der beförderten Mitteilung dürfen andere Personen nicht informiert werden. Ausnahmen hiervon gibt es nur zur Aufdeckung von Straftaten nach richterlichem Beschluss.

4.4.1 Versendungsformen

Briefsendungen. Unter diesem Oberbegriff sind Sendungen zusammengefasst, die meist schriftliche Mitteilungen als Inhalt haben (vgl. Abb. 29). Die Gebühren sind abhängig vom **Gewicht** und/oder der **Größe** einer Sendung. Die Entfernung spielt nur bei einigen Auslandssendungen eine Rolle.

Briefe und Postkarten. Während die Postkarte in der Praxis nur für kurze und nicht vertrauliche Mitteilungen verwendet werden kann, gibt es für den Brief auch im Zeitalter der elektronischen Nachrichtenübermittlung noch vielfältige **Nutzungsmöglichkeiten** (Informationen und Gebühren über www.deutschepost.de).

Elektronischer Briefversand (E-Postbrief)

Der Nachrichtenversand per E-Mail geht bequem und schnell. Allerdings mangelt es an Sicherheit, denn Nachrichten können unter Umständen abgefangen, gelesen oder gefälscht werden. Beim **elektronischen Briefversand** wird durch besondere Maßnahmen die Sicherheit einer Briefsendung mit der Bequemlichkeit und Schnelligkeit einer E-Mail kombiniert. Bei der Deutschen Post (E-Postbrief) oder anderen Anbietern (z. B. Telekom, gmx, web.de) lässt man sich sicher registrieren und erhält eine eigene **Postbrief-Adresse** (z. B. rosalia.ross@E-postbrief.de) mit Passwort. Von jedem Computer mit Internetanschluss aus kann dann gegen Portoabbuchung ein E-Brief sicher versandt werden. Ebenso können empfangene E-Briefe jederzeit gelesen werden. Nimmt der Briefempfänger am E-Briefverkehr teil, erhält er die Nachricht sofort in seinen elektronischen Briefkasten. Hat er keinen, druckt die Post die Nachricht aus, legt sie in einen Umschlag und stellt sie als normale Postsendung zu.

Gerade im ärztlichen Bereich muss bei der Übermittlung von Informationen die Schweigepflicht gewahrt werden. Durch den Versand von Patientenmitteilungen, Befunden oder Röntgenbildern in verschlossenen Umschlägen ist deren Einhaltung gewährleistet. Aufgrund des **Höchstgewichts von 1 000 g** (bzw. Maxibrief plus bis 2 000 g gegen Zusatzgebühr) können auch umfangreichere Schriftstücke oder kleinere Waren als Brief verschickt werden. Die Zustellung der täglich rund 65 Millionen Briefsendungen erfolgt bei Inlandsbriefen meist innerhalb von ein bis zwei Tagen nach der Absendung.

Mit einer **Büchersendung** werden Bücher, Broschüren usw. zu ermäßigten Gebühren durch die Post befördert. Individuelle Mitteilungen darf die Sendung jedoch nicht enthalten. Um dies kontrollieren zu können, muss die Sendung kontrollierbar verschickt werden und die Aufschrift „Büchersendung" oberhalb der Anschrift tragen.

Man verwendet beim Versand wieder verschließbare Umschläge mit einer Haftschicht (Adhäsionsverschluss), die nach einmaliger Öffnung erneut fest zusammenhalten. Das Höchstgewicht darf 1 000 g nicht überschreiten.

Eine **Warensendung** dient dem kostengünstigen Versand kleinerer Gegenstände wie z. B. Waren, Proben oder Muster (max. 15 cm hoch). Auch hier verlangt die Post eine nachprüfbare Verpackung.

	Gewicht	Größe	Dicke
 Standardbrief: 0,70 EUR	bis 20 g	bis 23,5 x 12,5 cm	bis 0,5 cm
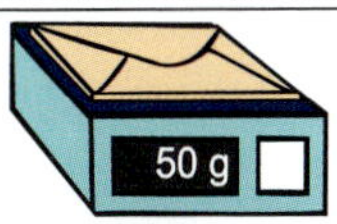 Kompaktbrief: 0,85 EUR	bis 50 g	bis 23,5 x 12,5 cm	bis 1 cm
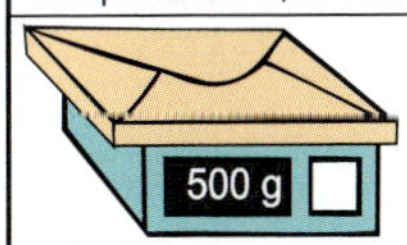 Großbrief: 1,45 EUR	bis 500 g	bis 35,3 x 25,0 cm	bis 2 cm
 Maxibrief: 2,60 EUR	bis 1 000g*	bis 35,3 x 25,0 cm	bis 5 cm

* (Maxibrief plus bis 2 000 g, Gebühr 4,80 EUR)

29. Vier Basisprodukte am Beispiel Brief

Eine Rechnung oder kurze Mitteilung, die sich auf den Inhalt bezieht (z. B. Bedienungsanleitung), kann beigefügt werden, nicht jedoch eine briefliche Information. Es gilt ein Höchstgewicht von 500 g.

Für Großversender wird die Versandform **Dialogpost** angeboten. Schriftliche Informationen, Kataloge u.s.w. können kostengünstig versandt werden, wenn alle Sendungen den gleichen Inhalt haben (Mindestmenge 200 Exemplare). Die Anschrift muss maschinenlesbar sein. Höchstgewicht pro Sendung 1 000 Gramm.

Güterbeförderung. Obwohl die Deutsche Post AG nicht das alleinige Recht zur Paketbeförderung besitzt, ist ihr Tochterunternehmen DHL mit täglich mehrere Millionen Frachtpostsendungen der größte Anbieter auf diesem Gebiet. Andere Kurier-, Express- und Paketfirmen liefern jedoch der Post besonders im gewerblichen Bereich einen harten Konkurrenzkampf.

Päckchen eignen sich zum Versand von kleineren Waren usw. bis zu einem Höchstgewicht von 2 kg.

Gegenstände aller Art bis zu einem Gewicht von 31,5 kg können als **Paket** befördert werden. Die Verpackung muss so erfolgen, dass das Versandgut beim Transport nicht beschädigt wird. Zur Sicherheit sollte eine Kopie der Absender- und Empfängeranschrift innen in das Paket gelegt werden.

Für jedes Päckchen oder Paket ist ein Versandschein auszufüllen (vgl. Abb. 30, Seite 206). Auf ihm sind neben Absender und Empfänger auch eventuelle Zusatzleistungen durch Aufkleben einer entsprechenden Servicemarke (z. B. Rollenversand, Sperrgut, Nachnahme) zu vermerken. Der auf das Paket geklebte Versandschein enthält einen Strichcode, der auch auf dem Einlieferungsschein erkennbar ist. Eine automatische Sortierung und Verteilung wird so möglich und die Zustellung eines Inlandspakets an den Empfänger kann innerhalb von maximal zwei Tagen erreicht werden. Unter der Internetadresse www.dhl.de kann zwischenzeitlich der Lauf des Pakets nach Eingabe des Ident-Codes verfolgt werden.

Pakete, die bestimmte Abmessungen überschreiten oder die aufgrund ihrer Verpackung oder Form besonders schwierig zu transportieren sind, können als **Sperrgut** gegen einen Gebührenzuschlag befördert werden.

Beschleunigte Sendungen

Kommt es bei der Versendung von Briefen oder Paketsendungen auf Stunden an, kann durch die – allerdings teurere – Versandform **Express** eine besonders schnelle Zustellung erreicht werden. Die so gekennzeichneten Sendungen werden dem Empfänger gesondert je nach Wunsch vor 9 Uhr, 10 Uhr oder 12 Uhr zugestellt, also nicht erst durch die normale Postzustellung überbracht. Eine Zustellung ist gegen Aufpreis auch an Sonn- und Feiertagen möglich.

Vor allem bei außereuropäischen Ländern kann durch die Versendung als **Luftpost** eine Beschleunigung der Beförderung erreicht werden. Möglich ist dies bei Postkarten, Briefen, Päckchen und Paketen. Innerhalb Europas wird für Postkarten und Briefe automatisch die schnellste Zustellungsmöglichkeit gewählt.

Postsendungen mit besonderen Sicherheiten

Manchmal kann es beim Postversand notwendig sein, eine Sendung entweder besonders sicher zu verschicken oder aber eine Bestätigung über die Ankunft bzw. den Zugang beim Empfänger zu erhalten. Gegen die Zahlung zusätzlicher Gebühren bietet die Post auch dazu verschiedene Möglichkeiten:

Wertvolle Inhalte wie z. B. Antiquitäten, Flugscheine, Zahngold oder Wertpapiere können als Paketsendung mit einer zusätzlichen Transportversicherung versandt werden. Bargeld darf nicht enthalten sein, andere Wertgegenstände können wahlweise bis 2 500,00 EUR oder 25 000,00 EUR gegen Beschädigung oder Verlust versichert werden. Neben der normalen Beförderungsgebühr wird eine Zusatzgebühr für die Transportversicherung erhoben.

Die Absendung und Zustellung von Briefen und Postkarten kann durch ein **Einschreiben** nachgewiesen werden. Auf die Sendung wird ein Label geklebt, das eine bestimmte Sendungsnummer enthält. Diese findet sich auch auf dem Einlieferungsbeleg wieder, den der Absender bei der Posteinlieferung erhält (vgl. Abb. 31, Seite 207). Anhand der Sendungsnummer kann der Verlauf der Sendung per Internet (www.deutschepost.de/briefstatus) nachvollzogen werden. Beim Einschreiben gibt es **zwei Möglichkeiten:**

- Das **Einwurf-Einschreiben** wirft der Postzusteller entweder in den Briefkasten oder das Postfach des Empfängers ein. Den Einwurf notiert er dann in einem Verzeichnis.
- Bei normalen **Einschreiben** (Übergabe-Einschreiben) erfolgt die Aushändigung direkt an den Empfänger persönlich oder eine Ersatzperson (z. B. Angehörige, Ehegatte oder Angestellte). Die Aushändigung bestätigt der Empfänger durch seine Unterschrift. Diese Bestätigung bewahrt die Post eine gewisse Zeit als Nachweis auf.

Wegen des geringeren Aufwands verlangt die Post für das Einwurf-Einschreiben eine niedrigere Zusatzgebühr.

Auch eine **Nachnahmesendung** (vgl. Seite 147) – möglich bei Briefen, Postkarten und Paketen – wird mit einem Label versehen, womit der Verlauf der Sendung kontrollierbar ist.

DHL Päckchen und Paket Deutschland

DHL

Absender

KATHARINA MAUS

BERGSTRAßE 12

87719 KATZENHIRN

Postleitzahl Ort

Deutschland

(90)993015

Empfänger

ULRICH SOLDI

Postnummer (bei Versand an eine DHL PACKSTATION)

SEILWEG 23

Straße und Hausnummer oder DHL PACKSTATION (kein Postfach)

01983 ALLMOSEN

Postleitzahl Ort

Deutschland

Bitte hier frankieren mit:
Briefmarken (für Päckchen)
Paketmarken (für Pakete)

Zulässige Maße und Gewichte: siehe Rückseite.

912-682-000 07/09

Wünschen Sie zusätzliche Services? Bitte hier Servicemarken aufkleben.

Weitere Informationen: siehe Rückseite.

Auftragnehmer (Frachtführer) ist die Deutsche Post AG. Es gelten für nationale Päckchen die AGB der Deutschen Post BRIEF NATIONAL bzw. für nationale Pakete die AGB DHL PAKET / EXPRESS NATIONAL in der jeweils zum Zeitpunkt der Einlieferung gültigen Fassung. Der Absender versichert, dass keine danach ausgeschlossenen Güter in der von ihm eingelieferten Sendung enthalten sind.

30. Paketschein

Die Sendung wird erst ausgehändigt, wenn der Empfänger den Nachnahmebetrag (Brief bis 1 600,00 EUR, Paket bis 3 500 EUR) an den Mitarbeiter der Post gezahlt hat. Die Gutschrift des Betrags erfolgt dann unter Abzug eines Übermittlungsentgelts auf das angegebene Konto des Nachnahmeabsenders.

Beim Einschreiben kann durch den Zusatz **„Eigenhändig"** sichergestellt werden, dass die Sendung nur dem angegebenen Empfänger oder einer besonders bevollmächtigten Person ausgehändigt wird.

Bei Sendungen mit **Rückschein** muss ein entsprechend ausgefüllter Vordruck der Post beigefügt werden. Der Empfänger bestätigt durch seine Unterschrift den Erhalt der Sendung. Die Post sendet dieses Original an den Absender zurück. Er hat damit eine Empfangsbestätigung für seine Unterlagen und kann selbst noch nach langer Zeit den Zugang des Schreibens beweisen.

Einlieferungsbeleg/Quittung
Bitte Beleg gut aufbewahren!

Deutsche Post AG60433 Frankfurt am Main
82063157 ,2284 19.02... 16:08
Betang
Sendungsnummer: RR 1870 0918 4DE
Einschreiben Einwurf

Sendungsentgelt X,XX EUR

31. Elektronischer Einlieferungsbeleg

Versand von medizinischem Untersuchungsmaterial

Diagnostische Proben und andere medizinische Untersuchungsmaterialien werden täglich innerhalb Deutschlands in großer Zahl über öffentliche Verkehrswege transportiert. Um beim Transport gefährlicher Güter, wozu ansteckungsgefährliches (infektiöses) Material gehört, Gefahren für die unmittelbar Beteiligten und die Bevölkerung zu vermeiden, gibt es entsprechende gesetzliche Schutzvorschriften, die jeder Versender von medizinischem Untersuchungsmaterial einhalten muss. Unterschieden wird zwischen

- ansteckungsgefährlichen Stoffen, die gefährlich für Menschen und/oder Tiere sind,
- Patientenproben (oft mit unbekannten Risiko),
- freigestellten medizinische Proben.

Haftung der Post im Brief- und Paketdienst

Erreicht eine Sendung den Empfänger nicht, kann **der Absender** einen **Nachforschungsantrag** stellen. Erforderlich ist die Vorlage eines Einlieferungsscheins, der auch bei der Geltendmachung von Ersatzleistungen vorgelegt werden muss.

Die Post leistet **keinen Ersatz**, wenn
- die Sendung nicht ordnungsgemäß versandt wurde, z. B. mangelhafte Verpackung,
- der Empfänger die Sendung ohne Reklamation angenommen hatte bzw. ein Schaden nicht unverzüglich nach der Entdeckung gemeldet wurde.

Haftung für ...	Ersatzleistung
normale Briefsendungen	Die Post übernimmt hierfür keinen Ersatz (Einwurf oder Abgabe nicht nachweisbar).
Einschreiben (Übergabe-Einschreiben)	bei Verlust **pauschal 25,00 EUR**
Einschreiben-Einwurf	bei Verlust **pauschal 20,00 EUR**
DHL-Paket	Bei Verlust oder Beschädigung werden bis zu **500,00 EUR** ersetzt. Eine Höherversicherung bis 2 500,00 EUR bzw. 25 000 EUR ist gegen eine Zusatzgebühr möglich.

32. Haftung der Deutschen Post AG

1. *Welche Unterteilung gibt es bei den Briefsendungen und wovon ist die Gebührenhöhe abhängig?*

2. *Welche Haftung übernimmt die Post für ihre Sendungen?*

3. *Nennen Sie die zwei Möglichkeiten beim Einschreiben.*

Bei **ansteckungsgefährlichen Stoffen** ist bekannt oder anzunehmen, dass sie gefährliche Krankheitserreger enthalten und deshalb bei Menschen und/oder Tieren infektiöse Krankheiten verursachen und diese übertragen können. **Patientenproben** sind insbesondere Blut- und Gewebeproben einschließlich Gewebsflüssigkeiten und Abstriche, Ausscheidungsstoffe wie Stuhl, Urin oder Speichel oder andere Materialien von Menschen oder Tieren, die zu Diagnose-, Forschungs- oder anderen Untersuchungszwecken entnommen wurden. Da in vielen Fällen nicht ausgeschlossen werden kann, dass Krankheitserreger enthalten sind, müssen auch hier besondere Versandbestimmungen beachtet werden.

Patientenproben, bei denen keine bis weniger gefährliche Erreger vermutet werden, sind beim Versand als „Biologischer Stoff, Kategorie B" zu bezeichnen. Bei diesen **freigestellten medizinischen Proben** besteht nur eine minimale Wahrscheinlichkeit, dass Krankheitserreger enthalten sind. Der die Probe entnehmende Arzt bzw. Tierarzt entscheidet je nach den Gegebenheiten über diese Einstufung. Es handelt sich bei diesem Untersuchungsmaterial etwa um Blut- und Urinproben zur Feststellung von Blutzucker oder Cholesterin, um Schwangerschaftstests, Proben zur Krebsfeststellung oder auch um Blutproben zur Alkohol- und Drogenfeststellung.

Die Verpackungen müssen grundsätzlich allen beim Transport auftretenden Belastungen standhalten können. Je nach der Art des Untersuchungsgutes werden dabei jedoch Unterschiede gemacht. Grundsätzlich besteht die Verpackung immer aus mindestens drei Bestandteilen. Bei den **freigestellten medizinischen Proben** besteht die **Verpackung** aus

- einem wasserdichten Probengefäß (Primärverpackung),
- einem wasserdichten Schutzgefäß (Sekundärverpackung) und
- einer ausreichend festen Außenverpackung.

Zwischen dem Schutzgefäß und der Außenverpackung muss eine Polsterung bestehen, bei flüssigen Proben (z. B. Blut) muss zusätzlich genügend aufsaugendes Material eingesetzt werden. Bei **infektiösen Patientenproben** ist gleichfalls eine Dreifachverpackung zu wählen. Allerdings muss dabei entweder die Schutz- oder die Außenverpackung starr sein und zusätzlich bestimmten Druck- und Fallbelastungen widerstehen. **Ansteckungsgefährliche Stoffe** müssen in Behältern transportiert werden, die nochmals erweiterten Schutzvorschriften unterliegen. Außerdem sind Beförderungspapiere beizufügen und ein spezieller Transport ist notwendig.

In der Praxis werden mehrheitlich freigestellte medizinische Proben versandt, die außer bei der Verpackung keinen besonderen **Transportbestimmungen** unterliegen. Sie können also z. B. mit normalen Kurierfahrzeugen, Dienst- oder Privatwagen oder Taxis befördert werden. Eine besondere Kennzeichnung als **„Freigestellte medizinische Proben"** oder bei Patientenproben als „Biologischer Stoff, Kategorie B", hier zusätzlich mit einem rautenförmigen Symbol und der UN-Nummer 3373 versehen, muss auf der Verpackung vorhanden sein.

Die **Deutsche Post AG** befördert in Faltschachteln vorschriftsmäßig verpackte und beschriftete Proben als Groß-, Maxibrief oder Päckchen. Ansteckungsgefährliche Proben und Patientenproben der Kategorie B, Gruppe 3, z. B. Tuberkulose-Kulturen werden als Maxibrief befördert, wenn entsprechende Verpackungsvorschriften, z. B. eine verstärkte, kistenförmige Versandschachtel, eingehalten werden.

Verantwortlich für den ordnungsgemäßen Versand ist grundsätzlich der Absender, in der Praxis also der Arzt.

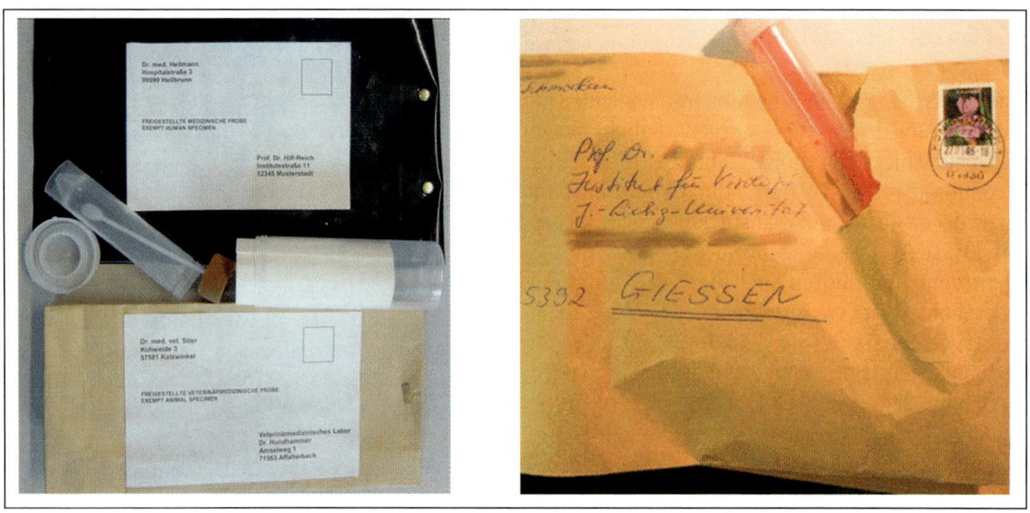

33. Verpackung für medizinische Proben – richtig und falsch

4.4.2 Posteingang

Normalerweise überbringt der Briefzusteller die Tagespost direkt in die Praxis oder er stellt sie durch Einwurf in den Praxisbriefkasten zu. Besitzt die Praxis ein Postfach, dann erfolgt die Zustellung durch Einlegung in dieses. Vorteilhaft ist hier, dass bereits vor Beginn der eigentlichen Postzustellung und mehrmals am Tag Praxispost abgeholt werden kann. Päckchen und Pakete einschließlich Nachnahmesendungen können an eine gemietete **Packstation** gesandt werden, bei der rund um die Uhr Sendungen abgeholt werden können. Nach Eingabe der Post-Kundenkarte und einer PIN kann die Lieferung entnommen werden. Auch ein Päckchen- oder Paketversand ist von der Versandstation aus jederzeit möglich.

Post gilt als zugestellt, wenn sie in den persönlichen Bereich des Empfängers gekommen ist (z. B. durch Einlegung in den Hausbriefkasten). Verhindert der Empfänger jedoch die Zustellung (vgl. Abb. 34) oder verweigert er die Annahme, dann kann er sich nicht darauf berufen, die Sendung nicht empfangen zu haben.

Meistens wird die Praxisangestellte die Post entgegennehmen. Grundsätzlich kann die Aushändigung der Post an den Empfänger selbst erfolgen, an seinen Ehegatten, einen Empfangsbevollmächtigten mit schriftlicher Vollmacht oder einen Ersatzempfänger. Dies sind Angehörige sowie Hausmitbewohner des Empfängers und – bei Zustellung in die Praxis – Mitarbeiter des Arztes, die sich in den Praxisräumen aufhalten und bei denen der Postzusteller vermuten kann, dass sie zur Annahme der Sendung berechtigt sind. Für die Entgegennahme von Sendungen mit dem Vermerk „Eigenhändig" ist eine besondere **Postvollmacht** erforderlich. Diese ist schriftlich zu erteilen und muss die persönlichen Angaben der Empfangsbeteiligten enthalten. Sendungen mit dem Vermerk „Einschreiben" oder „Nachnahme" werden nicht an Hausmitbewohner oder Nachbarn ausgehändigt.

Liegt die tägliche Eingangspost zur Bearbeitung vor, sollten folgende **Arbeitsschritte** eingehalten werden:

- Zunächst ist bei der Eingangspost, insbesondere wenn Päckchen, Warensendungen usw. enthalten sind, der Umschlag bzw. die Verpackung auf äußerliche Schäden optisch zu prüfen und gegebenenfalls unmittelbar dem Postzusteller gegenüber zu reklamieren.
- Anschließend ist die Post zu sortieren: Es wird getrennt nach Praxispost, persönlicher Post (Privatpost des Arztes) und nach sogenannten Irrläufern (fehlgeleitete Sendungen, z. B. aufgrund von Namensgleichheit, dem Vorhandensein mehrerer Praxen im Haus). Diese Irrläufer werden an die Post ungeöffnet zurückgegeben. Privatpost wird ungeöffnet dem Arzt persönlich übergeben.
- Die Praxispost wird geöffnet, der Inhalt entnommen (Leerkontrolle des Umschlags) und überprüft, ob die Absenderanschrift auf dem Anschreiben enthalten ist, ansonsten muss sie

34. Schwierige Postzustellung

Bearbeitung der Praxispost nach Eingangskontrolle:

- Labor- und Fremdbefunde/Arztbriefe der Patientenkartei zuordnen oder bei getrennter Aufbewahrung abheften bzw. je nach Vereinbarung vorher dem Arzt vorlegen
- Angeforderte Patientenrezepte erstellen und samt Versandumschlag zur Unterschrift bereithalten
- Termine eintragen, wichtige und dringende Termine farblich hervorheben oder besonders kennzeichnen
- Kataloge der Praxislieferanten austauschen
- Angebote sortieren, Angebotsvergleich vorbereiten
- Rechnungen sachlich und rechnerisch prüfen, Abzüge berechnen, Zahlung vorbereiten
- Kontoauszüge kontrollieren, eingegangene Patientenzahlungen verbuchen und austragen, offene Posten in der Computerliste aktualisieren
- Computerupdates installieren

35. Checkliste zur Bearbeitung der Praxispost

vom Umschlag übertragen werden. Der Briefumschlag sollte angeheftet oder beigelegt werden, wenn
- das Briefdatum und der Poststempel wesentlich voneinander abweichen (um den Zugang und damit Fristen nachzuweisen, z. B. beim Skontoabzug),
- der Umschlag bestimmte Zustellungsvermerke enthält (z. B. bei einer amtlichen Postzustellungsurkunde, gerichtlichem Zustellungsbescheid).

- Die Sendung ist mit einem Eingangsstempel (Datumsstempel) zu versehen. Dokumente, Schecks, Zeugnisse usw. werden nicht gestempelt.
- Bei Anlagen ist deren Vollständigkeit zu kontrollieren, lose Anlagen evtl. anheften. Fehlende Anlagen auf dem Anschreiben vermerken, bei wichtigen Anlagen beim Absender nachfragen.
- Durch Sortierung und Verteilung wird der Zugangsvorgang abgeschlossen: Je nach Anweisung werden unwichtige Sendungen (z. B. Werbebroschüren) aussortiert, die restliche Praxispost wird aufbereitet bzw. bearbeitet (vgl. Abb. 35), in eine Postmappe einsortiert und an den Arzt oder die beauftragte Angestellte weitergegeben.

4.4.3 Postausgang

Bei der Erledigung der ausgehenden Tagespost ist zunächst die günstigste Versandart zu ermitteln. Viele Schreiben können per Fax dem Empfänger zugestellt werden, eine entsprechende Versandbestätigung kann anschließend ausgedruckt werden. Beim Faxen von Patientendaten muss beim Empfänger die Einhaltung der Schweigepflichtvorschriften gewährleistet sein (z. B. Fax weder einsehbar noch allgemein zugänglich). Beim Postversand ist zu prüfen:

- Stimmt die Anschrift mit den Unterlagen überein und wurde sie normgerecht gestaltet?
- Bei Schreiben an Firmen beachten: Wird zuerst der Firmenname und dann der Sachbearbeiter genannt, öffnet den Brief in der Regel die Poststelle. Ist es umgekehrt, wird das Schreiben ungeöffnet dem Empfänger zugestellt.
- Sind die Anlagen aufgelistet und vollständig dem Schreiben beigelegt?
- Ist das Schreiben unterschrieben?
- Ist eine Kopie vorhanden und wo ist sie abzulegen?
- Ist das Schreiben ordnungsgemäß gefalzt (vgl. Abb. 36) und wurde der passende Umschlag gewählt?

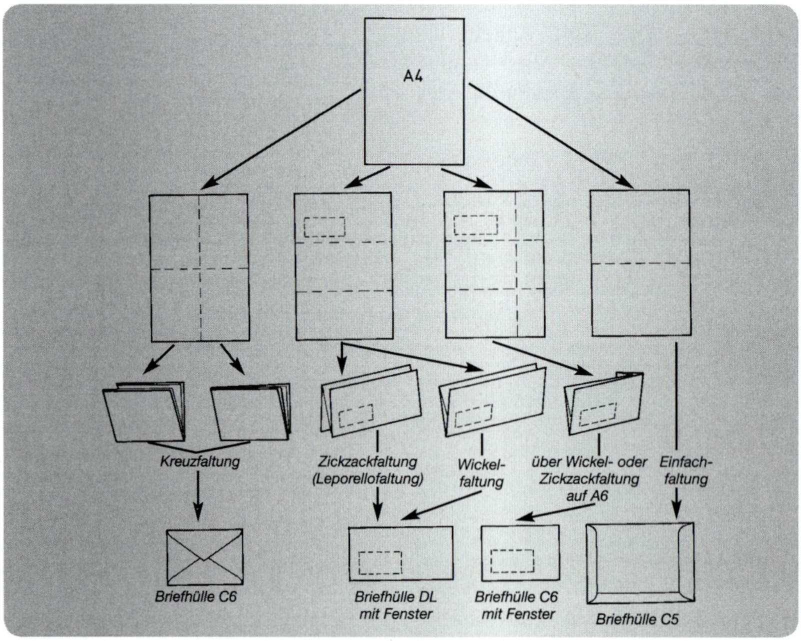

36. Brieffalzungen

- Wurde das Schreiben richtig in den Umschlag eingelegt (kuvertiert), sind Empfänger und evtl. besondere Versandformen problemlos zu lesen bzw. bei Umschlägen ohne Sichtfenster richtig übertragen (dabei auch auf Absenderangabe/Praxisstempel achten)?
- Ist der Brief richtig frankiert? Entscheidend sind Gewicht (Briefwaage), Größe und besondere Versandform.

Bei einem größeren Postanfall (etwa ab 10 bis 15 Briefe täglich) kann sich der Einsatz einer digitalen Frankiermaschine rechnen, von der die Briefe maschinell mit einem Gebührenaufdruck versehen werden. Man spart so z. B. eine Vorratshaltung von Briefmarken. Über ein Modem wird von der Deutschen Post AG ein gewünschter Gebührenbetrag geladen, der Gegenwert wird vom Konto abgebucht. Tarifänderungen werden automatisch berücksichtigt, sodass eine zu hohe Frankierung ausgeschlossen ist. Auch eine Frankierung über das Internet ist mit dem kostenfreien Post – Onlineservice **Internetmarke** möglich. Die entsprechende Versandform der Sendung wird ausgewählt und der Portoaufkleber ausgedruckt. Das Briefmarkenmotiv kann dabei aus 200 Vorlagen ausgewählt werden. Die Zahlung erfolgt bargeldlos durch Kontoabbuchung. Abgehende Postsendungen werden je nach Versandart in den Briefkasten eingeworfen oder bei einer Postagentur gegen Einlieferungsbestätigung abgegeben.

4.4.4 Ablage und Aufbewahrung von Schriftgut

Alle wichtigen Arbeitsvorgänge im Rahmen der Praxistätigkeit müssen dokumentiert und für bestimmte Zeiträume aufbewahrt werden. Für die ärztliche Leistung ergibt sich die **Dokumentationspflicht** aus der jeweiligen Berufsordnung, als Nebenpflicht aus dem Behandlungsvertrag oder auch aus gesetzlichen Vorschriften, z. B. der Röntgenverordnung. Die Aufzeichnungen sind also keine privaten Gedächtnisstützen des Arztes, sondern dokumentieren das Ergebnis seiner Tätigkeit. Sie zeigen den Behandlungsverlauf und machen seine Bemühungen im Nachhinein nachvollziehbar. Nicht zuletzt ist eine vollständige Dokumentation im Streitfall von großer Bedeutung, wenn es darum geht, ungerechtfertigte Schadenersatzansprüche abzuwehren. Aber nicht allein die ärztliche Tätigkeit ist zu dokumentieren. Auch im Rahmen des täglichen Praxisablaufs fällt **Schriftgut** an, das aufbewahrt werden muss: Quittungsbelege, Rechnungen, Kaufverträge, Gehaltsabrechnungen, allgemeiner Schriftverkehr und vieles mehr. Durch die Zunahme des Informationsflusses wird es immer wichtiger zu entscheiden, welches Schriftgut von Bedeutung ist und der Ablage zugeführt wird. Durch entsprechende Vor- und Aussortierung kann ein Überlaufen der Ablage verhindert werden: Zweifelhaftes in die

Ablageeinstufung in vier Wertstufen				
Wertstufe	**Tageswert**	**Prüfwert**	**Gesetzeswert**	**Dauerwert**
Inhalt	Informationen ohne dauerhaften Wert, unverlangte Zusendungen	Schriftgut, das sich in Bearbeitung befindet, Nachfragen, Auswertungen	Schriftgut, für das eine gesetzliche oder vertragliche Aufbewahrungsfrist besteht	Schriftgut mit einem langen Bedeutungszeitraum
Beispiele	Werbesendungen, Zeitungen, Prospekte	Laufender Schriftverkehr, Angebote, Mahnungen, aktuelle Preislisten, Bewerbungsunterlagen	Karteikarten, Kaufverträge, Rechnungen, Buchungsbelege (vgl. Übersicht Aufbewahrungsfristen, Seite 213)	Approbationsunterlagen, Zeugnisse, Fortbildungszertifikate, Praxismiet- oder -kaufvertrag, Personalunterlagen
Ablage	Keine Ablage, nach Kenntnisnahme Vernichtung	Arbeitsplatznahe Zwischenablage während der Bearbeitungsphase, danach Vernichtung oder Ablage	Mindestens gesetzlich vorgeschriebene Dauer	Dauerhafte, gesicherte Ablage

37. Wertstufeneinteilung

Großablage (Papierkorb) ist hierzu ein erster Schritt. Durch eine Zuordnung des Schriftguts in vier Wertstufen wird eine **Ablageeinstufung** festgelegt (vgl. Abb. 37).

Als nächste Entscheidung muss ein angemessenes **Ordnungssystem** gefunden werden, das einen schnellen Zugriff und rasches Wiederfinden des wegsortierten Schriftguts ermöglicht. Eine Ablagengliederung kann folgende Grundlagen haben:

- **Alphabetische Ordnung:** Die DIN 5007 regelt die Ordnung von Schriftgut nach dem Alphabet. Hauptmerkmal ist zunächst der Nachname (ohne akademische Grade wie Dr., Dipl.-Ing. etc.), bei Gleichheit wird der Vorname hinzugenommen. Bei weiterer Übereinstimmung ist eine Erweiterung über die Anschrift als Zusatz möglich. Eine alphabetische Ordnung ist bei den meisten Patientenkarteien zu finden.
- **Numerische Ordnung:** Die sicherste Ordnung ist die nach laufender Nummerierung, weil jede Ablagenummer nur einmal vorhanden ist und eindeutig in eine Reihenfolge eingeordnet werden kann. Bei Nummernzuordnung, z. B. Nummerierung der Lieferanten oder Buchhaltungskonten, muss ein Suchverzeichnis (z. B. Kontenrahmen) vorhanden sein, aus dem die Zuordnung ersichtlich wird.
- **Alphanumerische Ordnung:** Hier wird die alphabetische mit der numerischen Ablageordnung kombiniert, was die Übersichtlichkeit erhöht, weil z. B. lange Ziffernketten vermeidbar sind. Beispiele sind Kfz-Kennzeichen oder Rechnungsablagen (z. B. Privatliquidation SP-2304).
- **Chronologische Ordnung:** Die Ablage erfolgt nach der zeitlichen Reihenfolge, bei der kaufmännischen Abheftung liegt das neueste Schriftstück immer oben auf. Kontoauszüge oder Mahnungen können z. B. so geordnet werden.

Falsch abgelegte Karteikarte verursacht:

- Suchzeit und Stressgefühl bei Mitarbeiterin
- Wartezeit des Arztes auf Patient/Karte
- Beunruhigende Wirkung auf den Patienten
- Zeitverschiebung nachfolgender Patienten
- Vertrauensverlust des Patienten in die Praxisorganisation
- Vorwürfe im Mitarbeiterkreis
- Dokumentationslücke bei Nichtauffindung

38. Falsch abgelegte Karteikarte und die Folgen

Vor- und Nachteile der verschiedenen Ablageformen

	Vorteile	Nachteile
Liegende Ablage z. B. • **Aktendeckel** • **Schnellsammler**	• Preiswert • Platzsparend	• Zeitaufwendig • Unübersichtlich • Personalintensiv durch ständiges Suchen
Stehende Ablage • **Ordnerregistratur (nebeneinander, in versch. Breiten und Farben)**	• Preiswert • Einfach und schnell • Übersichtlich • Gute fortlaufende Belegsammlung	• Benötigt viel Platz • Schriftgut kann leicht durch ständiges Blättern beschädigt werden • Zeit- und personalintensiv
Hängende Ablage • **Hängemappen** • **Hängesammler (hintereinander hängend)**	• Übersichtlich • Flexibel • Schnelles Einlegen von Schriftgut möglich • Schneller Zugriff	• Relativ hohe Anschaffungskosten • Großer Platzbedarf für Schränke • Einhängung nur bis Sichthöhe • Auszugsraum für die Schubladen notwendig
Elektronische Ablage	• Übersichtlich • Platz- und zeitsparend • Schneller Zugriff möglich • Papiereinsparung • Kostensparend	• Verlust von Daten leicht möglich • Intensiver Datenschutz sowie ständige Datensicherung notwendig

39. Ablageformen und -mittel

- **Sachliche Ordnung:** Die Ablage nach Stichwörtern/Oberbegriffen verwendet man, wenn Schriftgut unter sachlichen Gesichtspunkten zusammengefasst werden soll, z. B. Schriftverkehr mit Krankenkassen oder der Kammer.

Von großer Bedeutung ist die Frage, mit welchen **Ablagemitteln** die Aufbewahrung gestaltet wird. Denn in der Praxis gibt es zum einen viel Ablagematerial, das diebstahl- und brandsicher aufzubewahren ist (Patientenakten/Karteikarten). Zum anderen muss die Ablage übersichtlich organisiert sein, damit ein Zugriff in kurzer Zeit erfolgen kann. Auch spielen Platz- und Kostenfragen eine große Rolle, denn eine schlecht organisierte Ablage kann

Beispiel

*Patientenunterlagen müssen **mindestens** bis 10 Jahre nach Behandlungsende aufbewahrt werden. Die Verjährungsfrist für eine Geltendmachung von zivilrechtlichen Haftungsansprüchen läuft allerdings 30 Jahre, sodass bei späteren Ansprüchen keine Unterlagen mehr zum Nachweis einer ordnungsgemäßen Behandlung vorhanden wären. Es empfiehlt sich daher in besonderen Fällen eine verlängerte Aufbewahrungszeit von bis zu 30 Jahren.*

Unterlagen	Mindestaufbewahrungsfrist in Jahren
Arbeitsunfähigkeitsbescheinigungen (Durchschrift)	1
Überweisungsscheine	1
Rezeptdurchschrift Betäubungsmittelabgabe, Betäubungsmittelbuch	3
Patienten-Karteikarten und andere Aufzeichnungen über **zahnärztliche Behandlungen** einschl. KFO u. PAR (Planungsmodelle 4 Jahre nach Behandlungsende) – Empfehlung der Berufsordnung	10
Stammblatt Behandlung von Geschlechtskrankheiten	5
Tierärztliche Behandlungsaufzeichnungen (Karteikarte) ab Behandlungsende – Empfehlung der Berufsordnung	5
Tierimpfstoffkontrollbuch, Arzneianwendungs- und -abgabebuch (bei Tieren zur Lebensmittelgewinnung)	5
Medizinproduktebuch	5
Wartungsbuch Amalgamabscheider (gerechnet von letzter Eintragung)	5
Berichtsvordrucke (Teil B) Gesundheitsuntersuchung und Krebsfrüherkennung	5
Laborbefunde, Laborbuch	10
Zytologische Befunde und Präparate	10
Karteikarten und sonstige **ärztliche Aufzeichnungen** (z. B. Arztbriefe, Krankenhausberichte), EEG und Langzeit-EKG-Streifen, gerechnet ab Behandlungsende	10
Buchungsunterlagen (Belege, Eingangs- und Ausgangsrechnungen etc.)	10
Röntgenuntersuchungsaufnahmen (bei Aufnahmen von Personen unter 18 Jahren ist eine Aufbewahrung mindestens bis zur Vollendung des 28. Lebensjahres notwendig, weil die Aufbewahrungsfrist erst mit dem 18. Lebensjahr des Patienten beginnt)	10
Untersuchungsbogen Jugendarbeitsschutz-Untersuchung	10
Aufzeichnungen Kinderkrankheits-Früherkennungsuntersuchung	10
Unterlagen über D-Arzt-Behandlung (Durchgangsarzt = gesetzliche Unfallversicherung) einschl. Röntgenbilder	15
Aufzeichnungen und Berechnungen über Röntgen-/Strahlenbehandlung (Röntgentherapie)	30

hohe Kosten verursachen. Die wichtigsten **Registraturmöglichkeiten** mit ihren Vor- und Nachteilen zeigt Abb. 39.

Für die **Aufbewahrungsdauer** des abgelegten Schriftgutes gibt es eine große Zahl von gesetzlichen oder standesrechtlichen Bestimmungen. Die Berufsordnung, Röntgen- und Strahlenschutzverordnung, Steuergesetze und eine Vielzahl anderer Vorschriften schreiben eine Mindestaufbewahrungszeit der entsprechenden Unterlagen vor. Da die meisten zivilrechtlichen Ansprüche eines Patienten (z. B. Schadenersatz wegen eines ärztlichen Fehlers) erst nach 30 Jahren verjähren, wird empfohlen, bei unklaren Fällen eine entsprechend längere Aufbewahrungszeit zu wählen.

Bei einer **Vernichtung** der Unterlagen nach Ablauf der Aufbewahrungsfrist ist zu beachten, dass insbesondere patientenbezogenes Ablagematerial nur unter Beachtung der Bestimmungen über die Schweigepflicht vernichtet werden darf, z. B. durch spezielle Aktenvernichter oder eine Verbrennung. Eine Wiederherstellung der Unterlagen muss ausgeschlossen sein.

4.4.5 Elektronische Nachrichtenübermittlung

Telekommunikation (zusammengesetzt aus dem griechischen telos = fern und dem lateinischen communicato = Mitteilung), bedeutet die Übermittlung von Nachrichten zwischen räumlich getrennten Personen. Diese direkte Kommunikation wird möglich, wenn Mitteilungen des Absenders in elektrische Impulse umgesetzt und beim Empfänger in die ursprüngliche Form zurückverwandelt werden. Durch moderne Digitaltechnik haben sich die Nutzungsmöglichkeiten der Telekommunikation und die Übertragungsgeschwindigkeit enorm erhöht. So ist eine umfassende Nutzung des Telefon- und Mobilfunknetzes möglich:

- Gleichzeitige Übertragung von Sprache, Texten, Daten und Bildern in bester Qualität (z. B. gleichzeitiges Telefonieren, Faxen und Internetnutzung)
- Mehrere Rufnummern für einen einzigen Anschluss
- Konferenzschaltungen mit mehreren Teilnehmern gleichzeitig
- Anrufe, die an ein besetztes Telefon kommen, können automatisch an andere Telefon- oder Mobilfunkanschlüsse weitergeleitet werden
- Anklopfen bei besetztem Anschluss: Während man selbst telefoniert, wird angezeigt, dass ein Anrufversuch erfolgt.

Telefon. Das Wichtigste Telekommunikationsmittel in der Praxis ist das Telefon.

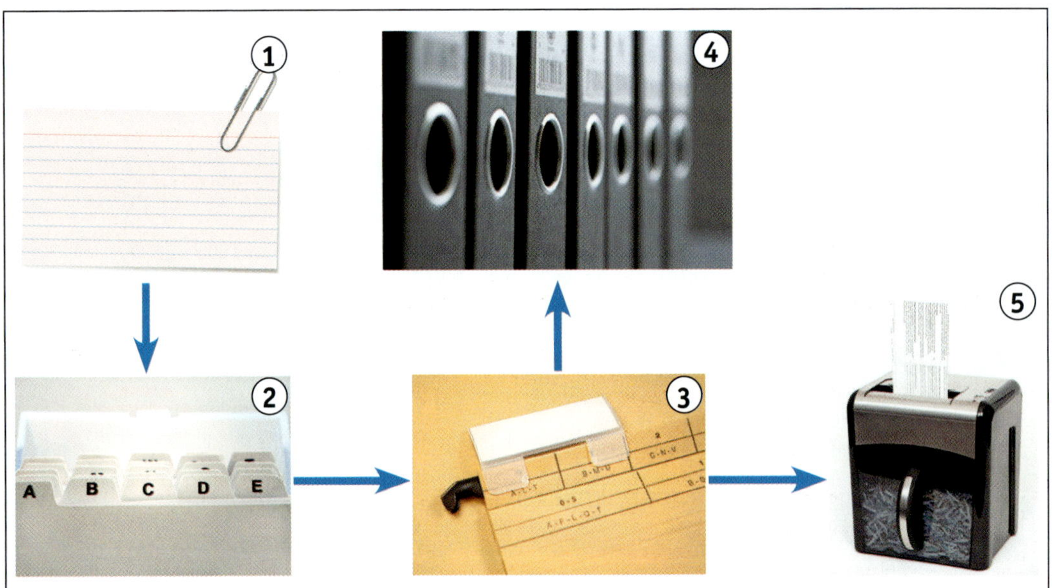

40. Ablauf Schriftgutbearbeitung: ① **Schriftstück** ② **Orgabox** ③ **Zwischenablage** ④ **Endablage** ⑤ **Reißwolf**

Bei der Auswahl der **Telefonanlage** spielt die Praxisgröße eine entscheidende Rolle. Neben dem Einzelanschluss mit stationärem oder schnurlosem Telefon können Telefonanlagen mit mehreren Nebenstellen installiert werden. Diese erlauben je nach technischer Ausstattung auch eine Nutzung als Ruf- oder Sprechanlage innerhalb der Praxis.

Durch die Zuschaltung eines **Anrufbeantworters** an die Telefonanlage bleibt die Praxis auch außerhalb der Öffnungszeiten erreichbar. Neben der Information über Sprechstundenzeiten, Urlaub oder Vertretungen kann der Anrufer selbst auch Nachrichten auf Band sprechen. Diese werden nach Rückkehr in die Praxis abgehört und bearbeitet. Anrufbeantworter mit Fernabfrage bieten die Möglichkeit, aufgesprochene Mitteilungen von unterwegs abzuhören.

Parallel zum Festnetz existiert der Mobilfunk. Mit ihm kann man per mobilem Telefon praktisch von jedem Ort aus telefonieren, Kurznachrichten (SMS) versenden, Bilder, (Kurz-)Filme und Töne (MMS) versenden, fotografieren sowie eine Verbindung ins Internet herstellen. **Handynutzung** in der Praxis ist z. B. denkbar, wenn sich lange Wartezeiten aufgebaut haben. Der Patient kann dann nochmal die Praxis verlassen und wird zur gegebenen Zeit über eine Handyanruf wieder einbestellt. Nutzbar ist eine Handyverbindung zum Patienten auch im Rahmen eines Recall-Systems. So kann z. B. per SMS eine Erinnerung an Vorsorgeuntersuchungen o. Ä. erfolgen. Eine – möglichst schriftliche – Zustimmung des Patienten zu diesem Verfahren sollte jedoch vorliegen.

Die **Kosten der Telekommunikation** setzen sich zusammen aus

- den Anschaffungs- oder Mietkosten (Leasing-Gebühren) der Geräte,
- eventuellen Anschlusskosten sowie
- den laufenden Kosten während des Betriebs.

Diese **direkten Nutzungsgebühren** sind abhängig von

- der Auswahl des Anbieters (Providers),
- der Art der Vertragsgestaltung (Einzelabrechnung oder Flatrate),
- der Entfernung der Verbindung (z. B. Auslandstelefonat).

Ein **Faxgerät** bietet die Möglichkeit, Schriftstücke, Bilder oder Zeichnungen schnell und kostengünstig über das Telefonnetz zu übermitteln.

Das Fax ist allerdings durch die Möglichkeit, über das **Internet per E-Mail** umfangreiche Dokumente zu versenden, fast ersetzt worden. Sowohl bei Versendung eines Faxes als auch einer E-Mail muss in der Praxis aber die Einhaltung der Schweigepflicht beachtet werden. Dies bedeutet:

Exkurs

Buchstabiertafel

- Bei der Übermittlung schwer verständlicher oder ungewöhnlicher Wörter kann man mit Hilfe einer Buchstabiertafel (‚Buchstabieralphabet') die Verständlichkeit verbessern und Missverständnisse reduzieren. Anstatt der Nennung eines Buchstabens wird ein festgelegtes Wort genannt, z. B. G wie Gustav (Buchstabiertafel z. B. im Internet unter www.buchstabiertafel.com).
- Aber Achtung, man muss es auch kennen! Ein negatives Beispiel hier:
- Telefonat: „Das Paket bitte an Tierarztpraxis Dr. Braun, ich buchstabiere…"
- Das Paket kam mit folgender Anschrift an:

Tierarztpraxis
Frau Dr. Berta Richard Anton Ulrich Nordpol
Sassenheimer Weg 14
60312 Frankfurt am Main

41. Verwendung der Buchstabiertafel

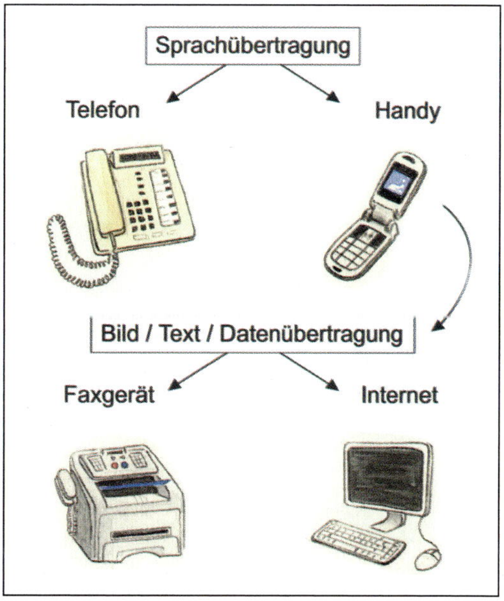

42. Besprechung Anrufbeantworter

- Der **Gerätestandort** ist so zu wählen, dass eingehende Faxe oder E-Mails am Bildschirm nicht von unbefugten Personen gelesen oder entnommen bzw. ausgedruckt werden können.
- **Wichtige Dokumente,** wie z. B. Mietverträge, Kündigungen, sollte man entweder direkt unterschreiben oder per Brief (Einschreiben-Übergabe mit Rückschein) zustellen lassen. Nur so ist die Zustellung auch beweisbar.

Das **Internet** war ursprünglich eine Erfindung in den USA. Dort richtete das Militär Ende der 60er-Jahre des vergangenen Jahrhunderts ein Computernetz ein, dem sich wissenschaftliche Einrichtungen wie z. B. Forschungszentren und Universitäten anschlossen. Später wurde das Netz frei zugänglich. 1984 gab es den ersten Computeranschluss an das Internet in Deutschland; mittlerweile sind praktisch alle Länder der Erde an das Internet angeschlossen. Es hat sich zum **World Wide Web** (www) entwickelt. Jedes Land hat einen eigenen Zusatz am Ende, Deutschland z. B. „de". Das Internet stellt also einen Zusammenschluss von Computern dar, die über Datenleitungen miteinander verbunden sind (vgl. Abb., Seite 217).

Das Internet lässt vielfältige Nutzungsmöglichkeiten zu:

- **Informationen abrufen** und ggf. herunterladen, z. B. über
  - Leistungserbringer im Gesundheitswesen (Ärzte, Kliniken usw.),
  - wissenschaftliche bzw. medizinische Erkenntnisse,
  - Flug- und Fahrpläne,
  - Verkehrsrouten,
  - Veranstaltungen,
  - Software,
  - Musik, Filme (meist gegen Gebühr)
- **Informationen austauschen**, durch die Nutzung beispielsweise von
  - E-Mails,
  - Foren,
  - Chatrooms,
  - Selbsthilfegruppen
- **Kaufen**, z. B.
  - Büromaterial, Möbel, Kleidung, Pkw,
  - Urlaubsbuchungen,
  - Eintrittskarten für Sportveranstaltungen, Konzerte, Theater, Kino
- **Handeln**, z. B.
  - mit gebrauchten Sachen (u. a. über eBay)
- Zwischenmenschliche **Kontakte knüpfen**, z. B. durch
  - Jobbörsen,
  - Vermittlung von Menschen mit gleichen Hobbys,
  - Partnervermittlungen,
  - Heiratsbörsen

Um ins Internet einsteigen und lossurfen zu können, benötigt man im Prinzip lediglich einen PC mit Monitor, eine Telefonleitung oder Handyverbindung und ein Modem, das die analogen Daten

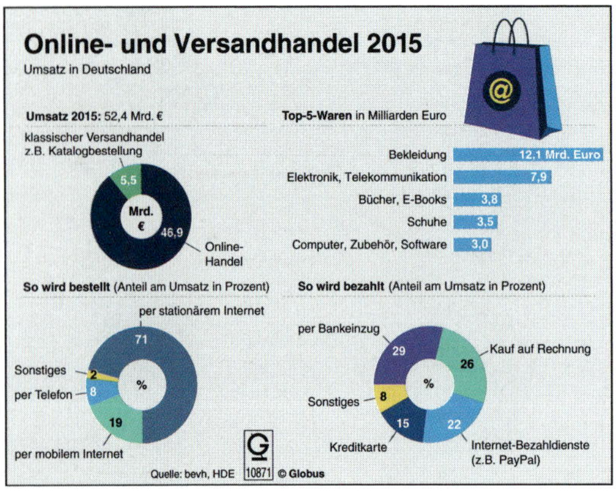

43. Onlinehandel

Exkurs

Widerruf beim Onlinekauf

- Für Verbraucher gilt wie bei allen „Fernabsatzkäufen" auch beim Kauf über das Internet ein

14-tägiges Widerrufsrecht.

- Dies soll den Käufer die Möglichkeit geben, die Ware zu prüfen, denn er sieht sie bei der Bestellung nicht 'in echt'. Die Widerrufsfrist beginnt normalerweise, sobald die Ware beim Käufer eingetroffen ist. Einfach zurücksenden geht aber nicht! Der Käufer muss seinen Widerruf dem Verkäufer mitteilen (am besten schriftlich), begründen muss er ihn jedoch nicht. Allerdings: Der Lieferant kann die Kosten der Rücksendung je nach Rechnungsbetrag vom Käufer verlangen.

44. Widerruf beim Onlinekauf

in digitale Daten umwandelt. Die Zugangsberechtigung erhält man über einen sogenannten Service-Provider oder Internet-Provider, der die endgültig Verbindung zu den Millionen Computern mit Internetanschluss herstellt.

Der E-Mail-Dienst erlaubt das Senden und Empfangen elektronischer Post. Alle E-Mail-Teilnehmer haben eine E-Mail-Adresse, die quasi ein elektronisches Postfach darstellt. Über den PC oder das Mobiltelefon können so Nachrichten empfangen, geschrieben und verschickt werden. Durch die Möglichkeit, Dateien an die E-Mail anzuhängen, kann man auch sehr umfangreiche Texte einschließlich Bild- und Tondokumente versenden. Die eingegangenen Nachrichten können gelesen, bei Bedarf beantwortet und ggf. auch ausgedruckt werden.

Größere Betriebe oder Organisationen (z. B. Kammern) verfügen über ein eigenes **Intranet.** Es ist nur für eigens berechtigte Personen über ein Passwort zugänglich. Bestimmte Teile mit allgemeinen Informationen können aber für alle zugänglich gemacht werden, z. B., um Formulare herunterladen zu können.

1. *Von welchen Faktoren sind die Telefonkosten abhängig?*

2. *Wofür kann das Internet*
a) in Ihrer Ausbildungspraxis,
b) privat
genutzt werden?

3. *Wodurch unterscheiden sich Internet und Intranet?*

Verhaltensregeln für die Web-Kommunikation

Wer heute das Internet nutzt, ist zumeist nicht nur passiver Nutzer von Informationen, sondern nimmt vielmehr aktiv an der Internetkommunikation teil, sei es durch eine eigene Internetadresse bzw. Homepage oder durch die Mitgliedschaft in sogenannten sozialen Netzwerken (z. B. Facebook) oder Foren. Denken Sie dabei daran, dass auch bei der anonymen Kommunikation im Internet bestimmte **Grundregeln** gewahrt werden sollten. Denn durch die Art Ihrer Kommunikation geben Sie Ihre persönliche Visitenkarte ab.

Einige Grundregeln:

- Bleiben Sie höflich und sachlich, dabei aber trotzdem authentisch.
- Aggressives Fluchen und Beschimpfen ist absolut tabu.
- Reagieren Sie stattdessen humorvoll und bleiben Sie cool.
- Bewahren Sie Distanz und Respekt.
- Vermischen Sie nicht Privates mit Beruflichem.
- Achten Sie bei schriftlichen Mitteilungen auf Rechtschreibfehler und versenden Sie keine schludrig geschriebenen Texte. Geschäftliche Schreiben müssen auch im Internet den Normvorschriften entsprechen (z. B. vollständige Anrede und Grußformel haben).
- Gehen Sie mit dauerhafter Groß- oder Kleinschreibung, Sonderzeichen und „Smileys“ sparsam um.
- Allgemein gilt: Geben Sie nicht zu schnell zu viel Privates preis und nichts, was eventuell später negativ gegen Sie verwendet werden könnte. Das **Netz vergisst nichts**!

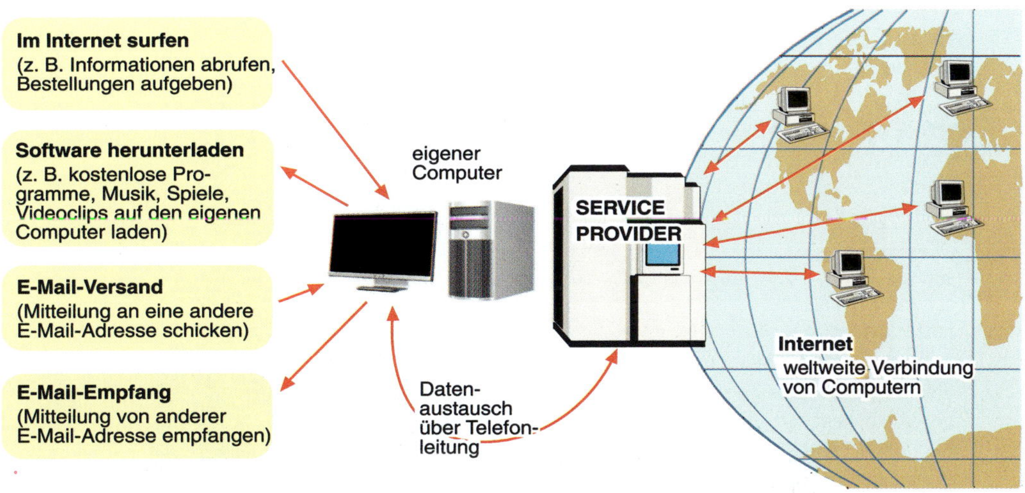

44. So funktioniert das Internet

Fit für die Prüfung!

1. Was versteht man unter einer Checkliste und wozu dient sie?

2. In der Praxis von Dr. Klaus Unschlüssig arbeiten zwei Fachangestellte, eine Auszubildende und eine stundenweise beschäftigte Teilzeitkraft. Eine Fachangestellte hat ein Kind in der zweiten Grundschulklasse, die andere ist ledig. Alle Mitarbeiterinnen möchten während der Sommerferien einen dreiwöchigen Urlaub nehmen. Begründen Sie, welchem Urlaubswunsch in den Ferien entsprochen werden sollte.

3. Der Tierarzt Dr. Metzger möchte eine neue Praxis eröffnen. Da die Praxisräume in einem noch zu erstellenden Anbau untergebracht werden sollen, beauftragt er Sie, einen Vorschlag für eine möglichst optimale Anordnung für folgende Räume zu erstellen:
1 Wartezimmer, 3 Sprechzimmer, 2 Therapiezimmer, 1 Röntgenraum, je 1 Klienten- und Personal-WC, 1 Aufenthaltsraum, 1 Lagerraum, 5 bis 6 Tierboxen.
Stellen Sie zeichnerisch Ihren Vorschlag dar. Bei einer Arzt-/Zahnarztpraxis eine entsprechende Planung mit dort notwendigen Räumen/Bereichen ausführen.

4. Sie sollen für eine Frauenarztpraxis einen Wochensprechstundenplan erstellen, der
a) Vorsorgeuntersuchungen und Spezialuntersuchungen (z. B. Mammografie) blockt,
b) die Bedürfnisse der Patientinnen berücksichtigt,
c) die verschiedenen Sprechstundensysteme sinnvoll kombiniert und
d) die Arbeitszeit (40-Stunden-Woche) berücksichtigt.

5. Fertigen Sie eine Arbeitsplatzbeschreibung für Ihren Ausbildungsplatz an.

6. Dr. Schlau hat seine tierärztliche Praxis neu eröffnet und überlegt, wie er die Werbung organisieren soll. Dabei hat er folgende Überlegungen:
- Hinweisschilder zu seiner Praxis an der Hauptstraße
- Großes (1 m × 1 m), beleuchtetes Praxisschild mit umlaufender, blinkender Lichterkette
- Anzeige in der Zeitung zur Neueröffnung
- Wöchentliche Anzeigen in der Zeitung zu verschiedenen von ihm durchgeführten Behandlungsmethoden
- Homepage im Internet mit Gästebuch und Erfolgsgeschichten
- Praxisbroschüren mit dem Hinweis auf verschiedene Behandlungsmethoden
- Vorträge zur Tierhaltung bei der VHS
- Tag der offenen Tür
- Regelmäßiger Hinweis auf Sonderangebote

Erklären Sie, welche Werbemaßnahmen Dr. Schlau durchführen kann bzw. welche Änderungen vorgenommen werden müssen.

7. In der Praxis von Dr. Schmerz streiten sich die Angestellten, wer welche Arbeiten zu übernehmen hat. Dabei kommt es so weit, dass Patienten unter den Spannungen in der Praxis zu leiden haben.
Dr. Schmerz beauftragt Sie, ihm Vorschläge zur Lösung des Problems zu erarbeiten.

8. Die Fachangestellte Marita ist in der Praxis zuständig für den allgemeinen Postversand. Entscheiden Sie, welche Versandart sie bei den folgenden Sendungen jeweils wählen muss:
a) Die Anmeldung zur Abschlussprüfung einer Auszubildenden ist einschließlich des Berichtsheftes an die Kammer zu versenden (Gewicht 650 g).
b) Eine „normale" Laborprobe ist zu versenden.
c) Ein Schreiben soll so verschickt werden, dass man eine Bestätigung über den Eingang des Schreibens für die Akten erhält.
d) Ein Prospekt soll an einen Patienten ohne gesondertes Anschreiben übersandt werden.
e) Die Bewerbungsunterlagen von Frau Yilmaz sollen in einem Großumschlag zurückgeschickt werden, Gewicht 80 g.

9. „Wir müssen unbedingt unsere Portokosten senken. Deshalb verwenden wir ab sofort bei schriftlichen Terminumbestellungen nur noch Postkarten", erklärt die Fachangestellte Natascha. „Das sollten wir lieber nicht tun und die Schreiben wie bisher im Briefumschlag versenden", antwortet ihre Kollegin Alica.
a) Was spricht gegen die Verwendung von Postkarten?
b) Wofür können Postkarten in der Praxis benutzt werden?
c) Welche alternativer Benachrichtigungsweg wäre denkbar?

10. Die Tiermedizinische Fachangestellte Hilde Spielmann wird beauftragt, medizinisches Untersuchungsmaterial an das Veterinäruntersuchungsamt zu übersenden. Welche besonderen Versandvorschriften muss sie dabei beachten?

11. Bei einer Paketanlieferung in der Praxis stellt die Fachangestellte Annegret Farg fest, dass das Paket an einer Seite eingedellt und die Paketunterseite leicht feucht ist. Wie verhält sie sich in diesem Fall richtig?

12. Die Ärzte Dr. Frank und Dr. Stein beabsichtigen die Eröffnung einer Gemeinschaftspraxis. Bei der Planung werden auch Überlegungen über die Ausstattung der Ausbildungspraxis mit Telekommunikationseinrichtungen angestellt. Welche Ausstattung ist für die Praxis, auch unter Berücksichtigung der laufend anfallenden Kosten, empfehlenswert?

13. Entwerfen Sie einen Text für den Anrufbeantworter Ihrer Praxis. Dem Anrufer soll mitgeteilt werden, dass die Praxis in der Zeit vom 12. bis 26. Juli wegen Urlaub geschlossen ist. Es soll auch über die vorgesehene Vertretungsregelung informiert werden.

14. Bei einem Gespräch mit einem Kollegen erklärt Dr. Brause: „Ein Faxgerät hat viele Vorteile. So kannst du z. B. Gutachten und Befunde per Fax senden und empfangen. Du musst jedoch aufpassen, dass die Schweigepflicht nicht verletzt wird."

a) Stellen Sie Vorteile bei der Nutzung eines Faxgeräts zusammen.

b) Welche Vorkehrungen müssen zur Einhaltung der Schweigepflicht bei Faxnutzung getroffen werden?

15. Zur Bearbeitung der nachfolgenden Aufgaben benötigen Sie Informationen über die Postgebühren unter www.deutschepost.de. Welche Gebühren fallen bei den folgenden Postsendungen an?

a) Warensendungen, 40 g

b) Brief 45 g; Umschlag 30 cm lang

c) Paket, 12 kg, nach Hamburg

d) Brief 15 g, als Einwurf-Einschreiben

16. „Ich habe gelesen, dass eine Verpflichtung zu Qualitätssicherungsmaßnahmen besteht", werden Sie von einer Kollegin angesprochen. Erläutern Sie ihr, was Qualitätssicherung bedeutet und welche Maßnahmen zur Umsetzung dazu eingeführt werden können.

17. In der Praxis von Dr. Helm soll eine Befragung der Patienten durchgeführt werden, um den Grad der Zufriedenheit mit den angebotenen Leistungen zu ermitteln. Sie sollen Vorschläge zur Realisierung dieser Idee vorlegen.

a) Stellen Sie einzelne Schritte dar, die von der Planung der Befragung über die Durchführung und die Auswertung zu beachten sind.

b) Erstellen Sie eine Liste mit 10 Fragen und geben Sie zu jeder Frage an, welche Antwortmöglichkeiten den Patienten vorgegeben werden sollen.

c) Überlegen Sie, wie nach der Auswertung der Befragung das Ergebnis den Patienten mitgeteilt werden könnte.

18. Erstellen Sie für Ihre Ausbildungspraxis ein Organigramm, aus dem die einzelnen Zuständigkeiten erkennbar werden.

5 BERUFLICHE PERSPEKTIVEN ENTWICKELN

5.1 ARBEITSVERTRAG

5.1.1 Bewerbung

Schon einige Zeit vor der Abschlussprüfung wird sich jede/-r Auszubildende Gedanken über die zukünftige Tätigkeit machen. Nach dem BBiG ist bereits sechs Monate vor Beendigung des Ausbildungsverhältnisses eine Vereinbarung über eine Weiterbeschäftigung nach der bestandenen Abschlussprüfung möglich.

Bei einem Wechsel in eine andere Praxis oder ein anderes Tätigkeitsgebiet ist es wichtig, eine überzeugende Bewerbung abzugeben. Es gibt folgende **Möglichkeiten,** sich auf eine Stelle zu bewerben:

- Man antwortet auf eine Stellenanzeige.
- Man informiert sich im Internet bzw. Intranet der jeweiligen Kammer.
- Man informiert sich bei einer Personal-Service-Agentur.
- Man fragt bei Kolleginnen, ob in der Praxis, in der sie tätig sind, eine Stelle frei ist.
- Man startet eine Eigeninitiative und bewirbt sich sozusagen blind.

Egal, welchen Weg man wählt, wenn man folgende **Grundsätze** beachtet, steigen die eigenen Chancen:

- Man sollte **nicht mehr als 14 Tage** verstreichen lassen, nachdem man den Hinweis auf eine freie Stelle erhalten hat.
- Man sollte sich damit vertraut machen, welche **Fachkenntnisse** der Inserent von seiner neuen Mitarbeiterin erwartet. Nur wenn man diese Erwartungen erfüllen kann, sollte man sich auch bewerben.
- Man sollte herausfinden, **welche Art von Mitarbeiter/-in** der zukünftige Arbeitgeber wünscht. Dies kann man u. U. schon an der Formulierung erkennen, mit welcher der potenzielle Arbeitgeber einen neuen Mitarbeiter sucht. Ist z. B. der Ton betont locker und unkompliziert oder eher zurückhaltend sachlich oder forsch und fordernd? Je nachdem wird wahrscheinlich eine moderne, unkomplizierte und gegenüber Neuem aufgeschlossene Mitarbeiterin, eine gründliche, gewissenhafte und sorgfältige Mitarbeiterin oder eine anpassungsfähige, stressresistente Mitarbeiterin gesucht.
- Man sollte darstellen, weshalb man selbst gerade für diese Stelle **besonders geeignet** ist. Hier sind z. B. Hinweise sinnvoll, wie man dem Betrieb/dem Praxisteam helfen kann, weshalb man in eine bestimmte Praxis besonders gut hineinpasst oder aus welchem Grund man sich gerade auf diese Stelle bewirbt.

Dr. Nydart PR

Agentur für Public Relations
mit dem Schwerpunkt
Gesundheit/Dental, sucht ab sofort:

ZMF/Zahnmedizinische Fachangestellte in Vollzeit

Arbeitsplatz: Bad Homburg
Für Kundenkontakt, Betreuung von Redaktionen der Dentalfachpresse.
Erfahrung in Praxis-Management und sicheres Fachwissen sowie gute PC- und Englischkenntnisse sind erforderlich.

Ihre Bewerbung senden Sie bitte an:
info@nypr.de

Der Arbeitsmedizinische Dienst der Berufsgenossenschaft der Bauwirtschaft (gesetzliche Unfallversicherung) übernimmt die arbeitsmedizinische Betreuung der Mitgliedsunternehmen und ihrer Arbeitnehmer.

Medizinische Fachangestellte

Für das Zentrum in Frankfurt am Main suchen wir eine freundliche Medizinische Fachangestellte in Vollzeit. Die Stelle ist zunächst befristet (Schwangerschaftsvertretung). Wir erwarten eine abgeschlossene Ausbildung und EDV-Kenntnisse. Die Bereitschaft zu Außendiensttätigkeiten und der Führerschein für Pkw sind nötig. Wir bieten eine attraktive Vergütung, geregelte Arbeitszeit und die Sozialleistungen des öffentlichen Dienstes. Bewerbungen geeigneter Bewerber/-innen mit Schwerbehinderung sind erwünscht.

1. Stellenanzeigen

- Es ist üblich, am Ende der Bewerbung die Hoffnung zu äußern, zu einem **Bewerbungsgespräch** eingeladen zu werden, und anzumerken, dass man diesem mit Freude und gespannter Erwartung entgegensieht.

Erfahrungen zeigen, dass sich Personalchefs für die erste Durchsicht einer Bewerbungsmappe ca. eine Minute Zeit lassen (oft gehen mehrere Dutzend Bewerbungen ein). Damit Ihre Bewerbungsmappe nicht sofort aussortiert wird, sollten Sie für die Gestaltung der Bewerbungsmappe folgende formalen Punkte beachten:

- Vollständige Bewerbungsmappe:
  - Anschreiben
  - Deckblatt
  - Lebenslauf
  - Anlagen

Das Anschreiben sollte lose obenaufliegen, während das Deckblatt, der Lebenslauf und die Anlagen in die Bewerbungsmappe gehören.

- Das **Anschreiben** sollte sich auf die gesuchte Arbeitsstelle beziehen, kurze, knappe und klar verständliche Sätze enthalten und als Werbung für Ihre Person verstanden werden. Stellen Sie sich dabei nicht als Superwoman dar, aber vermeiden Sie auch unangebrachte Untertreibungen und stellen Sie sich nicht als Bittstellerin dar. Da das Anschreiben der erste Text ist, den der Personalchef/die Personalchefin durchliest, muss es zumindest formal perfekt gestaltet sein, damit Ihre Bewerbung nicht von vornherein aussortiert wird.
- Mit einem ansprechend gestalteten **Deckblatt** sollten Sie Interesse, Neugier und Sympathie für Ihre Person wecken (vgl. Abb. 2). Geben Sie Ihrem Deckblatt einen Titel, gestalten Sie es formal und optisch ansprechend und lassen Sie Ihr Bewerbungsfoto auf jeden Fall von einem Fotografen anfertigen und bearbeiten.
- Für Ihren **Lebenslauf** sollten Sie folgende Grundprinzipien beachten:
  - Möglichst knapp (maximal zwei Seiten)
  - Klar strukturiert
  - In chronologischer Form entweder „klassisch“ von Geburt bis jetzt oder auch rückwärts, beginnend mit dem aktuellen Stand.
  - Beruflicher Werdegang, letzte Arbeitgeber (bei längerer Berufserfahrung)
- In die Anlagen gehören alle Zeugnisse, die für den neuen Arbeitgeber von Interesse sind. Als Minimum sollten folgende Zeugnisse beigefügt sein:
  - Abschlusszeugnis der Berufsschule
  - Prüfungszeugnisse der entsprechenden Kammer
  - Arbeitszeugnis des letzten Arbeitgebers/Ausbilders

2. Bewerbungsfoto

3. Wahrheitsgemäße Beantwortung?

Wenn man mit seiner Bewerbung die erste Hürde übersprungen hat und zu einem Vorstellungsgespräch eingeladen wird, wird es sozusagen ernst. Ein Sprichwort sagt: **„Für den ersten Eindruck gibt es keine zweite Chance"**, und dem ist nichts hinzuzufügen. Es gilt also, sich auf mehreren Gebieten für das Vorstellungsgespräch zu wappnen. Hierzu ist es hilfreich, folgende **Checkliste** durchzugehen:

- Passt meine **äußere Aufmachung** zu dem gesuchten Anforderungsprofil (eher modern, kess, unkonventionell oder eher gewissenhaft, ordentlich und seriös)?
- Habe ich meine vollständigen **Bewerbungsunterlagen** und das Einladungsschreiben des Unternehmens dabei?
- Habe ich mir über mögliche **Fragen** Gedanken gemacht und bin ich gut darauf vorbereitet?
- Kann ich den potenziellen neuen Arbeitgeber von meinen **persönlichen und fachlichen Qualitäten** überzeugen (z. B. durch mein Auftreten, eigene Fragen zu dem Betrieb und erwartete Tätigkeit, Zeugnisse, Fort- und Weiterbildungsnachweise)?
- Kann ich mich als **selbstbewusste, verantwortungsvolle Persönlichkeit** darstellen, die einerseits die speziellen Erfordernisse des Arbeitgebers zur Kenntnis nimmt und respektiert, aber andererseits auch ihre eigenen Rechte als Arbeitnehmerin kennt und auf klaren Abmachungen besteht?

Exkurs

Muss ich wahrheitsgemäß antworten?
Im Rahmen eines Vorstellungsgesprächs oder beim Ausfüllen eines Einstellungsfragebogens stellt sich oft das Problem, welche Fragen wahrheitsgemäß beantwortet werden müssen. Personenbezogene Fragestellungen müssen nicht oder aber nicht wahrheitsgemäß beantwortet werden, z. B.:

- „Gehören Sie einer Gewerkschaft an?"
- „Nehmen Sie die Pille?"
- „Wollen Sie demnächst heiraten bzw. haben Sie einen festen Freund?"

Die Frage nach einer **Schwangerschaft** ist aufgrund der Gleichstellung von Mann und Frau grundsätzlich unzulässig. Nur wenn die vorgesehene Beschäftigung überhaupt nicht von einer Schwangeren ausgeführt werden darf, muss die Wahrheit gesagt werden (z. B. Röntgenassistenz).

Wenn eine Bewerberin dann zum Vorstellungsgespräch eingeladen wird, gehen damit beide Partner schon bestimmte Pflichten ein:

Der **Arbeitgeber** muss

- über persönliche Informationen der Arbeitnehmerin Stillschweigen bewahren,
- bei Nichteinstellung die Bewerbungsunterlagen zurückgeben,
- die Fahrt- und ggf. die Übernachtungskosten der Bewerberin übernehmen, wenn er zum Bewerbungsgespräch eingeladen hat.

Die **Bewerberin** muss

- alle Fragen wahrheitsgemäß beantworten, die sich unmittelbar auf die berufliche Tätigkeit beziehen; dies können Fragen nach dem bisherigen beruflichen Werdegang oder Fragen nach besonderen Fertigkeiten und Kenntnissen sein,
- alle Fragen wahrheitsgemäß beantworten, die für die Berufsausübung von Bedeutung sind; dies können Fragen nach Erkrankungen, Behinderungen, Allergien bzw. Berufskrankheiten sein, sofern sie für die Ausübung des Berufs von Bedeutung sind.

Gibt die Bewerberin über diese Punkte bewusst falsche Auskünfte, kann der Arbeitsvertrag später **angefochten** und für **ungültig** erklärt werden.

Auf **nicht zulässige Fragen** darf die Arbeitnehmerin die Auskünfte **verweigern** oder **falsch** antworten, ohne dass dies negative Auswirkungen hat (vgl. den unten stehenden Exkurs).

Stimmen die Interessen überein, folgt meistens der Abschluss eines Arbeitsvertrags.

5.1.2 Abschluss und Inhalte des Arbeitsvertrags

Der Arbeitsvertrag ist ein **Dienstvertrag,** bei dem sich z. B. eine Zahnmedizinische Fachangestellte verpflichtet, in der Praxis eines Zahnarztes bestimmte Arbeiten gegen Bezahlung zu übernehmen. Arzt und Angestellte haben dabei bestimmte Rechte und Pflichten. Dabei sind die Pflichten des Arztes die Rechte der Angestellten und umgekehrt:

Der **Arzt verpflichtet sich** z. B. zur

- Zahlung der vereinbarten Vergütung einschließlich Sondervergütungen,
- Einhaltung der Arbeits- und Unfallverhütungsvorschriften,
- Urlaubsgewährung,
- Zeugniserteilung.

ARBEITSVERTRAG

zwischen

Herrn Dr. med. dent. Karl Schönbein,
Jägerstraße 34, 12555 Berlin

und

Frau Renate Schulze,
Kirchstraße 15, 12555 Berlin

wird folgender Arbeitsvertrag abgeschlossen:

1. Frau Schulze wird ab 1. Dezember .. in der oben genannten Praxis als Zahnmedizinische Fachangestellte eingestellt. Ihre Arbeitsgebiete richten sich nach dem Inhalt des derzeit geltenden Berufsbildes für den Beruf der Zahnmedizinischen Fachangestellten.
2. Die durchschnittliche wöchentliche Arbeitszeit beträgt 40 Stunden. Beginn, Ende und Einteilung der Arbeitszeit einschließlich der Pausen richten sich nach den Sprechstundenzeiten und den sonstigen Belangen der Praxis.
3. Das Gehalt beträgt 1600,00 EUR brutto, es steigt mit dem jeweiligen durchschnittlichen Prozentsatz, der für zukünftige Gehaltstarifverträge von den Tarifparteien ausgehandelt wird.
4. Für alle sonstigen Arbeitsbedingungen einschließlich Probezeit und Kündigung werden die Bestimmungen des jeweils gültigen Gehalts- und Manteltarifvertrags für Zahnmedizinische Fachangestellte zugrunde gelegt.
5. Änderungen dieses Arbeitsvertrags oder Zusatzvereinbarungen müssen schriftlich niedergelegt werden.

Berlin, 12. November ..

Dr. Schönbein Renate Schulze

Dr. med. dent. Karl Schönbein   Renate Schulze

4. Beispiel eines Arbeitsvertrags

Die **Angestellte verpflichtet sich** z. B. zur

- persönlichen Arbeitsleistung nach Anweisung,
- sorgfältigen Ausführung der Arbeiten,
- Verschwiegenheit (Schweigepflicht).

Folgende **Vertragsinhalte** sind bei Arbeitsverträgen absolute Pflicht:

- Name und Anschrift von Arbeitgeber und Arbeitnehmer
- Beginn der Beschäftigung und, bei befristeten Verträgen, auch die voraussichtliche Dauer des Arbeitsverhältnisses
- Arbeitsort
- Bezeichnung der Tätigkeit
- Höhe der vereinbarten Vergütung und vereinbarter Sonderzahlungen
- vereinbarte tägliche oder wöchentliche Arbeitszeit
- Dauer des jährlichen Urlaubs
- Fristen für die Kündigung des Arbeitsverhältnisses
- Hinweis auf Tarifverträge, die auf das Arbeitsverhältnis anzuwenden sind

Beim Abschluss aller Arbeitsverträge in Deutschland müssen in jedem Fall das **Arbeitszeitgesetz** und das **Bundesurlaubsgesetz** beachtet werden. Vereinbarungen, die gegen diese Gesetze verstoßen, sind nichtig und damit ungültig.

Im **Arbeitszeitgesetz** ist insbesondere die im Regelfall maximal zulässige wöchentliche Arbeitszeit geregelt. Danach dürfen Arbeitnehmer an den sechs Werktagen (Montag bis einschließlich Samstag) maximal acht Stunden pro Tag beschäftigt werden. Dies ergibt eine wöchentliche Arbeitszeit von 48 Stunden, die nicht überschritten werden darf.

Allerdings gibt es eine Öffnungsklausel, die es ermöglicht, die tägliche Arbeitszeit an den sechs Werktagen auf bis zu zehn Stunden pro Tag auszudehnen, wenn in den folgenden sechs Kalendermonaten oder innerhalb von 24 Wochen die durchschnittliche tägliche Arbeitszeit von acht Stunden nicht überschritten wird.

Beispiel

Im Straßenbau wird vom 1. bis 29. September (vier Wochen) sechs Werktage pro Woche jeweils zehn Stunden gearbeitet. Im folgenden Jahr werden als Ausgleich vom 2. bis 30. Januar (vier Wochen) lediglich sechs Stunden pro Werktag gearbeitet.
(4 × 6 × 10 + 4 × 6 × 6 = 240 + 144 = 384 Stunden : 48 Tage = 8 Stunden/Tag)

Zusätzlich gibt es u. a. für Nachtarbeitnehmer sowie für Arbeitnehmer in mehrschichtigen Betrieben Ausnahmeregelungen.

Das **Bundesurlaubsgesetz** regelt, dass Arbeitnehmer einen Mindesturlaubsanspruch von 24 Werktagen (= 20 Arbeitstage) pro Jahr haben. Der volle Urlaubsanspruch entsteht erst nach mehr als sechs Monaten Tätigkeit im Betrieb.

Beispiel

Die MFA Bürgül Gökozum hat am 01.01.2015 in der Praxis Dr. Halime Coskun die Arbeit aufgenommen. Sie erhält ab dem 02.07.2016 den vollen Urlaubsanspruch.

Sollte die MFA aus dem Beispiel danach im Jahr 2011 aus der Praxis ausscheiden, dann steht ihr der volle Jahresurlaub zu: entweder der arbeitsvertraglich vereinbarte oder der nach Bundesurlaubsgesetz nötige Mindesturlaub von 20 Arbeitstagen (Ausnahme: gerechtfertigte fristlose Kündigung durch den Arbeitgeber).

Sollte sie allerdings in der ersten Hälfte des Jahres 2011 aus der Praxis ausscheiden, dann erhält sie nur ein Zwölftel des vereinbarten Jahresurlaubs für jeden Monat, in dem sie beschäftigt war.

Beispiel

Bürgül Gökozum kündigt fristgerecht zum 30.06.2016. Sie hat lediglich Anspruch auf die Hälfte des gesetzlichen Jahresurlaubes, also auf zehn Arbeitstage bzw. auf die Hälfte des im Arbeitsvertrag vereinbarten Urlaubs.

Spätere **Änderungen** müssen dem Arbeitnehmer schriftlich mitgeteilt werden.

Einseitig benachteiligende Vereinbarungen wie z. B. die automatische Kündigung im Falle einer Schwangerschaft sind **ungültig.** Seit 2006 muss bei allen Arbeitsverträgen das Allgemeine Gleichbehandlungsgesetz (AGG) beachtet werden. Weil es die Benachteiligung von Arbeitnehmern aus Gründen der Rasse, der ethnischen Herkunft, des Geschlechts, der Religion, des Alters, der Weltanschauung, einer Behinderung oder der sexuellen Identität verhindern soll, wird es umgangssprachlich als „Antidiskriminierungsgesetz" bezeichnet.

5. Arbeitszeitgesetz, Bundesurlaubsgesetz

Arbeitsverträge ohne schriftliche Vereinbarung sind nur noch für Aushilfstätigkeiten oder vorübergehende Beschäftigungen zulässig.

Fallbeispiel

Ein Fall aus der Praxis: Ist der Begriff „Ossi" eine Diskriminierung?

Ist ein „Ossi"-Vermerk auf der Bewerbung eine Diskriminierung ohne Benachteiligung?

Eine Frau aus Ostdeutschland hat sich mit einer Firma, bei der sie sich erfolglos beworben hatte, außergerichtlich geeinigt. Weil auf ihren Bewerbungsunterlagen der Hinweis „Ossi" vermerkt war, hatte sie geklagt und in erster Instanz verloren.

In zweiter Instanz haben sich die Klägerin und das Unternehmen, bei dem sie sich erfolglos beworben hatte, auf einen Vergleich geeinigt. Das sagte der Anwalt der Klägerin. „Wir haben uns so geeinigt, dass beide Seiten zufrieden sind", erklärte der Anwalt. Wegen eines Stillhalteabkommens nannte er keine weiteren Details.

Im April hatte das Arbeitsgericht Stuttgart entschieden, dass der Vermerk zwar eine Diskriminierung darstelle, aber keine Benachteiligung wegen einer ethnischen Herkunft im Sinne des Allgemeinen Gleichbehandlungsgesetzes (AGG). Der Arbeitgeber hatte argumentiert, dass der Frau nicht wegen ihrer Herkunft, sondern wegen fehlender Qualifikation abgesagt worden sei. Danach hatten der Anwalt und seine Mandantin beschlossen, in Berufung zu gehen.

Die Frau hatte ursprünglich auf drei Monatgehälter geklagt. Da bei dem Vergleich Vertraulichkeit vereinbart wurde, ist die Höhe der Entschädigung unbekannt.

1. *Nennen Sie zwei Fragen, die bei einem Vorstellungsgespräch nicht beantwortet werden müssen.*
2. *Nennen Sie drei Punkte, die ein Arbeitsvertrag enthalten muss.*

5.1.3 Beendigung des Arbeitsverhältnisses

Im Laufe eines Berufslebens kann es aus verschiedenen Gründen notwendig sein, den Arbeitsplatz zu wechseln, z. B. weil ein Umzug ansteht oder in einer anderen Praxis bessere Bedingungen geboten werden. Immer muss das bestehende Arbeitsverhältnis zunächst durch eine **Kündigung** aufgelöst werden.

Sowohl der Arbeitgeber als auch der Arbeitnehmer haben das Recht, unbefristete Arbeitsverhältnisse durch eine entsprechende Willensäußerung zu

> **Beispiel**
> *Bei gesetzlicher Kündigungsfrist muss die Angestellte z. B. spätestens am 2. Juni gekündigt haben, wenn sie ihr Arbeitsverhältnis zum 30. Juni beenden möchte. Sieht der vereinbarte Tarifvertrag z. B. sechs Wochen zum Quartalsende als Kündigungsfrist vor, muss spätestens am 19. Mai gekündigt sein.*

beenden. Die Kündigung ist eine **einseitige Willensäußerung.** Der Kündigungsempfänger muss also einer Kündigung nicht zustimmen. Allerdings ist die Kündigung **empfangsbedürftig,** d. h., sie muss der betreffenden Person auch tatsächlich zugegangen sein. Erst ab diesem Zeitpunkt ist sie wirksam. Der Kündigende muss im Zweifelsfall den Beweis erbringen, ob und wann die Kündigung den Empfänger erreicht hat. Dies lässt sich z. B. durch Zeugen oder mit einer schriftlichen Empfangsbestätigung beweisen. Auch bei der Übersendung einer Kündigung durch die Post kann der Empfang bei entsprechender Versandform (z. B. Einschreiben-Eigenhändig mit Rückschein) nachgewiesen werden.

Der genaue Kündigungszeitpunkt ist bei Streitigkeiten über eine fristgerechte Kündigung von entscheidender Bedeutung.

Eine Kündigung oder die Aufhebung des Arbeitsverhältnisses in beiderseitigem Einvernehmen ist nur rechtswirksam, wenn sie **schriftlich** erfolgt. Auch die Manteltarifverträge schreiben eine schriftliche Kündigung vor.

Eine **ordentliche Kündigung** (fristgerecht) liegt vor, wenn

- die gesetzliche Kündigungsfrist von vier Wochen zum Monatsende oder zur Monatsmitte eingehalten wurde,
- eine andere als die gesetzliche Kündigungsfrist vereinbart und eingehalten wurde, z. B. eine durch Regelung im Manteltarifvertag oder eine einzelvertragliche Vereinbarung.

Bei über 18-jährigen Angestellten verlängert sich nach mindestens zwei Beschäftigungsjahren in der gleichen Praxis die Kündigungsfrist, wenn **der Arbeitgeber** kündigt (vgl. Abb. 7, Seite 226). Für die Angestellte bleibt es bei der 4-Wochen-Frist, wenn für den Arbeitsvertrag die gesetzliche Kündigungsregelung gilt. Während einer vereinbarten Probezeit von höchstens sechs Monaten ist eine Kündigung mit einer verkürzten Frist von zwei Wochen möglich.

Unter einer **außerordentlichen (fristlosen) Kündigung** versteht man die sofortige Beendigung ohne Einhaltung einer Kündigungsfrist. Diese Form der Kündigung ist jedoch nur bei schwerwiegenden Verfehlungen zu rechtfertigen.

- Ein **wichtiger Grund** für die Kündigung muss vorliegen, wobei das Ereignis nicht länger als zwei Wochen zurückliegen darf, **und**
- die Fortsetzung des Beschäftigungsverhältnisses bis zum nächsten ordentlichen Kündigungstermin muss wegen der Schwere des Vergehens **nicht zumutbar** sein.

Diese Bedingungen für eine fristlose Kündigung sind z. B. erfüllt bei

- regelmäßiger Arbeitsverweigerung,
- mehrmaligem unentschuldigtem Fernbleiben, häufigem Zuspätkommen, verspäteter Krankmeldung oder Krankfeiern,
- grober Beleidigung des Arbeitgebers, von Patienten oder Kollegen,
- Verletzung der Schweigepflicht, Diebstahl,

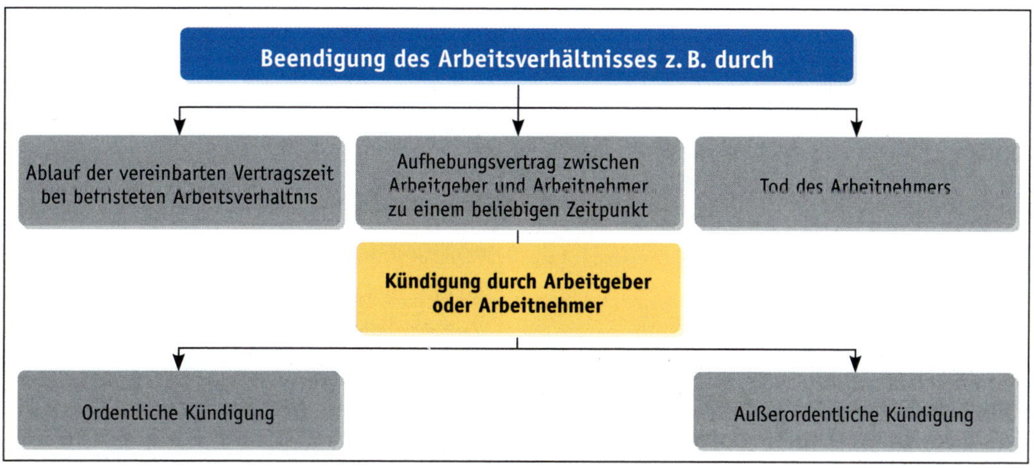

6. Beispiele für die Beendigung des Arbeitsverhältnisses

- Verweigerung der Gehaltszahlung oder Überstundenbezahlung,
- sexueller Belästigung oder Körperverletzung durch den Arbeitgeber.

In einigen Fällen (z. B. bei Verspätungen) ist eine fristlose Kündigung erst dann zulässig, wenn der Fachangestellten zuvor eine **Abmahnung** ausgesprochen wurde. In ihr muss das Fehlverhalten geschildert, zur Besserung aufgefordert und die Kündigung für den Wiederholungsfall angedroht werden.

Treffen die genannten Pflichtverletzungen nach Meinung der Fachangestellten nicht zu, ist unbedingt eine Gegendarstellung abzugeben und eine Rücknahme der Abmahnung zu verlangen.

Kündigungsschutz

Unter bestimmten Bedingungen kann sich die Fachangestellte bei ordentlicher Kündigung darauf berufen, dass die Kündigung **sozial ungerechtfertigt** ist **(Kündigungsschutzgesetz).**

Sie kann dann innerhalb von **drei Wochen** nach Erhalt der Kündigung Klage beim örtlichen Arbeitsgericht einreichen und verlangen, dass die Kündigung rückgängig gemacht wird. Das Kündigungsschutzgesetz gilt allerdings nur in Praxen oder Betrieben, in denen **mehr als zehn Arbeitnehmer** beschäftigt werden. Auszubildende werden dabei gar nicht, Teilzeitbeschäftigte nur anteilig eingerechnet. Die Beschäftigungszeit in dieser Praxis muss mindestens **sechs Monate** betragen haben.

Eine Kündigung ist nur dann sozial gerechtfertigt, wenn

- die Gründe in der Person der Fachangestellten liegen (z. B. schwere, dauerhafte Erkrankungen),
- das Verhalten der Fachangestellten der Kündigungsgrund ist (z. B. schlechte Arbeitsleistungen),
- praxis-/betriebsbedingte Gründe vorliegen (z. B. starker Rückgang der Patientenzahlen)
- **und** der Arbeitgeber bei der Kündigung die Praxiszugehörigkeit, das Lebensalter und bestehende Unterhaltsverpflichtungen (z. B. Kinder) berücksichtigt hat.

1. *Welche Kündigungsfrist muss ein Arzt einhalten, wenn die MFA (Alter 37 Jahre) sechs Jahre in der Praxis angestellt war?*

2. *Welche Voraussetzungen müssen vorliegen, damit das Kündigungsschutzgesetz Anwendung findet?*

5.1.4 Arbeitszeugnis

Bei Beendigung des Arbeitsverhältnisses hat der Arbeitnehmer einen Anspruch auf die Ausstellung eines Zeugnisses. Es muss ihm zusammen mit den sonstigen Arbeitsunterlagen unverzüglich nach Beschäftigungsende ausgehändigt werden.

Verweigert ein Arbeitgeber die Zeugnisausstellung oder die Änderung unzutreffender Angaben, kann dieser Rechtsanspruch beim Arbeitsgericht eingeklagt werden.

Zeugnisse haben eine **doppelte Bedeutung:** Sie sollen einerseits den neuen Arbeitgeber über Leistung und Führung des Stellenbewerbers wahrheitsgemäß informieren. Andererseits muss aber auch der bisherige Mitarbeiter wohlwollend beurteilt werden und sein berufliches Weiterkommen soll nicht erschwert werden. Bei einem Widerspruch

Praxiszugehörigkeit	Kündigungsfrist zum Monatsende
2 Jahre	1 Monat
5 Jahre	2 Monate
8 Jahre	3 Monate
10 Jahre	4 Monate
12 Jahre	5 Monate
15 Jahre	6 Monate
20 Jahre	7 Monate

7. Verlängerung der Kündigungsfristen nach Praxiszugehörigkeit (in der gleichen Praxis ab dem 18. Lebensjahr)

Personengruppen mit besonderem Kündigungsschutz
Auszubildende Nach der Probezeit Kündigung durch Ausbilder nur mit außerordentlicher (fristloser) Kündigung möglich
Schwangere Kündigungsschutz während der Schwangerschaft und bis vier Monate nach der Entbindung
Elternzeit (Mutter und/oder Vater) Kündigungsschutz während der vereinbarten Elternzeit
Menschen mit Schwerbehinderung Kündigung nur nach Prüfung und Zustimmung der Hauptfürsorgestelle möglich
Wehr-/Zivildienstleistende Kündigungsschutz während der Einberufungszeit und während Wehrübungen
Betriebsrat/Jugendvertretung Kündigungsschutz während der Amtszeit und bis ein Jahr nach Amtszeitende

8. Besonderer Kündigungsschutz

1. Name und Anschrift des Arbeitgebers
2. Angaben zur Person:
   Name, Geburtstag, Geburtsort
3. Beschäftigungsdauer, Tätigkeitsbezeichnung
4. Tätigkeitsbeschreibung mit möglichst vollständiger Nennung der Arbeiten
5. Beurteilung der Arbeitsleistung
6. Führung und Verhalten gegenüber Arzt, Mitarbeiterinnen und Patienten
7. Grund für die Beendigung des Arbeitsverhältnisses und Schlussformulierung (Dank für geleistete Arbeit, Zukunftswünsche)
8. Ort und Datum der Ausstellung, eigenhändige Unterschrift des Ausstellenden

zwischen Wahrheit und Wohlwollen entsteht oft Streit, der nicht selten vor dem Arbeitsgericht endet.

Der Arbeitnehmer kann zwischen einem einfachen und einem qualifizierten Zeugnis wählen. Ein **einfaches Zeugnis** enthält die Personalien und die Dauer der Beschäftigung sowie eine Beschreibung der ausgeführten Arbeiten. Aufgrund dieser Angaben muss sich der zukünftige Arbeitgeber ein genaues Bild über die bisherige Beschäftigung machen können. Auf **Wunsch** des Arbeitnehmers muss ein **qualifiziertes Zeugnis** ausgestellt werden. Es enthält zusätzlich eine Beurteilung der Führung und Leistung in der Praxis sowie eine Beschreibung des Verhaltens gegenüber Patienten und Kollegen/Mitarbeitern.

Zeugnisse dürfen keine ungünstigen Aussagen über den ehemaligen Mitarbeiter enthalten. Manchmal werden bei der Beurteilung jedoch Zeugnisformulierungen benutzt, die die Leistungen des Arbeitnehmers in ein schlechtes Licht rücken können. Dabei hat sich eine spezielle Zeugnissprache entwickelt, die aus abgestuften Beurteilungen besteht. Zum Beispiel steht im Zeugnis: *„... sie erfüllte ihre Aufgaben stets zu unserer vollsten Zufriedenheit"*, was bedeutet, dass sie eine sehr gute und zuverlässige Mitarbeiterin war. Erfüllte sie ihre Aufgaben nur zur „vollen Zufriedenheit", sind die Leistungen mit „gut" zu bewerten. Für einen Arbeitnehmer eine katastrophale Bewertung ist hingegen *„... sie hat sich bemüht, die ihr übertragenen Aufgaben zufriedenstellend zu erledigen"*, was bedeutet, dass nicht einmal anspruchslose Arbeiten bewältigt werden konnten. *„Sie hat unseren Anforderungen entsprochen"* zeigt an, dass besondere Leistungen nicht erbracht wurden.

Dr. med. Gerda Vogel
Ärztin für Allgemeinmedizin
Kreuzstraße 36 (1)
44139 Dortmund

ZEUGNIS

(2) Frau Irmgard Jörges, geb. am 26. Mai 19.. in Hamburg, war vom 1. Juli.. bis (3) 30. September.. in meiner Praxis als Medizinische Fachangestellte beschäftigt.

(4) Ihre Aufgabengebiete umfassten sämtliche Tätigkeiten im Bereich der Praxisanmeldung, der Karteiführung, des Formularwesens und des Schriftverkehrs einschließlich EDV. Die kassenärztliche und private Abrechnung beherrscht sie sicher, ebenso Laborarbeiten im „Kleinen Labor", die Bedienung und Wartung von therapeutischen Apparaten einschließlich EKG, Blutentnahmen, Blutdruckmessung und Hilfestellungen bei ärztlichen Eingriffen.

(5) Nach erstaunlich kurzer Einarbeitungszeit war Frau Jörges in der Lage, diese Arbeiten selbstständig, sehr umsichtig und stets zu meiner vollsten Zufriedenheit auszuführen. Sie zeichnete sich darüber hinaus durch besondere Einsatzfreude, Sorgfalt und große Gewissenhaftigkeit aus.

(6) Ihr Verhalten mir und den Praxismitarbeiterinnen gegenüber war jederzeit einwandfrei, ihr Umgang mit den Patienten mustergültig. Ihr stets ausgeglichenes und freundliches Wesen machte sie sehr beliebt.

(7) Frau Jörges scheidet aus familiären Gründen auf eigenen Wunsch aus meiner Praxis aus. Ich bedauere dies sehr, danke für die gute Zusammenarbeit und wünsche ihr für den zukünftigen Berufs- und Lebensweg alles Gute.

Dortmund, den 30. September..

Dr. Vogel (8)
Dr. med. Gerda Vogel

9. Inhalt und Gliederung eines sehr guten qualifizierten Zeugnisses

1. *Beschreiben Sie den Unterschied zwischen einem einfachen und einem qualifizierten Zeugnis.*

5.2 TARIFVERTRÄGE

5.2.1 Abschluss von Tarifverträgen

Für die meisten Arbeitnehmer ist es heute selbstverständlich, dass grundlegende Arbeitsbedingungen nicht allein mit dem Arbeitgeber ausgehandelt werden müssen, sondern dass es dafür gemeinschaftlich erstellte Vertragsbedingungen gibt. Diese **Tarifverträge** werden zwischen Gewerkschaften als Vertreter der Arbeitnehmer und den Arbeitgeberverbänden ausgehandelt.

Das **Grundgesetz** (Artikel 9) garantiert das Recht zur Gründung von Vereinigungen, die unabhängig von staatlicher Beeinflussung Tarifverträge über die Arbeitsbedingungen aushandeln können **(Tarifautonomie)**. Jede Fachangestellte hat das Recht, einer Gewerkschaft beizutreten, jeder Arzt kann Mitglied in der zuständigen Arbeitgeber-Tarifvereinigung werden.

Die Tarifverträge für die Gesundheitsberufe sind nicht allgemein verbindlich; sie gelten also nicht automatisch für alle Fachangestellten und Ärzte. Die Rechte aus den Tarifverträgen können ohne besondere Vereinbarung nur dann in Anspruch genommen werden, wenn die Helferin **und** der Arzt einer der oben genannten Vereinigungen angehören **(Tarifbindung)**.

Da der Organisationsgrad bei den Fachangestellten relativ gering ist, erfolgt eine Tarifbindung in der Regel durch eine Vereinbarung im Arbeitsvertrag. Durch den Zusatz *„Es gelten die Bedingungen der Gehalts- und Manteltarifverträge in der jeweils gültigen Fassung“* ist eine Anwendung des Tarifvertrags auf das Arbeitsverhältnis gewährleistet.

Tarifverträge sollen in erster Linie allen in ihrem Geltungsbereich beschäftigten Arbeitnehmern hinsichtlich Arbeitsbedingungen und Gehalt gewisse **Mindestbedingungen** garantieren, die nicht unterschritten werden dürfen. Vereinbarungen im jeweiligen Arbeitsvertrag, die **günstiger** als diese Vorschriften sind (z. B. ein höheres Gehalt), können dagegen jederzeit getroffen werden und sind verbindlich.

Allerdings können die Arbeitgeber aus wirtschaftlichen Gründen ihrerseits von sogenannten Öffnungsklauseln Gebrauch machen. Öffnungsklauseln sind Vereinbarungen im Ausbildungs- bzw. Arbeitsvertrag, welche die im Tarifvertrag festgelegten Vereinbarungen unterschreiten.

Fallbeispiel

Was gilt denn nun? Arbeits- oder Tarifvertrag?

Vanessa sucht eine neue Arbeitsstelle. Ihre letzte Bewerbung hatte Erfolg: Dr. Knoll bittet sie um ein Vorstellungsgespräch. Vanessa gefällt die Praxis und auch Dr. Knoll ist an einer Einstellung interessiert. Eine Woche später treffen sie sich zur Unterschrift des neuen Arbeitsvertrags. „Ich habe den Vertrag schon vorbereiten lassen“, beginnt Dr. Knoll das Gespräch. „Er enthält die üblichen Regelungen, wie sie das Gesetz vorsieht.“ Ohne Einzelheiten durchzulesen, unterschreibt Vanessa. Zu Hause schaut sie sich den Vertrag dann näher an: „Arbeitszeit 40 Stunden, Urlaub vier Wochen und vom 13. Monatsgehalt keine Rede! Das muss morgen gleich geändert werden, denn es gilt ja der günstigere Tarifvertrag!“

Kann Vanessa auf einer Änderung bestehen?

Beispiel

Der Zahnarzt Dr. med. dent. Gerhard Gaitz vereinbart in dem Ausbildungsvertrag mit Hatice Bastürk, dass ihre Ausbildungsvergütung in den drei Jahren jeweils um 20 % unter der im Tarifvertrag festgelegten Ausbildungsvergütung liegt. Dr. Gaitz, Hatice und ihre Eltern unterschreiben den Vertrag; die Landeszahnärztekammer genehmigt ihn. Der Ausbildungsvertrag ist gültig.

5.2.2 Gehaltstarifvertrag

Die wichtigsten Regelungen in den Gehaltsverträgen zu allen drei Berufsgruppen betreffen folgende Bereiche:

- Gehalt
- Gehaltsgruppen
- Zuschläge
- Ausbildungsvergütung

Bezüglich des Gehalts und der Ausbildungsvergütung gibt es geringfügige Unterschiede. Bezüglich der Gehaltsgruppen und Zuschläge sind die Unterschiede gravierender:

Medizinische Fachangestellte/Arzthelferinnen

Es gibt sechs Gehaltsgruppen (Tätigkeitsgruppen). Die Einstufung in eine entsprechende Tätigkeitsgruppe hängt von zwei Faktoren ab:

- Berufsjahre
- Tätigkeitsbereiche

Exkurs

Wer schließt die Tarifverträge ab? Die Tarifvertragsparteien bei den Gesundheitsberufen

- Arbeitnehmerorganisation
  - Verband medizinischer Fachberufe e. V. (vmf), Dortmund, (www.vmf-online.de)
  - Gewerkschaft Ver.di, Berlin (www.verdi.de)
- Arbeitgeberorganisation
  - Für die **Ärzte:** Arbeitsgemeinschaft zur Regelung der Arbeitsbedingungen der Arzthelferinnen, Köln (www.bundesaerztekammer.de)
  - Für die **Tierärzte:** Bundesverband Praktizierender Tierärzte e. V. (BPT), Frankfurt a. M., (www.tieraerzteverband.de)
  - Für die **Zahnmedizinische Fachangestellte** gibt es je nach Bundesland unterschiedliche Vereinbarungen.

Jede Medizinische Fachangestellte/Arzthelferin kann bei entsprechender Berufserfahrung bei entsprechend qualifiziertem Arbeitseinsatz die höchste Tätigkeitsgruppe VI erreichen (50% höheres Gehalt als Tätigkeitsgruppe I). Ganz entscheidend sind hier absolvierte Fortbildungsmaßnahmen.

Die Zuschläge für Mehrarbeit (Überstunden, Samstags-, Sonntagsarbeit, Arbeit an Feiertagen, Nachtarbeit) bewegen sich zwischen 25 % und 100 %.

Zahnmedizinische Fachangestellte/ Zahnarzthelferin

Bei ihnen gibt es fünf Tätigkeitsgruppen. Die Einstufung hängt von folgenden Voraussetzungen ab:

- Fortbildung
- Weiterbildung

Tätigkeitsgruppe I:
Zahnmedizinische Fachangestellte/Zahnarzthelferinnen

Tätigkeitsgruppe II:
Zahnmedizinische Fachangestellte/Zahnarzthelferinnen nach 65 Unterrichtsstunden Fortbildung

Tätigkeitsgruppe III:
Zahnmedizinische Fachangestellte/Zahnarzthelferinnen nach 200 Stunden Unterrichtsstunden Fortbildung

Zahnmedizinische Fachassistentin/-helferin (ZMF), Zahnmedizinische Prophylaxeassistentin/-helferin (ZMP), Zahnmedizinische Verwaltungsassistentin/-helferin (ZMV) und Assistentin für Zahnärztliches Praxismanagement (AZP)

Tätigkeitsgruppe V:
Dentalhygienikerin (DH), Betriebswirtin im Gesundheitswesen bzw. für Management im Gesundheitswesen.

Die Einstufung ist also von entsprechenden Qualifizierungsmaßnahmen abhängig. In der Tätigkeitsgruppe V ist das Tarifgehalt um 30 % höher als in Tätigkeitsgruppe I.

Die Zuschläge für Arbeit außerhalb der regelmäßigen Arbeitszeit (Samstags-, Sonntagsarbeit, Arbeit an Feiertagen, Nachtarbeit) bewegen sich zwischen 30 % und 120 %.

Tiermedizinische Fachangestellte/ Tierarzthelferinnen

Bei ihnen gibt es drei Gehaltsgruppen:

Die Einstufung hängt von den absolvierten Fortbildungen ab (24 Std. für Gruppe II und 96 Std. für Gruppe III). In allen Gruppen steigt das Gehalt mit den Berufsjahren.

Die Zuschläge für Arbeit außerhalb der regelmäßigen Arbeitszeit (Samstags-, Sonntagsarbeit, Arbeit an Feiertagen, Nachtarbeit) bewegen sich zwischen 25 % und 100 %.

5.2.3 Manteltarifvertrag

Der **Manteltarifvertrag** läuft mehrere Jahre und regelt Arbeitsbedingungen, die längere Zeit unverändert bleiben, wie z. B.:

- **Probezeit**
- **Arbeitszeit**
- **13. Monatsgehalt / Sonderzuwendungen**
- **Schutz- und Berufskleidung**
- **Urlaub** und sonstige **Arbeitsbefreiungen**

Zusätzlich zu den Regelungen im Gehaltstarifvertrag, die unmittelbar die Gehaltshöhe betreffen, gibt es noch weitere Bereiche aus dem Arbeitsverhältnis, die mehr oder weniger alle Beschäftigten der jeweiligen Berufsgruppe betreffen. So ist es unter anderem sinnvoll, die Arbeitszeit, Schutz- und Berufskleidung, Kündigungsfristen, den Urlaub, Arbeitsbefreiung in besonderen Fällen oder Regelungen zum 13. Monatsgehalt sowie zu den vermögenswirksamen Leistungen für alle Beschäftigten einer Berufsgruppe bundesweit einheitlich zu regeln. Dies geschieht in den Manteltarifverträgen.

Manteltarifverträge werden üblicherweise über einen längeren Zeitraum von mindestens drei bis fünf Jahren abgeschlossen.

Alle Tarifverträge können unter den Internetadressen der jeweiligen Tarifvertragsparteien (vgl.: Exkurs, Seite 228) oder unter www.praxisfit.de nachgelesen und heruntergeladen werden.

5.2.4 Tarifvertrag zur betrieblichen Altersversorgung und Entgeltumwandlung

Für Medizinische -, Zahnmedizinische- und Tiermedizinische Fachangestellte bieten o.g. Tarifverträge zur betrieblichen Altersversorgung und Entgeltumwandlung die Möglichkeit, zusätzlich zur gesetzlichen Rente einen eigenen Baustein zur Altersversorgung aufzubauen. Die Arbeitgeber gewähren hierfür eine monatliche Zulage zum Gehalt, die aber nicht ausgezahlt, sondern für die Altersversorgung verwendet wird. Er beträgt bei

- MFA 66,00 EUR/Monat. Es werden allerdings keine Zuschüsse für Vermögenswirksame Leistungen gewährt.
- ZFA 45,00 EUR/Monat
- TFA 40,00 EUR/Monat

Zukünftige Gehaltserhöhungen können bei allen drei Berufen auf Wunsch der Fachangestellten dazu verwendet werden, als eigener Beitrag in die betriebliche Altersversorgung einzugehen. Der Höchstbetrag liegt jedoch bei 4 % der Beitragsbemessungsgrenze zur gesetzlichen Rentenversicherung der Arbeiter und Angestellten. Ebenso existieren Mindestbeträge, die in den einzelnen Tarifverträgen nachgelesen werden können.

Wenn sich die Fachangestellten für diese Möglichkeit der Entgeltumwandlung entscheiden, zahlen die Arbeitgeber einen Zuschuss in Höhe von 20 % der umgewandelten Beiträge.

1. *Erklären Sie den Begriff „Tarifautonomie".*
2. *Welche Vorteile hat es für Arbeitnehmer, wenn für sie die jeweils gültigen Tarifverträge angewendet werden?*
3. *Diskutieren Sie Vor- und Nachteile, wenn zukünftige Gehaltserhöhungen für die betriebliche Altersversorgung verwendet werden.*

5.3 GEHALTSABRECHNUNG

5.3.1 Steuerliche Abzüge

Bei jeder Gehaltszahlung muss der Arbeitgeber vom Bruttogehalt (steuerpflichtiges Bruttoentgelt) des Arbeitnehmers zunächst unter Berücksichtigung der persönlichen Verhältnisse des Mitarbeiters

- die **Lohnsteuer**,
- den **Solidaritätszuschlag** und
- die **Kirchensteuer** von Mitgliedern öffentlich-rechtlicher Religionsgemeinschaften

berechnen, einbehalten und an das zuständige Finanzamt abführen.

Die Höhe dieser Abzüge richtet sich nach dem **steuerpflichtigen Bruttoverdienst** (in der Regel Monatslohn/-gehalt) und dem gesetzlich festgelegten **Lohn-/Einkommensteuertarif**. Die errechnete Lohnsteuer ist keine eigene Steuerart, sondern nur eine besondere Berechnungsform der Einkommensteuer. Wie viel Prozent Einkommensteuer der Staat für seine Aufgaben beansprucht, ist abhängig von der jeweiligen **Tarifzone**. Es werden drei Hauptzonen mit steigenden Steuersätzen unterschieden: Nullzone, Progressionszone und Proportionalzone (vgl. Abb. 10). Grundüberlegung für die Einkommensbesteuerung ist, dass Personen mit geringem Einkommen keine oder nur wenig Steuern zahlen sollen; Besserverdienende werden dagegen mit ansteigenden Steuersätzen belastet.

Grundsätzlich steuerfrei ist das sogenannte **Existenzminimum** (Nullzone/Grundfreibetrag). Für diesen auf das Kalenderjahr berechneten Grundfreibetrag muss keine Einkommensteuer abgeführt werden. Ein steuerpflichtiges Jahreseinkommen bis 8 130,00 EUR bei Ledigen (Verdoppelung bei Verheirateten – Stand 2013, 2014 = 8 354,00 EUR) ist somit von jeder Steuerzahlung befreit. Aus diesem Grund ist in der Regel auch die Ausbildungsvergütung bei den medizinischen Berufen steuerfrei. Übersteigt das Einkommen diese Grenze, wird für den mehr verdienten Betrag Einkommensteuer fällig. Die Einkommensteuer beginnt mit einem Eingangssteuersatz von 14 % und endet mit einem Spitzensteuersatz von 45 % bei einem Einkommen von mehr als 250 731,00 EUR jährlich (Verheiratete doppelter Betrag). Danach steigt die Steuerbelastung nicht mehr weiter an. Da sich mit jedem mehr verdienten Euro der anzuwendende Steuersatz erhöht, spricht man von einem **progressiven Steuertarif**. Durch ihn wird erreicht, dass sich Bezieher hoher Einkommen mehr an der Steuerlast beteiligen als Geringverdiener.

Grundlage der **steuerlichen Gehaltsabzüge** ist der steuerpflichtige monatliche Bruttoarbeitslohn. Dieser ergibt aus den arbeitsvertraglichen Vereinbarungen mit der Praxis. Festgelegt ist normalerweise ein bestimmtes Grundgehalt, das sich oft nach den Regelungen im jeweiligen Gehaltstarifvertrag richtet. Es kann aber auch frei vereinbart werden, kann höher oder niedriger sein. Gleiches gilt für die Ausbildungsvergütung. Da die Gehaltshöhe zur Berechnung herangezogen wird, spielt es keine Rolle, ob das Gehalt für eine Vollzeit- oder Teilzeitbeschäftigung gezahlt wird. Dem Grundgehalt als laufender Arbeitslohn hinzugerechnet werden noch die Zahlungen für Überstunden, Bereitschaftsdienst oder Rufbereitschaft (s. Exkurs Seite 232), vermögenswirksame Leistungen u. a. Außerdem müssen **sonstige Bezüge** versteuert werden, die nicht zum laufenden Arbeitslohn gehören. Dabei handelt es sich z. B. um das 13. Monatsgehalt (Weihnachtsgeld), Urlaubsgeld, Jubiläumszuwendungen oder einmalige Zahlungen, z. B. bei Heirat oder der Geburt eines Kindes. Und auch Leistungen des Arbeitsgebers, die nicht in Geld bestehen, müssen als sogenannte **Sachbezüge** der

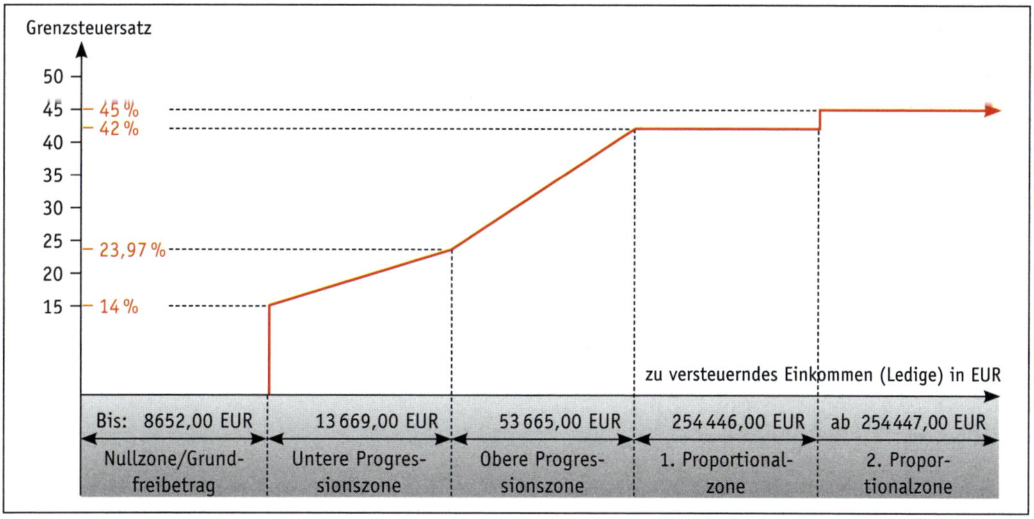

10. Einkommensteuertarif für Ledige (Stand 2016)

Steuerberechnung unterzogen werden. Hierzu wird ein geldwerter Vorteil angesetzt.

Beispiel: *Wird z. B. eine Wohnung oder das Mittagessen kostenlos oder verbilligt zur Verfügung gestellt, besteht die Möglichkeit, einen Dienstwagen auch privat zu nutzen, oder gibt es als Belohnung eine Reise, dann müssen diese Vergünstigungen mit einem gewissen Betrag versteuert werden.*

Doch es gibt auch steuerfreien oder steuerbegünstigten Arbeitslohn. Hierzu zählen etwa Zuschläge für Sonntags-, Feiertags- und Nachtarbeit oder Abfindungen. Zuschüsse zum Kindergartenbeitrag oder für eine Tagesmutter und Übernahme der Kosten für den Nahverkehr bis monatlich 44,00 EUR sind gleichfalls steuerfrei.

Geringfügige Beschäftigung (450-Euro-Job)

Eine geringfügige Beschäftigung liegt vor, wenn ein monatlicher Arbeitslohn von 450,00 EUR nicht überschritten wird. Die Dauer der Arbeitszeit ist dabei nicht entscheidend. Attraktiv wird ein solches Beschäftigungsverhältnis dadurch, dass ein Einkommen bis zu diesen 450,00 EUR für den Beschäftigten steuer- und weitgehend sozialversicherungsfrei ist. Dies gilt sogar auch dann, wenn eine solche Beschäftigung zusätzlich zu einem normalen Dienstverhältnis ausgeübt wird. Es darf aber nur **eine** zusätzliche Tätigkeit sein und auch nicht beim eigenen Arbeitgeber.

Bei mehreren 450-Euro-Jobs werden diese zusammengerechnet und bei Überschreiten der Betragsgrenze wie ein normales Beschäftigungsverhältnis gerechnet. Für Lohnsteuer- und Sozialversicherungsabgaben muss der Arbeitgeber eine **Pauschalzahlung** von 30 % des Arbeitslohns abführen. Für den Arbeitnehmer besteht zwar eine Versicherungspflicht in der Rentenversicherung, von der er sich aber befreien lassen kann.

Beispiel: *Anne Klein ist als Tiermedizinische Fachangestellte in Teilzeit in einer Tierklinik beschäftigt und erhält hierfür ein monatliches Bruttogehalt, das normal versteuert wird. Zusätzlich vereinbart Sie mit ihrem Arbeitgeber eine geringfügige Beschäftigung über einen Zeitraum von wöchentlich 10 Stunden für die Betreuung stationär aufgenommener Tiere. Hierfür soll sie steuer- und sozialversicherungsfrei 400,00 EUR erhalten. Eine solche Vereinbarung wäre unzulässig.*

Lohnsteuerverfahren

Ab dem 01.01.2011 ruft der Arbeitgeber die erforderlichen Angaben direkt beim Bundeszentralamt für Steuern ab. Dazu muss der Arbeitnehmer seine persönlich Steuer-Identifikationsnummer (IdNr) und seinen Geburtstag dem Arbeitgeber mitteilen.

Jedem deutschen Bürger, egal ob Kleinkind oder Greis, wird eine **Steuer-Identifikationsnummer** zugeordnet, die ihn sein ganzes Leben lang begleitet. Sie besteht aus 11 Ziffern, hinter denen sich die notwendigen Angaben zur konkreten Zuordnung auf die Person verstecken. Neben den persönlichen Merkmalen (Name, Geburtsangaben, Geschlecht) sind auch die letzte Anschrift und die zuständige Finanzbehörde verschlüsselt.

Die Jahresbescheinigung wird dann elektronisch vom Arbeitgeber bereits dem Finanzamt übermittelt.

Exkurs

Bereitschaftsdienst und Rufbereitschaft Anrechnung auf die Arbeitszeit	
Im Manteltarifvertrag für die Medizinische und Tiermedizinische Fachangestellte sind Bereitschaftsdienst und Rufbereitschaft erfasst. Ansonsten hat das Bundesarbeitsgericht hierzu allgemeingültige Regelungen getroffen. Wird die normale Arbeitszeit überschritten, sind die Zusatzstunden als Überstunden zu bezahlen.	
Bereitschaftsdienst	**Rufbereitschaft**
Bereitschaftsdienst liegt dann vor, wenn sich die Mitarbeiterin außerhalb der regelmäßigen Arbeitszeit **an einem vom Arbeitgeber festgelegten Ort** aufzuhalten hat, um ihre Arbeitstätigkeit auf Anweisung des Arbeitgebers im Bedarfsfall aufnehmen zu können. Bereitschaftsdienst darf nur angeordnet werden, wenn zu erwarten ist, dass zwar Arbeit anfällt, erfahrungsgemäß die Zeit ohne Beschäftigung aber größer ist. Bei der MFA wird der Bereitschaftsdienst zu 60 % als Arbeitszeit angerechnet, bei der TMF zu 50 %.	Bei Rufbereitschaft muss die Mitarbeiterin ebenfalls auf Anordnung des Arbeitgebers außerhalb der regelmäßigen Arbeitszeit auf Abruf ihre Arbeitstätigkeit aufnehmen. Gegenüber dem Bereitschaftsdienst kann **die Mitarbeiterin hier jedoch ihren Aufenthaltsort selbst festlegen** und dem Arbeitgeber mitteilen. Alternativ kann auch die Erreichbarkeit durch Mobiltelefon vereinbart werden (Handybereitschaft). Angeordnet werden darf Rufbereitschaft nur, wenn erfahrungsgemäß lediglich ausnahmsweise Arbeit anfällt. Rufbereitschaft wird bei der MFA zu 30 % als Arbeitszeit gerechnet, bei der TMF wird die tatsächlich geleistete Arbeitszeit vergütet.

Wie das Lohnsteuerverfahren in Zukunft elektronisch ablaufen soll, zeigt die Abb. 13:

1. Der Arbeitnehmer übermittelt elektronisch seine Einkommensteuererklärung an das Finanzamt.
2. Dieses stellt einen Steuerbescheid aus und übersendet ihn zusammen mit den notwendigen Lohnsteuerdaten an den Arbeitnehmer (AN).
3. Der Arbeitgeber (AG) erhält vom AN die Daten der elektronischen Lohnsteuerkarte.
4. Der AG teilt die einbehaltene Lohnsteuer und die Jahresbescheinigung (6) dem Finanzamt mit und übermittelt gleichzeitig ...
5. ... dem AN die erstellten Daten.

Dem folgenden Auszug aus der Lohnsteuertabelle 2016 (vgl. Schaubild 14.) ist zu entnehmen, dass die zu zahlende Lohnsteuer entscheidend von der Lohnsteuerklasse abhängt. Im folgenden **Beispiel** bei einem angenommenen Bruttolohn von 1 700,00 EUR sind die Unterschiede der steuerlichen Abzüge in den Lohnsteuerklassen III und V sehr groß.

Die halben Kinderfreibeträge (0,5; 1,5 etc.) kommen dadurch zustande, dass sich Ehepartner einen Kinderfreibetrag aufteilen können, sodass jeder für ein Kind den halben Kinderfreibetrag erhält.

Exkurs

Faktorverfahren bei Lohnsteuerklassen IV/IV

Wenn ein Ehegatte mehr als 60 % des gemeinsamen Einkommens erzielt, hätten die Eheleute in der Summe monatlich mehr Lohnsteuern abgezogen bekommen als bei der Kombination III/V. Wären sie in den Steuerklassen IV/IV geblieben, hätten sie zu viel Steuern gezahlt und diese nur zurückerhalten, wenn sie im Folgejahr eine Einkommensteuererklärung abgegeben haben. Bei Anwendung des Faktorverfahrens werden diese zu viel gezahlten Steuern errechnet. Sie werden dann von der monatlichen Lohnsteuer abgezogen, sodass pro Monat weniger Steuern gezahlt werden als bei der Lohnsteuerklassenkombination IV/IV ohne Faktorverfahren.

Bsp.: Ein Ehepaar, bei dem der eine Partner 30 000,00 EUR, der andere 12 000,00 EUR pro Jahr verdient, zahlt insgesamt 4 727,00 EUR Steuern pro Jahr. Sie hätten aber nur 4 342,00 EUR zahlen müssen. Das ergibt den Faktor 0,918 (4 342 : 4 727). Die monatliche Lohnsteuer wird nun mit diesem Faktor (im Beispiel 0,918) multipliziert, wodurch sie sich um knapp 10 % verringert.

Eine Einkommensteuererklärung ist nicht verpflichtend. Bei einem Wechsel in die Steuerklassen III/V ist eine Einkommensteuererklärung verpflichtend, da hier unter Umständen pro Monat in der Summe zu wenig Steuern abgezogen werden und deshalb eine Nachzahlung droht.

11. Faktorverfahren

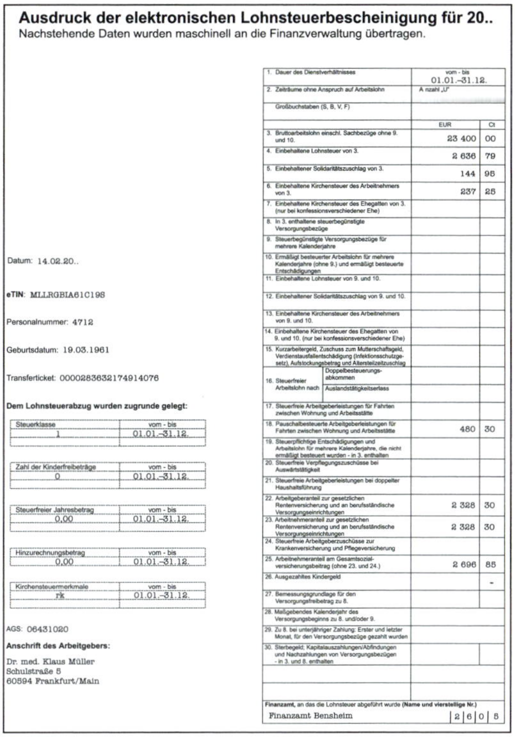

Ausdruck der elektronischen Lohnsteuerbescheinigung für 20..
Nachstehende Daten wurden maschinell an die Finanzverwaltung übertragen.

Datum: 14.02.20..

eTIN: MLLRGBIA61C198

Personalnummer: 4712

Geburtsdatum: 19.03.1961

Transferticket: 000028363217491407 6

Dem Lohnsteuerabzug wurden zugrunde gelegt:

Steuerklasse	vom - bis
1	01.01.–31.12.

Zahl der Kinderfreibeträge	vom - bis
0	01.01.–31.12.

Steuerfreier Jahresbetrag	vom - bis
0,00	01.01.–31.12.

Hinzurechnungsbetrag	vom - bis
0,00	01.01.–31.12.

Kirchensteuermerkmale	vom - bis
rk	01.01.–31.12.

AGS: 06431020

Anschrift des Arbeitgebers:

Dr. med. Klaus Müller
Schulstraße 5
60594 Frankfurt/Main

1. Dauer des Dienstverhältnisses	vom - bis 01.01.–31.12.	
2. Zeiträume ohne Anspruch auf Arbeitslohn	A nzahl „U"	
Großbuchstaben (S, B, V, F)		
	EUR	Ct
3. Bruttoarbeitslohn einschl. Sachbezüge ohne 9. und 10.	23 400	00
4. Einbehaltene Lohnsteuer von 3.	2 636	79
5. Einbehaltener Solidaritätszuschlag von 3.	144	95
6. Einbehaltene Kirchensteuer des Arbeitnehmers von 3.	237	25
7. Einbehaltene Kirchensteuer des Ehegatten von 3. (nur bei konfessionsverschiedener Ehe)		
8. In 3. enthaltene steuerbegünstigte Versorgungsbezüge		
9. Steuerbegünstigte Versorgungsbezüge für mehrere Kalenderjahre		
10. Ermäßigt besteuerter Arbeitslohn für mehrere Kalenderjahre (ohne 9.) und ermäßigt besteuerte Entschädigungen		
11. Einbehaltene Lohnsteuer von 9. und 10.		
12. Einbehaltener Solidaritätszuschlag von 9. und 10.		
13. Einbehaltene Kirchensteuer des Arbeitnehmers von 9. und 10.		
14. Einbehaltene Kirchensteuer des Ehegatten von 9. und 10. (nur bei konfessionsverschiedener Ehe)		
15. Kurzarbeitergeld, Zuschuss zum Mutterschaftsgeld, Verdienstausfallentschädigung (Infektionsschutzgesetz), Aufstockungsbetrag und Altersteilzeitzuschlag		
16. Steuerfreier Arbeitslohn nach Doppelbesteuerungsabkommen		
16. Steuerfreier Arbeitslohn nach Auslandstätigkeitserlass		
17. Steuerfreie Arbeitgeberleistungen für Fahrten zwischen Wohnung und Arbeitsstätte		
18. Pauschalbesteuerte Arbeitgeberleistungen für Fahrten zwischen Wohnung und Arbeitsstätte	480	30
19. Steuerpflichtige Entschädigungen und Arbeitslohn für mehrere Kalenderjahre, die nicht ermäßigt besteuert wurden - in 3. enthalten		
20. Steuerfreie Verpflegungszuschüsse bei Auswärtstätigkeit		
21. Steuerfreie Arbeitgeberleistungen bei doppelter Haushaltsführung		
22. Arbeitgeberanteil zur gesetzlichen Rentenversicherung und an berufsständische Versorgungseinrichtungen	2 328	30
23. Arbeitnehmeranteil zur gesetzlichen Rentenversicherung und an berufsständische Versorgungseinrichtungen	2 328	30
24. Steuerfreie Arbeitgeberzuschüsse zur Krankenversicherung und Pflegeversicherung		
25. Arbeitnehmeranteil am Gesamtsozialversicherungsbeitrag (ohne 23. und 24.)	2 696	85
26. Ausgezahltes Kindergeld		-
27. Bemessungsgrundlage für den Versorgungsfreibetrag zu 8.		
28. Maßgebendes Kalenderjahr des Versorgungsbeginns zu 8. und/oder 9.		
29. Zu 8. bei unterjähriger Zahlung: Erster und letzter Monat, für den Versorgungsbezüge gezahlt wurden		
30. Sterbegeld; Kapitalauszahlungen/Abfindungen und Nachzahlungen von Versorgungsbezügen - in 3. und 8. enthalten		

Finanzamt, an das die Lohnsteuer abgeführt wurde **(Name und vierstellige Nr.)**
Finanzamt Bensheim | 2 | 6 | 0 | 5

12. Beispiel einer elektron. Lohnsteuerbescheinigung

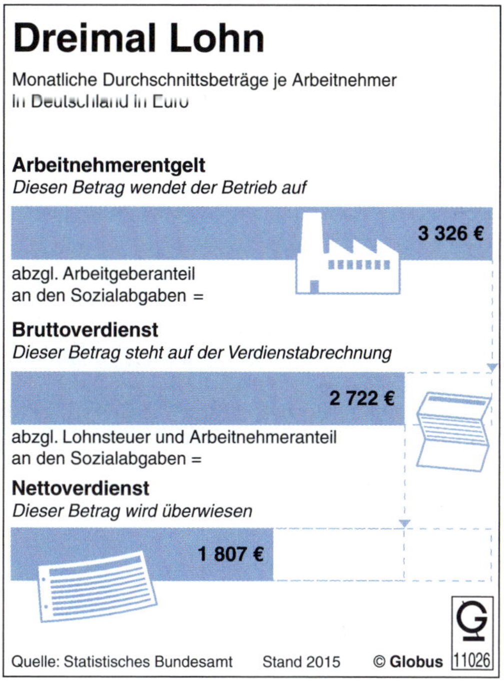

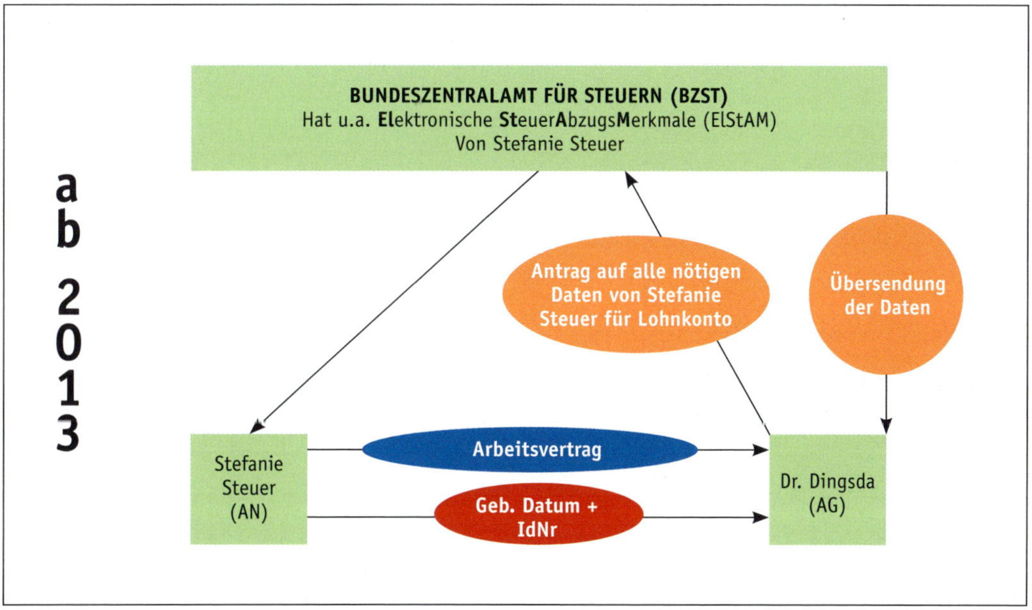

13. Zukunftsmodell Lohnsteuerverfahren

Kinderfreibetrag			0		0,5		1		1,5		2		2,5		3		3,5		4	
ab EUR	StK	Steuer	SolZ	KiStr	Solz	KiStr	Solz	KiStr	Solz	KiStr	Solz	KiStr	Solz	KiStr	Solz	KiStr	Solz	KiStr	Solz	KiStr
1 698,00 EUR																				
	1	132,16	7,26	11,89,	-	5,34	-	0,37	-	-	-	-	-	-	-	-	-	-	-	-
	2	92,91	-	-	-	2,48	-	-	-	-	-	-	-	-	-	-	-	-	-	-
	3																			
	4	132,16	7,26	11,89	2,76	8,53	-	5,34	-	2,61	-	0,37	-	-	-	-	-	-	-	-
	5	333,75	18,35	30,03	-	-	-	-	-	-	-	-	-	-	-	-	-	-	-	-
	6	368,16	20,24	33,13	-	-	-	-	-	-	-	-	-	-	-	-	-	-	-	-
1.701,00 EUR																				
	1	132,91	7,31	11,96	-	5,40	-	0,41	-	-	-	-	-	-	-	-	-	-	-	-
	2	93,58	-	-	-	2,53	-	-	-	-	-	-	-	-	-	-	-	-	-	-
	3																			
	4	132,91	7,31	11,96	2,91	8,60	-	5,40	-	2,66	-	0,41	-	-	-	-	-	-	-	-
	5	335,00	18,42	30,15	-	-	-	-	-	-	-	-	-	-	-	-	-	-	-	-
	6	369,33	20,31	33,23	-	-	-	-	-	-	-	-	-	-	-	-	-	-	-	-
1.704,00 EUR																				
	1	133,66	7,35	12,02	-	5,45	-	0,45	-	-	-	-	-	-	-	-	-	-	-	-
	2	94,33	-	-	-	2,57	-	-	-	-	-	-	-	-	-	-	-	-	-	-
	3																			
	4	133,66	7,35	12,02	3,05	8,66	-	5,45	-	2,71	-	0,45	-	-	-	-	-	-	-	-
	5	336,16	18,48	30,25	-	-	-	-	-	-	-	-	-	-	-	-	-	-	-	-
	6	370,16	20,35	33,31	-	-	-	-	-	-	-	-	-	-	-	-	-	-	-	-
1.707,00 EUR																				
	1	134,25	7,38	12,08	-	5,51	-	0,48	-	-	-	-	-	-	-	-	-	-	-	-
	2	94,91	-	-	-	2,62	-	-	-	-	-	-	-	-	-	-	-	-	-	-
	3																			
	4	134,25	7,38	12,08	3,16	8,71	-	5,51	-	2,75	-	0,48	-	-	-	-	-	-	-	-
	5	337,25	18,54	30,35	-	-	-	-	-	-	-	-	-	-	-	-	-	-	-	-
	6	371,16	20,41	33,40	-	-	-	-	-	-	-	-	-	-	-	-	-	-	-	-
1.710,00 EUR																				
	1	134,91	7,42	12,14	-	5,56		0,51		-	-	-	-	-	-	-	-	-	-	-
	2	95,50	-	-	-	2,66		-		-	-	-	-	-	-	-	-	-	-	-
	3																			
	4	134,91	7,42	12,14	3,30	8,77		5,56		2,79	-	0,51	-	-	-	-	-	-	-	-
	5	338,33	18,60	30,44	-	-		-		-	-	-	-	-	-	-	-	-	-	-
	6	372,00	20,46	33,47	-	-		-		-	-	-	-	-	-	-	-	-	-	-

14. Auszug aus der Lohnsteuertabelle 2016 (StKl: Steuerklasse, LSt: Lohnsteuer, SolZu: Solidaritätszuschlag, Kist: Kirchensteuer 9 %)

Beispiel

Anja Ambrosch und Naoual Nasrin verdienen beide 1 700,00 EUR brutto. Anja Ambrosch, verheiratet, hat Lohnsteuerklasse III (ihr Ehemann ist Hausmann). Anja zahlt weder Lohnsteuer noch Solidaritätszuschlag. Die ebenfalls verheiratete Naoual Nasrin hat Lohnsteuerklasse V (ihr ebenfalls steuerpflichtig beschäftigter Ehemann hat Lohnsteuerklasse III). Naoual zahlt 333,75 EUR Lohnsteuer und 18,35 EUR Solidaritätszuschlag. Sie hat also bei gleichem Bruttoverdienst netto 352,10 EUR weniger als Anja Ambrosch.
Noch größer wäre der Unterschied, wenn beide Mitglied der evangelischen oder katholischen Kirche wären. In diesem Fall würde Anja keine, Naoual aber 30,03 EUR Kirchensteuer zahlen. Die Einkommensdifferenz betrüge dann 382,13 EUR.

Lohnsteuerklassen

Die Berechnung des monatlichen Lohnsteuerabzugs durch den Arbeitgeber erfolgt aufgrund der **persönlichen Steuerklasse.** Jedem Arbeitnehmer wird eine von sechs verschiedenen Steuerklassen zugeordnet. Dabei werden die persönlichen Verhältnisse des Arbeitnehmers berücksichtigt.

Ein lediger bzw. alleinstehender Arbeitnehmer erhält automatisch die **Steuerklasse I.** Der Steuerabzug ist hier hoch, denn es besteht keine Unterhaltspflicht für andere Personen. Bei der **Steuerklasse II** muss das alleinige Sorgerecht für mindestens ein Kind vorliegen, für das Kindergeld gezahlt wird und das im Haushalt des Steuerpflichtigen angemeldet sein muss.

Verheiratete, die beide Arbeitslohn beziehen, haben die Wahlmöglichkeit zwischen den Steuerkombinationen **IV/IV** und **III/V.**

Die steuerlich günstigere Wahl lässt sich nach folgender Faustformel berechnen:

- Haben beide Ehepartner annähernd das **gleiche** zu versteuernde Einkommen, so ist die Kombination **IV/IV** zu wählen.
- Verdient ein Ehepartner **mehr als 60 %** des gemeinsamen zu versteuernden Einkommens, so ist die Kombination **III/V** günstiger.
- Alternativ kann jedoch auch die Kombination IV/IV beibehalten werden und hierfür beim Finanzamt das **Faktorverfahren** beantragt werden. Die in der Kombination IV/IV ohne Faktorverfahren monatlich zu viel gezahlte Lohnsteuer wird hierbei berücksichtigt. Die zu zahlende monatliche Lohnsteuer wird um diesen Betrag verringert (vgl. Abb. 11. Exkurs: Faktorverfahren bei Lohnsteuerkombination IV/IV, Seite 233).

Steuerklasse	Personenkreis
I 	Unverheiratete (Ledige, Verwitwete, Geschiedene) und dauernd Getrenntlebende **ohne** Kinder, eingetragene Lebenspartnerschaften
II 	Unverheiratete und dauernd Getrenntlebende **mit** Kindern. Das Kind muss im Haushalt gemeldet sein und Kindergeld erhalten.
III 	Verheiratete, wenn der Ehegatte • keinen Arbeitslohn bezieht oder • in Steuerklasse V eingereiht ist. Verwitwete für das Kalenderjahr, das auf das Todesjahr des Ehegatten folgt
IV 	Verheiratete, wenn der Ehegatte ebenfalls Arbeitslohn bezieht. (2 x IV)
V 	Verheiratete, wenn der Ehegatte ebenfalls Arbeitslohn bezieht und in Steuerklasse III eingestuft ist. (III und V)
VI 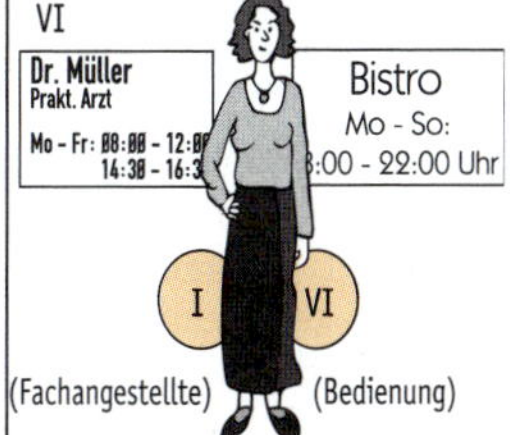	Steuerpflichtige, die aus mehr als einem Arbeitsverhältnis Einkünfte beziehen oder die Lohnsteuerkarte schuldhaft dem Arbeitgeber nicht vorgelegt haben

15. Die sechs Steuerklassen

Bei-spiel

Die Fachangestellte Arita verdient 1 400,00 EUR, ihr Mann Klaus 1 600,00 EUR. Zusammen beträgt ihr zu versteuerndes Einkommen 3 000,00 EUR.

Die Fachangestellte Susan verdient 1 700,00 EUR, ihr Mann Egon 1 100,00 EUR. Ihr gemeinsam zu versteuerndes Einkommen beträgt 2 800,00 EUR.

Einkommen:

Arita	1 400,00 EUR	Susan	1 700,00 EUR
Klaus	1 600,00 EUR	Egon	1 100,00 EUR
Gem.	3 000,00 EUR	Gem.	2 800,00 EUR
davon 60 %	1 800,00 EUR	davon 60 %	1 680,00 EUR

Steuerklassenwahl:

Arita	IV	Susan	III
Klaus	IV	Egon	V

Exkurs

Bausparen ist ein zweckgerichtetes Sparen über einen längeren Zeitraum mit dem Ziel, Wohnungseigentum zu erwerben. Der Bausparer zahlt regelmäßig einen Sparbetrag an eine Bausparkasse. Nach Ablauf einer bestimmten Frist kann er außer seinem angesparten Guthaben ein **zinsgünstiges Darlehen** zum Bauen und Renovieren erhalten.

Aktien sind Anteile an einer Aktiengesellschaft. Mit dem Erwerb einer Aktie wird man Aktionär und ist Miteigentümer am Kapital des jeweiligen Unternehmens in Höhe des Aktienwerts (= Nennwert). Der **tatsächliche Wert** der Aktie (= Kurswert), den man beim Aktienkauf bezahlen muss oder beim Verkauf erhält, wird an der **Börse** festgelegt. Dieser Börsenkurs liegt über dem Nennwert, steigt oder sinkt aber mit dem Geschäftserfolg des Unternehmens und der Wirtschaftslage.

Investmentfonds werden von Kapitalanlagegesellschaften aufgelegt, die hierfür ein Sondervermögen bilden, an denen der Investmentsparer Miteigentum erwirbt. Im Hinblick auf die Risikostreuung wird das Vermögen meist in Form von verschiedenen Wertpapieren angelegt. Zinsen, Dividenden und realisierte Kursgewinne werden in der Regel in einem Jahresbetrag ausgeschüttet. Bei einigen Fonds werden die erzielten Erträge sofort wieder angelegt. Beim Verkauf der Anteile kann dann der Vermögenszuwachs realisiert werden.

Bei-spiel

Auf gesetzlich Krankenversicherte kommen höhere Lasten zu. Der Beitragssatz von derzeit 15,5 Prozent könnte auf bis zu 16,4 Prozent im Jahr 2019 steigen. Begründung: Die Ausgaben steigen, die Einnahmen halten nicht mit.
Es wird teurer, aber nicht unbedingt für jeden: Gesetzlich Versicherte müssen sich ab nächstem Jahr auf deutlich steigende Krankenkassenbeiträge einstellen. (...)

Quelle: http://www.spiegel.de/wirtschaft/soziales/krankenkassen-erwarten-ab-2016-deutlich-steigende-beitraege-a-1036968.html vom 25.08.2016

Bei-spiel

Seit 2015 ist in der gesetzlichen Krankenversicherung der Beitragssatz auf 14,6% festgesetzt. Diesen teilen sich Arbeitnehmer und Arbeitgeber je zur Hälfte. Zu diesen 14,6% können die Krankenkassen einen frei kalkulierten Zuschlag erheben. Diesen Zuschlag, hat der Arbeitnehmer in jedem Fall alleine zu tragen. Nach Prognosen könnten die Beitragssätze bis 2019 auf 16,4% steigen. Der Arbeitnehmeranteil betrüge dann 7,3% + 1,8% = 9,1%.

Quelle: http://www.spiegel.de/wirtschaft/soziales/krankenkassen-erwarten-ab-2016-deutlich-steigende-beitraege-a-1036968.html vom 31.03.2016

Wird von den Eheleuten keine, Wahl getroffen, erfolgt immer die Einstufung nach IV/IV durch die Gemeinde oder Stadt.

5.3.2 Sozialversicherungsbeiträge

Sämtliche Sozialversicherungsbeiträge muss der Arbeitgeber entsprechend dem sozialversicherungspflichtigen Einkommen nach den aktuell gültigen Prozentsätzen berechnen. Der Gesamtbetrag wird an die Krankenversicherung abgeführt, welche die weitere Verteilung vornimmt (vgl. Schaubild, Seite 47).

Mit der Einführung des Gesundheitsfonds (vgl. Seite 46) gibt es auch bei der Krankenversicherung für alle Versicherten einen **einheitlichen Beitragssatz**, wie dies bisher bei den anderen Sozialversicherungszweigen schon üblich war. Durch die Einführung von Beitragsteilen, die allein vom Versicherten zu tragen sind, ist das Prinzip der hälftigen Beteilung des Arbeitsgebers an den Beiträgen durchbrochen worden. Wie aus der Abb. 15, Seite 236, zu entnehmen ist, muss der Arbeitgeber bei der Kranken- und Pflegeversicherung eigene Beitragsanteile des Arbeitnehmers berechnen und vom Bruttogehalt abziehen.

Versicherung	Gesamtbeitrag	Arbeitnehmeranteil
Krankenversicherung	14,6 %	14,6% : 2 = 7,3% Den Zuschlag der Krankenkassen tragt der Arbeitnehmer alleine.
Pflegeversicherung	2,35 %	1,175% bzw. 1,425% (= für kinderlose Versicherte ab 23 Jahre plus 0,25 %)
Rentenversicherung	18,7 %	18,7% : 2 = 9,35%
Arbeitslosenversicherung	3 %	3% : 2 = 1,5%

16. Beitragssätze in der Sozialversicherung und Arbeitnehmeranteil 2016

Die Höhe des Arbeitnehmerbeitrags an die Sozialversicherungen ist durch die Beitragsbemessungsgrenze (vgl. auch Seite 45) begrenzt, d. h., der Verdienst, der über der Beitragsbemessungsgrenze liegt, bleibt sozialabgabenfrei.

5.3.3 Vermögenswirksame Leistung

In den Tarifverträgen aller Fachangestellten ist die monatliche Zahlung einer vermögenswirksamen Leistung als Gehaltszuschuss auf Antrag vorgesehen.

Exkurs

Das zu versteuernde Einkommen

Es ist geringer als das Bruttoeinkommen. Je nach persönlicher Situation können noch weitere Ausgaben/Kosten abgezogen werden (d.h. sie sind steuerfrei), bevor das tatsächlich zu versteuernde Einkommen feststeht.

Beispiel: Familie Meyer

Bruttoeinkommen:	120 000,00 EUR
– Summe der steuerfreien Ausgaben/ Kosten:	35 000,00 EUR
(Werbungskosten + Sonderausgaben + Außergewöhnlichen Belastungen + Kinderfreibeträge)	
= zu versteuerndes Einkommen:	85 000,00 EUR
	15 600,00 EUR
– Altersentlastungsbetrag (1 900,00 Euro ab 65 Jahre)	0,00 EUR
– Sonderausgaben	750,00 EUR
– außergewöhnliche Belastungen	375,00 EUR
= Einkommen	14 475,00 EUR
– Kinderfreibetrag	0,00 EUR
	0,00 EUR
= zu versteuerndes Einkommen	EUR

Die vermögenswirksame Leistung erhöht das Bruttogehalt des Arbeitnehmers. Es muss somit versteuert werden und unterliegt der Beitragspflicht zur Sozialversicherung. Der Arbeitgeber weist den entsprechenden Betrag zunächst beim Bruttogehalt aus und berechnet danach die Abzüge. Vom Nettogehalt zieht der Arbeitgeber dann später den Sparbetrag ab und überweist ihn direkt auf das vom Arbeitnehmer angegebene Anlagekonto.

Der Staat fördert die Vermögensbildung bei Arbeitnehmern durch die Gewährung einer **Arbeitnehmer-Sparzulage**. Allerdings muss dafür eine der folgenden Anlageformen gewählt werden (vgl. auch Exkurs):

- **Bausparvertrag**
- **Beteiligungssparen/Aktienfonds**
- **Tilgung eines Bausparvertrags**

Weitere Bedingungen: Das Einkommen darf eine bestimmte Grenze nicht übersteigen und die Sparzulage muss jährlich mit der Steuererklärung beim Finanzamt oder bei der Bausparkasse beantragt werden. Der abgeschlossene Sparvertrag muss mindestens eine Laufzeit von sechs Jahren haben und anschließend maximal ein Jahr zusätzlich ruhen, bis er ausbezahlt werden kann.

Die **staatliche Prämie** ist je nach Anlageform unterschiedlich. Bei Aktien-/Investmentfondssparplänen beträgt der Förderbeitrag 20 % von maximal 400,00 EUR, höchstens also 80,00 EUR im Jahr. Bei Bausparverträgen sind es 9 % von maximal 470,00 EUR, also 43,00 EUR im Jahr. Zusätzlich kann hier aber noch eine Wohnungsbauprämie von 8,8 % aus max. 512,00 EUR (=45,06 EUR) jährlich beantragt werden.

Vor dem Vertragsabschluss sollte man sich über die verlangten Gebühren informieren, damit die Sparzulage durch diese nicht zu stark reduziert wird.

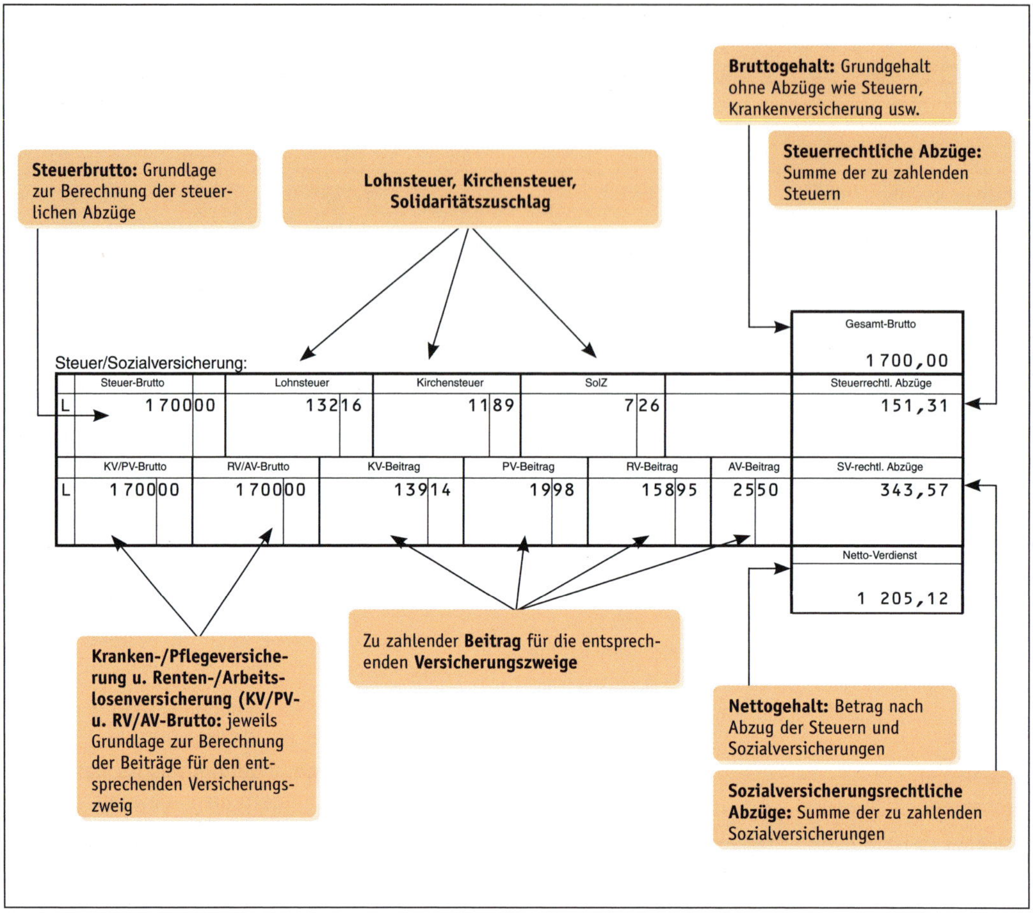

17. Vom Bruttogehalt zum Nettogehalt 2016

5.3.4 Vom Brutto- zum Nettogehalt

Auf der Gehaltsabrechnung können Sie erkennen, welcher Gesamtbruttobetrag Ihnen im Abrechnungszeitraum zusteht. Neben dem Monatsgehalt können dies z. B. Überstundenzuschläge, vermögenswirksame Leistung oder sonstige Geldleistungen sein (vgl. Kapitel 5.3.1). Der Arbeitgeber oder auch ein Steuerberater ermittelt nun zunächst die auf den steuerpflichtigen Bruttobetrag zu zahlende Lohnsteuer, in der Regel unter Nutzung einer entsprechenden Software. Aber auch mithilfe einer **Lohnsteuertabelle** (vgl. S. 234) kann der Betrag ermittelt werden (z. B. unter www.steuerlinks.de/lohnsteuertabelle.html, dort kann auch ein Gehaltsrechner zur Nettolohnberechnung genutzt werden). Die Höhe der auf das jeweilige Monatsgehalt zu zahlenden Lohn- und Kirchensteuer sowie der Solidaritätszuschlag ist aus der Tabelle abzulesen. Bereits eingearbeitet sind bestimmte Pauschal- oder Freibeträge (z. B. Werbungskosten).

Der **Solidaritätszuschlag** wurde 1991 eingeführt, um die Kosten der Wiedervereinigung zu finanzieren. Er beträgt 5,5 % von der zu zahlenden Lohnsteuer. Wenn der Arbeitnehmer einer öffentlich-rechtlichen **Religionsgemeinschaft** angehört und diese das Einzugsverfahren nutzt (z. B. ev./rk), wird seine **Kirchensteuer** direkt vom Gehalt abgezogen und über das Finanzamt weitergeleitet. Der Kirchensteuersatz beträgt 8 % bzw. 9 % von der errechneten Lohnsteuer. Bayern und Baden-Württemberg berechnen 8 %, die übrigen Bundesländer 9 %. Durch eine Kirchenaustrittserklärung, je nach Bundesland vor dem Amtsgericht oder Standesamt abgegeben, endet diese Zahlungsverpflichtung.

Nach Abzug des Arbeitnehmerbeitrags zur Sozialversicherung ergibt sich das Nettogehalt des Arbeitsnehmers. Von diesem können noch frühere Gehaltsvorschüsse, Gehaltspfändungen oder die vermögenswirksame Leistung abgezogen werden, bis dann der endgültige Auszahlungsbetrag feststeht. Über die Lohnabrechnung erhält der Arbeitnehmer eine entsprechende **Bescheinigung** (vgl. Abb. 16).

Durch die Beantragung eines **Freibetrags** kann der monatliche Steuerabzug reduziert werden. Seit dem 01.01.2013 kann ein Freibetrag nur noch mit der Veranlagung zur Einkommensteuer beantragt werden.

Diese Freibeträge können entstehen durch erhöhte

- **Werbungskosten,**
- **Sonderausgaben,**
- **außergewöhnliche Belastungen.**

Beispiel

tatsächliche Werbungskosten	*2 860,00 EUR*
– Arbeitnehmerfreibetrag (schon in die Lohnsteuertabelle eingearbeitet)	*1 000,00 EUR*
= steuerlich wirksame Werbungskosten	*1 860,00 EUR*
monatlicher Freibetrag (1 860,00 EUR : 12)	*155,00 EUR*
monatliches Bruttoeinkommen	*1 500,00 EUR*
– monatlicher Freibetrag	*155,00 EUR*
= monatliches steuerliches Bruttoeinkommen	*1 345,00 EUR*

Ist am Jahresanfang schon bekannt, dass z. B. die Werbungskosten 1 700,00 EUR überschreiten werden, z. B. durch einen weiten Fahrtweg zur Arbeit, kann bereits ein Steuerfreibetrag eingetragen werden.

Exkurs

Werbungskosten sind Aufwendungen, die der Erzielung des Einkommens sowie der Sicherung oder Erhaltung des Arbeitsplatzes dienen. Dazu zählen u. a. Beiträge zur Berufsverbänden, Fahrtkosten zwischen Wohnung und Arbeitsplatz, Aufwendungen für Arbeitsmittel, Bewerbungen, Fortbildung, Fachbücher und -zeitschriften.

Sonderausgaben sind Aufwendungen, die der privaten Vorsorge dienen oder aus sonstigen Gründen abzugsfähig sind, wie z. B. der Arbeitnehmeranteil an den Sozialversicherungen, Versicherungsbeiträge (Unfall-, Lebens-, Haftpflichtversicherungen), Kirchensteuer, Spenden und Beiträge an Vereine und politische Parteien.

Außergewöhnliche Belastungen sind Aufwendungen, die durch besondere Umstände entstehen, z. B. Krankheits-, Ehescheidungs-, Kur-, Heimunterbringungskosten, Ausbildungsfreibetrag, Kinderbetreuungskosten, Wiederbeschaffungskosten von Hausrat und Kleidung bei Brand, Hochwasser usw.

1. *Erklären Sie den Verlauf des Einkommensteuertarifs einschließlich der jeweiligen Zonen.*

2. *Wodurch unterscheidet sich für Verheiratete die Lohnsteuerkombination IV/IV ohne Faktorkombination von IV/IV mit Faktorkombination?*

3. *Stellen Sie eine Liste der Abzüge auf, die insgesamt vom Bruttogehalt abgezogen werden.*

4. *Stellen Sie in einer Übersicht jeweils drei Aufwendungen zusammen, die als Werbungskosten, Sonderausgaben und außergewöhnliche Belastungen bei der Einkommensteuererklärung angegeben werden können.*

5.4 ARBEITSRECHTLICHE AUSEINANDERSETZUNGEN

5.4.1 Betriebsinterne Konfliktlösung

Situation:
In der Praxis der Ärztin Katja Wolf kracht es sowohl zwischen den Medizinischen Fachangestellten Melanie P., Seyla R. und der jugendlichen Auszubildenden Raphaela H. als auch zwischen allen dreien und ihrer Arbeitgeberin Katja Wolf. Es bestehen folgende Konflikte:

1. Regelmäßig fallen für alle Beschäftigten in der Woche fünf bis sechs Überstunden an. Insbesondere montags, wenn die Praxis eigentlich um 18:00 Uhr schließen sollte, und freitags, wenn um 13:00 Uhr Feierabend sein sollte, ist dies der Fall.
2. Melanie P. und Seyla R., die beide in allen Arbeitsbereichen der Praxis rotierend tätig sind, beschuldigen sich gegenseitig, für dort aufgetretene Fehler verantwortlich zu sein.
3. Die Auszubildende Raphaela H. ist der Meinung, dass sie nicht richtig ausgebildet werde. Die Ärztin Katja Wolf hat zwar Melanie P. mit der täglichen Ausbildung in der Praxis beauftragt, diese aber reibt sich in ihrer Dauerfehde mit Seyla R. auf.

4. Seyla R., die demnächst schwanger werden möchte, ist sich unsicher, ob sie weiterhin röntgen soll, ohne einen Dosimeter zu tragen.
5. Die Ärztin Katja W. selbst findet zu wenig Zeit, um mit Raphaela, wie vorgesehen, zwei Stunden pro Woche die Inhalte des medizinbezogenen Lehrstoffes durchzugehen.
6. Die privat versicherten Patienten beschweren sich, dass sie nicht schneller behandelt werden als die gesetzlich versicherten Patienten.

1. Stufe: Den Konflikt direkt ansprechen
Oft kann die weitere Eskalation eines Konflikts vermieden werden, wenn man ihn unmittelbar anspricht, um so erst gar nicht etwas anbrennen zu lassen. Missverständnisse können unmittelbar geklärt werden, für Überreaktionen oder falsche Beschuldigungen kann man sich direkt entschuldigen bzw. versuchen zu klären, warum es dazu kam.

Wenn dies zu keiner befriedigenden Lösung führt, sollte man zur nächsten Stufe übergehen.

2. Stufe: Gespräch mit den Mitarbeiterinnen, der Auszubildenden und der Ärztin
Solche Gespräche sollten in größeren Praxen üblich sein, denn wo mehrere Menschen zusammenarbeiten, noch dazu in so eng verwobenen und oft auch stressbeladenen Situationen wie in Arzt-, Zahnarzt- oder Tierarztpraxen, treten Konflikte zwangsläufig auf.

Eine Möglichkeit zur Lösung des ersten Konflikts in dem obigen Fall bestünde darin, die tägliche Arbeitszeit montags um eine Stunde zu verlängern und freitags weniger Termine zu vergeben.

In dem zweiten Konfliktfall könnte man vereinbaren, dass beide Kolleginnen ihre Arbeiten mit ihrem Namenskürzel versehen.

Der dritte Konfliktfall könnte gelöst werden, wenn Melanie P. während genau definierter Arbeitszeiten ausschließlich für die Ausbildung von Raphaela H. freigestellt würde.

Wenn auch das nicht die erhoffte Änderung bewirkt, ist es geboten, den zuständigen Ausbildungsberater bei der Kammer einzuschalten.

Im vierten Konfliktfall bietet es sich an, das Problem zunächst praxisintern anzusprechen, dann aber, wenn dies scheitern sollte, das Gewerbeaufsichtsamt (Amt für Arbeitsschutz und Sicherheitstechnik) einzuschalten.

Auch im fünften Konfliktfall sollte Raphaela H. zunächst ihre Ausbilderin ansprechen; erst wenn hier keine Lösung gefunden werden konnte, ist es angezeigt, den Ausbildungsberater einzuschalten.

Der sechste Konfliktfall sollte von den Mitarbeiterinnen zwar an die Ärztin weitergegeben werden, muss aber von Praxis zu Praxis entschieden werden.

3. Stufe: Einschaltung des Betriebsrats/der Jugendvertretung
Gibt es einen Betriebsrat in der Praxis, kann dieser bei Problemen zwischen Fachangestellter und Arzt vermitteln. Gerade in Fragen, ob bestimmte Gesetze eingehalten werden oder Vorgehensweisen des Arbeitgebers rechtens sind, gibt er kompetent Auskunft. Auch für besonders schutzbedürftige Fachangestellte (z. B. schwangere oder ältere Mitarbeiterinnen, Mitarbeiterinnen mit Behinderung) sollte er eine der ersten Anlaufstellen sein.

In größeren Betrieben gibt es eine Jugendvertretung. Sie ist für alle Auszubildenden sowie für alle jugendlichen Beschäftigten zuständig. Probleme, z. B. über die zulässige wöchentliche Arbeitszeit, die zulässigen Tätigkeiten, mit denen Auszubildende beauftragt werden dürfen oder die Urlaubsregelungen, fallen in ihren Zuständigkeitsbereich.

4. Stufe: Gewerkschaft/Berufsverband
Sollte das Gespräch in der Praxis keinen Erfolg gebracht haben, kann sich die Fachangestellte an die Gewerkschaften wenden. Voraussetzung dafür ist allerdings die Mitgliedschaft. Die Gewerkschaften stehen für kostenlose Beratung zur Verfügung und vertreten den Arbeitnehmer gegenüber dem Arbeitgeber. Sie bieten auch einen kostenlosen Rechtsschutz beim Arbeitsgericht.

5. Stufe: Kammern
Die Kammern sind u. a. verpflichtet, die Durchführung der Ausbildung zu überwachen und Streitigkeiten zu schlichten. Bevor in Ausbildungsfragen die Schlichtungsstelle der Kammer angerufen wird, sollte jedoch zuerst der Ausbildungsberater eingeschaltet werden.

6. Stufe: Ausbildungsberater
Der Ausbildungsberater ist meist ein praktizierender Mediziner. Er soll sowohl die Ausbildenden als auch die Auszubildenden fachgerecht beraten und bei Konflikten zur Lösung beitragen.

7. Stufe: Gewerbeaufsicht (je nach Bundesland in unterschiedlicher Verantwortung)
Handelt es sich bei den Streitigkeiten um Fragen des Jugendarbeitsschutzes oder um Arbeitsschutzvorschriften (z. B. Röntgenverordnung, Mutterschutzvorschriften), ist das Gewerbeaufsichtsamt

1. Konflikt/Problem direkt mit dem Kollegen/der Kollegin bzw. dem Chef/der Chefin ansprechen
2. Teambesprechung mit den betroffenen bzw. mit allen Mitarbeitern/Mitarbeiterinnen
3. Betriebsrat
4. Berufsverband/Gewerkschaft einschalten (bei Auszubildenden den Ausbildungsberater, dann ggf. Kammer)
5. Ggf.: Gewerbeaufsichtsamt (Amt für Arbeitsschutz und Sicherheitstechnik)
6. Arbeitsgericht anrufen

18. Stufenplan bei Konflikten in der Praxis

Auskunfts-, Beratungs- und Beschwerdestelle. Das Amt kann direkt in der Praxis Überprüfungen vornehmen und den Arbeitgeber über seine Verpflichtungen belehren. In schweren Fällen ist auch ein Bußgeld möglich.

8. Stufe: Arbeitsgericht
Sollte eine außergerichtliche Beilegung des Streits nicht möglich sein, kann das Arbeitsgericht eingeschaltet werden.

1. *Entwickeln Sie eigene Lösungsvorschläge, wie die in der Praxis Katja Wolf auftretenden Konflikte angegangen werden könnten.*

2. *Welche Stellen können bei einer Auseinandersetzung im Rahmen eines Ausbildungsverhältnisses als Vermittler eingeschaltet werden?*

3. *Was kann Seyla R. unternehmen, wenn sie auch weiterhin ohne Dosimeter röntgen soll, weil die Strahlenbelastung angeblich unter jeder messbaren Grenze liegen würde?*

5.4.2 Arbeitsgericht

Nicht immer erfüllen Arbeitgeber bzw. Arbeitnehmer/Auszubildende ihre Verpflichtungen aus dem Ausbildungs- oder Arbeitsvertrag korrekt. Bei Verstößen gegen das Ausbildungs- und Arbeitsrecht sollte zunächst eine **gütliche Beilegung** des Streits versucht werden. Betriebsrat, Gewerkschaft und

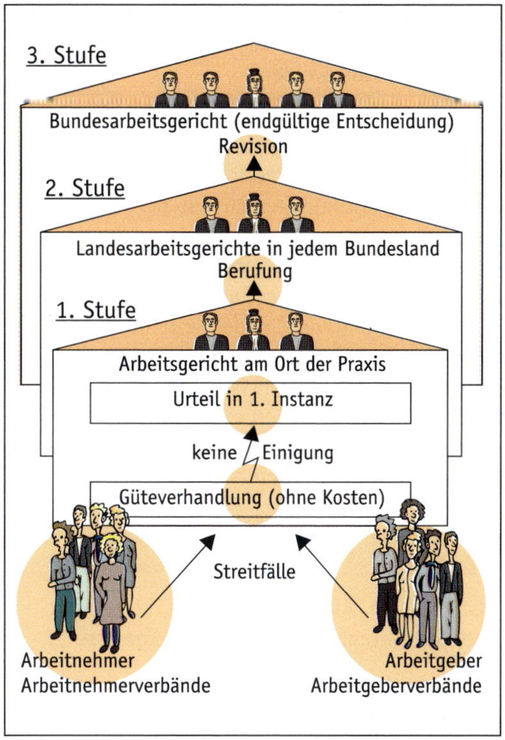

19. Dreistufiges Arbeitsgerichtsverfahren

Arbeitgeber sind verpflichtet, die Urlaubswünsche ihrer Mitarbeiter zu erfüllen – es sei denn, betriebliche Gründe stünden dem entgegen. Andererseits dürfen Arbeitnehmer nicht eigenmächtig in Urlaub fahren.

Der Arbeitgeber kann aufgrund seines Weisungsrechts das Tragen einheitlicher Berufskleidung und ein Rauchverbot in den Arbeitsräumen aussprechen.

Kinder mit einem Geburtsgewicht von weniger als 2 500 Gramm gelten arbeitsrechtlich als Frühgeburt. Die Mütter haben damit vier Wochen länger Anspruch auf den Zuschuss zum Mutterschaftsgeld vom Arbeitgeber.

Wird infolge einer Nebenbeschäftigung des Arbeitnehmers die gesetzlich zulässige Höchstarbeitszeit erheblich überschritten, muss die Nebentätigkeit reduziert bzw. eingestellt werden.

Zahlt der Arbeitgeber eine freiwillige Sonderzahlung (z.B. Urlaubsgeld) mindestens dreimal hintereinander ohne einen Vorbehalt, hat der Arbeitnehmer zukünftig einen Rechtsanspruch auf diese Zahlungen.

Arbeitnehmern, die während ihres ganzen Erholungsurlaubs eine umfangreiche Nebentätigkeit ausüben, kann gekündigt werden.

Lohnfortzahlung muss der Arbeitgeber auch dann zahlen, wenn die Krankschreibung aufgrund eines Unfalls erfolgte, der bei Ausübung eines Freizeitsports passierte.

20. Beispiele für Arbeitsgerichtsurteile

Berufsverband sowie die zuständige Kammer und der Ausbildungsberater können hierzu als Vermittler eingeschaltet werden.

Manchmal bleibt aber nur der Gang zum **Arbeitsgericht** als letzte Möglichkeit zur Durchsetzung der Ansprüche. Arbeitsgerichte sind zuständig für alle Streitigkeiten, die sich aus dem Arbeitsverhältnis bzw. zwischen den Tarifvertragsparteien ergeben. Auch die mit einem Arbeitskampf oder dem Bereich der Mitbestimmung zusammenhängenden Meinungsverschiedenheiten können dort geklärt werden. **Örtlich zuständig** ist das Arbeitsgericht, in dessen Bezirk sich die Arbeitsstätte/Praxis befindet. Dort kann man sich bei der Rechtsantragsstelle gebührenfrei beraten lassen. Auch Gewerkschaften und Berufsverbände beraten und vertreten ihre Mitglieder kostenlos. Gerichtskosten entstehen außerdem erst für das Verfahren im Anschluss an eine erfolglose Güteverhandlung.

Das Verfahren vor dem Arbeitsgericht beginnt mit einer **Güteverhandlung.** Der zuständige Arbeitsrichter versucht zunächst durch ein persönliches Gespräch mit den Beteiligten, eine Einigung herbeizuführen. Scheitert dieser und ein eventueller zweiter Gütetermin, kommt es zu einer **Kammerverhandlung.** Der Arbeitsrichter als Vorsitzender und zwei ehrenamtliche Richter als Beisitzer (je ein Vertreter aus dem Arbeitnehmer- und Arbeitgeber lager) führen die Verhandlung durch, die mit einem Vergleich oder einem abschließenden Urteil endet. Unter bestimmten Umständen kann gegen dieses Urteil **Berufung beim Landesarbeitsgericht** eingelegt werden, das dann erneut über die Sache verhandelt und entscheidet. Eine nochmalige Urteilsprüfung ist im Rahmen einer **Revision beim Bundesarbeitsgericht** möglich, allerdings nur für Fälle, denen eine grundsätzliche Bedeutung zukommt (z. B. Anrechnung von Bereitschaftsdienst auf die Arbeitszeit).

1. *Welche Stellen können bei einer Auseinandersetzung im Rahmen eines Ausbildungsverhältnisses als Vermittler eingeschaltet werden?*

2. *Welche Bedeutung hat die Güteverhandlung?*

Fit für die Prüfung!

1. Stellen Sie Ihre beruflichen Stärken und Schwächen in einer Tabelle einander gegenüber und entwerfen Sie in Stichpunkten ein berufliches Tätigkeitsfeld, bei dem Sie Ihre Stärken optimal einsetzen könnten.
2. Stellen Sie in einer Checkliste zusammen, wie Sie sich Erfolg versprechend auf ein Bewerbungsgespräch vorbereiten können.
3. Entscheiden Sie bei den folgenden Beispielen, ob die jeweilige Frage des Arbeitgebers im Rahmen eines Bewerbungsgesprächs zulässig oder unzulässig ist:
   a) „Sind Sie verlobt oder wollen Sie demnächst heiraten?"
   b) „Leiden Sie an einer ansteckenden Krankheit?"
   c) „Besteht bei Ihnen eine Schwangerschaft?"
   d) „Welche Fortbildungskurse haben Sie besucht?"
   e) „Haben Sie eine schwerwiegende Behinderung?"
4. Der Zahnarzt Dr. Schmoll verlangt von seiner Zahnmedizinischen Fachangestellten Karin regelmäßig die Ableistung von bis zu sechs Überstunden wöchentlich. Als Karin eines Tages weitere Überstunden verweigert, kündigt ihr Dr. Schmoll fristlos mit der Begründung, sie habe ohne ausreichenden Grund die Arbeit verweigert. Ist diese Kündigung gerechtfertigt?
5. Bis zu welchem Datum muss in den folgenden Fällen bei einer ordentlichen Kündigung jeweils gekündigt werden?
   a) Das Arbeitsverhältnis soll am 15. September enden, es gilt die gesetzliche Kündigungsfrist.
   b) Das Arbeitsverhältnis soll am 31. März enden, Kündigungsfrist sechs Wochen zum Quartalsende.
6. Bilden Sie zwei Beispiele, bei denen eine Kündigung nach dem Kündigungsschutzgesetz sozial gerechtfertigt erscheint.
7. Welche Frist ist bei einer Klage nach dem Kündigungsschutzgesetz unbedingt einzuhalten?
8. Beurteilen Sie die nachfolgenden Zeugnisformulierungen:
   a) „Den Arbeiten in einer Zahnarztpraxis stand sie aufgeschlossen gegenüber und zeigte sich bemüht, diese ordentlich zu erfüllen."
   b) „Nach erstaunlich kurzer Einarbeitungszeit hat sie die Arbeiten selbstständig und zu unserer vollsten Zufriedenheit ausgeführt."
9. a) Welcher grundsätzliche Unterschied besteht zwischen dem Gehalts- und dem Manteltarifvertrag?
   b) Nennen Sie jeweils zwei Regelungen des Gehalts- und des Manteltarifvertrags.
10. Stellen Sie in einer Tabelle in Stichworten die Anforderungen an die einzelnen Tätigkeitsgruppen Ihres Ausbildungsberufes zusammen.

11. Stellen Sie die tarifvertraglichen Leistungen „13. Gehalt (Weihnachtsgeld)“, „vermögenswirksame Leistungen“ und „Urlaub“ für Ihren Ausbildungsberuf zusammen.

12. Angenommen, in Ihrer Ausbildungspraxis sind alle Mitarbeiterinnen unzufrieden, weil in der Regel pro Woche vier bis fünf Überstunden anfallen, die weder durch Freizeit noch durch Bezahlung ausgeglichen werden.

a) Diskutieren Sie in Kleingruppen Ihre möglichen Forderungen an den Ausbilder und entscheiden Sie sich, welche Forderungen Sie durchsetzen möchten. Erarbeiten Sie eine Konfliktlösungsstrategie, mit der Sie Erfolg versprechend Ihre Forderungen in einem Gespräch mit Ihrem Ausbilder erreichen können.

b) Stellen Sie in einer Liste zusammen, welche Möglichkeiten Ihnen verbleiben, wenn Ihr Gespräch mit Ihrem Ausbilder nicht zum Erfolg führt.

13. Silvana arbeitet in Frankfurt/Main und wohnt in Mainz. Bei welchem Arbeitsgericht müsste sie eine Klage einreichen?

14. Berechnen Sie das zu versteuernde Einkommen einer alleinstehenden Zahnmedizinischen Fachangestellten mit Kind:

Einkünfte aus nicht selbstständiger Arbeit	17 346,00 EUR
Werbungskosten	1 965,00 EUR
Einkünfte aus Kapitalvermögen	1 432,00 EUR
Vorsorgeaufwendungen	1 749,00 EUR
Außergewöhnliche Belastungen	384,00 EUR
Einkünfte aus Vermietung	506,00 EUR
Kinderfreibetrag	3 648,00 EUR

15. Was versteht man unter einem „Steuertarif“?

16. Inge hat geheiratet. Sie verdient 2 050,00 EUR, ihr Ehemann 1 450,00 EUR monatlich. Welche Steuerkombination ist am günstigsten?

17. Die Zahnmedizinische Fachangestellte Paula sitzt an ihrem Schreibtisch und möchte ihre Einkommensteuerveranlagung machen. Sie hat einen Stapel von Quittungen und Belegen vor sich liegen:
- Monatskarte der Straßenbahn
- Jahresabrechnung der Stadtwerke
- Quittung für die gezahlte Miete
- Quittung für den Eigenanteil an der Brille
- Umzugsrechnung für die erste eigene Wohnung
- Gewerkschaftsbeitrag
- Reparaturrechnung für den Fernseher

Welche Angaben kann sie steuerlich berücksichtigen?

18. In der Tierarztpraxis von Dr. Lieb fallen häufiger Überstunden an, die jede Tiermedizinische Fachangestellte in das Arbeitsbuch einträgt. Als Ausgleich wird entweder Freizeit gewährt oder die Überstunden werden ausbezahlt. Da in der Praxis ständig sehr viel zu tun ist, sollen die Überstunden nur noch ausbezahlt werden. Als mögliche Bezahlung schlägt der Arzt folgende Regelungen vor:

a) Die Überstunden werden über die normale Gehaltsabrechnung ausbezahlt.

b) Die Überstunden werden mit dem Fahrtkostenzuschuss verrechnet.

c) Die Tiermedizinischen Fachangestellten sollen jemanden angeben, der auf dem Papier ein 450 EUR-Arbeitsverhältnis bei dem Tierarzt angibt, und die Überstunden damit verrechnet werden.

d) Die Überstundenbezahlung erfolgt unter Tarif, dafür aber schwarz, d. h. ohne Beleg.

Entscheiden und begründen Sie, welche Möglichkeiten steuerlich einwandfrei sind.

19. Die Fachangestellte Nesrin hat jedes Jahr 2 450,00 EUR Fahrtkosten. Was kann sie tun, um ihre monatliche Steuerzahlung zu verringern?

20. Die Auszubildende Patricia Riccioni trifft ihre Freundin Manuela, die in einem großen Kaufhaus beschäftigt ist. Im Gespräch erfährt Patricia, dass Manuela zusätzlich zur Ausbildungsvergütung eine vermögenswirksame Leistung von 13,00 EUR monatlich erhält, die sie auf einen Bausparvertrag überweisen lässt. „Außerdem gibt es noch einen Zuschlag vom Staat!“, erklärt Manuela.

a) Stellen Sie anhand des für Sie gültigen Tarifvertrags fest, ob darin eine Regelung über die Zahlung einer vermögenswirksamen Leistung enthalten ist, und erläutern Sie diese.

b) Beschreiben Sie die Besonderheiten des Bausparvertrags.

c) Was meint Manuela mit dem „Zuschlag vom Staat“, den man bei der Anlage von vermögenswirksamen Leistungen erhält?

SACHWORTVERZEICHNIS

C

D

E

F

G

BILDQUELLENVERZEICHNIS

Bildquellenverzeichnis:

Bergmoser + Höller Verlag AG, Aachen: S. 46.2, 89

Berufsgenossenschaft für Gesundheitsdienst und Wohlfahrtspflege, Hamburg: S. 39, 69.1

Bildungsverlag EINS GmbH, Köln: S. 83.6-9

Deutsche Post AG, Bonn: S. 206

dpa Infografik, Hamburg: S.14, 37.1, 42, 50, 55, 58, 59.1, 60, 68, 70, 72, 79, 144, 147.1, 152, 155, 233

Fotolia.com: S. 7.1 (Denis Pepin), 7.2 (Yuri Arcurs), 7.3 (Alexander Raths), 36.1 (Adam Borkowski), 36.2 (Galina Barskaya), 36.3 (BlueOrange Studio), 36.4 (mbt_studio), 37.2 (Kurhan), 63 (BlueOrange Studio), 69.2 (Bernd Leitner), 83.1 (Meddy), 83.2 (Sylvia Zimmermann), 83.3 (Gernot Krautberger), 83.4 (Bernd_Leitner), 83.5 (Jürgen Fälchle), 86.1 (Jens Klingebiel), 86.2 (endrille), 86.5 (M.Rosenwirth), 86.6 (Yuri Arcurs), 91.1 (line-of-sight), 92.1 (santi), 103 (Udo Kroener), 119 (Leticia Wilson), 142 (eyetronic), 151 (Oliver Hoffmann), 162.1 (Anatoliy Samara), 162.2 (Tyler Olson), 163.1 (Yuri Arcurs), 163.2 (CandyBox Images), 175 (fabianaponzi), 214.1 (Leo Blacnhette), 214.2 (Flashpics), 214.3 (stockWERK), 214.4 (GaToR GFX), 214.5 (Brad Wynnyk), 217 (Spectral-Design), 221.1 (Valua Vitaly), 221.2 (VRD), 224:1 (pressmaster), 224.2 (Patrizia Tilly)

Imu-Infografik, Duisburg: S. 185.1

Kassenärztliche Bundesvereinigung, Berlin: S. 199.2

MEV Verlag GmbH, Augsburg: S. 92.2, 95, 221.2, 221.3

Stiftung Warentest, Berlin: S. 111

Heinz Ulrich Spengler: S. 46.1, 208

TÜV Rheinland AG, Köln: S. 199.1

Zeichnungen:

Steffi Becker/Bildungsverlag EINS GmbH, Köln: S. 8, 13, 28, 51, 59.2, 61, 67, 71, 73, 76, 110, 121, 122, 123, 132, 136, 148, 159, 166, 173, 177, 181, 188, 199.3, 201, 202, 209, 235, 241

Raimo Bergt/Bildungsverlag EINS GmbH, Köln: 85, 107, 191

Umschlagfoto:

MEV Verlag GmbH, Augsburg

Fotofinder:

185.2, 215.2,221.4